化工工人中级技术培训教材

第五版

化工基础

张振坤　王锡玉　主编

化学工业出版社

·北京·

本书是"化工工人中级技术培训教材"中的一本。全书共分十二章，介绍了化工单元操作的基本原理和计算。包括绪论、流体输送、流体输送机械、非均相混合物的分离、传热、溶液的蒸发、结晶、溶液的蒸馏、吸收、液-液萃取、干燥、冷冻及新型传质分离方法简介等。

本书力求深入浅出，简明扼要，概念准确，表述清晰，图文并茂。

本书可作为化工及相关企业中级技术工人的培训教材，也可作为非化工专业人员及管理干部的自学参考书。

图书在版编目（CIP）数据

化工基础/张振坤，王锡玉主编．—5 版．—北京：
化学工业出版社，2019.4 （2024.3重印）
ISBN 978-7-122-33766-5

Ⅰ.①化⋯　Ⅱ.①张⋯②王⋯　Ⅲ.①化学工程
Ⅳ.①TQ02

中国版本图书馆 CIP 数据核字（2019）第 011946 号

责任编辑：袁海燕　陈　丽　　　　　　　　装帧设计：关　飞
责任校对：王鹏飞

出版发行：化学工业出版社（北京市东城区青年湖南街13号　邮政编码100011）
印　　装：三河市延风印装有限公司
850mm×1168mm　1/32　印张 14½　字数 399 千字
2024 年 3 月北京第 5 版第 7 次印刷

购书咨询：010-64518888　　　　　　　售后服务：010-64518899
网　　址：http://www.cip.com.cn
凡购买本书，如有缺损质量问题，本社销售中心负责调换。

定　　价：**49.80 元**　　　　　　　　　　**版权所有　违者必究**

第五版前言

为了适应经济发展对目前职工教育培训的要求，积极配合化工技术工人进行培训和职业技能鉴定，根据国家《职业标准》对中级工应该掌握和了解的有关技术理论知识（应知）和工艺操作能力（应会）的要求，我们对 2012 年出版的化工工人中级技术培训系列教材进行修订。

在对《职业标准》内容范围和深浅程度有了充分理解的基础上，兼顾中、高级技术工人在操作技能上的差别及其在基本技术理论知识上的共性特点，以强化应用为目的，理论够用为原则，注重理论联系实际和检修维护的特点，由浅入深、由易到难地提出问题、分析问题和解决问题，并列举了生产和计算实例。同时考虑到工人学习的特点，在文字表达方面注意做到通俗易懂，图表清晰。

本书自第一版出版以来历经数次修订、不断完善，力求为工作在化工生产一线的操作人员提供理论上的帮助。

在第四版的基础上，本书主要有以下变化：

1. 变换了一些参数的表示符号，使之更加贴近目前各相关书籍习惯使用的符号形式，使读者阅读其他参考资料时能更好地衔接；

2. 在每章的前面增加了学习目标和能力目标，使读者更好地了解每章的主要内容和需要掌握的程度。在每章后面增加了本章小结，可以使读者通过框图清晰地了解本章的知识脉络；

3. 补充了部分知识点的叙述，使内容更加完整。

本书共十二章，由吉林化工学院张振坤统稿并编写了第 1～9 章，参加编写的人员还有：吉林化工学院刘建中（绪论、附录）、吉化有机合成厂王锡玉（第 10 章）、吉林化工学院杨梅（第 10、11、12 章），全书由张振坤、王锡玉主编。

本书在编写过程中参考了王慧伦主编的《化工基础》和刘盛宾

主编的《化工基础》的部分内容。对参与审稿的吉化职工教育培训部门的李守忠、陈云明、刘勃安表示感谢。

由于编者水平有限，对于书中出现的欠妥之处，希望专家和广大读者给予批评和指正，以便今后进一步完善。

编　者

2019 年 **1** 月

目　录

绪　　论

一、化工过程及单元操作

　　化学工业是将自然界的各种物质，经过化学和物理方法处理，制造生产资料和生活资料的工业。一种产品的生产过程中，从原料到成品，往往需要几个或几十个加工过程。其中除了化学反应过程外，还有大量的物理加工过程。这些过程就是化学工业的生产过程，常称作化工过程。

　　化学工业产品的种类繁多。各生产过程差异很大。每一种化工过程包含着许多操作工序，可分为两类。一类是化学反应，根据生产目的不同，进行不同的化学反应。在这一过程中物质发生了化学变化，改变了其化学性质。用于化学反应过程的设备称为反应器。另一类工序并不进行化学反应，在此过程中物质不改变化学性质，只是改变其物理性质。

　　根据操作原理，化工产品生产过程中的物理加工过程可归纳为应用较广的数个基本操作过程，这些基本操作称为单元操作。例如，乙醇、乙烯及石油等生产过程中，都采用蒸馏操作分离液体混合物，所以蒸馏为一个基本操作过程。又如合成氨、硝酸和硫酸等生产过程中，都采用吸收操作分离气体混合物，所以吸收也是一个基本操作过程。又如尿素、聚氯乙烯及染料等生产过程中，都采用干燥操作以除去固体中的水分，所以干燥也是一个基本操作过程。这些基本过程称为单元操作。任何一种化工产品的生产过程，都是由若干个单元操作及化学反应过程组合而成的。每个单元操作都是在一定的设备中进行的。例如，吸收操作是在吸收塔内进行的；干燥操作是在干燥器内进行的。所以，单元操作是指在各种化工产品的生产过程中普遍采用的、遵循共同的物理学定律、所用设备相似、具有相同作用的那些基本操作。

二、本课程的地位和任务

《化工基础》是一门技术基础课，其主要任务是研究和了解各单元操作所依据的原理、遵循的规律、典型设备的结构、操作性能和基本计算方法，培养学生运用基础理论分析和解决化工单元操作中各种工程实际问题的能力。

本课程学习的内容为化工生产过程中的单元操作，包括以下一些内容。

（1）流体动力过程　符合流体力学原理的一些单元操作，如流体的输送、过滤、离心沉降、固体流态化等。

（2）热量传递过程　符合物质间热量交换基本规律的过程，如传热、蒸发等。

（3）物质传递过程　符合物质的质量从一相转移到另一相的传质理论的单元操作，如蒸馏、吸收、干燥等。

（4）热力过程　符合热力学原理的一些单元操作，如冷冻等。

三、单位制及单位换算

在化工过程中，有较多的化工计算，涉及多种物理量。如表示操作状态的有压强、温度等；表示物料性质的有密度、黏度、比热容等；表示设备几何尺寸的有长度、面积、管径等。要说明一个物理量的大小仅用数字是不够的，还必须与单位结合起来。我国实行法定计量单位。

化工生产中所用的物理量分为两类：①基本量，人为地选定几个彼此独立的物理量，如长度、时间等，量度这些基本量大小的单位称基本单位；②导出量，即基本量以外的其他物理量，可通过物理量之间的定义或定律从基本量导出来，其所用的单位称为导出单位。例如速度为路程与时间之比，可由长度和时间两个基本量导出，其单位 m/s 为导出单位。

国际计量会议制定的一种国际上统一的国际单位制，其代号为SI，单位是由基本单位（表 1）、辅助单位（指弧度和球面角）和具有专门名称的导出单位（表 2）构成的；国际单位制中用于构成十进倍数和分数单位的词头，列于表 3 中。

表 1　国际单位制的基本单位

量的名称	单位名称	单位符号	量的名称	单位名称	单位符号
长度	米	m	热力学温度	开尔文	K
质量	千克(公斤)	kg	物质的量	摩尔	mol
时间	秒	s	发光强度	坎德拉	cd
电流	安培	A			

表 2　国际单位制中具有专门名称的导出单位

量的名称	单位名称	单位符号	表示式
频率	赫兹	Hz	s^{-1}
力,重力	牛顿	N	$kg \cdot m/s^2$
压力(压强),应力	帕斯卡	Pa	N/m^2
能量,功,热	焦耳	J	$N \cdot m$
功率,辐射通量	瓦特	W	J/s
摄氏温度	摄氏度	℃	

注：1. 摄氏温度是按式 $t = T - 273.15$ 定义的，式中 t 为摄氏温度，T 为热力学温度。

2. 本表只列出本书常用单位。

表 3　国际单位制中用于构成十进倍数和分数单位的词头

所表示的因数	词头名称	词头符号	所表示的因数	词头名称	词头符号
10^6	兆	M	10^{-1}	分	d
10^3	千	K	10^{-2}	厘	c
10^2	百	h	10^{-3}	毫	m
10^1	十	da	10^{-6}	微	μ

注：只列出本书常用词头。

法定计量单位是以国际单位制的单位为基础，根据我国的情况，适当增加了一些其他单位构成的。国家选定的非国际单位制单位见表 4。另外，CGS 制与工程单位制中的基本单位见表 5。工程单位制中以"力"为基本量，用符号 kgf 表示。

表 4   国家选定的非国际单位制单位

量的名称	单位名称	单位符号	量的名称	单位名称	单位符号
时间	分	min	平面角	度	(°)
	[小]时	h	旋转角度	转每分	r/min
	天[日]	d	质量	吨	t
平面角	秒	(″)		原子质量单位	u
	分	(′)	体积	升	L(l)

表 5   CGS 制与工程单位制中的基本单位

项目	CGS 制				工程单位制			
量的名称	长度	质量	时间	温度	长度	力	时间	温度
单位符号	cm	g	s	℃	m	kgf	s	℃

同一物理量若用不同单位度量时，其数值需相应地改变。这种换算称为单位换算。单位换算时，需要换算系数。化工中常用的换算系数可从本书附录中查得。

若物体受地球引力作用产生 $g = 9.80665 \text{m/s}^2$ 的重力加速度，则作用于质量为 $m = 1\text{kg}$ 的物体上的重力为：$F = mg = 1 \times 9.80665\text{N}$。

物体在重力场中所受重力，就是物体的重量。因此，工程单位制中是把 SI 中的 9.80665N 重量，作为其 1kgf 重，故有 $1\text{kgf} = 9.80665\text{N}$。由于质量为 1kg 物体的重量为 1kgf，所以工程单位制中的重量与 SI 制中的质量数值相等。

【例 1】   通用气体常数 $R = 0.08206 \text{L} \cdot \text{atm/(mol} \cdot \text{K)}$，试用法定单位 $\text{J/(mol} \cdot \text{K)}$ 表示。

解：由附录已知 $1\text{L} = 10^{-3}\text{m}^3$，$1\text{atm} = 1.013 \times 10^5 \text{Pa}$，$1\text{Pa} = 1\text{N/m}^2 = 1\text{N} \cdot \text{m/m}^3 = 1\text{J/m}^3$

因此 $R = 0.08206 \times 10^{-3} \times 1.013 \times 10^5 = 8.313 [\text{m}^3 \cdot \text{Pa/(mol} \cdot \text{K)}]$

$$R = 8.313\text{J/(mol} \cdot \text{K)}$$

四、单元操作中的基本规律

研究化工生产各单元操作时，经常用五个基本概念来表达各单元操作的规律，即物料衡算、能量衡算、平衡关系、传递过程速率及经济核算。

（一）物料衡算

物料衡算依据质量守恒定律进行，进入和离开某一化工过程的物料质量之差，等于该过程中累积的物料质量，即

$$输入量－输出量＝累积量$$

对于连续操作的过程，若各物料量不随时间改变，即处于稳定操作状态时，过程中不应有物料的积累。则物料衡算关系为

$$输入量＝输出量$$

用物料衡算式可由过程的已知量求出未知量。物料衡算可按下列步骤进行：①首先根据题意画出物料的流程示意图，物料的流向用箭头表示，并标上已知量和待求量。②在写衡算式之前，要选定计算基准，一般选用单位进料量或排料量、时间及设备的单位体积等作为计算基准。在较复杂的流程图上应圈出衡算范围，列出衡算式，求解未知量。

【例 2】 将 5％（质量分数）乙醇水溶液以 10t/h 送入精馏塔，从塔顶蒸出的产品含 95％乙醇，从塔底放出的废水中含 0.1％乙醇，求塔顶乙醇的产量。若全部废水排放掉，每年（按 7200h 计）损失乙醇多少吨？

解： ①以乙醇精馏塔为衡算范围；②对乙醇水溶液，以其中的乙醇组分为衡算对象；③因连续操作，以每小时为衡算基准；④列出衡算式并求解。

设产品产量为 x，废水量为 y

按题意，精馏塔为连续稳定操作：

$$输入量＝输出量$$

全塔总物料衡算 　$10000＝x＋y$ 　　　　　　　　　　　　　　(1)

乙醇组分衡算式 　$0.05×10000＝0.95x＋0.001y$ 　　　　　(2)

联立式(1)、式(2) 得

产品量　$x＝516kg/h$

废水量　$y＝9484kg/h$

废水中乙醇量　$9484×0.0001＝9.484(kg/h)$

每年损失的乙醇　$9.484×7200＝68284.8(kg)≑68(t)$

（二）能量衡算

能量衡算主要涉及的是机械能和热能。能量衡算的依据是能量守恒定律。在稳定的过程中，输入能量应等于输出能量与体系能量累计之和。

即 　　　　　输入能量＝输出能量＋累积能量

能量衡算和物料衡算一样，既适用于物理变化过程，也适用于化学变化过程；既适用于化工生产过程系统，也适用于单个设备或一个过程。

通过热量衡算可以了解热量的利用和损失情况，确定过程中需要加入的热量，是生产工艺条件的确定、设备设计不可缺少的环节，也是评价技术经济效果的重要工具。

（三）平衡关系

任何一个物理或化学变化过程，在一定条件下必然沿着一定方向进行，最后达到动态平衡为止，平衡状态是过程变化的极限。以食盐溶解于水为例，在一定温度和一定量的水中，所投入的食盐在水中溶解，直至达到饱和为止。这时，从溶解到结晶这两个单一的过程来看，过程并没有停止，两者处于动态平衡状态。这说明一个过程在一定的条件下能否进行，以及进行到什么程度，都要通过平衡关系来判断。平衡关系是讨论许多过程的基本规律之一。

（四）过程速率

过程速率是指物理或化学变化过程进行的快慢。其计算通式表示如下

$$传递过程速率＝\frac{传递过程的推动力}{传递过程的阻力}$$

传递过程速率对于设备的工艺尺寸以及设备操作性能有决定性的影响。对于不同的传递过程，其速率、推动力和阻力的含义不同，如传热过程冷热流体的温差是推动力，过滤过程压差是推动力，而物质传递的推动力则是浓度差。

（五）经济核算

为了生产定量的某种产品所需要的设备，根据设备的型式和材料的不同，可以有若干设计方案。对同一台设备，所选用的操作参数不同，会影响设备费用和操作费用。因此，要用经济核算确定最经济的设计方案。

本章小结

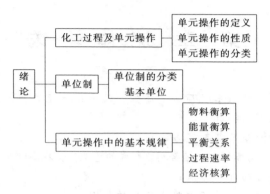

思考题与习题

一、思考题

1. 什么是化工单元操作？它具有哪些特点？按理论基础又分为哪几个基本过程？

2. 常见的单位制有几种？各有什么表示其基本量？kg 与 kgf 单位制之间的关系如何？

3. 国际单位制（SI）的基本单位有几个？为什么要推广国际单位制？

4. 化工单元操作中常用哪几个基本规律？

二、习题

1. SI 中质量为 1kg 的物体在重力场的作用下受到多大作用力？ （9.81N）

2. 一标准大气压（1atm）的压力等于 1.033kgf/cm²，单位换算成 N/m²。
（1.01×10⁵）

3. 通用气体常数 $R = 82.06$ atm·cm³/(mol·K)，将其换算成国际单位 kJ/(kmol·K)。 （8.314）

4. 燃烧某种含碳 79%、灰分 6% 的煤，所得煤渣中含灰分 90%、碳 10%（以上百分数均为质量百分数），试计算燃烧 100kg 煤所得煤渣重及碳的利用率（损失可忽略不计）。 （6.67kg，99.2%）

5. 设在一列管换热器中，用压强为 0.715kg/cm² 的饱和水蒸气加热空气。蒸汽的流量为 0.01kg/s，空气的流量为 1kg/s，冷凝液在饱和温度下排出。若在该温度范围内，空气的平均比热容为 1.01kJ/(kg·℃)，空气的进口温度为 20℃，试计算空气的出口温度（忽略热损失）。 （42.56℃）

第一章　流　体　输　送

学习目标

掌握流体的基本性质——压强、流量、流速的表示方法，几种压强单位之间的换算；

流体的流型及其判定方法；

流体的静力学方程、伯努利方程式的意义及其在实际生产中的应用；

流体阻力的计算方法；

理解流体流动过程中阻力产生的原因；

稳定流动和非稳定流动的区别；

了解几种流量计的结构及其测量原理，化工管路的基本知识。

能力目标

能应用机械能守恒方程式解决简单的管路计算问题，能分析不同类型的流体对阻力的影响；

能根据需要正确选用管子、管件和阀门，完成简单管路的布置。

第一节　概　　述

气体和液体统称为流体，在化学工业生产中，原料或加工后得到的半成品及成品等，很多都是流体。为了生产的需要，常将物料依次输送到各种设备中进行化学反应或物理变化。在化工厂中，管道排列纵横交错，与各种设备连接，完成了流体输送任务。除流体输送外，化工生产中的传热、传质过程也都在流体流动下进行。因此，流体流动过程的基本原理和规律性，对于传热、传质的单元操作也有很大的影响。

流体的体积如果不随压力及温度变化，这种流体称为不可压缩流体；如果随压力和温度变化，则称为可压缩流体。实际流体都是可压缩的。由于液体的体积随压力及温度变化很小，所以一般把它当作不可压缩流体；当压力及温度改变时，气体的体积会有很大的变化，应当属于可压缩流体。但是，如果压力和温度变化率很小时，气体通常也可以看作不可压缩流体处理。

第二节 流体静力学

流体的静止是流体运动的一种特殊形式。研究流体流动问题，一般先从静止流体这个特殊状态开始。流体静力学的任务是研究静止流体的内部压力变化规律。

一、流体的主要物理量

1. 密度

物质的质量除以体积简称为密度。

$$\rho = \frac{m}{V} \tag{1-1}$$

式中，ρ 为物质的密度，kg/m^3；m 为物质的总质量，kg；V 为物质的总体积，m^3。

（1）液体的密度 一般由实验测定，在运算中可以从物性数据手册中查取。温度对液体的密度有一定影响，例如，277K 水的密度为 $1000kg/m^3$；293K 水的密度为 $998.2kg/m^3$；373K 水的密度为 $958.4kg/m^3$。因此，在查用密度数值时，应注意所对应的温度。压强对液体密度的影响较小，一般可以忽略。

在一般工程计算中，当温度变化不大时，把密度当作常数。例如当温度不太高时，取水的密度为 $1000kg/m^3$；水银的密度为 $13600kg/m^3$。

化工生产中经常遇到液体混合物，其密度准确值需由实验测定，也可选用经验公式估算。

（2）气体的密度 气体具有可压缩性及膨胀性，其密度随温度和压力有较大的变化。在一般温度和压力下，气体的密度常用理想气体状态方程式近似计算。

由理想气体状态方程式

$$pV = nRT = (m/M)RT$$

气体的密度

$$\rho = \frac{m}{V} = \frac{pM}{RT} \tag{1-2}$$

式中，p 为气体的压力，kPa；T 为气体的温度，K；V 为气体的体积，m^3；M 为气体的摩尔质量，kg/kmol；R 为通用气体常数，取 8.314 kJ/(kmol·K)。任何气体的 R 值相同。R 的数值，随所用 p、V、T 等的单位不同而异。选用 R 值时，应注意其单位。

在手册中常可查得气体在标准状况（273K，101.3kN/m^2）下的密度 ρ_0，由式(1-2) 知

$$\frac{\rho}{\rho_0} = \frac{pT_0}{p_0 T}$$

因而可算出任意温度 T、压强 p 下的密度 ρ

$$\rho = \rho_0 \frac{pT_0}{p_0 T} \tag{1-3}$$

【例 1-1】 求氢气在 1.0atm、373K 时的密度。

解： 已知 $p = 1.0\text{atm} = 101.3\text{kN/m}^2$，$T = 373\text{K}$，$M = 2.016\text{kg/kmol}$，$R = 8.314\text{kJ/(kmol·K)}$

代入式(1-2) 得

$$\rho = \frac{pM}{RT} = \frac{101.3 \times 2.016}{8.314 \times 373} = 0.065 (\text{kg/m}^3)$$

混合气体的密度也可用式(1-3) 计算，此时应以混合气体的平均摩尔质量 M_m 代替式中的 m，平均摩尔质量 M_m 可按下式计算

$$M_m = M_1 x_1 + M_2 x_2 + \cdots + M_n x_n$$

式中，M_n、x_n 分别表示混合气体中各组分气体的摩尔质量和体积分数。

(3) 相对密度 物质的密度与参考物质的密度在各自规定的条件下之比，符号为 d，无量纲量。

工程上将参考物质的密度规定为 277K 纯水的密度，即 1000kg/m^3，所以流体的密度又可表示为

$$\rho = 1000 d_{277}^T \tag{1-4}$$

纯液体的密度可通过实验测得。不同单位制，密度的单位和数值都不同。液体混合物的密度，可选用经验公式估算。

工业上常用测定流体相对密度的方法来确定流体的密度。其做法是将比重计放在待测密度的液体中测出其液体的相对密度，然后按式(1-4) 计算出液体的密度。此外，也可从有关手册中查取常用液体的

密度或相对密度。表 1-1 列举了某些常用液体/溶液在 20℃时的密度。

表 1-1　某些常用液体/溶液在 20℃ 时的密度

名　称	密度/(kg/m³)	名　称	密度/(kg/m³)
水	998	31.5%盐酸	1157
25%NaCl 盐水	1186(25℃)	50%氢氧化钠	1525
25%CaCl₂ 盐水	1228	苯	879
汞	13546	酒精	793
二硫化碳	1263	100%甘油	1261
98%硫酸	1836	丙酮	792
95%硝酸	1493	汽油	760
100%醋酸	1049	煤油	780~820

对于某些气体的相对密度，则用它在标准状况下的密度与干空气密度之比来表示。表 1-2 为某些气体的密度和相对密度。

表 1-2　某些气体的密度和相对密度

名　称	密度/(kg/m³)	相对密度	名　称	密度/(kg/m³)	相对密度
空气	1.293	1	甲烷	0.71268	0.554
氮气	1.2505	0.96	乙炔	1.1747	0.907
氨	0.77140	0.596	乙烯	1.26035	0.975

【**例 1-2**】 已知煤油的相对密度是 0.8，试求它的密度？

解：由式(1-4) 可知

$$\rho = 1000 d_{277}^{T} = 1000 \times 0.8 = 800 (\text{kg/m}^3)$$

【**例 1-3**】 某管路每小时输送 20℃ 的 98%硫酸 10t，求每小时输送多少立方米的硫酸？

解：从表 1-1 中查得 20℃ 98%硫酸的密度 $\rho = 1836\text{kg/m}^3$；$m = 10\text{t} = 10000\text{kg}$

由　　　　　　　　$\rho = \dfrac{m}{V}$　可得出　$V = \dfrac{m}{\rho}$

所以每小时通过硫酸的体积为

$$V = \frac{m}{\rho} = \frac{10000}{1836} = 5.45 (\text{m}^3)$$

（4）**质量体积（比容）**　体积除以质量称为质量体积，用符号 v 表示，单位为 m³/kg。

由质量体积的定义知，它是密度的倒数，故流体的密度也可表示为

$$\rho = 1/v$$

2. 流体的压力（压强）

（1）压力　垂直作用于流体单位面积上的力称为流体的静压力（也称为静压强），简称压力或压强，用符号 p 表示，其单位为 Pa。

$$p = \frac{F}{S} \tag{1-5}$$

用液柱高度表示压力时，因 $F = mg = V\rho g = Sh\rho g$，代入上式中

故 $$p = \rho g h \tag{1-6}$$

或 $$h = \frac{p}{\rho g} \tag{1-7}$$

式中，F 为力，N；S 为面积，m^2；h 为液柱高度，m；ρ 为液体的密度；g 为重力加速度，m/s^2。

由式(1-7)可见，h 为该液体在压力 p 作用下产生的高度。液体一定时，h 与 p 呈正比关系。

同一压力，h 与 ρ 呈反比关系，且与液体的种类有关，ρ 值不同其 h 值也不同。因此，用液柱高度来表示流体的压力时，必须注明是何种液体，该液体一般按常温确定 ρ 值，若注明了温度则应按注明的温度确定 ρ 值。

在物理单位制中，压力常使用物理大气压或标准大气压（atm）、毫米水柱（mmH_2O）、米水柱（mH_2O）、毫米汞柱（mmHg）。在工程单位制中，压力常用工程大气压（at）。这些单位不属于国际单位制，目前在生产或生活中仍有应用。不同单位制间的压力换算系数可见表 1-3 或查附录。

表 1-3　不同单位制间的压力换算系数

单 位 名 称	符　号	换算成法定计量单位的换算系数
巴	bar	10^5 Pa
千克力每平方厘米	kgf/cm^2	98.0665kPa
工程大气压	at	98.0665kPa
标准大气压	atm	101.325kPa
毫米汞柱	mmHg	133.322Pa
毫米水柱	mmH_2O	9.80665Pa

（2）压力的表示法　在生产中，测压仪表所测的压力为表压，不是真实压力。而在公式计算中，一般都要用真实压力，真实压力

又称绝对压力。以绝对零压为起点的压力称为绝对压力，简称绝压。以大气压为起点，比大气压高的部分压力称为表压；比大气压低的那部分压力称为真空度（又称负表压）。三者关系如图 1-1 中 A、B 两点状态所示。

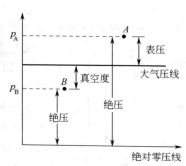

可见　　　绝压＝表压＋大气压

绝压＝大气压－真空度

图 1-1　绝压、表压、真空度的关系

必须指出：大气压随温度、湿度和海拔高度而变。故同一表压，在不同地区的绝压是不相同的，同一地点的绝压也随季节变化。在实验中，要用到压力时，必须测出当时当地的大气压。

【例 1-4】　某台离心泵进、出口压力表读数分别为 220mmHg（真空度）及 1.7kgf/cm^2（表压）。当地大气压强为 760mmHg，试求它们的绝对压力为若干（以法定单位制表示）？

解：泵进口绝对压力 $p_1 = 760 - 220 = 540 \text{(mmHg)} = 72 \text{(kPa)}$

泵出口绝对压力 $p_2 = 1.7 \times 98.0665 + 760 \times 133.322 \times 10^{-3}$

$= 268 \text{(kPa)}$

【例 1-5】　在兰州操作的苯乙烯精馏塔塔顶的真空度为 620mmHg，问在天津操作时，如果维持相同的绝对压强，真空表读数应为多少？兰州地区的大气压强为 640mmHg，天津地区的大气压强为 760mmHg。

解：根据兰州地区的条件，求得操作时塔顶的绝对压强。

绝压＝大气压－真空度＝$640 - 620 = 20 \text{(mmHg)}$

在天津操作时，维持同样绝对压强，则

真空度＝大气压－绝压＝$760 - 20 = 740 \text{(mmHg)}$

二、流体静力学基本方程式

1. 流体静力学基本方程式

在重力场中，流体在重力和压力的作用下达到静力平衡，因而处于相对静止状态。重力是不变的，但静止流体内部各点的压力是不同的。即在不同高度的水平面上，流体的静压力不同。

在图 1-2 所示容器内的静止液体，其密度为 ρ。在静止液体中

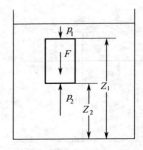

图 1-2　静止液体内部力的平衡

任意取一垂直液柱，上下底面积均为 S，以容器底面为基准水平面，并设液柱上、下底与基准面的垂直距离分别为 Z_1 和 Z_2。

设作用于上底的流体静压强为 p_1，则总作用力为 $F_1 = Sp_1$，其方向向下；作用于下底的流体静压强为 p_2，则总作用力为 $F_2 = Sp_2$，其方向向上；液柱的重力为 $F = mg = gS(Z_1 - Z_2)\rho g$，其方向向下。

液柱处于平衡状态时，在垂直方向上各力的代数和应为零，即

$$p_1 + F_1 - p_2 = 0$$

将 p_1、p_2 和 F 代入，得

$$Sp_1 + S(Z_1 - Z_2)\rho g - Sp_2 = 0$$

整理得

$$p_2 = p_1 + (Z_1 - Z_2)\rho g \qquad (1\text{-}8)$$

若将液柱上底取在液面，并设液面上方的压强为 p_0，液柱高度 $h = Z_1 - Z_2$，则式(1-8)可改写为

$$p_2 = p_0 + h\rho g \qquad (1\text{-}9)$$

式(1-8)和式(1-9)均称为静力学基本方程式，它们表明了静止流体内部压力变化的规律，可以看出：

① 在静止的液体中，液体任一点的压强与液体密度和其深度有关，液体密度越大，深度越大，则该点的压力越大；

② 当液体上方的压强 p_0 或液柱内部任一点的压强 p_1 有变化时，必将使液体内部其他各点的压强发生同样大小的变化；

③ 在连通的同一种静止液体内部，同一水平面的流体压强相等，或是压强相等的两点必在同一水平面上。

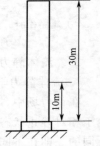

图 1-3　例 1-6 附图

【例 1-6】 某塔高 30m。进行水压试验时，距底 10m 高处的压力表读数为 500kN/m^2。求塔底处水的压强。当时塔外大气压强为 100kN/m^2。见图 1-3。

解：塔中部压力表处的水压力

$$p_1 = 500 + 100 = 600(\text{kN/m}^2)$$

由　　　　　　　　$$p_2 = p_1 + (Z_1 - Z_2)\rho g$$

已知 $\rho = 1000\text{kg/m}^3$；取塔底为基准水平面，则压强表处的高度 $Z_1 = 10\text{m}$，塔底高度为 $Z_2 = 0\text{m}$，塔顶高度 $Z_2' = 30\text{m}$ 代入静力学基本方程，得

塔底处水压强

$$p_2 = 600 \times 10^3 + (10 - 0) \times 1000 \times 9.81$$
$$= 698.1 \times 10^3 (\text{N/m}^2)$$

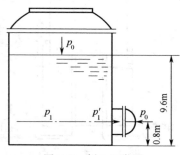

图 1-4　例 1-7 附图

【例 1-7】 见图 1-4，贮油罐中盛有相对密度为 0.96 的重油，油面高于罐底 9.6m，油面上方为常压。在罐侧壁的下部有一直径为 0.6m 的圆孔，并装有孔盖，其孔中心距罐底为 0.8m，试求作用于孔盖上的总压力为多少？

解： 欲求作用于孔盖上的总压力，则应先求出作用于孔盖上的平均压强 p_1'。通过孔盖中心作水平面，设此平面上的流体静压强为 p_1，因在此平面上各质点与罐底距离相等，因此在此面上各质点的压强相等，即

$$p_1' = p_1$$

故　　　　　　　　$$p_1' = p_1 = p_0 + (Z_0 - Z_1)\rho g$$

同时，孔盖外侧承受大气压强的作用，方向与 p_1' 相反，所以孔盖实际受的压强

$$\Delta p = p_1' - p_0$$

即　　　　　$$\Delta p = [p_0 - (Z_0 - Z_1)\rho g] - p_0 = (Z_0 - Z_1)\rho g$$
$$= (9.6 - 0.8) \times 960 \times 9.81 = 82.87(\text{kN/m}^2)$$

孔盖的面积　　$$A = \frac{\pi}{4}D^2 = 0.785 \times 0.6^2 = 0.283(\text{m}^2)$$

所以孔盖实际所受总压力

$$F = \Delta p \times A = 82.87 \times 0.283 = 23.45(\text{kN})$$

【例 1-8】 某厂原料气柜内径为 9m，钟罩及附件的质量一共有 10t。问：①气柜内气体压强多大时，才能将钟罩顶起来？②气柜内储气量增加时（钟罩升高）压强是否变化？③钟罩内外的水位差是多少？（计算时可以忽略钟罩浸入水中部分所受的浮力）。

解： 见图 1-5，设气柜内气体压强为 p，气柜外大气压强为 p_0。

① 钟罩内气体除了受到钟罩及附件的重力作用外，还受到大气的压力。因此如能将质量为 10t 的钟罩顶起来，气柜内原料气的压强必定大于（起码

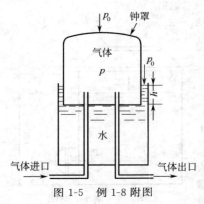

图 1-5 例 1-8 附图

等于）以上两者压强的和。

即 $p \geqslant p_0 + \dfrac{10 \times 1000 \times 9.81}{\dfrac{\pi}{4} \times 9^2}(\text{N/m}^2)$

$p - p_0 \geqslant 1542.0(\text{N/m}^2)$

所以当钟罩内气体的压强（表压）$\geqslant 1542.0 \text{N/m}^2$ 时钟就能顶起来。

② 气柜内储气量增加，钟罩上升，气体体积也增加，故气柜内气体压强不变。

③ 以钟罩底边为基准水平面，钟罩内外水位差为 h，则

$$p = p_0 + h\rho g$$
$$p - p_0 = h\rho g = 1542.0(\text{N/m}^2)$$

故

$$h = \frac{1542.0}{1000 \times 9.81} = 0.157(\text{m})$$

2. 静力学方程在化工生产中的应用

（1）液柱压差计　如图 1-6 所示，在 U 形的玻璃管内装有指示液 A，其密度应大于被测流体的密度，且不溶于被测流体，不起化学反应。这种压强计，可用来测一点的压强，或两点的压强差。

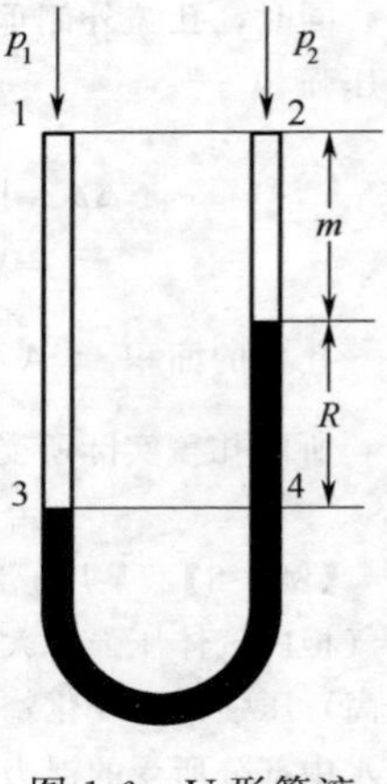

将 U 形管的两端分别与测压点 1、2 用软管相连接，U 形管内指示液以上的空间和软管中应充满密度为 ρ 的被测液体。当被测点 1、2 的压力为 $p_1 > p_2$ 时，则指示液在 U 形管两侧出现液面高差 R，R 值越大，两点压强差就越大。

U 形管下部指示液的密度为 ρ_i，上部被测流体的密度为 ρ。由于 U 形管内的指示液是静止的。根据流体静力学原理，取等压面 3—4。则

$$p_3 = p_1 + (m + R)\rho g$$
$$p_4 = p_2 + m\rho g + R\rho_i g$$

图 1-6　U 形管液柱压强计

因为 $$p_3 = p_4$$

所以 $$p_2 + m\rho g + R\rho_i g = p_1 + (m+R)\rho g$$

简化上式，得

$$p_1 - p_2 = R(\rho_i - \rho)g \qquad (1\text{-}10)$$

由式(1-10) 可知，($p_1 - p_2$) 只与读数 R 和两流体的密度差有关。U 形管的粗细、长短对所测结果没有影响。

为了使读数 R 值大小适当，应选用密度适宜的指示液。常用的指示液有水银、四氯化碳、水、煤油等。

测量气体时，由于气体的密度比指示液的密度小得多，$\rho_i - \rho \approx \rho_i$，式(1-10) 可简化为

$$p_1 - p_2 = R\rho_i g \qquad (1\text{-}11)$$

如果所选用的指示液的密度比被测流体的密度小，则在安装时 U 形管应倒置，如图 1-7 所示。倒 U 形管压差计的计算式相应为

$$p_1 - p_2 = R(\rho - \rho_i)g \qquad (1\text{-}12)$$

如用 U 形管压差计测一点的压强时，则将 U 形管的一端与测压点连接，另一端与大气相通。此时，U 形管的读数 R 表示测压点的绝对压强与大气压强的差值。如 R 在通大气的一侧，则为测压点的表压；如 R 在测压点一侧，则为真空度。

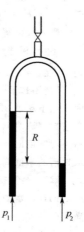

图 1-7　倒 U 形管压差计

【**例 1-9**】　用 U 形管测量管道中 1、2 两点的压强差，分别以 N/m^2 和 mH_2O 表示。已知管内流体为水，指示液为四氯化碳，压强计的读数为 40cm。

解：已知 $R = 40cm = 0.4m$；$\rho_i = 1595kg/m^3$（查附录）；$\rho = 1000kg/m^3$

代入式(1-10) 得

$$p_1 - p_2 = 0.4 \times (1595 - 1000) \times 9.81 = 2334(N/m^2)$$
$$= 0.248(mH_2O)$$

【**例 1-10**】　如在上题管道中流体是密度为 $2.5kg/m^3$ 的气体，指示液仍为四氯化碳，U 形管读数仍为 40cm，试求：①管道中 1、2 两点的压强差，以 N/m^2 表示；②如将 U 形管中的指示液改为水银，其密度为 $13600kg/m^3$，则读数 R 应为多少毫米？

解： ① 将 R、ρ_i 代入式(1-11) 得

$$p_1 - p_2 = 0.4 \times 1595 \times 9.81 = 6250 (\text{N/m}^2)$$

② 若改用水银为指示液，则

$$p_1 - p_2 = 6250 = R \times 13600 \times 9.81$$

解上式得 $R = 0.046 = 46 (\text{mm})$

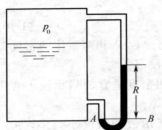

（2）**液面测定** 图 1-8 为用液柱压差计测定液面的示意图。将 U 形管压差计的两端分别与容器上面空间和容器底部相连接，压差计的读数 R 和容器中液面的高度成正比，所以由 R 值可知液面高度。

图 1-8 用液柱压差计测定液面

【例 1-11】 如图 1-8 中所示的容器内存有密度为 800kg/m^3 的油，U 形管内指示液为水银，读数 200mm。求容器内油面高度。

解： 设容器上方气体的压强为 p_0，油面高度为 h。已知 $\rho_{油} = 800\text{kg/m}^3$；$\rho_{水银} = 13600\text{kg/m}^3$；$R = 200\text{mm} = 0.2\text{m}$，取等压面 A-B，则 $p_A = p_B$。根据静力学基本方程式

$$p_A = p_0 + h\rho_{油}\,g, \quad p_B = p_0 + R\rho_{水银}\,g, \quad 即 \ h = R\rho_{水银}/\rho_{油}$$

代入数据解得 $h = 0.2 \times 13600/800 = 3.4 (\text{m})$

（3）**液封高度** 化工生产中为了操作安全，在一些场合采用液封装置。

【例 1-12】 见图 1-9，为了控制乙炔发生炉内压强不超过 80mmHg（表压），在炉外装有安全液封（称水封）装置，其作用是当炉内压强超过规定值时，气体就会从水封管排出。试求水封槽的水面高出水封管口的高度。

解： 安全操作时，炉内的最高表压为 80mmHg，水封管内充满气体，水封槽水面的高度保持 h。

已知 $\rho_{水} = 10^3\text{kg/m}^3$，以水封管口水平面 1-2 为基准面，故 $p_1 = p_2$

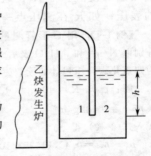

图 1-9 例 1-12 附图

$$p_1 = 炉内压强 = 80 \times 133.3 (\text{N/m}^2)$$

$$p_2 = h\rho_{水}\,g = 9.81 \times 10^3 h (\text{N/m}^2)$$

即 $\qquad\qquad 9.81\times10^3 h=80\times133.3$

解得 $\qquad\qquad h=1.087(\mathrm{m})$

第三节　流体动力学

流体动力学是研究流体在外力作用下的运动规律，即研究作用在流体上的力与流体运动之间的关系。

化工厂中流体大多是沿密闭的管道流动，因此研究管内流体流动的规律是十分必要的。

一、基本概念

1. 流量和流速

（1）**流量**　即单位时间内流经管道任一截面的流体量。

① **体积流量**　即单位时间内流经管道有效截面的流体体积，用符号 q_V 表示，其单位为 $\mathrm{m^3/s}$ 或 $\mathrm{m^3/h}$。有效截面指与流体流动方向垂直，且被流体充满的流道截面积。

② **质量流量**　即单位时间内流经管道有效截面的流体质量，用符号 q_m 表示，其单位为 $\mathrm{kg/s}$ 或 $\mathrm{kg/h}$。

质量流量与体积流量的关系为

$$q_m=q_V\rho \qquad\qquad (1\text{-}13)$$

（2）**流速**　即单位时间内流体在流动方向流过的距离。

① **平均流速**　流体流经管道截面上各点的速度是不同的。管道中心处的流速最大，靠近管内壁流速越小，在管壁处流速为零。流体在截面上某点的流速，称点流速。流体在同一截面上各点流速的平均值，称为平均流速，用符号 u 表示，单位为 $\mathrm{m/s}$。

② **质量流速**　单位时间内流过单位有效截面的流体质量称质量流速，以符号 G 表示，单位为 $\mathrm{kg/(m^2\cdot s)}$。

上述各种流量和流速间的相互关系如下：

（a）体积流量　$q_V=uS$　　　（b）质量流量　$q_m=q_V\rho=uS\rho$

（c）平均流速　$u=q_V/S$　　　（d）质量流速　$G=q_m/S=u\rho$

（a）和（b）为常用的流量方程。

由于气体的体积随温度、压力变化，当用体积流量和平均流速表示气体时，须注明温度和压力条件。用质量流量和质量流速表示气体就比较方便。

（3）管道直径的估算　对内径为 d 的圆形导管，则管子的截面积 $S=(\pi/4)d^2$，代入流量方程式，得

$$u=\frac{4q_V}{\pi d^2}=\frac{q_V}{0.785d^2}$$

$$d=\sqrt{\frac{4q_V}{\pi u}} \tag{1-14}$$

式(1-14)是计算管径的基本公式。当流量为定值时，必须选定流速，才能确定管径。根据生产实践，几种流体的适宜流速范围列于表1-4，可供选用参考。

表 1-4　几种流体的适宜流速范围

流 体 种 类	流速范围/(m/s)	流 体 种 类	流速范围/(m/s)
水及一般液体	1～3	饱和蒸汽	
黏度大的液体	0.5～1	（3MPa 表压以下）	20～40
常压下一般气体	10～20	（8MPa 表压以下）	40～60
		（36MPa 表压以下）	80
高压气体	15～25	过热蒸汽	30～50

【例 1-13】　某水管中水的流量为 $45\text{m}^3/\text{h}$，试选择水管的型号。

解：已知 $q_V=45\text{m}^3/\text{h}=45\text{m}^3/3600\text{s}$，根据表 1-4 取适宜流速 $u=1.5\text{m/s}$。

代入，$d=\sqrt{\dfrac{4q_V}{\pi u}}=\sqrt{\dfrac{4\times45/3600}{3.14\times1.5}}=0.103(\text{m})=103(\text{mm})$

参考本书附录，管子规格中没有内径正好为 103mm 的，所以选用公称直径为 100mm 的水管其外径为 114mm，壁厚为 4mm，内径为 $(114-2\times4)=$ 106mm。因选定管子内径比计算值大，则流速比原来选取小。如果需要流速的正确值，可用下式核算，即

$$u=u_{\text{计}}(d_{\text{计}}/d)^2 \tag{1-15}$$

式中，$u_{\text{计}}$ 为计算时选取的适宜流速，m/s；$d_{\text{计}}$ 为计算出的管子内径，m；d 为最后选定的管子内径，m。

本例的实际流速为

$$u=1.5\times(103/106)^2=1.5\times0.947=1.42(\text{m/s})$$

2. 稳定流动和不稳定流动

（1）稳定流动　流体在流动时，任一截面处的流速、流量和压强等与流量有关的物理量都不随时间而变化，这种流动称为稳定流动。如图 1-10 所示的水槽，因上面不断加水，又有溢流装置，使槽内水位维持不变，则放水管任一截面处的流速、压强等均不随时间而变化，即属于稳定流动。

（2）不稳定流动　流体在流动时，任一截面处的流速、流量和压强等与流动有关的物理量随时间而变化，这种流动称为不稳定流动。如图 1-11 所示的水槽，因上面没有水补充，随着槽中的水被放出，槽中的水位逐渐降低，所以放水管中的流速、压强也逐渐降低，即属于不稳定流动。

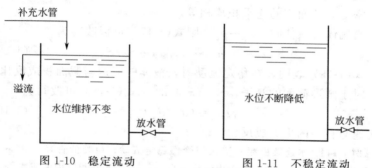

图 1-10　稳定流动　　　　　　　图 1-11　不稳定流动

化工生产中，流体流动情况多属于稳定流动。不稳定流动仅在某些设备的开停车时发生。本章只讨论稳定流动。

二、稳定流动的连续方程

如图 1-12 所示，流体在截面 1-1 和截面 2-2 间一段管路中作稳定流动，流体从截面 1-1 流入，从截面 2-2 流出。当管路中的流体形成稳定流动时，管中必定充满流体，换句话说，流体必定是连续流动的。这种流体连续的特性，称为稳定流体的连续性。

稳定流动的管路中，流

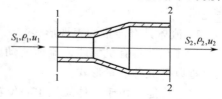

图 1-12　稳定流动连续性方程式的推导

体保持连续的实际意义是，稳定流动系统中物料的质量保持不变。如该段管路没有另外的流体流入和漏损，则按质量守恒的原则，入口截面 1-1 处的质量流量 q_{m1} 必等于出口截面 2-2 处的质量流量 q_{m2}，即

$$q_{m1} = q_{m2} \tag{1-16}$$

式（1-24）称为稳定流动连续性方程。

设流体的流速和密度，在 1-1 处为 u_1、ρ_1，在 2-2 处为 u_2、ρ_2；管路的截面积，在 1-1 处为 S_1，在 2-2 处为 S_2；则 $q_{m1} = S_1 u_1 \rho_1$，$q_{m2} = S_2 u_2 \rho_2$，代入式（1-16），可得

$$S_1 u_1 \rho_1 = S_2 u_2 \rho_2 \tag{1-17}$$

式（1-17）表明，在稳定流动的管路中，任一截面处流体的流速、密度与截面积的连乘积均相等。

当流体为液体时，$\rho_1 = \rho_2$，则式（1-17）可以改写为

$$S_1 u_1 = S_2 u_2 \quad 或 \quad u_1/u_2 = S_2/S_1 \tag{1-18}$$

式（1-18）表明，在稳定流动时，液体的流速与截面积成反比。

对于圆形截面的管子，$S = (\pi/4)d^2$，式（1-18）可改写为

$$u_1/u_2 = (d_2/d_1)^2 \tag{1-19}$$

即流速与直径的平方成反比。

【例 1-14】　水连续由粗管流入细管作稳定流动，粗管的直径为 80mm，细管的内径为 40mm。水在细管内的流速为 3m/s，求水在粗管内的流速。

解： 已知：$u_2 = 3$m/s，$d_2 = 40$mm，$d_1 = 80$mm，根据液体的连续性方程式

$$u_1/u_2 = (d_2/d_1)^2$$

粗管内的流速 $u_1 = 3 \times (40/80)^2 = 0.75$ (m/s)

三、伯努利方程式

流体稳定流动时，流体能量变化的规律，可用伯努利方程式来说明。

1. 流体具有能量的表现形式

流体流动具有机械能，流体流动时一些能量形式发生着变化，主要指以下五种能量形式。

（1）位能　由于流体质量中心位置的高低而具有的能量，称为位能。位能等于把流体提升到它的位置所需的功。计算流体位能，

必须先选定一个基准水平面。

设有质量为 m 流体，它的质量中心在基准水平面上的高度为 Z，则

$$位能 = mgZ \qquad N \cdot m \text{ 或 } J$$

（2）动能　由于流体有一定的流速而具有的能量，称为动能。流体动能的计算方法和固体相同。m 流体，当其流速为 u 时

$$动能 = \frac{1}{2}mu^2 \qquad N \cdot m \text{ 或 } J$$

（3）静压能　流体处在一定压力下所具有的能量。

流动流体内部与静止流体内部一样，任一处都有一定的静压力存在。若输水管壁上出现一锈蚀小孔，水会经小孔喷射一定的高度，此高度即为静压力的表现。显然，水的压力越大，经小孔喷射的高度越高。流体在某截面处具有一定的压力 p，这就需要后面的流体做一定的功，才能通过该截面流入系统，于是流体就带着与此相当的能量进入系统。作用力 $F = pS$，体积为 V 的流体所经的距离 $L = V/S$，则与此功相当的静压能为

$$静压能 = FL = pV = mp/\rho$$

静压能的单位　$\dfrac{N}{m^2} \cdot m^3 = N \cdot m = J$

（4）外加能量　流体通过流动系统中的输送机械时所获得的能量。如泵将外部能量（电能）转化为流体所需的机械能，外加能量用符号 E 表示。

（5）损失能量　流体流动时因克服摩擦阻力而消耗的部分能量。这部分能量在流动过程中转化为热，散失于周围的环境中或使流体温度略有升高，由于这部分能量不能回收而损失掉了，损失能量用符号 E_f 表示。

位能、动能、静压能为流体具有的机械能；外加能量应列为

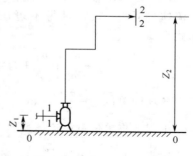

图 1-13　能量衡算

输入系统的能量，损失能量应列为输出系统的能量。

外加能量和损失能量的单位必须与机械能的单位统一。

2. 实际流体的伯努利方程式

在图 1-13 所示的稳态流动系统中，通过能量衡算，可以得出流体流动时的伯努利方程式。

衡算范围：截面 1-1 至截面 2-2 之间；基准水平面：0-0 地面。

输入截面 1-1 的总能量　$E_1 = mZ_1g + \dfrac{1}{2}mu_1^2 + \dfrac{mp_1}{\rho_1} + mE$

输出截面 2-2 的总能量　$E_2 = mZ_2g + \dfrac{1}{2}mu_2^2 + \dfrac{mp_2}{\rho_2} + mE_f$

因为　$E_1 = E_2$

所以　$mZ_1g + \dfrac{1}{2}mu_1^2 + \dfrac{mp_1}{\rho_1} + mE = mZ_2g + \dfrac{1}{2}mu_2^2 + \dfrac{mp_2}{\rho_2} + mE_f$

$$\tag{1-20}$$

（1）以单位质量（kg）流体为衡算基准　在流体流动过程中，对不可压缩流体则 $\rho_1 = \rho_2 = \rho =$ 常数。

将式（1-20）各项除以流体的质量 m，可得不可压缩流体伯努利方程式。

即　　　$Z_1g + \dfrac{u_1^2}{2} + \dfrac{p_1}{\rho} + E = Z_2g + \dfrac{u_2^2}{2} + \dfrac{p_2}{\rho} + E_f$ 　　　(1-21)

上述式中，$E = Hg$，$E_f = h_f g$。

各项的单位为 J/kg。

（2）以单位重量（N）流体为衡算基准　将式（1-20）各项除以流体的重量 mg，可得不可压缩流体伯努利方程的另一表达形式。

$$Z_1 + \dfrac{u_1^2}{2g} + \dfrac{p_1}{\rho g} + H = Z_2 + \dfrac{u_2^2}{2g} + \dfrac{p_2}{\rho g} + h_f \tag{1-22}$$

各项的单位为 $\dfrac{\text{N} \cdot \text{m}}{\text{N}} = \text{m}$

工程上将单位重量流体所具有的各种形式的能量统称为压头，即位压头（Z）、动压头（$\dfrac{u^2}{2g}$）、静压头（$\dfrac{p}{\rho g}$）、外加压头（H）和损失压头（h_f）等。

（3）以单位体积（m^3）流体为衡算基准 将式（1-20）各项除以 m/ρ，则

$$Z_1\rho g + \frac{u_1^2\rho}{2} + p_1 + \rho E = Z_2\rho g + \frac{u_2^2\rho}{2} + p_2 + \rho E_f \qquad (1\text{-}23)$$

各项的单位为 $\dfrac{N \cdot m}{m^3} = \dfrac{N}{m^2} = Pa$

单位体积流体所具有的能量变为压力单位。将式（1-21）各项乘以密度 ρ 也可得式（1-23）。可见，在实际生产和管路阻力计算中，用压力的变化来表示能量的损失大小是可行的，常称为压力降。

常用的不可压缩流体伯努利方程为式（1-21）和式（1-22）。伯努利方程和连续性方程是研究流体稳态流动时常用的两个最基本的规律。

3. 伯努利方程式的讨论

① 若流体流动时无能量损失，又无外加能量时，则式（1-21）可简化为

$$Z_1 g + \frac{u_1^2}{2} + \frac{p_1}{\rho} = Z_2 g + \frac{u_2^2}{2} + \frac{p_2}{\rho} \qquad (1\text{-}24)$$

从该式可见，在管路任一截面上流动流体的各项机械能之和相等，即总机械能为一常数；但不同截面上每一种机械能不一定相等，各项机械能可以相互转换。例如由粗细管组成的水平管路内，水连续稳态地从粗管流入细管，在细管某截面处一部分静压能转变为动能。

式（1-24）常称为理想流体的伯努利方程式。理想流体的特征是密度不随压力变化，没有内摩擦力，不具有黏性，流动时没有阻力。实际上并不存在真正的理想流体，但这种设想对解决工程实际问题具有重要意义。实际液体的可压缩性很小，热膨胀系数也不大，以水为例，压力增加 101.3kPa，其体积减小 0.0044% ～ 0.0047%；当压力增加 10.13MPa 时，体积仅减少 $\dfrac{1}{200}$，从这些方面看，实际液体接近理想流体（只有当液体流动时的摩擦阻力很小

或可以忽略时）。

② 对可压缩流体（气体）的流动，若两截面间系统的压力变化，小于原来压力的 20%（即 $\dfrac{p_1-p_2}{p_1}<20\%$）时，仍可用式（1-21)～式（1-24）进行计算。但流体的密度要用两截面间的平均值代替，即平均密度 $\rho_m=\dfrac{\rho_1+\rho_2}{2}$，所导致的误差在工程计算中是允许的。

③ 式（1-21）～式（1-23）中的外加能量 E 或外加压头 H 是确定流体输送机械功率的重要依据。在单位时间内输送机械对流体所做的有效功称为有效功率，用符号 N 表示，单位为 J/s 或 W。

则
$$N=q_m E \tag{1-25}$$
或
$$N=q_m Hg \tag{1-26}$$

式中，q_m 为质量流量，kg/s。

外加能量为输入系统的能量，应用伯努利方程时，要加在流动系统的上游侧截面上。

④ 损失能量的数值永远是正值，是输出系统的能量，应用伯努利方程时，要加在流动系统的下游侧截面上。损失能量是应用伯努利方程式的前提条件，将在下节中讨论有关计算。

⑤ 若系统中的流体是静止的，则 $u=0$；流体不流动自然没有阻力，也不需要外加能量，即 $E_f=0$、$E=0$。式（1-21）可写成

$$Z_1 g+\frac{p_1}{\rho}=Z_2 g+\frac{p_2}{\rho}$$

此式是静力学基本方程式的又一表达形式。由此可见，伯努利方程式不仅表达了流体流动的基本规律，而且还包含了流体静止状态时的基本规律，流体的静止状态不过是流动状态的一种特殊形式。

4. 伯努利方程式的应用

式（1-21）和式（1-22）为不可压缩流体的能量衡算式，是最常用的伯努利方程形式。几乎所有的流体流动问题都可以应用该方程来解决，在工程上主要解决下述流体流动的有关问题。

（1）伯努利方程应用注意事项

① 作示意图　在计算前可根据题意画出流程示意图，标出流动方向，列出主要数据，使计算系统清晰，有助于正确理解题意。

② 选取截面　截面的选取实质是在划定能量衡算范围，两截面间的流体应是连续、稳态流动的；截面应与流向垂直；截面上的已知条件应最多，并包含欲求的未知数；求外加能量时，输送机械应在衡算范围内；选贮槽、设备的液面为截面时，因其截面积远大于管道截面积，可视大截面上的速度为零；选敞口贮槽液面或通大气的管出口为截面时，可取该截面上的压力为大气压力。正确选取截面有利于计算。

③ 选取基准水平面　原则上可任意选取基准面而不影响位能的计算结果。但要计算方便，一般可取地平面或两截面中位置低的那个截面作基准水平面；要以截面的中心位置计算距基准面的垂直距离，取基准面以上的垂直距离为正值，在基准面以下的为负值。

④ 统一计量单位　采用不同衡算基准计算时，方程式中各项能量的单位要一致；方程两边的压力同时用绝压或表压均可，但要统一，用表压时必须注明。

（2）确定送料的压缩气体的压强　在生产车间，对液体近距离输送，特别是有些腐蚀性强的液体，往往采用压缩空气或惰性气体来压料，这时就要估计所用压缩气体的压强。

【例 1-15】某车间用压缩气体来压送 98% 浓硫酸，每批压送量为 $0.3m^3$，要求 10min 内压送完毕。硫酸的温度为 293K。管子为 $\phi 38 \times 3mm$ 的钢管，管子的出口在硫酸贮槽液面上的垂直距离为 15m，设损失能量为 10J/kg。试求开始压送时压缩空气的表压强（N/m^2）。

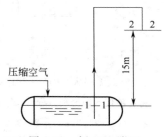

图 1-14　例 1-15 附图

解：压送硫酸装置如图 1-14 所示，贮槽液面 1-1 为基准面，管子出口截面 2-2。

由伯努利方程式

$$gZ_1 + p_1/\rho + u_1^2/2 + E = gZ_2 + p_2/\rho + u_2^2/2 + E_f$$

得

$$p_{1表} = (Z_2 - Z_1)\rho g + (u_2^2 - u_1^2)\rho/2 + p_{2表} + (E_f - W)\rho g$$

由题设知：$E_f = 10J/kg$；$H = 0$（管路中无外加功）；$p_{2表} = 0$；$Z_1 = 0$；$Z_2 = 15m$；$\rho = 1840kg/m^3$（附录中查得）。

硫酸在管内流速 u_2，由流量方程式求得，即

$$u_2 = \frac{q_V}{\frac{\pi}{4}d^2}$$

已知　　　　　$d = 38 - 2 \times 3 = 32(mm) = 0.032(m)$

　　　　　　$q_V = V/t = 0.3/10 \times 60 = 0.0005(m^3/s)$

所以　　　　$u_2 = 0.0005/(\pi/4)(0.032)^2 = 0.625(m/s)$

$u_1 \doteq 0$（贮槽截面积比管截面大得多，u_1 可忽略不计）

将各值代入上式得

$$p_{1表} = (15 - 0) \times 1840 \times 9.81 + 0.625^2 \times 1840/2 + 10 \times 1840$$
$$= 289759N/m^2 = 289.759(kN/m^2)$$

即压缩空气的压强为 289.759kN/m²

本例说明提高上游处静压能的方法可使流体流动。

（3）**计算高位槽的高度**　在生产中，有时利用高位槽向某设备加料，只要槽中液面稳定，加料的流量即可稳定。需要根据流量确定高位槽液面的高度。

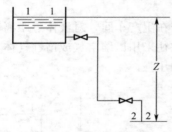

图 1-15　例 1-16 附图

【**例 1-16**】　如图 1-15 所示，液体从高位槽流下，液面保持稳定，管出口和液面均为大气压。当液体在管中流速为 1m/s，损失能量为 20J/kg 时，求液面离管出口的高度。

解：设高位槽液面为 1-1，管出口截面为 2-2，以截面 2-2 为基准面，则：$Z_2 = 0$；$p_1 = p_2 = 0$（同时以表压计）；$u_2 = 1m/s$；$u_1 = 0$（槽截面很大）；$E_f = 20J/kg$，$E = 0$。

将各项代入伯努利方程　$gZ_1 + p_1/\rho + u_1^2/2 + E = gZ_2 + p_2/\rho + u_2^2/2 + E_f$

得　$Z_1 = 1^2/(2 \times 9.81) + 20/9.81 = 2.091(m)$

即高位槽液面最低应距管出口 2.091m 高。本题说明用提高上游处位能的方法可使流体流动。

（4）**计算管路中流体的流速和流量**

【**例 1-17**】　如图 1-16 所示，水槽液面至水管出口的垂直距离保持 6.2m，

水管为 $\phi114\times4mm$ 钢管，损失能量为 58.86J/kg，求流量。

解：取水槽液面为 1-1 截面，水管出口为 2-2 截面，以过 2-2 中心的水平面为基准面，列出 1-1 与 2-2 间的伯努利方程式

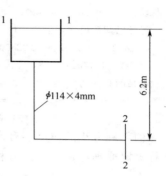

$$gZ_1+p_1/\rho+u_1^2/2+E=gZ_2+p_2/\rho+u^2/2+E_f$$

已知：$Z_1=6.2m$；$Z_2=0$；$p_1=p_2=0$（表压计）；$E=0$；$E_f=58.86J/kg$；$u_1=0$。

将已知代入上式，得

图 1-16 例 1-17 附图

$$6.2=u^2/2g+6$$

所以

$$u=1.98m/s$$

水的流量为

$$q_V=(\pi/4)d^2u$$
$$=(\pi/4)(0.106)^2\times1.98=0.0174(m^3/s)$$

（5）求流体输送机械的功率

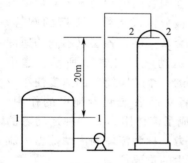

【例 1-18】 见图 1-17，二氧化碳水洗塔的供水系统，塔内绝对压强为 2100kN/m²，贮槽水面绝对压强为 300kN/m²。塔内水管与喷头连接处高于贮槽水面 20m，钢管管径为 $\phi57\times2.5mm$，送水量为 15m³/h。塔内水管与喷头连接处的绝对压强为 2250kN/m²。设损失能量为 49J/kg。求水泵的有效功率。

图 1-17 例 1-18 附图

解：取水槽水面为 1-1 截面并为基准面，塔内水管与喷头连接处为 2-2 截面（不能取在喷头出口因喷头无尺寸数据，无法算出 u_2）。

列出 1-1 与 2-2 间伯努利方程式

$$gZ_1+p_1/\rho+u_1^2/2+E=gZ_2+p_2/\rho+u_2^2/2+E_f$$

已知：$Z_1=0$；$Z_2=20m$；$p_1=300kN/m^2=300\times10^3N/m^2$；$p_2=2250kN/m^2=2250\times10^3N/m^2$；$u_2=q_V/(\pi/4)d^2$

而 $q_V=15m^3/h=15/3600m^3/s$；$d=57-2\times2.5=52(mm)=0.052(m)$

所以 $u_2=15/[3600\times(\pi/4)(0.052)^2]=1.97(m/s)$

由题设：$u_1=0$；$\rho=1000kg/m^3$；$E_f=49J/kg$

将各已知数值代入上式，得

$E=(20-0)\times9.81+(2250000+300000)/1000+(1.97^2-0)/2+49$

$=2197(J/kg)$

水泵的有效功率

$$N_{有}=q_V\rho E=(15\times10^3/3600)\times2197$$
$$=9154(W)=9.154(kW)$$

伯努利方程的应用还有许多方面，如流量计的操作原理，泵的扬程测定原理等都是以伯努利方程为依据。

第四节 流体阻力

流体流动时会遇到阻力，简称为流体阻力。流体阻力的大小与流体动力学性质（黏度）以及流速、管壁粗糙度等因素有关。

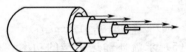

图 1-18 流体在圆管内分层流动示意图

在圆管内流动的流体，可以看成是被分割成无数个极薄的圆管，一层套着一层，各层以不同的速度向前运动，如图 1-18 所示。靠中心的"圆筒"速度较大，在其旁靠外的一个"圆筒"的速度便小一些，前者对后者起着带动作用，后者对前者便起着拖曳的作用。"筒"与"筒"之间的相互作用就形成了流体阻力。这种运动着的流体内部相邻两流体层间的相互作用力，称为流体的内摩擦力。流体在流动时的内摩擦，是流体阻力产生的重要依据。

一、流体的黏度

实际流体流动时流体分子之间产生内摩擦力的特性称为黏性，黏性越大的流体，其流动性越差，流动阻力就越大。衡量流体黏性大小的物理量称为黏度，用符号 μ 表示。

理想流体不具有黏性，因而流动时不产生摩擦阻力。

流体的黏度可由实验测定或从手册上查到。专用名称为 [泊]，用符号 P 表示。$1P=100cP$ [厘泊]

在国际单位制中黏度的单位用 $[N\cdot s/m^2]$ 或 $[Pa\cdot s]$ 表示。$1Pa\cdot s=10P=1000cP=1000mPa\cdot s$ 或者 $1cP=1mPa\cdot s$

流体的黏度随温度而变化，液体的黏度随温度的升高而降低；气体则相反，黏度随温度的升高而增大。

压力对液体黏度的影响可忽略不计；气体的黏度只有在极高或极低的压力下才有变化，一般情况下不予考虑。

混合物的黏度在缺乏实验数据时，可选用经验公式估算。

二、流体的流动形态与雷诺数

流体的流动形态，可以通过雷诺实验来进行判断。

雷诺实验装置如图 1-19 所示，A 是贮水桶，其水位用溢流装置维持恒定，水由贮桶经玻璃管 C 流出，用出口阀 E 调节其流量。在 A 桶的上部有一只有色水贮器 B，有色水经玻璃管流入 C 管的中心，其流速由阀 G 调节。

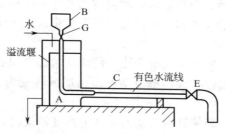

图 1-19　雷诺实验装置

1. 层流（又称滞流）

当 C 管内水的流速不大时，有色水在玻璃管中成一直线，和周围的水不混合，如图 1-20(a) 所示。这一现象说明，此时管中的流体质点都沿着中心线平行的方向运动，质点之间互不混合，犹如一层一层的同心圆筒平行流动，流层与流层之间有明显的速度差，故管内流速分布呈图 1-21 所示的抛物线形状。这种流动类型称为

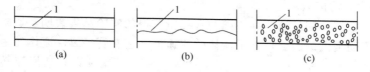

图 1-20　流动类型

1—有色水流线

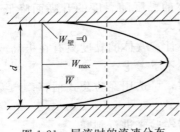

图 1-21 层流时的流速分布

层流或滞流。

若将管内的流速逐渐增大至某一定值时，原来成直线的有色水流线便开始出现波动，如图 1-20(b) 所示。

2. 湍流（又称紊流）

当 C 管内流速继续增到另一定值时，有色水流线就完全消失，使玻璃管内的水染成均匀的颜色，如图 1-20(c) 所示。显然，此时液体的流动状态已发生了显著的变化，流体质点有剧烈的扰动、碰撞和混合，做不规则的运动，产生大大小小的旋涡。这表明流体已不再是分层运动，而是除沿管轴向前流动外，还有垂直于流动方向的位移，流速的大小和方向都随时发生变化。这种流动类型称为湍流或紊流。

由此可见，随着流速的变化，使流动状态出现了两种截然不同的流动类型。通常，人们把流动状态由层流转变为湍流时的流速，称为临界流速。

必须指出，即使管内流动的流体为高度湍流时，在邻近管壁的流体薄层中，由于固体壁面的阻滞作用，流速较小，因而仍保持为层流流动。若将有色水注入此层，则发现有色水仍成明晰的细直线。由此证明，无论流体主体的湍动程度如何剧烈，在管壁附近总是存在着一个边界层。在这个边界层中，紧靠管壁的一层薄层流体仍维持着层流流动，称为层流底层。湍流主体与层流底层之间则为过渡区。边界层的存在，对传热和传质过程都有重大影响，这方面的问题将在有关章节中进行讨论。

3. 雷诺数

根据不同的流体和不同的管径所获得的实验结果表明：影响流体流动类型的因素，除了流体的流速外，还有管径 d，流体的密度 ρ 和流体的黏度 μ。u、d、ρ 越大，μ 越小，就越容易从层流转变为湍流。雷诺得出结论：上述四个因素所组成的复合数群 $du\rho/\mu$，是判断流体流动类型的准则。

这个数群称为雷诺数，用 Re 表示，即 $Re = du\rho/\mu$。计算雷诺数的四个物理量，不管采用何种单位制，只要 Re 中各物理量用同一单位制中的单位，那所求 Re 的数值相同。根据大量的实验得知 $Re \leqslant 2000$ 时，流动类型为层流；当 $Re \geqslant 4000$ 时，流动类型为湍流；而在 $2000 < Re < 4000$ 范围内，流动类型不稳定，可能是层流，也可能是湍流，或是两者交替出现，与外界干扰情况有关。例如周围振动及管道入口处等都易出现湍流，这一范围称为过渡区。

【例 1-19】 某油品在管中流动，管内径为 100mm，油的密度为 900kg/m³，黏度为 0.072N·s/m²，流速为 1.57m/s，求 Re 值。

解： 将 $d = 0.1$m；$u = 1.57$m/s；$\rho = 900$kg/m³；$\mu = 0.072$N·s/m²

代入
$$Re = \frac{0.1\text{m} \times 1.57\text{m/s} \times 900\text{kg/m}^3}{0.072\text{kg/(s} \cdot \text{m)}} = 1962$$

如果流体流通的截面是非圆形，Re 计算式中的 d 应以当量直径 d_e 代替，则

$$d_e = 4 \times \text{流通截面积/湿周边长度} \qquad (1\text{-}27)$$

圆管的当量直径等于它的内径。

如流通截面是 $a \times b$ 的矩形，则由式(1-27)计算得当量直径

$$d_e = 4ab/2(a+b) = 2ab/(a+b)$$

如流道的内径为 d_1 的大圆管中套了一根外径为 d_2 的小圆管所构成的环形截面，如图 1-22 所示，则其当量直径

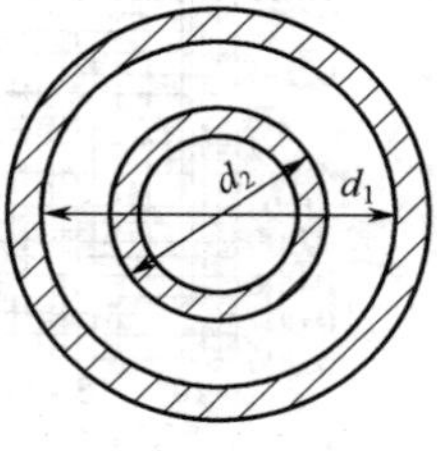

图 1-22 环形截面

$$d_e = \frac{4 \times (\pi/4)(d_1^2 - d_2^2)}{\pi(d_1 + d_2)} = d_1 - d_2$$

三、流体阻力计算

流体在管路中流动时的阻力，可分成通过直管的阻力 E_1 和通过管件、阀门等局部障碍而引起的阻力 E_c 两类。

1. 直管阻力的计算

直管阻力也称沿程阻力，是指流体在管径不变的直管中流动时由于黏性所产生的摩擦阻力。直管阻力的计算式由实验得知

$$E_1 = \lambda \frac{l}{d} \frac{u^2}{2} \qquad\qquad (1\text{-}28)$$

或

$$h_1 = \lambda \frac{l}{d} \frac{u^2}{2g} \qquad\qquad (1\text{-}29)$$

式中，l 为直管的长度，m；d 为直管的内径，m；$u^2/(2g)$ 为流体的动压头，m；λ 为比例常数，称为摩擦系数，m。

摩擦系数 λ 是没有单位的，与流体的流动状态和管壁的粗糙程度有关。因此 λ 是 Re 和粗糙度的函数，可从 λ-Re 的关联图上查得，见图 1-23。

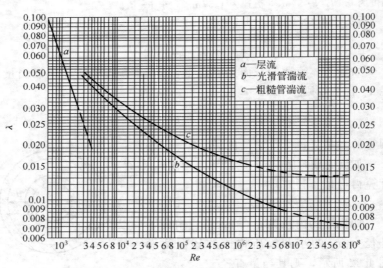

图 1-23　摩擦系数 λ 与雷诺数 Re 的关系

在图中，湍流部分（$Re > 10^4$）的曲线 b 适用于光滑管（铜管、铅管、玻璃管等），曲线 c 适用于粗糙管（钢管、铸铁管等）。例如，当 $Re = 10^4$ 时，钢管或铸铁管的 $\lambda = 0.035$；铜管或铅管的 $\lambda = 0.031$。又如，当 $Re = 4 \times 10^5$ 时，钢管或铸铁管的 $\lambda = 0.018$；铜管或铅管的 $\lambda = 0.0131$。显然，粗糙的直管阻力比光滑管大。当 Re 很大时，曲线趋于平坦，即 λ 是常数，仅取决于管壁的粗糙度而与 Re 无关。

在图中，层流部分（$Re < 2.0 \times 10^3$），无论光滑管或粗糙管可用同一根直线 a 表示 $\lambda\text{-}Re$ 关系。此直线方程式为

$$\lambda = 64/Re \qquad\qquad (1\text{-}30)$$

所以，当层流时，摩擦系数也可以用式(1-30)计算。

【例 1-20】 水以 1m/s 的流速在一长为 50m，内径为 38mm 的水平铜管内流动，水的平均温度为 30℃，试求直管阻力和压强降。

解：水在 30℃时的黏度为 0.8×10^{-3} Pa·s，密度为 996kg/m³。

$$Re = \frac{du\rho}{\mu} = \frac{0.038 \times 996}{0.8 \times 10^{-3}} = 47300$$

查图 1-23 的曲线 b，得 $\lambda = 0.021$
所以

$$h_1 = \lambda \times \frac{l}{d} \times \frac{u^2}{2g} = 0.21 \times \frac{50}{0.038} \times \frac{1^2}{2 \times 9.81} = 1.44(\text{m})$$

$$\Delta p = h_1 \rho g = 1.44 \times 996 \times 9.81 = 14.07(\text{kN/m}^2)$$

2. 局部阻力的计算

局部阻力是流体通过管路中的管件（如三通、弯头等）、阀件以及管路进、出口与管径扩大、缩小等局部障碍而产生的阻力。流体经过这些局部位置时，由于流速的大小或方向的突然变化，且受到干扰和冲击，使湍流加剧，甚至出现涡流，使阻力损失显著增加。

（1）当量长度法 此法是仿照直管阻力的计算，将流体流过局部障碍所造成的能量损失折算成相当于一定长度的直管能量损失，则这段直管长度称为该局部障碍的当量长度，用符号 l_e 表示。于是局部阻力损失 E_c 可仿照直管阻力损失计算式，写成如下形式

$$E_c = \lambda \times \frac{l_e}{d} \times \frac{u^2}{2} \qquad\qquad (1\text{-}31)$$

式中当量长度 l_e 值由实验测定，表 1-5 列出某些局部障碍的 l_e 值。

表 1-5　某些管件、阀件、流量计的当量长度

名　称	l_e/d	名　称	l_e/d
45°标准弯头	15	截止阀（全开）	300
90°标准弯头	30~40	角阀（全开）	145
90°方形弯头	60	闸阀（全开）	7
130°回弯头	50~70	（3/4 开）	40
三通		（1/2 开）	200
	40	（1/4 开）	800
	60	单向阀（摇板式）	135
		底阀（带滤水器）	420
		吸入阀或盘形阀	70
		盘式流量计	400
		文丘里流量计	12
	90	转子流量计	200~300
		由容器入管口	20
		由管口入容器	40

（2）阻力系数法　因为流体流动时才能引起能量损失，流动速度越快，阻力损失也越大，因此可把损失压头表示成动压头的一个倍数，即

$$E_c = \zeta \times \frac{u^2}{2} \tag{1-32}$$

式中，ζ 为一比例系数，称为局部阻力系数，主要反映局部障碍几何形状的影响，其值一般由实验测得。常见局部障碍的阻力系数 ζ 值列表 1-6。

3. 管路总阻力的计算

管路的总阻力为各段直管阻力与各局部阻力的总和，也就是流体流过该管路时的损失压头，即

$$E_f = E_1 + E_c$$

如整个管路的直径 d 不变，用当量长度法时，则管路的总损失压头为

$$h_f = \lambda \times \frac{l + \sum l_e}{d} \times \frac{u^2}{2g} \tag{1-33}$$

表 1-6　某些管件和阀件的阻力系数

名　称	阻力系数 ζ
自管流出	1.0
流入管内	0.5
锐口	
圆滑口	0.25
喇叭形口	0.06~0.005

突然扩大

$\left(\dfrac{d}{D}\right)^2$	0	0.1	0.2	0.3	0.4	0.5
	0.6	0.7	0.8	0.9	1.0	
ζ	1.0	0.81	0.64	0.50	0.36	0.25
	0.16	0.09	0.04	0.01	0	

突然缩小

$\left(\dfrac{d}{D}\right)^2$	0	0.1	0.2	0.3	0.4	0.5
	0.6	0.7	0.8	0.9	1.0	
ζ	0.5	0.45	0.40	0.35	0.3	0.25
	0.20	0.15	0.10	0.05	0	

名　称	阻力系数 ζ
标准弯头	
45°	0.35
90°	0.75
180°回弯头	1.5
活接头	0.4
截止阀	
全开	6.4
半开	9.5
底阀	1.5
法兰旋塞	
全开	0.5
止回阀	
升降式	1.2
旋启式	2

闸阀	全开	3/4 开	1/2 开	1/4 开
	0.17	0.9	4.5	24

用阻力系数法时，则管路的总损失压头为

$$h_{\mathrm{f}} = \left(\lambda\,\frac{l}{d} + \Sigma\zeta\right)\frac{u^2}{2g} \tag{1-34}$$

在上述阻力计算中，阻力系数法在估算局部阻力时，不用先求

出 Re，但计算比较烦琐，也不太精确。为简便起见工程上常把 $l+\sum l_e$ 称为计算长度。对不很复杂的管路作近似估算时，常取管路的计算长度为直管长度 l 的 $1.3\sim2$ 倍，对于长管路，局部阻力占的比重小，可取较小值。

【例 1-21】　相对密度为 1.1 的水溶液由一个贮槽流入另一个贮槽，管路为 20m，$\phi114\times4\,mm$ 直钢管和一个全开的闸阀、两个 90°标准弯头所组成。溶液在管内的流速为 1m/s，黏度为 $1\,mN\cdot s/m^2$，求总损失压头 h_f。

解：先确定流体类型

$$Re=\frac{du\rho}{\mu}=\frac{0.106\times1\times1100}{0.001}=1.17\times10^5$$

故为湍流。由图 1-23 查得 $\lambda=0.0215$

由表 1-5 查得各局部阻力的当量长度

贮槽流入管口　$l_e/d=20$，$l_e=20d$

2 个 90°标准弯头　$l_e/d=40$，$2l_e=80d$

一个闸阀（全开）$l_e/d=7$，$l_e=7d$

管口流入贮槽　$l_e/d=40$，$l_e=40d$

$$\sum l_e=20d+80d+7d+40d$$
$$=147d$$

所以，损失压力

$$h_f=\lambda\frac{l+\sum l_e}{d}\frac{u^2}{2g}=0.0215\times\frac{20+147\times0.106}{0.106}\times\frac{1^2}{2\times9.81}=0.37(m)$$

【例 1-22】　用阻力系数法重新计算例 1-21 阻力损失。

解：由表 1-6 查得

由贮槽流入管口　$\zeta=0.5$

2 个 90°标准弯头　$2\zeta=2\times0.75=1.5$

一个（全开）闸阀　$\zeta=0.17$

由管口输入贮槽　$\zeta=1$

$$\sum\zeta=0.5+1.5+0.17+1=3.17$$

所以，损失压头

$$h_f=\left(\lambda\frac{l}{d}+\sum\zeta\right)\frac{u^2}{2g}=\left(0.0215\times\frac{20}{0.106}+3.17\right)\times\frac{1^2}{2\times9.81}=0.369(m)$$

与上例相比，两种方法计算结果基本一致。

第五节　流体输送管路布置

流体沿着管道流动和输送，在化工厂极为常见。随着科学技术的进步，化工生产日益朝着大型化、连续化和自动化方向发展、管路在整个工厂投资中的比重日趋增多。据统计，目前一个现代化工厂中管路的费用约占工厂总投资的 1/3 左右。在大型化工厂里，不同长度、管径、材质的管路，能保证物流的畅通，完成给定的生产任务，管路的设计、施工水平和管路安装维护都是十分重要的。

工程上使用的管路，可以按是否分出支管来分：凡是无分支的管路称简单管路；有分支的管路称为复杂管路。复杂管路实际上是由若干简单管路按一定方式连接而成的。根据不同的连接方式，又可分为串联管路、分支管路和环状管路。根据不同的需要连接。例如，全厂或大型车间的动力管线（蒸汽、煤气、上水等），一般均按环状管网铺设，以尽量减少因局部故障所造成的影响。

一、管子的类型

管路是由管子、管件、阀门以及管架等构成。管子是管路的主体，它通常按制造管子所用的材料进行分类。根据所输送物料的性质（如腐蚀性、易燃性、易爆性等）和操作条件（如温度、压力等）来选择合适的管材，是化工生产中经常遇到的问题之一。

目前，在化工生产中经常使用的管子类型有以下几种。

（一）钢管

根据材质的不同又分为普通钢管、合金钢管。按制造方法不同可分为水煤气管（有缝钢管）和无缝钢管两种。

1. 水煤气管（有缝钢管）

水煤气管多数是用低碳钢制作的焊接管，通常用在压强较低的水管、暖气、煤气、压缩空气和真空管路中，在压强不高的情况下，也可以用在蒸汽支管和冷凝液管路中。

水煤气管还可以分为镀锌的白铁管和不镀锌的黑铁管；带螺纹的和不带螺纹的管；普通的、加厚的、薄壁的等。

2. 无缝钢管

无缝钢管是石油化工生产中使用最多的一种管型。它的特点是质地均匀，强度高，因而管壁可以很薄，它广泛用在压强较高、温度较高的物料（如蒸汽、高压水、高压气体等）输送中，还可以用来制造换热器、蒸发器等设备。无缝钢管的直径通常以 ϕ 外径 ×

壁厚表示。例如 $\phi 25 \times 2.5mm$，$\phi 108 \times 4mm$，等等。

应该指出：无论是水煤气管或无缝钢管，除注明其具体规格外，还往往以公称直径表示。公称直径既不代表它的外径，也不代表它的内径。而是与其相近的某一个数。例如公称直径为 50mm 的水煤气管，其外径为 60mm，内径为 53mm。而实际规格为 $\phi 57 \times 2.5mm$ 的无缝钢管，其外径为 57mm，内径为 52mm。

（二）铸铁管

铸铁管通常用于埋于地下的给水总管、煤气管和污水管，也可以用来输送碱液和浓硫酸等腐蚀性介质。其优点是价格便宜，具有一定耐腐蚀性能，但比较笨重、强度低、不易输送高温流体，近年来，有些过程已用塑料管代替铸铁管，使管体更轻便、易于安装、不易结垢（例如民用生活用管）。

（三）有色金属管

有色金属管的种类很多，化工生产中常用的有铜管、铅管、铝管等。铜管（紫铜管）的导热性能特别好，适用于做某些特殊性能的换热器；由于易弯曲成型，故亦用来作为机械设备的润滑系统，以及某些仪表管路等。铅对硫酸和 10% 以下的盐酸具有良好的抗腐蚀性能，适合作为这些料液的输送管路，但不适合用于机械强度较高的场合。常用于腐蚀性物料的贮存或输送是用无缝钢管表面挂上一层铅，从而具有强度高又耐腐蚀的性能。由于铝的导热性能好，也可以用来制造换热器。

（四）非金属管

非金属管是用玻璃、陶瓷、塑料等制成的管材，以及金属表面搪上玻璃的管子等。目前多用的是塑料管，如聚氯乙烯管、聚乙烯管。塑料管具有良好的抗腐蚀性能以及重量小、价格低、容易加工的优点，但强度较低，耐热性差，随着性能不断改进，在许多方面将可以代替金属管。工程上还要用临时管道、多用玻璃管和橡胶管，排放强腐蚀气体还可用陶瓷管。

表 1-7 列出了部分非金属硬管的常用规格、材料及其使用条件，可供使用时参考。

表 1-7　部分非金属硬管的常用规格、材料及其使用条件

序号	名　称	常用规格/mm	材　料	适用温度/℃	适用压力/MPa	适用介质及用途
1	搪瓷管	直径 40～165 长 500～6000	10钢搪瓷	0～150	<0.3	盐酸、氯化氢、氯气、乙醇、醋酸等
2	玻璃管	直径 32×3.5～144×9 长 1000～3000	玻璃	0～150	<0.3	同上
3	硬聚氯乙烯管	直径 12.5×2.25～218×8 长 400	硬聚氯乙烯	−15～60	轻型管<0.6, 重型管<1.0	真空管线,排气管,酸性下水管和蒸馏水
4	耐酸酚醛塑料管	直径 33～500（内径）长 500～2000	酚醛树脂石棉	<130	<0.2	酸性液体与气体
5	酚醛石墨压型管	直径 32～100 长 1000～8000	酚醛树脂石墨			热交换器
6	陶瓷管	直径 20～40（内径）长 300～1000	陶瓷	0～100	<0.1	酸性与碱性下水管,酸性介质

二、管件、阀以及管路的连接方式

任何一个管路系统都是由管子、管件、阀门等按一定的排布方式构成的。管子是管路系统的主体，其余为管路的附件。下面介绍管路中常用的附件。

（一）管件

管路中的各种零件，统称为管件。根据在管路中的作用不同可分为以下五类。

（1）改变管路方向　如图 1-24 中的 1、2、3、4。通常将其统称为弯头。

（2）连接支管　如图 1-24 中的 5、6、7、8、9 等。通常把它们称为"三通""四通"。

（3）连接两段管道　如图 1-24 中的 10、11、12 等。其中件号 10 称为外接头，俗称为"管箍"；件号 11 称为内接头，俗称为"对丝"；件号 12 称为活接头，俗称为"油任"。

（4）改变管路的直径　如图 1-24 的 13、14 等。通常把前者称为大小头，把后者称为内外螺纹管头，俗称为内外丝或补芯。

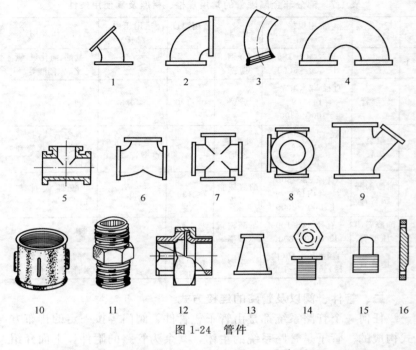

图 1-24　管件

（5）堵塞管路　如图 1-24 中的 15、16 等。它们分别称为丝堵和盲板。

必须注意，管件和管子一样，也是标准化、系列化的。选用时必须注意和管子的规格一致。

（二）阀门

阀门是流体输送系统中的控制部件，具有截止、调节、导流、防止逆流、稳压、分流或溢流泄压等功能。阀门通常用铸铁、铸钢、不锈钢以及合成钢等制成。

阀门的用途广泛，种类繁多，分类方法很多。总的分为两大类：

第一类自动阀门，依靠流体本身的能力而自行动作的阀门。如止回阀、安全阀、调节阀、疏水阀、减压阀等。

第二类驱动阀门，借助手动、电动、液动、气动来操纵动作的阀门。如闸（板）阀、截止阀、节流阀、蝶阀、球阀、旋塞等。下面介绍几种工程上比较常用的阀门。

（1）闸（板）阀　闸阀相当于在管路中插入一块和管径相等的闸门，闸门通过手轮来进行升降，从而达到启闭管路的作用。其构造见图 1-25。

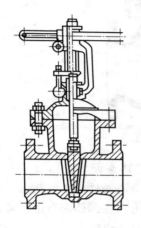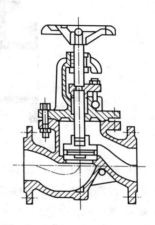

图 1-25　闸（板）阀　　　　　　图 1-26　截止阀

闸阀在管路中主要起切断作用，全开时阻力小，一般不用来调节流量的大小，也不适用含有固体颗粒的料液。闸阀的外形尺寸和开启高度都较大，安装所需空间较大，造价高，制造维修都比较困难。

（2）截止阀　也称球心阀，是使用最广泛的一种阀门，阀体内有阀座和底盘，通过手轮使阀杆上下移动，可改变阀盘和阀座之间的距离，从而达到开启、切断以及调节流量的目的。其构造见图 1-26。

截止阀的特点是密封性好，密封面间摩擦力小，寿命较长。可以准确地调节流量，适用于蒸汽、压缩空气、真空管路以及一般的液体管道，不适用于输送有颗粒或黏度大的流体管道。

在安装截止阀时，应保证流体从阀盘的下部向上流动，否则当流体压强较大的情况下难以打开。

（3）止回阀　是能自动阻止流体倒流的阀门，也称逆止阀。止回阀的阀瓣在流体压力下开启，流体从进口侧流向出口侧，当进口侧压力低于出口侧时，阀瓣关闭防止流体倒流。其结构图见图 1-27。

止回阀通常被用于泵的入口。

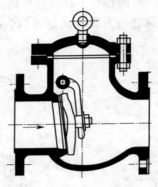

图 1-27 悬启式止回阀

（4）旋塞 工厂中又称"考克"，是用来调节流体流量大小最简单的一种阀门。它的主体部件是一种空心铸件，中间插入一个锥形旋塞，旋塞的中间有一个通孔，旋塞可以在阀体内自由旋转，以通孔所在的位置不同，来调节流体的流量或启闭。

旋塞结构简单、启闭迅速，全开时流体阻力小，可适用于带固体颗粒的流体，不适用于口径较大、压力较高或温度较低的场合。

（三）管路的连接方式

（1）法兰连接 法兰连接是工程上最常用的一种连接形式，法兰与钢管通过螺纹或焊接在一起，铸铁管的法兰则与管铸为一体。法兰与法兰之间装上起密封作用的垫片，垫片多为石棉板、橡胶或软金属片等。

法兰连接拆装方便、密封可靠，适用的温度、压力、管径范围大，但价格较高。

（2）螺纹连接 螺纹连接主要用于管径较小（＜65mm），压力不大（＜10MPa）的有缝钢管。螺纹连接处还缠以涂有油漆的麻或聚四氟乙烯薄膜等。

此连接方法拆装方便、密封性能好，但可靠性不如法兰连接。

（3）承插连接 它是将管子的小头插在另一根管子大端的插套

内，然后在连接处的环隙内填入麻绳、水泥和沥青等起密封作用的物质。承插连接多适用于铸铁管、陶瓷管和水泥管。

此法安装方便，但不易拆卸，耐压不高，多用于地下给排水中。

（4）焊接　焊接是比上述方法更为经济、方便而且更严密的一种连接方法。煤气管和各种压力管路以及输送物料的管路尽量采用焊接。但是它只能用在不需要拆卸的场合，为了检修方便绝不能全部管路都采用焊接。

三、管路布置及安装原则

在管路布置及安装时，主要应考虑安装、检修、操作的方便和操作安全，同时必须尽可能减少基建费和操作费，并根据生产的特点、设备的布置、物料特性及建筑物结构等方面进行综合考虑。管路布置和安装的原则如下。

① 布置管路时，应对车间所有的管路（生产系统管路、辅助系统管路、电缆、照明、仪表管路、采暖通风管路等）全盘规划，各安其位。

② 为了节约基建费用，便于安装和检修，以及操作上的安全，管路铺设尽可能采取明线（除下水道、上水总管和煤气总管外）。

③ 各种管线应成列平行铺设，便于共用管架；要尽量走直线，少拐弯，少交叉，以节约管材，减少阻力，同时力求做到整齐美观。

④ 为了便于操作和安装检修，并列管路上的管件和阀门位置应错开安装。

⑤ 在车间内，管路应尽可能沿厂房墙壁安装，管架可以固定在墙上，或沿天花板及平台安装；露天的生产装置，以管路柱架或吊架安装。管与管间及管与墙的距离，以能容纳活接管或法兰以及进行检修为宜，具体尺寸可参考表 1-8 的数据。

表 1-8　管与墙间的安装距离

管径/in[①]	1	1$\frac{1}{2}$	2	3	4	5	6	8
管中心离墙的距离/mm	120	150	120	170	190	210	230	270

① 1in＝0.025m。

⑥ 为了防止滴漏，对于不需拆修的管路连接，通常都用焊接；在需要拆修的管路中，适当配置一些法兰和活接管。

⑦ 管路应集中铺设，当穿过墙壁时，墙壁上应开预留孔，过墙时，管外再加套管，套管与管子间的环隙应充满填料；管路穿过楼板时最好也是这样。

⑧ 管路离地的高度，以便于检修为准，但通过人行道时，最低离地点不得小于 2m；通过公路时，不得小于 4.5m；与铁轨面净距不得小于 6m；通过工厂主要交通干线，一般高度为 5m。

⑨ 长管路要有支架支承，以免弯曲存液及受振动，跨距应按设计规范或计算决定。管路的倾斜度，对气体和易流动液体为 3/1000～5/1000，对含固体的结晶或粒度较大的物料为 1% 或大于 1%。

⑩ 一般上下水管及废水管适宜埋地铺设，埋地管路的安装深度，在冬季结冰地区，应在当地冰冻线以下。

⑪ 输送腐蚀性流体管路的法兰，不得位于通道的上空，以免发生滴漏时影响安全。

⑫ 输送易爆、易燃如醇类、醚类、液体烃类等物料时，因它们在管路中流动而产生静电，使管路变为导热体。为防止这种静电积聚，必须将管路可靠接地。

⑬ 蒸汽管路上，每隔一定距离，应装置冷凝水排除器。

⑭ 平行管路的排列应考虑管路互相的影响。在垂直排列时，热介质管路在上，冷介质管路在下，这样，减少热管对冷管的影响；高压管在上，低压管在下；无腐蚀性介质在上，有腐蚀性介质在下，以免腐蚀性介质滴漏时影响其他管路。在水平排列时，低压管在外，高压管靠近墙柱；检修频繁的在外，不常检修的靠墙柱；重量大的要靠管架支柱或墙。

⑮ 管路安装完毕后，应按规定进行强度和严密度试验。未经试验合格，焊缝及连接处不得涂漆及保温。管路在开工前须用压缩空气或惰性气体进行吹扫。

⑯ 对于各种非金属管路及特殊介质管路的布置和安装，还应

考虑一些特殊性的问题，如聚氯乙烯管应避开热的管路，氧气管路在安装前应脱油等。

第六节　流量的测量

在生产中输送流体时，流体的流量往往是操作中必须测量、调节与控制的一个重要数量。孔板流量计、文丘里流量计和转子流量计是化工生产中常用的测量仪器。

一、孔板流量计

在管路里插入一片带有圆孔的金属板，孔板的中心位于管道的中心线上，如图 1-28 所示，这样构成的装置叫作孔板流量计。

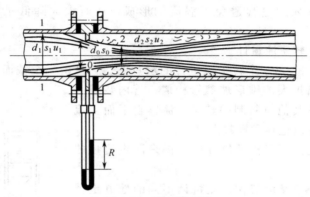

图 1-28　孔板流量计

当管内流体流过孔口时，因流道截面突然缩小，使流速较管内平均流速增大，动压头增大，与此同时，静压头下降，即孔口下游的压强比上游低。流体流经孔口后，流动截面并不立即扩大到与管截面相等，而是继续收缩，经一定距离后，才逐渐恢复到整个管截面。流体流动截面最小处，称为缩脉。根据流体在孔板上游的压强和缩脉处压强的差值，可以算出管内流体的流量，这个压强差是通过外接压差计来测定的。

孔板流量计构造简单，制造安装方便，应用很广。

二、文丘里流量计

孔板流量计的主要缺点在于流体流经孔板时流速突然改变，损

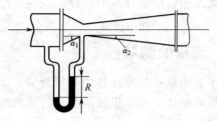

图 1-29 文丘里流量计

失大量压头。为了减少能量损失，用一段渐缩渐扩管代替孔板，这样构成的流量计称为文丘里流量计，其构造如图 1-29 所示。一般 $\alpha_1 = 15°\sim20°$，$\alpha_2 = 5°\sim7°$。

当流体在渐缩、渐扩段内流动时，流速变化平缓，涡流较少，于喉径（即最小流通截面处）流体的动能达最高。此后，在渐扩的过程中，流体的速度又平缓降低，相应的流体压力逐渐恢复。如此过程避免了涡流的形成，从而大大降低了能量的损失。

三、转子流量计

图 1-30 是一个转子流量计的示意图。它是由一个截面积自下而上逐渐扩大的锥形玻璃管构成，管内装有一个金属或其他材料制的转子。流体自下而上流过时，可以把转子推起来。

因此，利用转子位置的高低来测定流量的大小。

转子流量计与孔板流量计不同的地方是转子流量计的环隙截面（相当于孔板的孔口截面）是可变的，而转子上下方的压强差却不随流量而变，所以有时称转子流量计为恒压降流量计，或变截面流量计。

转子流量计是仪表厂生产的，其刻度常为针对某一特定流体而刻制的。

转子流量计能直接观察到流体的流动，损失压头较小，安装时在流量计的前后不需维持一定长度的直管段，这是它的优点；但转子流量计安装时必须保证垂直，又因转子流量计的管壁大多为玻璃制品，故工作压力一般不超过 4～5 个大气压。

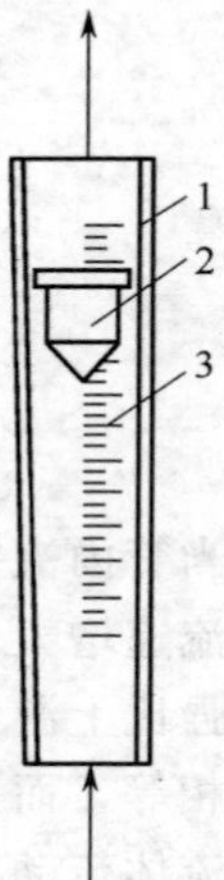

图 1-30 转子流量计
1—锥形玻璃管；
2—转子；3—刻度

本章小结

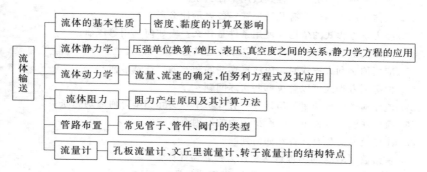

思考题与习题

一、思考题

1. 何谓流体？液体和气体各有什么特征？

2. 什么是密度？密度与相对密度之间关系如何？

3. 写出求气体密度的计算式？

4. 分别写出计算液体混合物和气体混合物的计算公式？

5. 压强的定义是什么？压强可用什么单位表示？

6. 什么叫表压、绝压和真空度？它们之间有什么关系？

7. 为什么一定的液柱高度可以表示压强值？

8. 写出质量流量、体积流量、流速之间的关系式。

9. 应用静力学方程式时，必须具备什么条件？

10. 静力学方程式反映流体内部压力的什么变化？

11. 静力学方程式在化工生产中有哪些应用？

12. U 形管压差计玻璃管的粗细对测定压强差有何影响。为什么？

13. 流速的定义是什么？它与工程计算中使用的流速有什么区别？

14. 用 U 形管压差计测定某处的压强，将 U 形管的一端与测压点相连，另一端通大气，若读数 R 在测压点一侧，所测的压力是真空度还是表压？

15. 写出 U 形管压差计计算压力差的公式。

16. 工程内径为 108mm，壁厚为 4mm 的钢管，如何表示其规格？

17. 什么是稳定流动和非稳定流动？举例说明。

18. 什么是流体的连续性？稳定的连续性方程有几种表示方法。

19. 流体在流动中包括哪几种能量？

20. 写出流体的伯努利方程式，说明各项单位及物理意义。

21. 实际流体的伯努利方程式适用于什么条件？

22. 流体流动时的压头有几种形式？各表示什么意义？

23. 静力学方程式的依据和使用条件是什么？应如何选用等压面。

24. 流体伯努利方程式与静力学基本方程式之间有无关联？

25. 应用伯努利方程式时，应注意哪些问题？如何选基准面？

26. 伯努利方程式可以解决哪些实际问题？

27. 流体输送机械功率如何计算？有效功率和实际功率有何区别和联系？

28. 流体在流动过程中产生摩擦阻力的原因有哪些？

29. 流体流动类型有几种？如何判断？

30. 雷诺数（Re）的物理意义是什么？如何计算？

31. 什么是流动过程中的层流底层？雷诺数非常大时还有此层吗？为什么？

32. 飞机高速飞行时，能否因气流对机身的摩擦而损坏机身外壳，致使飞机破坏？

33. 流体阻力有几种类型？如何计算？

34. 什么是当量直径？它有何用处？

35. 你使用吸尘器时，如何应用流体流动规律来提高吸尘器的吸尘能力？

36. 流量测量仪中，孔板流量计、文丘里流量计是根据什么原理测量流量的？

37. 转子流量计在安装使用时应注意什么问题？

38. 水由敞口恒液位的高位槽通过一管路流向压力恒定的设备，当管路的阀门开度减小后，水流量将如何变化？摩擦系数如何变化？管路的阻力损失如何变化？

39. 若要降低管路内流体的阻力，可采用哪些方法？

40. 直径为 $\phi57\text{mm}\times3.5\text{mm}$ 的细管逐渐扩大到 $\phi108\text{mm}\times4\text{mm}$ 的粗管，若流体在细管内的流速为 4m/s，则在粗管内流速为多大？

41. 试写出管路的分类方法及其类型。

42. 无缝钢管、水煤气管、铸铁管在化工生产中的主要应用场合有哪些？试说明。

43. 管件在管路中可能起哪些作用？举出两个管件的名称，并说明它们的作用。

44. 在化工管路中经常用的阀有哪些？它们各适用于什么场合。

45. 管路的布置与安装过程中，主要应考虑哪些方面的问题。

二、习题

1. 空气的组成可近似看成含 O_2 21%、N_2 79%（均为体积分数），试计算其在标准状况下的密度。 （1.29kg/m^3）

2. 已知硫酸与水的密度分别是 1830kg/m^3 和 998kg/m^3，试求含硫酸 60%（质量分数）的硫酸水溶液其密度为多少？ （1370kg/m^3）

3. 已知干空气的组成含 O_2 21%、N_2 79%（均为体积分数），试求干空气在 9.18×10^4 Pa 及温度为 100℃时的密度。 （0.916kg/m³）

4. 在某车间测得某种液体的相对密度为 1.84，求该溶液的密度。 （1840g/m³）

5. 流体压强为 750mmHg，求以 kN/m² 表示时的读数和以水柱表示时的读数。 （10^2 kN/m²，10.2mH₂O）

6. 装在某设备进口和出口处的压力表读数分别为 4kgf/cm² 和 2kgf/cm²，试求此设备进出口之间的压强差（kN/m²）。设当时设备外的大气压强为 1kgf/cm²。 （196.2kN/m²）

7. 某设备进出口测压仪表的读数分别为 20mmHg（真空）和 500mmHg（表压），求两处的绝对压强差。 （520mmHg）

8. 合成橡胶生产中的苯乙烯精馏塔，塔顶压强定为 2670N/m²，问在吉林和兰州地区操作时，塔顶真空表读数应分别为多少？已知兰州地区的大气压强为 85.3kN/m²，吉林地区为 99.98kN/m²。 （82640N/m²，97.3kN/m²）

9. 某离心水泵的入口、出口处分别装有真空表和压强表，现已测得真空表上的读数为 210mmHg，压强表上读数为 150kPa。已知当地大气压强为 100kPa，试求：①泵入口处绝对压强，kPa；②泵出入口间压强差，kPa。 （72.0kPa；250kPa）

10. 用 U 形管测量管道中 1、2 两点的压强差，分别以 N/m² 和 mH₂O 表示。已知管内流体为水，指示液为四氯化碳（$\rho = 1595$kg/m³），压差计的读数为 40cm。 （2335N/m²，0.238mH₂O）

11. 在上题的管道中流动的是密度为 2.5kg/m³ 的气体，指示液仍为四氯化碳、U 形管读数仍为 40cm。试求：①管道 1、2 两点的压强差，以 N/m² 表示；②如将 U 形管中的指示液改为水银，其密度为 13600kg/m³，则读数 R 应为多少毫米？ （6250N/m²；47mm）

12. 如文中图 1-2 所示，在常温下已知 $p_2 - p_1 = 9810$Pa，取水的密度 $\rho = 1000$kg/m³，水银的密度 $\rho_{汞} = 13600$kg/m³。问 $p_2 - p_1$ 相当于多少米水柱？多少米水银柱？ （略）

13. 有一敞口贮油罐，油罐内油深为 3m，问距离油面 1m、2m 及油罐底部的压强各为多少？已知油的相对密度为 0.88，当地大气压为 101325Pa（1atm）。 （109.93kPa，118.57kPa，127.2kPa）

14. 本题附图所示的开口容器内盛有油和水，油层高度 $h_1 = 0.7$m，密度 $\rho_1 = 800$kg/m³；水层高度 $h_2 = 0.6$m，密度为 $\rho_2 = 1000$kg/m³。①判断下列关系是否成立：$p_A = p'_A$、$p_B = p'_B$；②计算水在玻璃管中的高度 h。 （不成立；1.16m）

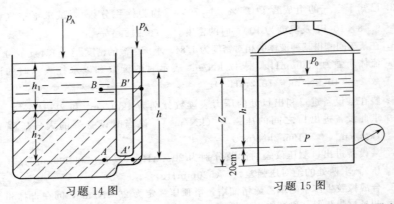

习题 14 图   习题 15 图

15. 如本题附图所示敞口容器中，盛有相对密度为 1.23 的液体，在距容器底部 20cm 处器壁安装一压强计，压强计上的读数为 0.31kgf/cm² （表压），试求容器内液柱高度为多少？ （2.52m）

16. 本题附图所示的测压管分别与三个设备 A、B、C 相连通。连通管的下部是水银，上部是水，三个设备内水面在同一水平上。问：①1、2、3 三点压强是否相等？②4、5、6 三处压强是否相等？③若 $h_1 = 100$mm，$h_2 = 200$mm，且知设备 A 直接通大气（大气压强 760mmHg），求 B、C 两设备内水面上方的压强。 （不相等；相等；88970N/m²，76610N/m²）

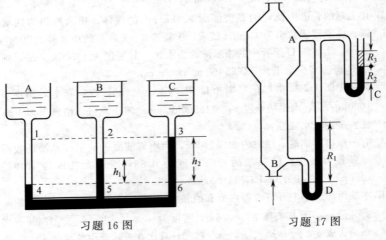

习题 16 图   习题 17 图

17. 某流化反应器上装有两个 U 形管压差计，如本题附图所示。测得 $R_1 =$

400mm，$R_2=50$mm，指示液为水银。为了防止水银蒸气向空间扩散，于右侧的 U 形管与大气连通的玻璃管内注入一段水，其高度 $R_3=50$mm。试求：A、B 两处的表压强。　（7161N/m²，6.05×10^4 N/m²）

18. 某列管换热器，内有 $\phi25$mm×2.5mm 钢管 269 根，溶液在管内流过而被加热，流量为 200m³/h，试计算溶液在管内的流速。　（0.658m/s）

19. 有一通风管道输送 120kPa（绝压）、30℃质量流量为 600kg/h 的空气。若选用流速为 15m/s，试计算其管内径和选择适宜的管子规格，并计算管内的实际流速和质量流量。　[13.7m/s；18.9kg/(m²·s)]

20. 常温下密度为 870kg/m³ 的甲苯流经 $\phi108$mm×4mm 热轧无缝钢管送入甲苯贮罐。已知甲苯的体积流量为 10L/s。求甲苯在管内的①质量流量，kg/s；②平均流速，m/s；③质量流速，kg/(m²·s)。　[8.70kg/s；0.2m/s；1108kg/(m²·s)]

21. 某一套管换热器，其内管为 $\phi33.5$mm×3.25mm，外管为 $\phi60$mm×3.5mm。内管流过密度为 1150kg/m³ 的冷冻盐水，其流量为 5000kg/h；管隙间流着压强为 5×10^5 N/m²（绝压）和平均温度为 0℃的气体，其流量为 160kg/h 的气体，标准状态下气体的密度为 1.2kg/m³。试求气体和液体的流速为多少？　（2.11m/s，5.67m/s）

22. 密度为 1800kg/m³ 的某液体经一内径为 60mm 的管道输送到某处，若其流速为 0.8m/s，求该液体的①体积流量，m³/h；②质量流量，kg/h；③质量流速，kg/(m²·s)。　[8.14m³/h；1.47×10^4kg/h；1440kg/(m²·s)]

23. 水连续地从内径为 80mm 的粗管流入 40mm 的细管，问细管内水的流速是粗管的几倍？　（4）

24. 氨压缩机的吸入管径为 76mm，压出管内径为 38mm，吸入氨气的密度 $\rho_1=4$kg/m²，经过压缩后以 10m/s 的速度排出，其密度增至 $\rho_2=20$kg/m³。试计算氨在吸入管路中的流速。　（12.5m/s）

25. 在串联变径管路中，已知小管为 $\phi57$mm×3.0mm，大管为 $\phi89$mm×3.5mm 的无缝钢管，水在小管内的平均流速为 2.5m/s，水的密度可取 1000kg/m³。试求：①水在大管中的流速；②管路中水的质量流量（以小时计）。　（0.967m/s；1.84×10^4kg/h）

26. 如图所示的输水管道管内径为 $d_1=2.5$cm；$d_2=10$cm；$d_3=5$cm。①当流量为 4L/s 时，各段管的平均流速为多少？②当流量增至 8L/s 或减至 2L/s 时，平均流速如何变化？　（$u_1=4.08$，$u_2=0.26$，$u_3=1.02$；略）

27. 如本题附图所示，为了避免浓氨水母液中碳酸氢铵晶体对泵的磨损，改

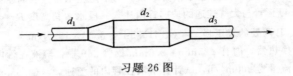

习题 26 图

用气体压缩浓氨水，将其输送至碳化塔顶。已知液面与塔顶入口距离为 14m，塔顶压强表读数为 2.0kgf/cm²，钢管的规格为 φ57mm×3.5mm，若母液流量为 8000kg/h，密度为 1100kg/m³，试求开始压送时气体的压强，kN/m²？设损失压强为 1.5mH₂O。　　[362N/m²（表压）]

28. 水在本题附图中所示的虹吸管内作稳定流动，管路直径没有变化，水流经管路的能量损失可以忽略不计，试计算管内截面 2-2′、3-3′、4-4′和 5-5′处的压强、大气压强为 760mmHg，图中所示尺寸以 mm 计。　　(1.209×10⁵Pa，5.16×10⁴Pa，8.66×10⁴Pa，9.156×10⁴Pa)

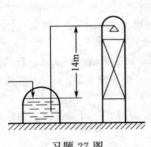

习题 27 图

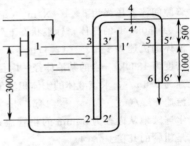

习题 28 图

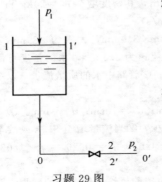

习题 29 图

29. 如图所示一敞口高位液槽，其液面距输液管出口的垂直距离为 6m，液面维持恒定。输液管内径为 68mm，普通流动过程中阻力损失为 5.6m 液柱，液体的密度为 1100kg/m³。试求输液量，m³/h。　　(36.6m³/h)

30. 如本题附图所示，水平通风管道某处的直径自 300mm 渐缩到 200mm，为了粗略估计其中空气的流量，在锥形接头两端各引出一个测压口与 U 形管压差计相连，用水作指示液，测得读数 R＝40mm。设空气流过锥形接头的阻力可以忽略，求空气

的体积流量。空气的密度为 $1.2kg/m^3$。 （$0.9m^3/s$）

31. 如本题附图所示，高位槽内的水面高于地面 8m，水从 $\phi108mm\times4mm$ 的管道中流出，管路出口高于地面 2m。在本题特定条件下，水流经系统的能量损失（不包括出口的能量损失）可按 $\sum h_f=6.5u^2$ 计算。其中 u 为水在管内的流速 m/s。试计算：①A-A' 截面处水的流速；②水的流量，以 m^3/h 计。 （2.9m/s；82m^3/h）

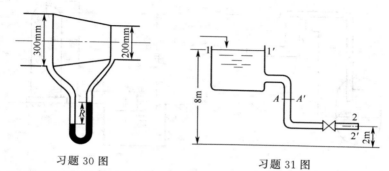

习题 30 图

习题 31 图

32. 如本题附图所示，将相对密度为 0.85 的原料液从高位槽送入精馏塔，高位槽的液面维持不变，塔内操作压强为 $0.1kgf/cm^2$（表压），管子用 $\phi38mm\times2.5mm$ 钢管，欲使原料液以 $5m^3/h$ 的流量进入塔内，问高位槽液面应比塔进口处高几米？（设流动过程损失压头 3m 液柱） （4.31m）

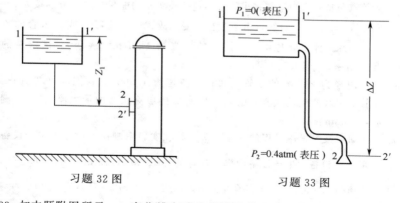

习题 32 图

习题 33 图

33. 如本题附图所示，一高位槽向喷头供应液体，液体密度为 $1050kg/m^3$。为了达到所要求的喷洒条件，喷头入口处要维持 0.4atm（表压）的压力。液体在管路内的速度为 2.2m/s，管路阻力估计为 25J/kg（从高位槽算至喷

头入口处止）。求高位槽内的液面至少要在喷头入口以上几米。 （6.728m）

34. 如本题附图所示，用虹吸管从高位槽向反应器加料。高位槽和反应器内的压强都是大气压。要求料液在管内以 1m/s 的流速流动。设料液在管内的损失压头为 2m，试求高位槽的液面应比虹吸管的出口高出多少米？ （2.05m）

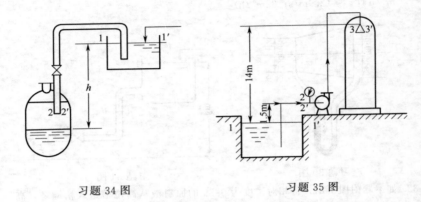

习题 34 图　　　　　习题 35 图

35. 如本题附图所示，用离心泵把 20℃ 的水从贮槽送至水洗塔顶部，槽内水位维持恒定。各部分相对位置如图所示。管路的直径均为 $\phi76mm \times 2.5mm$。在操作条件下，泵入口处真空表的读数为 185mmHg；水流经吸入管（包括管入口）与排出管（不包括喷头）的能量损失可分别按 $h_{f1} = 2u^2$ 与 $h_{f2} = 10u^2$ 计算，由于管径不变，故式中 u 为吸入或排出管的流速，m/s。排水管与喷头连接处的压强为 $1kgf/m^2$（表压）。试求泵的有效功率。 （2.26kW）

36. 有一内径为 25mm 的水管，如管中流速为 1.0m/s，水温为 20℃。求：①管道中水的流动类型；②管道内水保持层流状态的最大流速。 （湍流，0.08m/s）

37. 为了研究某一操作过程的能量损失，特在实验室制作一尺寸为生产设备 $\dfrac{1}{10}$ 的实验设备，生产设备中操作流体为 101325Pa（1atm）、80℃ 的空气，其流速为 2.5m/s。今在实验设备中，拟用 101325Pa（1atm）和 20℃ 的空气进行实验。问实验设备中空气速度应为多少？ （17.4m/s）

38. 分析计算在下列情况时，流体流过 100m 直管的损失压头和压强降。
① 293K 98% 的硫酸在内径为 50mm 的铅管内流动，流速 $u = 0.5m/s$，硫酸

密度为 1830kg/m³，黏度 23mN·s/m²。 （0.815m，14.6kN/m²）

② 293K 的水在内径为 63mm 的钢管中流动，流速为 2m/s。 （6.3m，61.8kN/m²）

39. 常温水以 20m³/h 的流量流过一无缝钢管 φ57mm×3.5mm 的管路。管路上装有 90°标准弯头两个、闸阀（1/2 开度）一个，直管段长为 30m。试计算流经该管路的总阻力损失。 （99.9J/kg）

第二章　流体输送机械

学习目标

　　掌握离心泵的结构、工作原理、特性参数及曲线以及离心泵安装、使用时的注意事项;

　　了解往复泵的工作原理、结构、特点。

能力目标

　　能够根据要求选出合适的流体输送机械并设计管路流程;

　　能对输送机械在使用过程中出现的问题进行分析判断,找出故障的原因并排除。

第一节　概　　述

　　在化工生产中,常常需要将流体从低处输送到高处,从低压位置输送到高压位置,从一个工段长距离送到另一个工段等各种情况。为此,需要对流体加入机械能,以提高其位能、静压能,克服输送沿程的阻力等。对流体提供能量的机械称为流体输送机械。

　　在化工厂中,输送流体的性质,例如黏性、腐蚀性、是否有悬浮固体颗粒等各不相同,而且诸如流量、压强、温度等也有不同的要求,为了适应不同情况下的流体输送要求,需要不同结构和特性的流体输送机械。流体的输送机械根据工作原理不同通常分为四类:离心式、往复式、旋转式和流体作用式。

　　由于气体具有可压缩性,因此,气体输送机械与液体输送机械也不同,输送液体的机械,通常称为泵;而输送气体的机械,则称为压缩机、风机。

第二节　离　心　泵

　　离心泵在生产中应用最广泛,在化工用泵中约占 80%。离心泵结构简单，流量均匀，可用耐腐蚀材料制造，且易于调节和控制，输出的压头不高，但有较大流量，维修费用较低。离心泵不宜输送高黏度的液体。

一、离心泵工作原理

离心泵是利用高速旋转的叶轮产生的离心力来输送液体的机械。离心力的作用，可以从日常生活中的实例来说明。如雨天，雨伞上的水滴人们习惯用旋转雨伞的办法将其甩掉。当雨伞旋转时就产生了离心力，伞布上的水滴在离心力的作用下，被抛向伞边缘，并从伞边缘沿切线方向脱离伞布。

生产中的离心泵如图 2-1 所示。它的主要部件是一个蜗壳形的泵壳和一个固定在泵轴上的叶轮。叶轮上有 6～12 片向后弯曲的叶片。泵壳上有两个接口，一个在泵壳中央为吸入口，与吸入导管相连，导管末端装有单向底阀；另一个接口是在泵壳旁侧切线方向，为压出口，与压出导管相连。

离心泵一般由电动机带动。在开泵前，泵内充满了液体。当叶轮高速旋转时，带动叶片间的液体一起旋转，由于离心力的作用，液体从叶轮中心被甩向叶轮

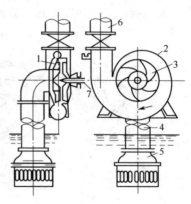

图 2-1　离心泵的构造和装置
1—叶轮；2—泵壳；3—叶片；
4—吸入导管；5—单向底阀；
6—压出导管；7—泵轴

边缘，流速可增大至 15～25m/s，动能增加。当液体进入泵壳之后，由于蜗壳形泵壳中的流道逐渐扩大，流速逐渐降低，一部分动能转变为静压能，于是液体以较高的压强压出。与此同时，叶轮中心处由于液体被甩出而形成了一定的真空，而液面处的压强比叶轮中心的要高，因此吸入管处的液体在压差作用下进入泵内。只要叶轮的旋转不停止，液体就连续不断地吸入和压出。

离心泵运转时，如果泵内没有充满液体，或者运转中泵内漏入了空气，由于空气的密度比液体的密度小得多，产生的离心力小，

在吸入口处所形成的真空度低，不足以将液体吸入泵内。这时，虽然叶轮转动，却不能输送液体，这种现象叫作"气缚"。在吸入管末端安装单向底阀的作用，就是为了使启动前灌入的或前一次修泵后管路内存留的液体不致漏掉。

二、离心泵的主要部件

离心泵的类型很多，但都具有三个主要部件：叶轮、泵壳和轴封装置。

（1）叶轮　离心泵的主要部件，有三种类型：开式、半闭式和闭式，见图 2-2。

根据吸液方式，叶轮还可分为单吸式和双吸式两种，见图 2-3。

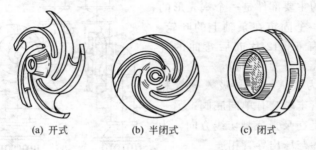

　(a) 开式　　　　　(b) 半闭式　　　　　(c) 闭式

图 2-2　叶轮的类型

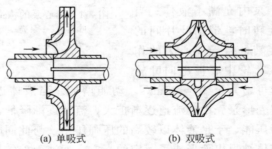

　　(a) 单吸式　　　　　　　(b) 双吸式

图 2-3　叶轮的吸液方式

（2）泵壳　离心泵的外壳，大多数制成蜗壳形，使泵壳与叶轮之间所形成的通道截面沿叶轮旋转方向逐渐扩大。泵壳的主要作用是将叶轮封闭在一定的空间中，汇集叶轮甩出的液体，并将其导

向排出管路。同时，由于蜗壳形
通道截面的逐渐扩大，叶轮甩出
液体的流速逐渐降低，使部分动
能有效地转化为静压能。

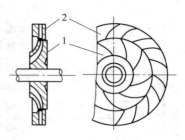

图 2-4 导叶轮
1—叶轮；2—导叶轮

为了减少液体从叶轮外缘进入
蜗壳时碰撞所造成的能量损失，有
的泵壳内还装有如图 2-4 所示的导
叶轮。导叶轮是一个固定在泵壳
内、带前弯形叶片的圆盘，叶片间
形成许多逐渐转变方向、截面积逐渐扩大的通道。这样可以使高速
甩出的液体在通过导叶轮时，均匀而缓和地将部分动能转变为静压
能，使能量损失减小到最低程度。

（3）轴封装置 在泵轴伸出泵壳处，转轴和泵壳之间必须有间
隙，这样，泵内的高压液体将由此漏出泵外。如果间隙和泵的吸入
口相通，因吸入口为低压区，空气就会进入泵。因此，需要有轴封
装置来防止泵的泄漏和空气的进入。

常用的轴封装置有填料密封和机械密封两种。

三、离心泵的主要性能和特性曲线

1. 离心泵的主要性能

离心泵的性能是通过流量、扬程、轴功率和效率等参数来表示
的，由离心泵生产厂家测定并标注在泵的铭牌上。

（1）流量 q_V 即泵的输液能力，又称排量，指泵单位时间排送
液体的量，通常以体积流量表示，单位 m^3/s、m^3/h 或 L/s。

一台泵所能提供的流量大小，取决于它的结构、尺寸和转数，
以及密封装置的可靠程度等。离心泵的实际流量并不是一个固定不
变的数值，操作时可以在一定范围内进行调节。铭牌上标明的流量是
泵在设计时作为依据的流量，称为设计流量或额定流量，在此流量时，
泵的效率最高。

（2）扬程 H 又称泵压头，即输送机械向单位重量流体提供
的能量，单位为 m 液柱。

离心泵扬程的大小，只决定于泵本身的结构、尺寸、转速及流

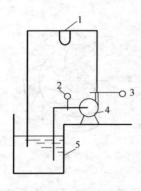

图 2-5 测定流量和扬
程的实验装置
1—孔板流量计；2—真空表；
3—压力表；4—离心泵；
5—贮槽

量，与管路情况无关。对一定的泵而言，在转速一定和正常工作范围内，流量越大，扬程越小。铭牌上的扬程是该泵在设计流量下的扬程值。

离心泵的流量和扬程在一定转速下存在一定的对应关系，目前只能用实验测定。

测定流量和扬程的实验装置如图 2-5 所示。在管路中装上孔板流量计，在泵的吸入口和压出口分别装上真空表和压力表。设液体的密度为 ρ，真空表指示的真空度为 p_0，压力表所指示的表压为 p_g，大气压强为 p_a，出、入口高度差为 z，由测得的流量和管径算得吸入口和压出口处的流速 u_1 和 u_2，列出吸入口和压出口之间的伯努利方程

$$0 + \frac{p_a - p_0}{\rho g} + \frac{u_1^2}{2g} + H$$
$$= z + \frac{p_a + p_g}{\rho g} + \frac{u_2^2}{2g} + \sum h_f$$

由于两处之间管路很短，阻力损失 $\sum h_f$ 可忽略不计，上式可得

$$H = z + \frac{p_g + p_0}{\rho g} + \frac{u_2^2 - u_1^2}{2g} \tag{2-1}$$

【例 2-1】 为测定一台离心泵的扬程，以 293K 的清水为物料，测得出口处压力表的读数为 470.88kPa（表压），入口处真空表读数为 19.62kPa。出入口之间的高差为 0.4m，实测泵的流量为 70.37m³/h，若吸入管和压出管管径相同，试计算该泵的扬程。

解：从附录查得 $\rho = 998.2 \text{kg/m}^3$，$u_2 = u_1$，$z = 0.4$m，根据式(2-1)

$$H = z + \frac{p_g + p_0}{\rho g} + \frac{u_2^2 - u_1^2}{2g} = 0.4 + \frac{(470.88 + 19.62) \times 10^3}{998.2 \times 9.81} = 50(\text{m})$$

用泵将液体从低处送到高处的高度差称为升扬高度；扬程是泵所提供的总能量，它包括位能、静压能、动能及能量损失等，而升扬高度仅是其中位能一项，所以扬程永远大于升扬高度。

（3）**轴功率 N_a 和效率 η**　泵运转时从电动机所获得的功率为轴功率，用符号 N_a 表示，单位为 W（或 J/s），由实验测定。液体经泵后所获得的实际功率，称有效功率，以符号 N 表示，单位为 J/s，或 W（1W＝1J/s），泵的有效功率与轴功率之比为总效率。

$$N_a = q_m Hg = q_V H\rho g \tag{2-2}$$

式中，q_V 为体积流量，m^3/s。

泵的效率为

$$\eta = \frac{N}{N_a} \times 100\% \tag{2-3}$$

离心泵效率高低与泵的大小、类型以及加工的状况有关，一般小型泵为 $50\% \sim 70\%$，大型泵可达 90% 左右。

由于泵在运转时可能出现超负荷的情况，制造厂往往按 $1.1 \sim 1.2 N_a$ 来配备电机。功率小于 1kW 的泵可按 $1.3 \sim 1.4$ 倍取，功率大于 50kW 可按 $1.02 \sim 1.05$ 倍来配备。泵铭牌所标出的轴功率和电动机功率，都是以常温下的清水，密度取 $1000kg/m^3$ 而计算的，如果输送液体的密度与水密度差别较大时，可按式（2-2）校核。

【**例 2-2**】　例 2-1 中，如果泵的效率为 70%，试确定电动机的功率。

解： 已知 $q_V = 70.37 m^3/h = 0.01955 m^3/s$；$H = 50m$；$\rho = 998.2 kg/m^3$

根据式（2-2），$N_a = q_V H\rho g = 0.01955 \times 50 \times 998.2 \times 9.81 = 9572(W) = 9.572(kW)$

$$N_a = N/\eta = 9.572/0.7 = 13.67(kW)$$

则电机功率　　　　　$N_电 = 13.67 \times 1.15 = 15.72(kW)$

2. 离心泵的特性曲线

实验表明，离心泵工作时的扬程、功率和效率等主要性能参数并不是固定的，而是随流量的变化而变化。生产厂把 $H\text{-}q_V$，$N_a\text{-}q_V$ 和 $\eta\text{-}q_V$ 的变化关系画在同一坐标纸上，得出一组曲线，称为离心泵的工作性能曲线或特性曲线。

不同型式的泵有不同的特性曲线；同一型号泵，当转速和叶轮直径不同时，其特性曲线也不同。通常在特性曲线坐标图的左上角，注明泵的型式和转速。因为制造厂对各种泵都配备有两种不同直径的叶轮，因而每种曲线都有一条实线和一条虚线。实线表示常用叶轮直径下的特性曲线，虚线则表示小叶轮下的特性曲线。

图 2-6 为 IS100-80-125 型离心泵的特性曲线（可替代原 4B20 型品），曲线形状随转速而变，故曲线图中应标明转速。各种不同型号的离心泵都有独自的特性曲线，但它们具有以下特点。

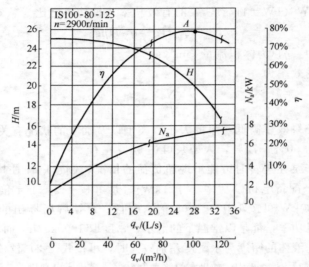

图 2-6　IS100-80-125 型离心泵的特性曲线

A 点最高效率的性能参数；$q_V = 100\text{m}^3/\text{h}$（27.8L/s）；$H = 20.0\text{m}$；

$\eta = 78\%$；$N_a = 7\text{kW}$；$\Delta h = 4.5\text{m}$

（1）H-q_V 曲线　表示扬程与流量的关系。离心泵的扬程一般随流量的增大而下降，流量很小时可能例外。如有的离心泵在流量很小时出现扬程最大值，其最大值的左侧为不稳区，不宜操作。

（2）N_a-q_V 曲线　表示泵的轴功率与流量的关系。轴功率随流量的增大而上升；流量为零时轴功率最小。所以离心泵启动时，应关闭出口阀，待启动后再逐渐打开阀门，以避免因启动功率过大而烧坏电机。

（3）η-q_V 曲线　表示泵的效率与流量的关系。泵的效率开始随泵的流量增大而升高，达到最高值后，则随流量的增大而降低。泵铭牌上标出的 q_V、H、N_a，都是在最高效率点时的数值。选用泵时，都希望在最高效率点工作，但实际常常不能刚好在这一点工作，而是划定最高效率 90% 的一个区域，只要在这个区域工作，就认为是合理的。

为了让泵在最高效率点附近工作，有时可以改变泵的转速或叶轮的直径，泵的性能则产生相应的变化。设 q'_V、H'、N'、n'、D' 是改变后的流量、扬程、功率、转速和叶轮直径，与改变前的换算关系如下

$$\frac{q_V}{q'_V}=\frac{n}{n'}\ ;\ \frac{H}{H'}=\left(\frac{n}{n'}\right)^2\ ;\ \frac{N}{N'}=\left(\frac{n}{n'}\right)^3 \qquad (2-4)$$

$$\frac{q_V}{q'_V}=\frac{D}{D'}\ ;\ \frac{H}{H'}=\left(\frac{D}{D'}\right)^2\ ;\ \frac{N}{N'}=\left(\frac{D}{D'}\right)^3 \qquad (2-5)$$

另外，当输送液体的密度与常温水的密度相差较大时，泵的特性曲线需要重新计算，不能使用产品目录提供的曲线。

四、离心泵的安装高度

1. 汽蚀现象

离心泵的吸液是由于贮槽液面与泵入口处的压强差所造成的。因此，泵的吸液能力与液面压强和泵吸入口的真空度有关。假设离心泵吸入口处为绝对真空，贮槽液面的压强为 101.3kPa，在这样的条件下，泵最多只能把水吸上 10.13m。事实上，吸入管段不可能没有阻力，泵的入口处也不可能达到真空。

众所周知，液体的沸点随液面压强降低而降低。如水在 101.3kPa 下沸点为 373K，但在 24.3kPa 时 293K 就沸腾了。因此，如果泵吸入口处的压强降到等于甚至小于液体的饱和蒸气压时，液体就会沸腾，形成大量气泡。同时，溶解在液体中的某些气体，也会因压强降低而逸出形成气泡。这些气泡随液体进入泵的高压区后，气泡被迅速压破，产生局部真空，周围液体便以极大的速度冲向气泡所占据的空间，相互碰撞，使它的动能立刻转变成静压能，在瞬间造成很高的局部冲击力。这种冲击力不断打击叶轮、泵壳，使泵体发生振动和不正常的噪声，使叶片脱屑，表面成蜂窝状，甚至开裂而损坏。此时，泵的流量、扬程和效率都急剧下降，

这种现象称为泵的"汽蚀现象"。

2. 泵的安装高度

（1）允许吸上真空高度　为了防止汽蚀现象发生，泵入口处的真空度应有一定限度，因而泵吸入口处与贮槽液面的压差也应有一定限度。为此，对每种型号的离心泵都必须通过实验确定它在一定流量下允许吸入压差。通常，此压差用泵输送液体的液柱高度表示，而且实验时的液面压强是常压，所以称为泵的允许吸上真空度。

（2）泵的安装高度　也称吸上高度，指泵能把液体吸上来的垂直距离。参见图 2-7，就 1-1 与 2-2 两个截面列伯努利方程式，可得允许吸上真空度和吸上高度的计算式。

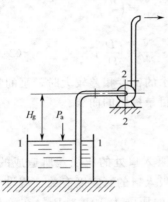

图 2-7　求离心泵安装高度示意图

$$\frac{p_1 - p_2}{\rho g} = (z_2 - z_1) + \frac{u_2^2}{2g} + \sum h_f \lambda$$

$\dfrac{p_1 - p_2}{\rho g}$ 即是允许吸上真空度，用 H_s 表示，$(z_2 - z_1)$ 即吸上高度用 H_g 来表示，则得

$$H_g = H_s - \left(\frac{u_2^2}{2g} + \sum h_f \lambda \right)$$

式中，H_s 实际计算时可在泵的样本中查得；u_2 为泵入口处流速，m/s；$\sum h_f \lambda$ 为泵入口处压头损失，m。

由于吸入管中流速很小，略去 $\dfrac{u_2^2}{2g}$，则

$$H_g = H_s - \sum h_f \lambda \tag{2-6}$$

由式(2-6)算得的 H_g 值是允许将泵安装在吸入液面上的最大垂直距离。实际安装时，安装高度必须小于此数值。

泵样本中给出的 H_s 值是用 293K 的清水，是在液面压强为 101.3kPa 下测得的。若所送液体的饱和蒸气压及液面压强上与之不相符时，应按下式进行校正。

$$H_s' = H_s - 10.33 + 0.24 + \left(\frac{p' - p_v'}{\rho g} \right) \tag{2-7}$$

式中，H'_s 为使用条件下的允许吸上真空度，m；H_s 为样本上的允许吸上真空度，m；p' 为使用条件下贮槽液面的压强，Pa；p'_v 为使用条件下液体饱和蒸气压，Pa；ρ 为使用条件下液体的密度，kg/m^3。

【例 2-3】 某车间欲安装一台离心泵输送 313K 的水，水面压强为 101.3kPa，吸入管的压头损失为 1.5m，所用泵铭牌标明的允许吸上真空高度为 5m，求泵的实际安装高度。

解： 因泵使用温度与出厂试验温度相差较大，用式（2-7）校正 H_s

$$H'_s = H_s - 10.33 + 0.24 + \left(\frac{p' - p'_v}{\rho g}\right)$$

已知 $H_s = 5m$；$p' = 101.3kPa$；查附录得 $\rho = 992kg/m^3$；$p'_v = 7.37kPa$，代入上式得

$$H_s = 5 - 10.33 + 0.24 + \left(\frac{101.3 - 7.37}{992 \times 9.81}\right) \times 10^3 = 4.56(m)$$

根据式（2-6），$H_g = H_s - \sum h_f \lambda = 4.56 - 1.5 = 3.06(m)$

实际安装高度要比 H_g 低 0.5～1m。

五、离心泵的分类和型号

离心泵的种类很多，按安装位置分，有卧式泵和立式泵；按吸液方式分，有单吸泵和双吸泵；按叶轮个数分，有单级和多级泵；按特定用途分，有液下泵和管道泵等。通常按泵输送液体的性质将离心泵分为清水泵、耐腐蚀泵、油泵和杂质泵等。这些泵都有系列产品，并用汉语拼音字母和数字作为各种离心泵的代号。

1. 清水泵

清水泵是化工厂普遍使用的一种离心泵，适用于输送清水以及物理、化学性质与水相似的液体。

（1）IS 型（原 B 型） IS 代表单级单吸离心泵，用于清水和类似清水的其他液体，其温度不高于 80℃，按设计点计流量为 6.3～400m^3/h，扬程 5～125m，进口直径 50～200mm，转速为 2900r/min 和 1450r/min。IS 型泵应用最广泛。图 2-8 为 IS 型水泵的结构图。

IS 型号是按国际标准（ISO 2858）规定的性能和尺寸设计的。其性能与原 B 型泵相比，效率平均提高 3.76%，特点是泵体和泵盖为后开结构，检修时不用拆卸泵体上的管路和电机。例：

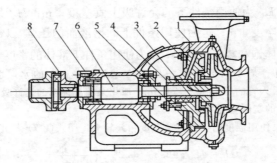

图 2-8　IS 型水泵的结构图

1—泵体；2—叶轮；3—密封圈；4—护轴套；
5—后盖；6—轴；7—托架；8—联轴器部件

IS80-65-160

　　IS 表示单级单吸清水离心泵；65 表示泵出口直径，mm；80 表示泵入口直径，mm；160 表示泵叶轮名义直径，mm。

　　型号后面有 A 或 B，表示不同的叶轮外径。

　　（2）D 型　　如果需用扬程较高而流量不很大的水泵，可采用多级离心泵。这种泵实际上是将几个叶轮装在一根轴上串联工作，液体依次通过各个叶轮时，受离心力作用，能量依次增加，所以扬程较高。

　　我国生产的多级离心泵的系列代号为 D，一般为 2～9 级，最多可达 12 级，全系列扬程范围为 14～351m，流量范围为 10.8～850m³/h。

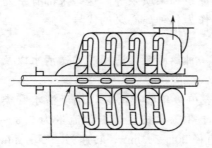

图 2-9　多级离心泵示意图

　　D 型泵的代号与 IS 型泵相似，如 100D45×4，前面的数字表示吸入口的公称直径为 100mm；45 是表示每一级的扬程；最后的数字表示级数，则该泵的效率最高时扬程为 45×4＝180m。图 2-9 为多级离心泵示意图。

　　（3）S 型（原 Sh 型）　　如需用流量大而扬程不很大时，可采用双吸泵，S 型泵结构如图 2-10 所示。它的最大特点是叶轮有两个吸入口，流量较大。我国生产的双吸泵的系列代号为 S，全系列扬程范围为

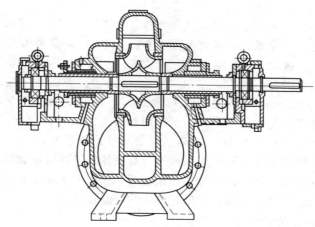

图 2-10　S 型泵结构图

$9 \sim 140 \mathrm{m}$，流量范围为 $120 \sim 12500 \mathrm{m}^3 / \mathrm{h}$。

S 型泵的编制代号，如 6S-9，前面的 6 表示吸入口直径除以 25 所得数；最后的 9 表示比转数被 10 除所得的整数。所谓比转数，并不是叶轮的实际转数，它是划分泵的类型和特性的一个指标，主要用于泵的设计和研究。

2. 耐腐蚀泵

化工生产中有许多液体都有腐蚀性，这就要求采用耐腐蚀泵。这种泵的结构和清水泵基本相同，主要区别在于和液体接触的部件用各种耐腐蚀材料制成。我国生产的耐腐蚀泵系列代号为 F，全系列扬程范围为 $15 \sim 105 \mathrm{m}$，流量范围为 $2 \sim 400 \mathrm{m}^3 / \mathrm{h}$。

耐腐蚀泵型号表示方法与 B 型泵相似，如 80FS-24，前面数字代表吸入口径为 80mm；F 为泵的代号；S 是材料代号，表示所用材料为聚三氟氯乙烯塑料（B 代表 1Cr18Ni9 不锈钢，Q 代表硬铅等）；最后的数字表示最高效率时的扬程为 24m。

3. 油泵

输送石油产品的泵统称为油泵。石油产品大都易燃易爆，因而对油泵要求密封完善可靠。油泵的结构与 B 型泵相似，主要特点是液体进出口方向都朝上。对输送油温在 473K 以上的热油泵，在轴封和轴承部位还带有冷却水套。

我国生产的油泵的系列代号为 Y，有单级与多级，单吸与双吸等不同型式。全系列的扬程范围为 60～600m，流量范围为 6.25～450m³/h，适用温度范围为 228～673K。

Y 型泵的型号编制，如 250YS$_{II}$-150×2，前面数字表示吸入口直径为 250mm；YS 表示双吸油泵，下标 II 表示所用材料为铸钢，如果下标是 I 或 III，则表示所用材料为铸铁或合金钢；150 表示每一级的扬程为 150m；最后的 2 表示叶轮级数为 2。

除上述类型外，还有用来输送含有固体粒悬浮液或黏稠液体的杂质泵（如污水泵、砂浆泵、泥浆泵等），用以提取地下水的深井泵，用以输送液化乙烯、液化天然气的低温泵等。

4. 离心泵的选用

实际生产中通常采用以下方法选择离心泵。

① 根据被输送介质的性质确定泵的类别。如输送清水选用清水泵，输送酸采用耐腐蚀泵，输送油则选用油泵等。同时还要确定具体的泵型，例如选用清水泵时，要确定是 IS 型，还是 D 型或 S 型等。

② 根据管路系统在最大流量 q_V 下需要的外加压头 H_e 确定泵的型号。在选泵的型号时，要使所选泵能提供的流量 q_V 和压头 H 比工艺要求的值稍大一些，还要保证所选泵能在高效范围内运行。若有几种型号的泵能同时满足要求时，应从经济及操作上考虑，选择效果最好的型号。

③ 当单台泵的流量或扬程不满足管路要求时，要考虑泵的串联和并联。远距离输送时，应考虑适当位置增加泵，以增加输送能力和能量。

④ 核算泵的轴功率。若输送液体的密度大于水的密度，则要核算泵的轴功率。泵的样本或铭牌上标注的性能参数，都是以常温常压下的水在最高效率点的流量为依据的，但是，实际工作流量不一定与其吻合，其扬程参数也可能与标注的不同。特别是密度比水密度大得较多时，必须校核轴功率，以及核算泵配用的电机是否够用，从而保证泵的安全运行。

图 2-11 是 IS 型水泵系列特性曲线图，该图是将各种型号的 IS

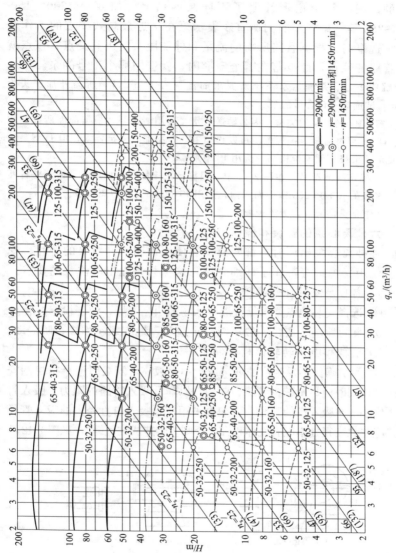

图 2-11　IS 型水泵系列特性曲线图

型泵在适宜使用范围的一段 $H\text{-}q_V$ 曲线画在同一 $H\text{-}q_V$ 坐标图中而成的。图中每个扇形注明了不同泵的型号，如 65-40-200、150-125-250 等。扇形左右两侧直线表示泵在接近最高效率点的工作范围。选泵时，根据管路所需的流量和外加压头定出其交点，该点就是管路特性点，此点落在哪个扇形内，就选用哪个型号的泵。

【例 2-4】 某输送水系统所要求的流量为 $100\mathrm{m^3/h}$，所需外加压头为 80m，试选择一台合适的泵。

解： ① 确定泵的类型　因为输送清水，选用清水泵。根据前面所提到的 IS、D、S 型泵流量、扬程范围可以得知 IS、D 型都能满足要求，但 D 型泵结构复杂，维修不便，价格高，选用 IS 型泵。

② 确定泵的型号　在图 2-11 中，根据已知流量和外加压头，做管路特性点，该点在 100-65-250 扇形面积内，选用 IS100-65-250 型离心泵。

工作介质是清水，无需校核。

六、离心泵的安装和操作

各种离心泵出厂时，都附有安装使用说明书，对泵的特性、安装、使用、维护等都作了详细介绍，这里只是提出应注意的要点。

1. 离心泵安装注意事项

① 选择安装地点要求靠近液源，场地明亮干燥，便于检修拆装。

② 泵的地基坚实，一般用混凝土地基，地脚螺丝连接，防振动。

③ 泵轴和电机转轴严格控制水平。

④ 为了确保不发生汽蚀现象或吸不上液体，安装时应严格控制安装高度，同时应尽量减少弯头、阀门，以降低吸入管路的阻力。吸入管径不应小于泵吸入口的直径，但如果采用较泵吸入口直径大的吸入管径时，应注意变径处不能有气体积存，否则，会造成"气缚"，见图 2-12。

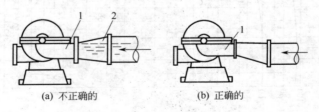

(a) 不正确的　　　　　　(b) 正确的

图 2-12　吸入口变径连接法

1—吸入口；2—空气囊

2. 离心泵的操作

① 启动前用手盘车，检查泵内有无异常，轴转动是否灵活，检查润滑油是否正常。而后打开排气阀和泵入口阀，向泵内灌注液体，直至在泵顶部冒出为止。如有冷却和液封系统，则应投入运行。

② 启动时，应先将出口阀关闭，以免电机超负荷烧坏。启动后，观察压力是否达到规定值，待泵达到正常转速后，逐渐打开出口阀，调节到所需流量，使泵进入正常运转。

③ 关闭出口阀泵的运转时间不宜过长，以 2～3min 为限，以免液体温度升高太多而导致汽蚀或其他不良后果。

④ 泵内无液体时，切不可运行，更不能反转，否则损伤叶轮和使轴套松扣。

⑤ 泵运转时，应经常检查压力表、真空表、电流表的指示值是否正常，检查填料函和轴承温度是否正常，有无振动、杂音和异常情况。

⑥ 停泵时，应先关闭出口阀，以免压出管路内液体倒流，使泵叶轮受损。

⑦ 在北方寒冷季节，停泵后应将泵内液体排净、吹干，防止冻结、冻裂。

离心泵运转中的故障，形式多样，原因各异、不同类型的泵容易发生的故障也不尽相同。比较常遇到的故障之一是吸不上液，如在启动时发生，可能是由于注入的液体量不足或液体从底阀漏掉，也可能是吸入管或底阀、叶轮堵塞。在运转过程中停止吸液，常是由于泵内吸入空气，造成"气缚"现象，应检查吸入管路的连接处及填料函等处漏气情况。至于具体问题如何具体解决，则可参阅各类型泵的安装使用说明书。

第三节 往 复 泵

一、往复泵的工作原理

往复泵是依靠往复运动的活塞依次开启吸入阀和排出阀，从而吸入和排出液体的流体输送机械，其结构如图 2-13 所示。它主要由泵缸、活塞（或柱塞）、活塞杆、吸入阀和排出阀所组成。往复泵的吸入阀和排出阀都是单向阀。当活塞在外力作用下向右移动时，泵体内工作室的容积扩大，压强减小，排出阀受压自动关阀，吸入阀受泵外液体作用而打开，液体被吸入泵内。当活塞由右向左移动时，泵内液体受压压强增高，吸入阀在液体压强作用下关闭，排出阀则被顶开，液体被排出泵外。这样，活塞不断地往复运动，液体便间断地被吸入和排出。由此可见，往复泵是通过活塞将外功以静压力的形式直接传给液体，不能连续地排出液体，这和离心泵的原理是完全不同的。

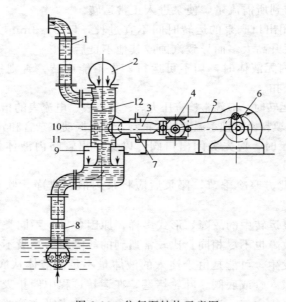

图 2-13　往复泵结构示意图

1—压出管路；2—空气室；3—柱塞；4—十字头；5—活塞杆；6—曲柄；7—填料函；
8—吸入管路；9—吸入空气室；10—泵缸；11—吸入阀；12—排出阀

活塞在泵体内左右移动的端点称为"死点"，两个"死点"之间为活塞移动的距离，称为冲程。当活塞往复一次，只吸入和排出液体各一次，所以这种泵称为单动泵。单动泵的排液量不均匀，它只是在压出行程时排出液体，吸入行程无液体排出。同时，由于泵的活塞往复运动是依靠电动机通过曲柄连杆机构，使旋转运动变为活塞的往复运动而实现的，在一个冲程中，活塞的移动速度随时间而改变，则排液也相应地变化。单动泵流量曲线如图 2-14(a)所示。

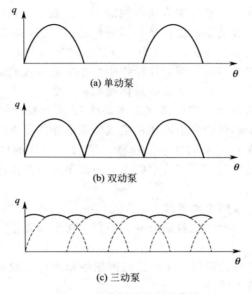

(a) 单动泵

(b) 双动泵

(c) 三动泵

图 2-14　往复泵的流量曲线

　　泵的排液量不均匀，引起吸入管
路和排出管路中流体流速不断变化，
造成较大的压头损失，并使有关管
路发生振动。为了改善这种排液量
不均匀的状况，采用了双动泵和三
动泵。双动泵如图 2-15 所示，由于
活塞两侧都装有吸入阀和排出阀，
活塞往复一次，一侧吸入液体，一

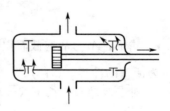

图 2-15　双动泵的原理
示意图

侧排出液体。这样，不仅充分利用了活塞两侧的空间，而且使
排液量较为均匀，如图 2-14(b)所示。

　　三动泵实质上是由三台单动泵组合而成的，它的特点是用三个
互成 120°角的曲柄并装在同一曲轴上，曲轴每转一圈，三台单动
泵各自完成一次吸液和排液过程。一台泵的送液过程尚未结束，另
一台泵又开始了排液过程，每时每刻都有液体压出，流量更为均

匀，如图 2-14(c)所示。另外，由于全部采用柱塞而不用活塞，工作压强比较高。化肥厂通常用的铜液泵、尿液泵，就是三柱塞泵。

为了进一步使泵的操作平稳和流量更为均匀，在泵吸入口和排出口设有空气室（参见图 2-13）。空气室的出口与泵入口相连，室内上方的空气有一定压强，在操作中，如果泵的吸液量减小到小于吸入管的平均流量时，多余的液体便贮存在空气室内，室内的空气被压缩，压强增高。当吸液量逐渐增大到大于吸入管的平均流量时，室内原来贮存的多余液体在空气压强的作用下进入泵内，空气逐渐膨胀，恢复原来的压强。这样，借助于空气的压缩和膨胀作用，可以使吸入管和排液管中的流量不因泵缸吸液排液量的变化而发生大的变化。

二、往复泵的主要性能

往复泵的主要性能包括流量、扬程、功率和效率。

1. 流量

往复泵的理论流量等于单位时间里活塞所扫过的体积，对单动泵而言，可按下式计算

$$q_{Vd} = Asf = \frac{\pi}{4}D^2 sf \quad m^3/s \qquad (2-8)$$

式中，A 为活塞截面积，m^2，$A = \frac{\pi}{4}D^2$；D 为活塞直径，m；s 为活塞的冲程，m；f 为活塞的频率，Hz（或 1/s）。

对于双动泵，按下式计算

$$q_{Vd} = (2A - A_1)sf = \frac{\pi}{4}(2D^2 - d^2)sf \quad m^3/s \qquad (2-9)$$

式中，A_1 为活塞杆截面积，m^2；d 为活塞杆直径，m。

实际上，由于填料函、阀、活塞不严，阀开关不及时等，往复泵的实际流量小于理论值，即

$$q_V = \eta_V q_{Vd} \qquad (2-10)$$

式中，η_V 称为容积效率，其值由实验确定。

对于流量小于 20m^3/h 的泵，η_V 在 0.85～0.9 之间，流量在

$20\sim200\mathrm{m^3/h}$ 的中型泵 η_V 可达 $0.9\sim0.95$，流量在 $200\mathrm{m^3/h}$ 以上的大型泵，η_V 可达 $0.95\sim0.96$。

【例 2-5】 有一单动往复泵，活塞直径为 $286\mathrm{mm}$，冲程为 $200\mathrm{mm}$，若要求输送的流量为 $36\mathrm{m^3/h}$，容积效率为 0.94，求活塞每分钟的往复次数。

解： 由式(2-8) 和式(2-10) 可得

$$q_\mathrm{V}=\eta_\mathrm{V}q_\mathrm{Vd}=\eta_\mathrm{V}\frac{\pi}{4}D^2sf$$

$$f=\frac{q_\mathrm{V}}{\eta_\mathrm{V}\dfrac{\pi}{4}D^2s}$$

已知 $\quad q_\mathrm{V}=\dfrac{36}{3600}=0.01\mathrm{m^3/s}$，$\eta_\mathrm{V}=0.94$，$D=268\mathrm{mm}=0.268\mathrm{m}$，$s=200\mathrm{mm}=0.2\mathrm{m}$，代入上式得

$$f=\frac{0.1}{0.94\times\dfrac{\pi}{4}\times0.268^2\times0.2}=0.943(\mathrm{Hz})$$

每分钟往复次数 $=f\times60=0.943\times60=57(次)$

2. 扬程

往复泵是依靠活塞将静压能传给液体的，其扬程与流量无关，这是往复泵与离心泵不同之处。同时，往复泵的扬程与泵的几何尺寸也无关。因为液体的不可压缩性，当活塞挤压液体时总能把液体排出去。理论上往复泵的扬程可以无限大，只要泵的机械强度和功率足够，要求多高压头，泵就能提供多大的压头。

实际上，随着压头的增大，填料函、阀、活塞等处的溶液量也增大，容积效率 η_V 减小，流量略有降低，如图 2-16 所示。

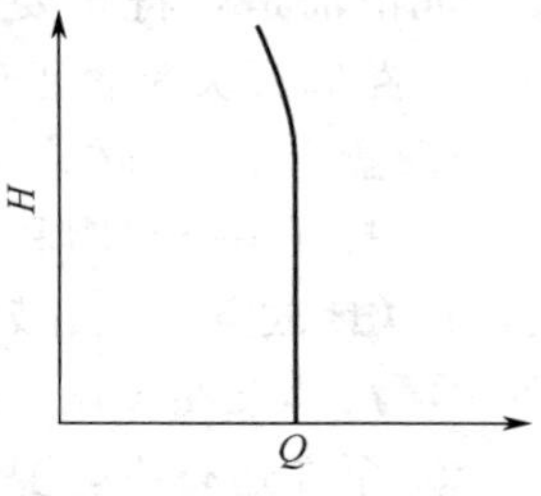

3. 功率和效率

往复泵功率和效率计算与离心泵相同。往复泵的效率一般地比离心泵要高，通常在 $0.72\sim0.93$ 之间。在易燃易爆的场所及锅炉的输水系统中，使用蒸汽为动力的蒸汽往复泵，效率可达 $0.83\sim0.88$。

图 2-16 往复泵的
特性曲线

三、往复泵的使用与维护

1. 往复泵的运转与调节

往复泵的吸入高度也有一定的限制。在泵启动前泵内不充满液体也能吸进液体，具有自吸作用。即便如此，启动前最好还是灌满液体为好，这样可以排除泵内存留的空气，缩短启动时间。

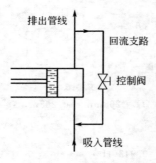

图 2-17　回流支路调节流量法

往复泵与离心泵不同，启动前必须将出口阀打开，因为液体不可压缩，泵内液体因排不出去，压强急剧升高，以致造成事故。

往复泵的流量调节，理论上可以通过改变活塞截面积、冲程和活塞往复次数来实现，但这要改变泵的结构，实际上难于实现。如果用出口阀开关来调节，有可能因阀的开度过小或完全关闭使泵内压强急剧增大，而造成事故。因此，通常采用安装回流支路的方法，即让一部分排液从支路流回到吸入管内，如图 2-17 所示。这种方法操作简单，但会造成额外的能量损失，使效率降低。

2. 往复泵的使用

往复泵排出压力高，可输送有一定黏度和一定温度的液体，适用小流量、高扬程的场合。化工生产中往复泵使用较多。

① 启动前应检查各种附件是否齐全好用，压力表指示是否为零，润滑油是否符合要求，连杆和十字头螺母是否松动，进出口阀、支路阀开关是否正确。

② 盘车 2~3 转，检查有无异常；若有应查明原因及时处理。

③ 打开泵放空阀和进液阀，打开出口阀和支路控制阀，启动电机，并关闭放空阀，用支路阀调整泵的流量至需要值时，正常运行。

④ 严禁泵在超压、超转速和排空状态下运行。

⑤ 泵在运行中，要经常检查缺内有无冲击声和吸入排出滑阀有无破碎声。

⑥ 发现进出口压力波动大时，要检查滑阀和阀门是结疤堵塞，

并及时清理。

⑦ 经常检查轴承温度，泵身振动和电流大小，发现问题及时处理。

第四节　其他类型泵及各类泵的比较

一、计量泵

在化工生产中，往往需要按照工艺要求精确地输送定量的液体，有时还要将两种或两种以上的液体按比例地进行输送，计量泵就是为满足这些要求设计制造的。

计量泵有两种基本型式：柱塞式和隔膜式，见图 2-18。它们都是由转速稳定的电动机通过可变偏心轮带动活塞杆而运行，改变此轮的偏心程度，就可以改变活塞的冲程，从而达到调节流量的目的。计量泵的送液量精确度一般在±1%以内，有时甚至可达±0.5%。

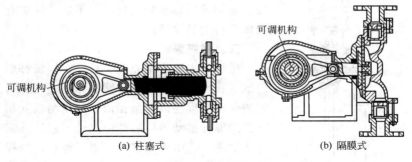

(a) 柱塞式　　　　　　　　(b) 隔膜式

图 2-18　计量泵

如果用一台电动机同时带动两台或三台计量泵，每台泵输送不同的液体，便可实现各种液体的流量按一定比例进行输送或混合，所以计量泵又称比例泵。

二、齿轮泵

齿轮泵的结构如图 2-19 所示，主要由泵壳和一对互相啮合的齿轮所组成。其中一个齿轮为主动轮，与电动机相连，另一处为从动轮。两个齿轮把泵体内分成吸入和排出两个腔，当齿轮按箭头方向转动时，吸入腔由于两轮的齿互相分开，空间增大，形成低压而将液体吸入。被吸入的液体在齿轮缝中因齿轮的旋转带动下，分两路进入排出腔。在排出腔内，由于两齿轮的啮合，空间缩小，形成高压而将液体压出。

图 2-19　齿轮泵

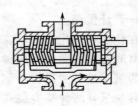

图 2-20　螺杆泵

齿轮泵因其齿缝空间小，流量较小，但它可以产生较大的压头。它常用来输送润滑油、黏稠液体以至膏状物，但不适于输送有固体颗粒的悬浮液。

三、螺杆泵

螺杆泵主要有泵壳和一根或多根螺杆所组成。图 2-20 是一种双螺杆泵的示意图，它的作用原理与齿轮泵相似，利用两根互相啮合的螺杆推动液体沿轴向移动，液体从螺杆两端进入，由中央排出。螺杆越长，扬程越高。

螺杆泵具有扬程高，效率高，无噪声，流量均匀等优点，适于高压下输送高黏度的液体，在合成橡胶、合成纤维工业上较多采用。

往复泵、计量泵、齿轮泵和螺杆泵都属于正位移泵。凡属正位移泵都不能用出口阀来调节流量，否则就有可能因压力剧增而造成事故。

四、屏蔽泵

屏蔽泵又称无填料泵。屏蔽泵是在离心

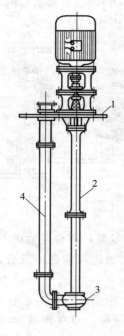

图 2-21　液下泵
1—安装平板；2—轴套管；
3—泵体；4—压出导管

泵的基础发展起来的。

具有结构简单紧凑，零件少，占地小，操作可靠，长期不需要检修等优点。缺点是效率比一般离心泵要低，大约26％～50％。

五、液下泵

液下泵是将泵体置于液体中的一种泵，如图2-21所示，它具有以下特点。

① 由于泵体置于贮槽液体中，因而轴封要求不高，适用于输送各种腐蚀性液体，但效率不高。

② 吸入口顺着轴线方向，压出口与轴线平行，泵轴加长，立式电机置于液体外部支架上。

③ 结构简单，一般使用厂就可以利用现有的离心泵自行改装。

六、旋涡泵

旋涡泵是一种特殊类型的离心泵，其结构如图2-22(a)所示。主要是由叶轮1，叶轮上的径向叶片2，泵壳3和液体进、出口6、7等组成。

旋涡泵的流量小，扬程高，泵壳不是蜗壳形，结构简单，加工容易，体积小。但由于液体在叶片间不断流进和流出的过程中，质点间的互相撞击，损失了不少的能量，效率比较低，一般为

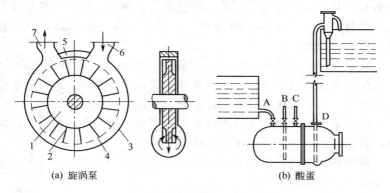

(a) 旋涡泵　　　　　　　　　　　(b) 酸蛋

图 2-22　旋涡泵和流体作用泵

1—叶轮；2—叶片；3—泵壳；4—流道；5—隔板；6—液体进口；7—液体出口

15％～40％，最高 45％左右。旋涡泵适用于输送流量小、压头高的溶液，特别是精馏塔的回流液。

七、流体作用泵

流体作用泵是利用一种流体的作用，产生压力或造成真空，从而达到输送另一种流体的目的。图 2-22（b）是这类泵中一种常见的型式，俗称酸蛋，是利用压缩空气的压力来输送液体。具体结构是一个可以承受一定压强的容器，配有料液输入管和压出管、压缩空气管等。

操作时，首先将料液注入容器内，然后关闭料液输入管 A 上的阀门。将压缩空气管 B 上的阀门打开，通入压缩空气以迫使料液从压出管 D 中排出。待料液压送完毕后，关闭压缩空气管上的阀门，打开放空管上的阀门 C，使容器与大气相通以降低容器中的压力。当容器压力降至常压后，打开输入管上阀门再次进料，如此间歇地循环操作。

酸蛋经常用来输送酸、碱一类强腐蚀性液体，和使用耐腐蚀泵比较费用低。若输送的液体遇空气有燃烧、爆炸危险时，可用氮气等惰性气体保护。

八、各类泵的比较

各类泵中以离心泵应用最广，它具有结构简单、紧凑、能与电机直接相连，对基础要求不高，流量均匀、调节方便，可应用各种耐腐蚀材料、适应范围广等优点。缺点是扬程一般不高，效率较低，没有自吸能力等。

往复泵的优点是压头高、流量固定、效率高、有自吸能力等，但其结构复杂，设备笨重，需要传动机构，目前在不少地方已逐步为其他型式的泵所代替，唯有计量泵，目前正在发展中。

齿轮泵和螺杆泵，又称旋转泵。一般只有流量小、扬程高的特点，特别适用于输送高黏度的液体。

流体作用泵在有些场合可以取代耐腐蚀泵和液下泵，适用于输送酸碱一类的腐蚀性液体。

表 2-1 和图 2-23 是各类泵的比较和适用范围，可供选泵时参考。

表 2-1 各类泵的比较

类型	离 心 泵	往 复 泵	旋 转 泵	旋 涡 泵	流体作用泵
流量	1.均匀 2.量大 3.流量随管路情况而变化	1.不均匀 2.量不大 3.流量恒定,几乎不因压头变化而变化	1.比较均匀 2.量小 3.流量恒定,与往复泵同	1.均匀 2.量小 3.流量随管路情况变化而变化	1.量小 2.间断排送
扬程	1.一般不高 2.对一定的流量只有一定的扬程	1.较高 2.对一定的流量可有不同的扬程,由管路系统确定	1.较高 2.对一定的流量可有不同的扬程,由管路系统确定	1.较高 2.对一定的流量只有一定的扬程	扬程不宜高,愈高效率愈低
效率	1.最高为70%左右 2.在设计点最高,偏离愈远,效率愈低	1.在80%左右 2.对不同的扬程,效率仍保持较大值	1.在60%~90% 2.扬程高时泄漏大时效率降低	在25%~50%	一般仅15%~20%
结构	1.简单、价廉,安装容易 2.高速旋转,可直接与电动机相连 3.同一流量体积小 4.轴封装置要求高,不能漏气	1.零件多,构造复杂 2.振动大,不可过快 3.占地多,安装较难 4.需要大排出活门时 5.输送腐蚀性液体时,构造更复杂	1.没有活门 2.可与电动机直接连接 3.零件较少,但制造精度要求较高	1.结构简单、紧凑,具有较高的吸入能力 2.高速旋转,可直接与电动机相连 3.叶轮和泵壳之间气隙很小 4.轴封装置要求高,不漏气	1.无活动部分 2.简单
操作	1.有气缚现象,开车前要充液,运转中不能有气 2.维护、操作方便 3.可用阀很方便地调节流量 4.不因管路堵塞而发生损坏现象	1.零件多,易出故障,检修麻烦 2.不能用出口阀调节流量,能用支路阀调节流量 3.扬程流量改变时能保持高效率	1.检查比离心泵复杂,比往复泵容易 2.不能用出口阀调节流量,而只能用支路阀调节	1.功率随流量减小而增大,开车时应将出口阀打开 2.只能用支路阀调节流量	1.有的是间歇操作,流量难调节 2.流量难调节
适用范围	输送腐蚀性液体或悬浮液,对粘度大的液体不适用,一般流量大而扬程小	高扬程,小流量的清洁液体	高扬程,小流量,特别适用于输送油类等粘性液体	特别适用于流量小而扬程较高的液体,但不能输送污染性液体	间歇地输送腐蚀性液体

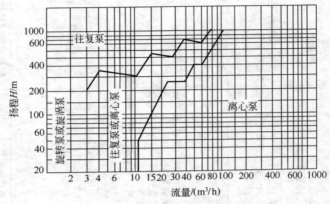

图 2-23 各类泵的适用范围

第五节 往复式压缩机

在化工生产中，除了大量使用液体输送机械外，还广泛使用气体输送和压缩机械，以便输送和压缩气体，或从设备内抽出气体产生真空等。

气体是可压缩流体。在压送过程中，不仅气体的压强发生变化，其体积、温度也发生变化。气体压强、温度和体积变化的大小，对压送机械影响很大。气体压送机械按其终压（出口压强）或压缩比（出口压强与进口压强之比）分为四类（以表压计）。

（1）压缩机 压缩比 4 以上，终压在 300kPa 以上。

（2）鼓风机 压缩比 4 以下，终压在 15～300kPa。

（3）通风机 压缩比 1～1.15，终压不大于 15kPa。

（4）真空泵 用于减压，终压为当时当地大气压，压缩比范围很大，根据需要的真空度而定。

根据压送机械的构造和操作原理，可分为往复式、离心式、旋转式和流体作用式等。目前往复式和离心式应用较广。

一、往复式压缩机的结构和主要部件

往复式压缩机的结构、工作原理与往复泵相似，主要由汽缸、活塞、活门、吸入阀和排出阀组成。活塞依靠传动机构的带动在汽缸内做往复运动，引起工作室容积的扩大和缩小，气体被吸入和排出。

往复式压缩机的主要部件简述如下。

（1）汽缸　汽缸是构成压缩机内压缩容积的基本部分。根据压强、排气量、型式和用途不同，有着各种不同的结构。一般分为两类，低压缸和高压缸。压强小于 5×10^3 kPa 的低压缸和压强小于 8×10^3 kPa 且尺寸较小的汽缸，用铸铁制造；压强小于 15×10^3 kPa 时，通常用铸钢制造；压强再高，则用合金钢锻制。

汽缸外壁都装有冷却水套，以冷却汽缸内的气体和部件。

（2）活塞　活塞是用来压缩气体的基本零件。往复式压缩机中一般都采用盘状活塞，如图 2-24 所示。其内部是空心的，两断面由加强筋连接，根据活塞大小不同，加强筋有 3～8 个。

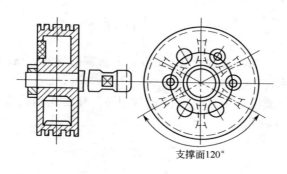

支撑面120°

图 2-24　盘状活塞

在低压压缩机中，活塞环一般不多于 2～3 个，其开口处应尽量错开，以减少接口处气体的泄漏。

（3）活门　活门也是压缩机中一个很重要的部件。它是由阀座、阀片、弹簧、升高限制器等零件组成，如图 2-25 所示。

为了保证压缩机的良好工作，活门必须严密，阻力小，开启迅速，结构紧凑等。

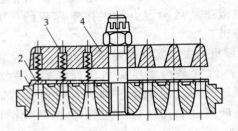

图 2-25　活门
1—阀座；2—阀片；3—弹簧；4—升高限制器

二、往复式压缩机的主要性能

(1) 排气量　也称压缩机的生产能力，用符号 q_V 表示，单位 m^3/s。因为气体只有在吸入汽缸之后才能排出，所以其生产能力均以吸入气体的量计算。

理论上的吸气量可以按下式计算

$$q_{Vd} = \frac{\pi}{4} D^2 s f \tag{2-11}$$

式中，D 为活塞的直径，m；s 为活塞的冲程，m；f 为活塞往复的频率，Hz 或 1/s。

但由于泄漏等原因，实际送气量 q_V 总是比理论上的送气量 q_{Vd} 要小，即

$$q_V = \lambda q_{Vd} \tag{2-12}$$

式中的 λ 称为送气系数，由实验测出，一般为 $0.7 \sim 0.9$。对于新的压缩机，当终压小于 $9.81 \times 10^2 \, kPa$ 时，可取 $0.85 \sim 0.95$；当终压大于 $9.81 \times 10^2 \, kPa$ 时，可取 $0.8 \sim 0.9$。

应当指出，压缩机铭牌上标注的生产能力通常都是指标准状态下的体积流量，如果实际操作的状态与其差别较大时，则应进行校正。

(2) 压缩比和容积系数　气体出口的压强 p_2（即排气压强）

与进口压强 p_1 之比，称为压缩比，用符号 ε 表示。

$$\varepsilon = p_2/p_1 \tag{2-13}$$

当压缩机进口压强为当时当地的大气压强时，压缩比与出口压强在数值上相等。

（3）**排气温度**　气体经过压缩后排出时的温度称为排气温度，它总是高于吸气温度，升高程度与过程的性质和压缩比大小有关。

实际操作中，压缩机的压缩过程是一个多变过程。在多变过程中，压缩机的排气温度可按下式计算

$$T_2 = T_1 \left(\frac{p_2}{p_1}\right)^{\frac{m-1}{m}} \tag{2-14}$$

式中，T_1 为吸气温度；p_2/p_1 系压缩比，也可用 ε 表示；m 为多变指数，由实验测出。

（4）**功率和轴功率**　在多变过程中，压缩机的理论功率为

$$N_d = \frac{m}{m-1} p_1 q_{V1} \left[\left(\frac{p_2}{p_1}\right)^{\frac{m-1}{m}} - 1\right] \tag{2-15}$$

式中，N_d 为理论功率，W 或 kW；q_{V1} 为按吸入状态计算的吸气量，m^3/s。

从式(2-15)可以看出，压缩机的压缩比越大，所消耗的功率也越大。

必须指出，式（2-15）是以理想气体导出的，对于真实气体，当温度较高而压强不太高时，气体在压缩过程中不发生相变的条件下也可以应用。否则，计算结果误差较大，不能使用。

和离心泵一样，压缩机也有一个效率问题，压缩机的轴功率 N 等于理论功率 N_d 除以压缩机的总效率 η。

$$N = N_d/\eta \tag{2-16}$$

【**例 2-6**】 某压缩机每小时吸入 288.6K 空气 4500m³，已知当时当地大气压为 1×10^5 Pa，压缩后的压强为 4×10^5 Pa，多变指数 $m = 1.3$。求：①气体排出时的温度；②压缩机所需的理论功率。

解： ① 根据式(2-14)，$T_2 = T_1 \left(\dfrac{p_2}{p_1} \right)^{\frac{m-1}{m}}$

$$= 288.6 \times \left(\frac{4 \times 10^5}{1 \times 10^5} \right)^{\frac{1.3-1}{1.3}} = 398.3 \text{(K)}$$

② 根据式(2-15)，

$$N_{\mathrm{d}} = \frac{m}{m-1} p_1 q_{\mathrm{V1}} \left[\left(\frac{p_2}{p_1} \right)^{\frac{m-1}{m}} - 1 \right]$$

$$= \frac{1.3}{1.3-1} \times 1 \times 10^5 \times \frac{4500}{3600} \left[\left(\frac{4 \times 10^5}{1 \times 10^5} \right)^{\frac{1.3-1}{1.3}} - 1 \right]$$

$$= 2.06 \times 10^5 \text{(W)} = 206 \text{(kW)}$$

三、实际压缩循环

有余隙存在的理想气体压缩循环称为实际压缩循环。单级往复压缩机的工作循环如图 2-26 所示，可分为四个阶段，各阶段的压力与体积变化关系对应地表示在 $p\text{-}V$ 图上。

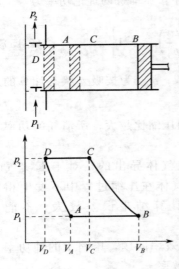

吸气阶段：活塞由 A 点向右移至 B 点，吸入气体的压力 p_1 不变，吸入体积量为 $(V_B - V_A)$。

压缩阶段：活塞由 B 点向左移动至 C 点，压力由 p_1 升至 p_2，气体体积由 V_B 缩小至 V_C。

排气阶段：气体在压力 p_2 下排出至 D 点，排气量为 $(V_C - V_D)$。

膨胀阶段：活塞达到 D 点后，活塞与汽缸端盖之间内还残存有一部分压力为 p_2 的气体，即余隙气体。当活塞向右移至 A 点，余隙气体膨胀，其压力降至 p_1 后又进入吸气阶段。

图 2-26 单级往复压缩的工作循环

可见，活塞往复一次的一个循环过程由吸气—压缩—排气—膨胀等组成。一个工作循环所做功的大小等于图中 ABCD 封闭曲线内的面积；由于余隙内高压气体的存在，使吸气量减少，增加能耗，故压缩机的余隙不宜过大。

四、多级压缩

如前所述，要想在一个汽缸实现很大的压缩比是不可能的。为了满足实际生产的需要，在压缩比大于 8 时，采用多级压缩，这样的压缩机称为多级压缩机。

生产上初压为 0.1MPa 时，压缩比（p_2/p_1）与压缩级数的关系列于下表：

压缩比	<5	5~10	10~30	30~100	100~300	300~650
压缩级数	1	1~2	2~3	3~4	4~6	6~7

多级压缩机是把两个或两个以上的汽缸串联组合在一起，气体经过一个汽缸压缩之后，又进入第二个汽缸进一步压缩，如此经过多次压缩之后达到设计所要求的终压。每压缩一次，称为一级，压缩几次，称为几级。在每次压缩后，可用冷却器将气体冷却，用油水分离器将气体夹带的润滑油和水分离开。多级压缩可以得到很高的压缩比，如每级的压缩比为 3 时，4 级压缩的总压缩比就可达到 81。

多级压缩机有如下优点。

① 提高汽缸的容积系数，增大了压缩机的生产能力。采用多级压缩把每级汽缸的压缩比降下来，提高了汽缸的容积系数，排气量也增大，从而增大了生产能力。

② 避免压缩机的温度过高。因为每个汽缸的压缩比低了，气体温升也降低了，同时级间还装有冷却器，确保温升不高。

③ 降低压缩机所需的功率。实践表明，在总压缩比相同的情况下，采用多级压缩所消耗的功率比采用单级压缩时要少，而且级数越多减少程度越大。但也不是级数越多越好，因为级数越多，造价越高，级数超过一定数值后，省的动力费就有可能不足以抵消多用的设备费，一般往复式压缩机为 2~5 级。

五、往复式压缩机的分类和型号

往复式压缩机的型式很多，分类方法也不一样。

① 按所压缩气体的种类，分为空气压缩机、氧压机、氢压机、氨压机、石油气压缩机等。

② 按活塞在往复一次过程中吸、排气的次数，分为单动和双动。

③ 按气体受压缩的次数，分为单级、双级和多级。

④ 按压缩机的生产能力的大小，分为小型（$10m^3/min$ 以下）、中型（$10\sim30m^3/min$）和大型（$30m^3/min$ 以上）三种。

⑤ 按出口压强分，低压（10^3kPa 以下）、中压（$10^3\sim10^4kPa$）、高压（$10^4\sim10^5kPa$）和超高压（10^5kPa 以上）四种。

⑥ 按汽缸在空间的位置不同，分立式、卧式和角式和对称平衡式等。这是一种最主要的分类方法。

立式的汽缸中心线与地面垂直，代号为 Z。由于活塞上下运动，对汽缸的作用力较小，磨损小并较均匀；活塞运动的惯性力与地面垂直，所以振动小，基础小，占地面积也小。但它机身高，要求厂房也高，操作与检修不甚方便，一般只在中小型压缩机中采用。

卧式的汽缸中心线是水平的，代号为 P。卧式压缩机机身低而长，水平方向的惯性力大，占地面积大，对基础要求也高；但操作维修方便，大型压缩机比较常用。

角式，即两个汽缸的中心线按一定角度排列，又分 L 型、V 型、W 型等（图 2-27）。角式压缩机主要优点在于其活塞往复运动的惯性力有可能被转轴上的平衡重量所平衡，其基础比立式还要小。但由于汽缸是斜的，检修不大方便，一般在中、小型压缩机中采用。

对称平衡式，即汽缸对称分布在电动机飞轮的两侧。如电机在各列（压缩机有一根汽缸中心线便称为一列）汽缸的中央称为 H 型；如电机在各列汽缸的外侧，称为 M 型，如图 2-27 所示。对称平衡式压缩机的平衡性能好，运转平稳，整个机器处于管理人员的视线范围之内，操作维修都很方便，在大型压缩机中广泛采用。

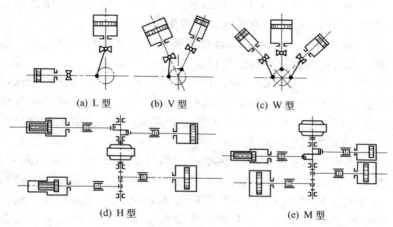

(a) L 型　　　(b) V 型　　　　(c) W 型

(d) H 型　　　　　　(e) M 型

图 2-27　汽缸排列示意图

　　我国制造的往复压缩机的型号代号是用数字和字母组合而成。如 V-3/8-Ⅰ型，其 V 表示汽缸是 V 型排列；3 表示每分钟排气量为 $3m^3$；8 表示排气压强为 $8×100kPa$；Ⅰ表示是第一次设计。由于压缩机的类型很多，具体的各符号和数字的意义，可查阅有关产品目录和说明书。

　　生产上选用压缩机时，首先是根据压缩气体的性质，确定压缩机的种类，如空压机、氨压机等。然后，再根据生产能力和排气压力，从产品目录中选定合适的型号。

　　六、往复式压缩机的正常操作

　　① 开车前应确保电器开关，联锁装置，指示仪表、阀门，控制和保安系统齐全、灵敏、准确、可靠。

　　② 开主机前应先启动润滑油泵和冷却水泵，并达到规定压力和流量。

　　③ 盘车数转，检查转动机构是否正常，观察电流大小和测听缸内有无杂音，如未发现问题即试车完毕，准备投产。

　　④ 对于压缩气体属于易燃易爆气体时，应用氮气将缸内、管路和附属容器内的空气或其他非工作介质置换干净，并达到合格标准，防止开车时发生爆炸事故。

⑤ 开车时，各操作人员要服从统一指挥，按照开车步骤的先后和开关阀门顺序开关有关阀，不得失误。

⑥ 调节排气压力时，应同时逐渐开大各级汽缸的排气阀和进气阀，以避免出现抽空和憋压现象。

⑦ 经常以"看、听、摸、闻"的方法检查各连接管口和压盖有无渗漏现象，轴承、滑道和填料函的温度，各级汽缸的排气压力、温度以及缸内有无异常声音等。如发现隐患，应及时处理。

⑧ 遇到下列情况应紧急停车：

a. 断电、断水和断润滑油时；b. 填料函和轴承温度超过规定，并发生冒烟时；c. 电动机声音异常，有烧焦气味或冒火星时；d. 机身发生强烈振动，采取减振措施无效时；e. 发现缸体、阀门和管路严重漏气时；f. 有关岗位或设备发生重大事故或调度命令停车时。

⑨ 停车时，操作人员动作要熟练准确，切不可误操作。

第六节　离心式压缩机

离心式压缩机常称为透平压缩机。它的叶轮级数更多，可达 10 级以上，转数较高，一般在 5000r/min 以上，最高达 13900r/min。由于压缩比较高，气体的体积缩小，温度升高，因而叶轮的直径和宽度逐级缩小；将压缩机分成几段，每段若干级，在段间设置中间冷却器，以免气体温升过高。

离心式压缩机流量大，供气均匀，体积小，易损部件少，调节性能好，运转平稳且安全可靠，维修方便，机内无润滑油污染气体。除要求风压很高以外，其应用日趋广泛。

离心压缩机的缺点是：制造的材料和精度要求高；流量偏离设计点时效率显著下降，一般要在最高效率的 85% 以上操作。

一、离心式压缩机工作原理和结构

离心式压缩机的工作原理和多级离心泵相似，气体在叶轮带动下做旋转运动，由于离心力的作用使气体压强增高，经过一级级的增压，最后可得相当高的排气压强。

图 2-28 是一台用来压缩石油裂解气的 PA220-72 型离心式压缩

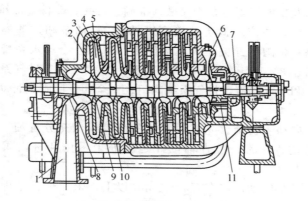

图 2-28　多级离心式压缩机

1—吸入管；2—叶轮；3—扩压器；4—弯道；5—回流器；6—涡轮；
7—后轴封；8—前轴封；9—轴封；10—密封结构；11—平衡盘

机的结构示意图，气体经吸入管 1 进入到第一个叶轮 2 内，在离心力的作用下，其压力和速度都得到提高，在从一级压向另一级的过程中，由于气体在蜗壳流道中一部分动静转化为静压能，进一步提高了气体的压强。这样经过一级级的增压作用，气体以较大的压强最后经与涡轮 6 相连的压出管排出。

　　由于气体压强增加较高，气体体积变化较大，所以叶轮的直径应制成不同大小，一般是将其分成几段，每段包括若干级，每段叶轮的直径和宽度依次减小。段与段之间设置中间冷却器，以避免气体温度过高。

　　离心式压缩机与往复式压缩机相比，具有体积小、重量轻、占地少、运转平稳、排气量大而均匀、操作维修简单等优点。但也存在着制造精度要求高、不易加工、给气量变动时压强不稳定、负离不足时效率显著下降等缺点。

　　离心式压缩机在化工生产中应用很广，特别是在那些要求气量大而压强不很高的场合，已经越来越多地代替往复式压缩机。

　　二、离心式压缩机的操作

　　（1）开车前的准备工作：

　　①检查电器开关、声光信号、联锁装置、轴位计、防喘装置、

安全阀以及报警装置等是否灵敏、准确、可靠；②检查油箱内有无积水和杂质，油位不低于油箱高度的 2/3；油泵和过滤器是否正常；油路系统阀门开关是否灵活好用；③检查冷却水系统是否畅通，压强在 $3 \times 10^4 Pa$ 以上，有无渗漏现象；④检查进气系统有无堵塞现象和积水存液，排气系统阀门、安全阀止回阀是否动作灵敏可靠。

（2）启动主机前，先开油泵使各润滑部位充分有油，检查油压、油量是否正常；检查轴位计是否处于零位和进出阀门是否打开。

（3）点车启动，空车运行 15min 以上，未发现异常即开始逐渐关闭放空阀进行升压，同时打开送气阀门向外送气。

（4）经常注意气体压强、轴承温度、蒸汽压强或电流大小，气体流量，主机转速等，发现问题及时调整。

（5）经常检查压缩机运行声音和振动情况，如有异常及时处理。

（6）经常查看和调节各段的排气温度和压强，防止过高或过低。

（7）严防压缩机抽空和倒转现象发生，以免损坏设备。

（8）停车时，要同时关闭进排气阀门。先停主机，待主机停稳后再停油泵和冷却水，如果汽缸和转子温度高时，应每隔 15min将转子转 $180°$，直到温度降至 30℃为止，以防转子弯曲。

（9）遇到下列情况之一时，应作紧急停车处理：

①断电、断油、断蒸汽时；②油压迅速下降，超过规定极限而联锁装置不动作时；③轴承温度超过报警值仍继续上升时；④电机冒烟有火花时；⑤轴位计指示超过指标（>0.4mm），保安装置不动作时；⑥压缩机发生剧烈振动或异常声响时。

第七节　各类风机简介

一、鼓风机

化工生产中使用的鼓风机，主要是罗茨鼓风机，通常用在要求压强不高而流量较大的场合。

罗茨鼓风机的构造和工作原理和齿轮泵相似，如图 2-29 所示。在一个跑道似的机壳内有两个腰形转子，转子之间以及转子和机壳之间的缝隙很小。两个转子朝着相反方向转动，和齿轮泵一样，它使机壳内形成了一个低压区和一个高压区，气体从低压区吸入，从高压区排出。如果改变转子的旋转方向，吸入口和压出口则互换。因此，在开车前应仔细检查转子的转向。

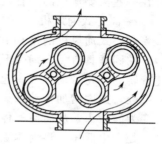

图 2-29　罗茨鼓风机

罗茨鼓风机的风量与转速成正比，当转速一定，即使出口压强有变化，排气量也基本保持稳定。气体在进鼓风机之前，应除去尘屑和油污，出口应安稳压气柜和安全阀，流量应用支路调节，出口阀不能完全关闭。其操作温度不得大于 358K，否则转子受热膨胀容易卡住。

罗茨鼓风机的最大出口压强约为 80kPa（表压），常用在硫酸和合成氨等生产中。

二、通风机

通风机是一种在低压下沿着导管输送气体的机械。在化工厂中，通风机使用非常普遍，尤其是高温和有毒气体的车间，常用它来输送新鲜空气，排除有毒气体和降温，以保证操作者的身体健康。

工业上常用的通风机有两种，一种是轴流式，另一种是离心式。

1. 轴流式通风机

轴流式通风机的结构如图 2-30 所示，在机壳内装有能迅速转动的叶轮，叶轮上固有类似旋桨的叶片。当叶片旋转时，叶片推动着空气使之向与轴平行的方向流动，叶片将能量传给空气，使排出气体的压强略有增加。它的特点是

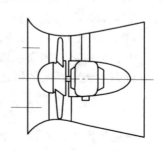

图 2-30　轴流式通风机

压强不大风量大。

轴流式通风机常装在需要送风的墙壁或天棚上，也可以临时放置在一些需要送风的场合。

2. 离心式通风机

离心式通风机的结构和工作原理与离心泵相似，如图 2-31 所示。它同样具有一个蜗壳形的外壳，壳中有一个叶轮。工作时，高速旋转的叶轮带动空气一起旋转，因离心力的作用，气体流向叶轮外圆处，速度增加，动压头增大。气体进入蜗壳时，一部分动压头转变为静压头，从而使气体具有一定的静压头而排出。与此同时，中心处产生低压，将气体源源不断地吸入壳内。

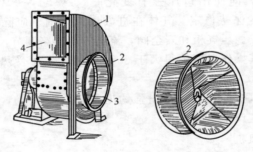

图 2-31　离心式通风机

1—机壳；2—叶轮；3—吸入口；4—排出口

根据产生的风压不同，离心式通风机可分成三类，出口压强不大于 1kPa（表压的），称为低压离心式通风机；出口压强在 1～2.94kPa（表压）的，称为中压离心式通风机；出口压强在 2.94～14.7kPa（表压）的，称为高压离心式通风机。

中、低压离心式通风机主要作为车间通风换气用，高压离心式通风机则主要用在气体输送上。

第八节　真　空　泵

化工生产中，有许多单元操作需要在低于大气压下进行，真空泵就是获得低于大气压强的一种机械。

真空泵分干式和湿式两大类。干式真空泵只能从容器内抽出干燥气体，可以达到 $96\%\sim99.9\%$ 真空度。湿式真空泵抽吸的气体允许带有液体，只能产生 $85\%\sim90\%$ 真空度。

一、往复式真空泵

往复式真空泵的构造与工作原理与往复式压缩机相同，只是真空泵在低压下操作，汽缸内外压差很小，所用的活门必须更为轻巧，启闭方便，它的阀片很薄，阀片弹簧也很小。另外，达到高真空度时，压缩比很大，所以余隙必须很小。为了降低余隙的影响，在汽缸左右两端设有平衡气道。活塞排气阶段终了，平衡气道连通一很短时间，残留于余隙中的气体可以从活塞一侧流到另一侧，从而降低了余隙中气体的压强。图

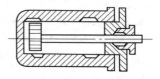

图 2-32　平衡气道

2-32 就是平衡气道的示意图，其结构很简单，只是在活塞终点时的汽缸部分加工出一个凹槽。

真空泵和压缩机一样，汽缸外壁用冷却装置，以除气体在压缩过程产生的热量。

我国生产的往复式真空泵，系列代号为 W。有 W-1 至 W-5 共五种规格，抽气速率为 $60\sim770\mathrm{m}^3/\mathrm{h}$。它造成的绝压可达 0.1kPa 或更低一些。

往复式真空泵是一种干式真空泵，操作时要防止抽吸气体中带有液体，以免发生设备损坏事故。

往复式真空泵由于转速低，排量不均匀，结构复杂，零件多，易于磨损等缺陷，近年来已逐渐被其他类型真空泵所代替。

二、液环式真空泵

常用的液环式真空泵为水环式真空泵，其结构如图 2-33 所示。外壳 1 中偏心地安装着一个叶轮 2，叶轮上有许多径向的叶片。水环式真空泵的作用原理是，开车前泵内存在适当的水，叶轮旋转时，水在叶轮的带动下形成了一个水环 3，水环的内圆正好与叶轮的叶片根部相切，壳内形成一个月牙形的空间，这个空间被叶片分割成大小不等的小室。随着叶轮的旋转

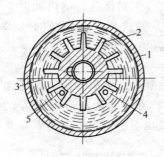

图 2-33　水环式真空泵
1—外壳；2—叶轮；3—水环；
4—吸入口；5—压出口

右边小室逐渐扩大，气体从吸入口 4 吸入室内，而在左侧的小室逐渐缩小，气体从压出口 5 排出。

　　水环真空泵是一种湿式真空泵，其最高真空度可达 85%，即所形成的压强约为 15kPa。由于它的结构简单，没有活门，经久耐用，化工上应用很广。主要用于抽吸设备中的空气或其他无腐蚀性、不溶于水和不含固体颗粒的气体。

　　我国生产的水环式真空泵的系列代号为 SZ，如 SZZ-4，其中 S 表示水环式；第一个 Z 表示真空泵；第二个 Z 表示泵与电机直联，如用皮带传动时，则用 B 表示；4 表示当绝压为 32kPa 时的排气量（L/s）。

三、旋片式真空泵

　　旋片式真空泵的结构和工作原理如图 2-34 所示，在机壳内偏心地安装着一个绕自身轴线旋转的转子，旋转时转子与泵腔处于内切状态。转子中间开槽，里面装着弹簧和两个滑片，滑片受弹簧作用紧紧压在泵腔的表面上，其间隙通过油膜密封。滑片把泵腔分成两个工作室，通过工作室容积的周期性扩大和缩小，将气体吸入和排出。

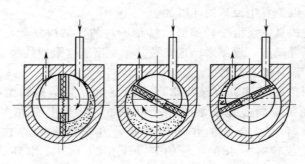

图 2-34　旋片式真空泵的结构和工作原理

泵的全部机件浸在真空油内，油起着油封、润滑和冷却作用。所产生真空度的大小，取决于系统中物料或真空油的蒸气压以及泵内机件的加工精度。这种类型的泵可用来抽除潮湿气体，但不适于抽吸含氧过高、有爆炸性、有腐蚀性、对泵油起化学反应以及含有颗粒尘埃的气体。

旋片式真空泵的排气量不大，常用两级组成，真空度较高，绝压可低达 0.1Pa，在实验室里广泛应用。

四、喷射式真空泵

喷射式泵属于流体作用泵，是利用流体流动时能量转化以达到输送流的装置。它既可以输送液体，也可以输送气体，但在化工生产上主要用作真空泵，在蒸发和蒸馏过程中广泛使用。

喷射式泵的工作流体可以是蒸汽，也可以是水，还可以是其他液体或气体。图 2-35 是一个蒸汽喷射泵的简图，工作蒸汽在高压下经喷嘴以很高的速度喷出，在喷射过程中，蒸汽的静压能转变为动能，因而在吸入口处造成了一个低压区，将所输送的流体吸入。吸入的流体与蒸汽混合后进入扩大管，流速逐渐降低，压强随之升高，并从压出口排出。

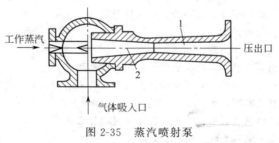

图 2-35　蒸汽喷射泵
1—扩大管；2—混合室

喷射式真空泵结构简单、制造容易、没有运动部件，不易发生故障，维修工作量小。能输送高温的、腐蚀性的以及含有固体颗粒的流体。但其效率较低，一般在 25％～30％左右。在石油化工生产中，喷射泵不仅用来代替机械式真空泵，而且还广泛用于混合器、冷却器、吸收器等。

本章小结

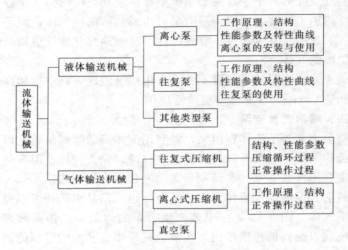

思考题与习题

一、思考题

1. 在实际生产中流体输送机械有什么作用？

2. 流体输送机械根据什么原理设计？怎样分类？

3. 什么叫泵？泵有几类。

4. 说明离心泵的工作原理。

5. 离心泵是由哪些基本部件构成的？各起什么作用。

6. 离心泵启动前，为什么先灌满流体？泵吸入管末端为何要安装单向底阀？

7. 离心泵的叶轮有哪几种类型，各适用哪种流体？

8. 离心泵的壳体是什么形式，在输送液体时起什么作用？

9. 离心泵泵壳上装有导轮，有什么好处？

10. 离心泵的轴封作用是什么？通常采用的轴封有哪些？各有什么特点？

11. 离心泵的主要性能参数有哪些？它们之间有什么关系？

12. 什么叫离心泵的特性曲线？是怎样得到的？大致画出离心泵的特性曲线。

13. 为什么离心泵启动时要关闭出口阀？

14. 怎样防止离心泵的气缚现象？实际生产中怎样进行操作？

15. 什么叫汽蚀现象？它有什么危害？生产操作中怎样防止汽蚀现象发生？

16. 写出确定常用离心泵安装高度的计算式。

17. 离心泵铭牌上标出的泵的性能参数是什么条件下的数值。

18. 试说明一般选择离心泵的方法和步骤。

19. 说明离心泵的操作步骤及注意事项。

20. 往复泵主要工作部件有哪些？简要说明往复泵的工作过程。

21. 往复泵的流量为什么不均匀？为了改善这一状况，可以采取哪些措施？

22. 如何计算往复泵的流量？怎样调节往复泵的流量。

23. 简述往复泵操作步骤及注意事项。

24. 往复泵与离心泵在结构、工作原理、性能上有什么区别？

25. 往复泵与离心泵在流量调节操作方法上有什么区别？往复泵属于什么形式的泵？

26. 旋涡泵也是一种特殊形式的离心泵，它在结构、性能及操作上与离心泵有哪些不同？

27. 说明齿轮泵的工作原理。

28. 哪些泵是正位移泵？为什么正位移泵不能用出口阀来调节流量？

29. 往复压缩机的安装与运转在操作上有哪些要求和注意事项？

30. 气体输送机械通常可以分为哪几类？其分类的主要依据是什么？

31. 往复压缩机直接参与压缩过程的主要部件有哪些？活塞环的作用是什么？

32. 什么叫"余隙"？它对压缩过程有什么影响？

33. 为什么要采用多级压缩？多级压缩有哪些优点？

34. 往复压缩机通常有哪些分类方法？

35. 简述往复压缩机的操作步骤，往复压缩机遇到哪些情况应紧急停车？

36. 说明离心式压缩机的工作原理。

37. 简述离心式压缩机的操作步骤。

38. 试说明罗茨鼓风机的工作原理。

39. 说明轴流式通风机和离心式通风机的结构特点和适用场合。

40. 往复式真空泵和往复压缩机在结构上有哪些不同？

41. 简述液环真空泵的工作原理。

42. 简述旋片式真空泵的工作原理。

43. 简述喷射真空泵的工作原理。

44. 常用搅拌器有哪几种类型？各适用于什么场合。

45. 强化搅拌作用的常用措施有哪两种？它们是怎样起强化搅拌作用的？

二、习题

1. 用 277K 的清水对一台离心泵进行实验测定，测得其流量为 $10m^3/h$，泵出口处压力表的读数为 $1.7kg/cm^2$，入口处真空表的读数为 160mmHg，出入口的管径相同，轴功率为 1.09kW，两个测点的垂直距离为 0.5m，试求泵的效率。 （49.2%）

2. 今有一台离心泵，铭牌上标出泵的流量为 $72m^3/h$，扬程为 19m，总效率为 0.85，电动机功率为 7kW。欲利用这台泵来输送相对密度为 1.2 的某溶液，升扬高为 12m，压出管出口的流速为 1.5m/s，总的压头损失为 2m 液柱。试核定该泵能否适用。 （适用）

3. 某车间想用一台离心泵把贮槽液面压强 101.3kPa、293K 的清水送至水塔内，其流量和扬程都符合要求，泵铭牌标出的允许吸入口真空度为 5.7m，如果吸入管路中的全部压头损失为 1.5m，确定该泵的实际安装高度。 （3.2～3.7m）

4. 有一输水系统，要求流量为 $14m^3/h$，所需外加压头为 40m，试选择适宜的泵型。 （2B54）

5. 有一单动往复泵，活塞直径为 160mm，冲程为 200mm，活塞频率为 2.5Hz，若泵的容积效率为 0.85，求该泵所能达到的流量。 （$30.6m^3/h$）

6. 有一单动往复泵，其流量为 $36m^3/h$，活塞直径为 260mm，冲程为 200mm，若其容积效率为 0.9，求活塞每分钟的往复次数。 （63）

7. 某往复压缩机每小时吸入 293K 的空气 $1224m^3$，已知当时当地大气压强为 100kPa，压缩机排气压强为 350kPa，多变指数 $m = 1.4$。试求：①气体排出时的温度；②压缩机所需的理论功率。 （419.1K；51.17kW）

8. 某往复压缩机的送气量为 $1.25m^3/s$（按吸入状态计），压缩比为 9，多变指数为 1.25，吸入气体的温度为 293K，压强为 101.3kPa。试求：①排气温度；②压缩所需的理论功率。 （454.69K；349.39W）

9. 某空压机铭牌上标出的生产能力为 $780m^3/h$，压缩比为 7，设压缩机的总效率为 0.8，多变指数为 1.4。试问一台 80kW 的电机可否与之配套使用？ （可用）

10. 某空压机每小时吸入 290K 的空气 $4500m^3$，已知当地的大气压强为 101.3kPa，压缩后气体的压强为 910kPa，多变指数 $m = 1.2$，试求压缩机所需要的理论功率。 （334.29W）

第三章　非均相混合物的分离

学习目标

　　掌握重力沉降和离心沉降的基本原理和沉降速度的计算方法；
　　了解非均相物系的分离方法，降尘室、旋风分离器的主要性能；
　　了解过滤原理、操作过程、生产能力的表示以及常用过滤机的结构；
　　了解气体其他净制方法、流态化的基本概念。

能力目标

　　能够计算重力沉降下的沉降速度，能够根据待分离的非均相物系的特点选择正确的分离方法。

第一节　概　　述

　　在化工生产中，经常会遇到需要分离非均相混合物的例子，如分离水中的固体杂质，烟道气中的煤渣，等等。像这种固相分散在气体或液体中，形成不止一个相的系统，称为非均相物系。含尘和含雾的气体，属于气态非均相混合物系。悬浮液、乳浊液及泡沫液属于液态非均相物系。

　　非均相物系中处于分散状态的物质，例如气体中的尘粒、悬浮液中的颗粒、乳浊液中的液滴，统称为分散物质或分散相。非均相物系中处于连续状态的物质，例如气态非均相物系中的气体、液态非均相系中的连续液体，则统称为分散介质或连续相。

　　非均相系分离的目的有：①回收分散物质，例如从结晶器排出的母液中分离出晶粒；②净制分散介质，例如除去含尘气体中的尘粒；③劳动保护和环境卫生等。因此，非均相物系的分离，在工业生产中具有重要的意义。

　　含尘气体及悬浮液的分离，工业上最常用的方法有沉降法和过滤法。沉降分离法是使气体和液体中的固体颗粒受重力、离心力或惯性力作用而沉降的方法；过滤分离法是利用气体或液体能通过过滤介质而固体颗粒不能穿过过滤介质的性质进行分离的，如袋滤法。此外，对于含尘气体，还有液体洗涤除尘法和电除尘法。液体洗涤除尘法是使含尘气体与水或其他液体接触，洗去固体颗粒的方法。电除尘法是使含尘气体中颗粒在高压电场内受电场力的作用而沉降分离的方法。这两种方法及袋滤法都用于分离含有 1μm 以下的颗粒的气体。但应注意的是，液体洗涤除尘法往往产生大量的污水，会造成污水处理的困难；电除尘法不仅设备费较多，而且操作费也较高。

第二节　重力沉降

固体微粒在黏性流体中受到重力作用时，粒子与流体之间产生相对运动的情况，在化工生产中是经常见到的。例如，利用重力作用分离悬浮物中固体微粒、气体的除尘净制、气力输送等，都存在分散物质与分散介质的相对运动问题。因此，必须研究它的运动的基本规律。微粒在流体中受重力作用慢慢降落而从流体中分离出来，这种过程称为重力沉降。重力沉降适用于分离较大的固体颗粒。

一、重力作用下的沉降速度

固体微粒在真空中自由降落时，只受到重力的作用，微粒以等加速度运动下落。但是当微粒在静止的流体中降落时，不但受到重力的作用，同时还受到流体的浮力和阻力的作用，如图 3-1 所示。

图 3-1　微粒在静止流体中降落时所受的作用力

重力方向与微粒降落的方向一致。而浮力和阻力的方向则与降落的方向相反。悬浮在分散介质中的固体微粒降落时，作用在粒子上的力是这三种力的合力。重力和浮力的大小对一定的粒子是固定的，而流体对微粒的摩擦阻力则随粒子和流体的相对运动速度的增大而增加。

当微粒在静止介质中，借本身重力的作用降落时，最初由于重力胜过浮力和阻力的作用，致使微粒作加速运动。由于流体阻力随降落速度的增大而迅速增加，经过很短的时间，当阻力和浮力之和等于微粒的重力时，降落速度不再增大，即当三种力的作用达到平衡时，粒子以加速运动的末速度，作等速下降。这种不变的降落速度，称为沉降速度。沉降速度的大小表明微粒沉降的快慢。

下面讨论沉降速度的计算公式。在推导沉降速度公式时，作了以下几个假设：

① 颗粒是球形；

② 沉降的颗粒相距较远，互不干扰；

③ 容器壁对颗粒的阻滞作用可以忽略，若容器的直径小于100倍颗粒直径，这种作用的影响便出现；

④ 颗粒直径不能小于 $2\sim3\mu m$，否则颗粒受到流体分子运动的影响，严重时甚至不能沉降。

设有一球形粒子在流体介质中在重力作用下沉降，它所遇到的流体阻力 R 可用第一章中所述的阻力公式求得，即

$$R = \zeta A \frac{\rho u^2}{2} \quad \text{N} \tag{3-1}$$

式中，ζ 为阻力系数；A 为球形粒子在与沉降方向垂直的平面上的投影面积，等于 $\frac{\pi}{4}d^2$，d 为粒子的直径，m，m^2；ρ 为流体介质的密度，kg/m^3；u 为沉降过程中粒子与介质的相对运动速度，m/s。

设 ρ_s 为球形粒子的密度（kg/m^3），则它所受的重力 F 为

$$F = \frac{\pi}{6}d^3\rho_s g \quad \text{N} \tag{3-2}$$

此球形粒子在介质中所受的浮力 F_1 为

$$F_1 = \frac{\pi}{6}d^3\rho g \tag{3-3}$$

根据牛顿第二定律

$$F - F_1 - R = ma \tag{3-4}$$

式中，m 为粒子的质量，等于 $(\pi/6)d^3\rho_s$，kg；a 为粒子降落时的加速度，m/s^2。

由此可见，在降落的最初阶段，微粒作加速运动，由于阻力随相对运动速度 u 的增大而迅速增加。当介质对运动粒子的阻力增加到恰巧与重力和浮力之差相等时，则作用在粒子上的合力为零，粒子沉降就变成等速运动。这时微粒与介质的相对运动速度，即沉

降速度，用符号 u_0 表示。

由于粒子一般很小，单位体积表面积较大，阻力也较大，阻力便很快达到与重力和浮力之差相等。因此，加速阶段很短，在整个沉降过程中可以忽略。

显然，当微粒等速沉降时，$F - F_1 - R = 0$ 或 $F - F_1 = R$，即

$$\frac{\pi}{6} d^3 (\rho_s - \rho) g = \zeta \frac{\pi}{4} d^2 \frac{\rho u_0^2}{2}$$

或

$$u_0 = \sqrt{\frac{4d(\rho_s - \rho) g}{3\rho\zeta}} \quad \text{m/s} \tag{3-5}$$

式(3-5) 就是圆形粒子在重力作用下沉降速度的计算式。式中的 ζ 称为粒子与流体相对运动的阻力系数。在计算 u_0 时，关键在于确定阻力系数 ζ。ζ 是雷诺数 Re 的函数：$\zeta = f(Re)$，其值由实验确定。

$$Re = \frac{du_0\rho}{\mu} \tag{3-6}$$

式中，μ 为流体介质的黏度，$N \cdot s/m^2$；d 为固体粒子的直径，m；ρ 为流体介质的密度，kg/m^3。

根据实验结果，球形粒子的阻力系数 ζ 和 Re 的关系如图 3-2 所示。

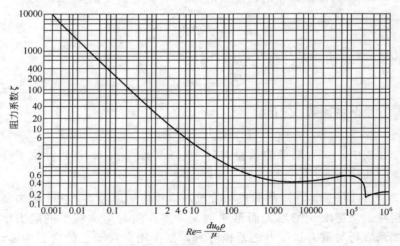

图 3-2　球形粒子的阻力系数 ζ 和 Re 的关系图

由图 3-2 可见，固体粒子在流体介质中沉降时，固体粒子在流体介质中沉降时所遇到的流体阻力，与流体流动中的摩擦阻力相似，也可以分为层流、过渡流等几个区域。为了计算方便，各区域中 ζ 和 Re 的关系，可分别用公式表示如下

① 层流区域 $Re \leqslant 1$ $\quad \zeta = \dfrac{24}{Re}$ $\qquad\qquad\qquad\qquad$ (3-7)

② 过渡流区域 $Re = 1 \sim 1000$ $\quad \zeta = \dfrac{30}{Re^{0.625}}$ $\qquad\qquad$ (3-8)

③ 湍流区域 $Re = 1000 \sim 2 \times 10^5$ $\quad \zeta = 0.44$ $\qquad$ (3-9)

当 Re 值超过 2×10^5 时，边界层本身也变为湍流，实验结果显示不规则现象。

当处于层流区域沉降时，将式(3-7)代入式(3-5)中，得层流时沉降速度的计算公式

$$u_0 = \frac{d^2(\rho_s - \rho)g}{18\mu} \qquad\qquad (3\text{-}10)$$

此式称为斯托克斯定律。

由式(3-10)可以看出，固体粒子的沉降速度，与粒子和流体的密度差成正比，而与流体的黏度成反比。

当处于过渡区域沉降时，将式(3-8)代入式(3-5)中，得过渡流时沉降速度的计算公式

$$u_0 = 0.106 \left[\left(\frac{\rho_s - \rho}{e} \right) g \right]^{0.72} \frac{d^{1.18}}{\left(\dfrac{\mu}{\rho} \right)^{0.45}} \qquad (3\text{-}11)$$

此式称为阿仑定律。

当处于湍流区域沉降时，将式(3-9)代入式(3-5)中，得湍流时沉降速度的计算公式

$$u_0 = 1.74 \sqrt{\frac{d(\rho_s - \rho)g}{\rho}} \qquad\qquad (3\text{-}12)$$

此式称为牛顿定律。

计算 u_0 时，首先需要判断流动类型，然后确定使用哪一个计算式。因为 ζ 与 Re 值有关，而 Re 值又由 u_0 值确定，所以要用试

差法。考虑到所处理的微粒一般都很小，可先假设沉降属于层流区域，直接采用式(3-10) 算出 u_0，然后把算出的 u_0 代入式(3-6) 中检验 Re 是否小于 1。如果检验不符，再假设其他区域进行计算，然后再用 Re 值验算。

应当指出，上述计算 ζ 和 u_0 的公式都是根据光滑球形粒子的沉降实验结果得出的。实际上，悬浮的粒子多不是球形，也不一定光滑。因此，阻力系数一般比按上述公式算出的值为大，沉降速度则比计算值低。

【例 3-1】 求直径为 $80\mu m$ 的玻璃球在 20℃水中自由沉降速度。已知玻璃球的密度 $\rho_s = 2500 kg/m^3$，水的密度 $\rho = 1000 kg/m^3$，水在 20℃时的黏度 $\mu = 0.001 N \cdot s/m^2$。

解：设在层流区域，可用斯托克斯定律计算

$$u_0 = \frac{d^2(\rho_s - \rho)g}{18\mu} = \frac{(80 \times 10^{-6})^2 \times (2500 - 1000) \times 9.81}{18 \times 0.001}$$
$$= 5.23 \times 10^{-3} (m/s)$$

验算

$$Re = \frac{du_0\rho}{\mu} = \frac{80 \times 10^{-6} \times 0.00523 \times 1000}{0.001} = 80 \times 10^{-3} \times 5.23 = 0.42 < 1$$

【例 3-2】 尘粒的直径为 $10\mu m$，密度为 $2000 kg/m^3$。求它在空气中的沉降速度。空气的密度为 $1.2 kg/m^3$，黏度为 $0.0185 mPa \cdot s$。

解：先假定在层流区，直接用公式(3-10)

$$u_0 = \frac{d^2(\rho_s - \rho)g}{18\mu} = \frac{(10 \times 10^{-6})^2 \times (2000 - 1.2) \times 9.81}{18 \times 0.0185 \times 10^{-3}}$$
$$= 0.0059 (m/s)$$

验算

$$Re = \frac{du_0\rho}{\mu} = \frac{10 \times 10^{-6} \times 0.0059 \times 1.2}{0.0185 \times 10^{-3}}$$
$$= 0.00384 < 1$$

二、降尘室

利用重力沉降分离含尘气体中的尘粒，是一种原始的分离方法，一般作为预分离之用，分离粒径较大的尘粒。

重力沉降分离器，依流体流动方式可分为水平流动型与上升流动型。水平流动型降尘室的示意图见图 3-3。

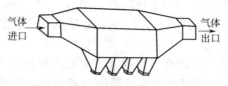

图 3-3　降尘室

含尘气体由管道进入降尘室，因流道截面积扩大而流速降低。只要气体从降尘室进口流到出口所需的停留时间等于或大于尘粒从降尘室的顶部沉降到底部所需的沉降时间，则尘粒就可以分离出来。这种重力降尘室通常可分离粒径为 $50\mu m$ 以上的粗颗粒，作为预除尘用。

三、沉降器

处理悬浮液的重力沉降设备，称为沉降器或增浓器。沉降器可分间歇式、半连续式和连续式三种。

化工生产中常用的是连续沉降槽，如图 3-4 所示，这是一个底部略具有圆锥形的不深的圆槽。槽内装有转速为 0.1～1r/min 的耙集浆，浆上固定有钢耙。悬浮液连续地沿送液槽从上方中央进入。浓稠的沉淀沉降到器底，并被耙慢慢地集聚到器底中心，然后经排出管，用泵连续地排出。澄清液经上口周缘的溢流槽连续地排出。

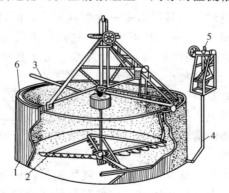

图 3-4　连续沉降槽

1—圆槽；2—钢耙；3—悬浮液送液槽；4—沉淀
排出管；5—泵；6—澄清液溢流槽

连续沉降槽的优点是：操作连续化和机械化，构造简单，处理量大，沉淀物的浓度均匀。沉降槽的直径可达 100m，它的生产能力可达每昼夜沉降出 3000t 的沉淀物。缺点是：设备庞大，占地面积大，分离效率低。

连续沉降槽一般用在分离固体浓度低而液体量大的悬浮液。凡浓度在 1% 以下的都可以在增浓器中初步处理，然后将沉淀送去过滤或离心分离等。湿沉淀的固体含量可达 50%。这种设备常用作无机盐的洗涤精制设备。例如，在纯碱生产中作为盐水精制设备；在苛化法烧碱生产中作为二次苛化器或苛化泥洗涤器。

第三节 过　滤

过滤是使含固体颗粒的非均相物系通过布、网等多孔性材料，分离出固体颗粒的操作。虽有含尘气体的过滤和悬浮液的过滤之分，但通常所说"过滤"系指悬浮液的过滤。

一、悬浮液的过滤

图 3-5 为过滤操作示意图。悬浮液通常又称滤浆式料浆。过滤用的多孔物料称为过滤介质。留在过滤介质上的固体颗粒称为滤饼或滤渣。通过滤饼和过滤介质的清液，称为滤液。

1. 两种过滤方法

（1）深层过滤　当悬浮液中所含颗粒很小，而且含量很少（液体中颗粒的体积＜0.1%）时可用较厚的粒状床层做成的过滤介质（例如，自来水净化用的砂层）进行过滤。由于悬浮液中的颗粒尺寸比过滤介质孔道直径小，当颗粒随液体进入床层内细长而弯曲的孔道时，靠静电及分子力的作用而附着在孔道壁上。过滤介质床层上面没有滤饼形成。因此，这种过滤称为深层过滤。由于它用于从稀悬浮液中得到澄清液体，所以又称为澄清过滤，例如自来水的净化及污水处理等。

（2）滤饼过滤　悬浮液过滤时，液体通过过滤介质而颗粒沉积在过滤介质的表面而形成滤饼。当然颗粒尺寸比过滤介质的孔径大时，会形成滤饼。不过，当颗粒尺寸比过滤介质小时，过滤开始会有部分颗粒进入过滤介质孔道里，迅速发生"架桥现象"，如图 3-6 所示。但也会有少量颗粒穿过过滤介质而与滤液一起流走。随着滤

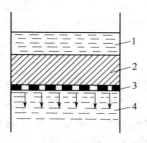

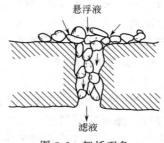

图 3-5　过滤操作示意图
1—悬浮液；2—滤渣；
3—过滤介质；4—滤液

图 3-6　架桥现象

渣的逐渐堆积，过滤介质上面会形成滤饼层。此后，滤饼层就成为有效的过滤介质而得到澄清的滤液。这种过滤称为滤饼过滤，它适用于颗粒含量较多（液中颗粒体积＞1%）的悬浮液。化工厂中所处理的悬浮液，颗粒含量较多，多采用滤饼过滤。

2. 过滤介质

过滤介质的作用，是使液体通过而使固体颗粒截留住。因此，要求过滤介质的孔道比颗粒小，或者过滤介质孔道虽比颗粒大，但颗粒能在孔道上架桥，只能使液体通过。工业上常用的过滤介质如下。

（1）织物介质　这种过滤介质使用的最多。有由棉、麻、丝、毛及各种合成纤维织成的滤布；还有铜、不锈钢等金属丝编织的滤网。

（2）堆积的粒状介质　由砂、木炭堆积成较厚的床层，用于深层过滤。

（3）多孔性介质　由陶瓷、塑料、金属等粉末烧结成型而制成的多孔性的多孔性板状或管状介质。

过滤介质的选择，要根据悬浮液中液体的性质（例如，酸性、碱性），固体颗粒含量与粒度，操作压力和温度及过滤介质的机械强度与价格等因素考虑。

3. 助滤剂

当悬浮液中颗粒很细时，过滤时很容易堵死过滤介质的孔隙，或所形成的滤饼在过滤的压力差作用下，孔隙很小，阻力很大，使过滤困难。为了防止这种现象发生，可使用助滤剂。常用的助滤剂有硅藻土、珍珠岩、石棉等。

4. 过滤过程及分类

过滤操作得以进行，在于利用过滤推动力来克服过滤阻力。滤液在通过过滤介质时，要克服过滤介质的流动阻力。随着过滤过程的进行，滤饼不断增厚。由于滤饼中的毛细管孔道往往较过滤介质的为小，滤液通过滤饼时也要克服阻力，而且随着滤饼加厚，滤饼阻力不断增加。因此，流动阻力主要决定于滤饼的厚度及其特性。通常滤饼可分为不可压缩的和可压缩的两种。前者为不变形的颗粒所组成，如晶体、碳酸钙、碳酸钠、硅酸钠、硅胶、硅藻土等；后者为无定形的颗粒组成、如胶状的氢氧化铝、氢氧化铬或其他的水化物沉淀。

不可压缩滤饼，当其沉淀于滤布上时，各个颗粒的大小和形状以及滤饼中孔道的大小，均不受压强的增加而有所改变。反之，当滤液通过可压缩滤饼时，颗粒间的孔道随压强的增加而变小，滤液通过滤饼的阻力不断增加。为了克服过滤阻力，需要增大过滤的推动力，也就是增加滤饼和过滤介质两侧的压强差。其方法有：

（1）重力过滤　利用悬浮液本身的液柱压强，一般不超过 $50kN/m^2$；

（2）加压过滤　增加悬浮液面上的压强，一般可达 $500kN/m^2$；

（3）真空过滤　在过滤介质下面抽真空，通常不超过 $87kN/m^2$ 真空度。

5. 过滤速度

过滤速度是指单位时间内，通过单位过滤面积的滤液体积，用符号 U 表示，单位为 $m^3/(m^2 \cdot s)$。若设备的过滤面积为 A，在 $\Delta\tau$ 秒的时间间隔内，通过该过滤面积的滤液量为 ΔV，则过滤速度为

$$U = \frac{\Delta V}{A\,\Delta\tau} \tag{3-13}$$

实验证明，过滤速度的大小与推动力成正比，而与阻力成反

比。当推动力一定时过滤速度随操作的进行而逐渐降低。如要在操作中使过滤速度维持不变，就必须不断加大过滤的推动力。因此过滤操作可分为恒压过滤和恒速过滤。

恒压过滤是在过滤操作中自始至终维持动力不变。由于滤饼的厚度随过滤的进行而不断增加，阻力也不断增加，则过滤速度必然随操作的进行而降低。

恒速过滤是在过滤操作中保持过滤速度不变，这就必须使推动力随滤饼增厚而不断地增大，否则就不能维持恒速。

实际操作中多为恒压过滤，因为恒压过滤的操作比较方便。

6. 过滤操作阶段

整个过滤操作由过滤、洗涤、去湿及卸料四个阶段组成。

（1）过滤　过滤是滤浆通过过滤介质得到滤液和滤渣，即流体通过滤渣层和过滤介质层的流动过程。在此过程中，随着时间的进行、滤渣的阻力不断增加，过滤速度不断降低。达一定程度，卸下滤饼，完成此过程。

（2）洗涤　在除去滤饼之前，滤饼中的小孔存有滤液。如果滤饼是有价值的物料，不允许有滤液残留在滤饼中，则必须将这部分滤液除去，因此常将滤饼进行洗涤，洗涤后所得的溶液称为洗涤液或洗液。

（3）去湿　洗涤后有时还要对滤饼进行去湿。即用压缩空气吹干或用真空泵吸干滤饼中存留的洗涤液，使滤饼中液体尽可能地减少，也为进一步干燥滤饼时减少热量消耗。

（4）卸料　卸料要尽可能彻底、干净。目的是为了最大限度地回收滤饼（滤饼是产品时），同时为了清洗滤布而减少下一次过滤时的阻力。通常采用压缩空气从过滤介质背面倒吹以卸除滤饼。如滤饼无用，则可用水冲洗。

7. 过滤机的生产能力及影响因素

（1）过滤机的生产能力　用单位时间内所能得到的滤液量来表示。

但如前所述，在过滤操作中仅有一部分时间用于生产，则另一部分时间消耗于滤饼的洗涤和卸除，以及过滤机的清理准备工作，

所以过滤机（以板框过程机为例）的生产能力，可用下式表示，即

$$V_h = \frac{V}{\tau + \tau_{洗} + \tau_{辅}} = \frac{V}{\sum \tau} \qquad (3-14)$$

式中，V_h 为过滤机的生产能力，以每小时平均所得滤液量表示，m^3/h；V 为一操作周期中所得滤液量，m^3；$\sum \tau$ 为操作周期的总时间，h，包括过滤时间 τ、洗涤时间 $\tau_{洗}$ 和辅助时间 $\tau_{辅}$。

必须指出，要使过滤机的生产能力提高，应合理地安排各阶段的时间。若过滤时间过长，则因过滤速度下降很低和滤饼层很厚而延长洗涤时间，但若过滤时间太短，则会使操作周期中的洗涤和辅助时间（非生产时间）所占的比重加大。因此，对过滤操作中的各阶段时间要很好地安排配合，以使生产能力达到最大值。

实践证明，对于间歇过滤机，当过滤和洗涤时间之和等于其他辅助操作时间，其生产能力为最大。

（2）影响过滤的因素　凡影响过滤速度的因素，均能影响过滤机的生产能力，且其中某些因素还将影响到过滤的结构。影响过滤的因素较多，主要有以下几方面：①悬浮液的性质；②过滤的推动力；③过滤介质及滤饼的性质。

二、过滤机的构造与操作

工业上应用的过滤设备称为过滤机。可按操作方法的不同分为间歇式与连续式两类。间歇过滤机的特点是操作的间歇性：滤浆的进入和滤饼的卸除均间歇地进行。在连续过滤机中，所有操作环节，包括进料、洗涤以及卸料等，均连续不断地而且同时进行。

根据过滤推动力的产生方法，过滤机还可分为重力、加压和真空过滤机。

1. 板框压滤机

板框压滤机是由多个滤板与滤框交替排列组成。图 3-7 表示板框压滤机的外形图。图 3-8 为板框压滤机的装置情况以及滤板和滤框的构造情况。每台机所用滤板和滤框的数目，可以随生产能力的大小进行调节。

为了在装合时，不致使板和框的次序排错，铸造时常在它们的外缘铸有不同数目的小钮。在滤板外缘有一个钮的称为过滤板；有

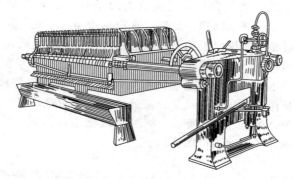

图 3-7　板框压滤机的外形图

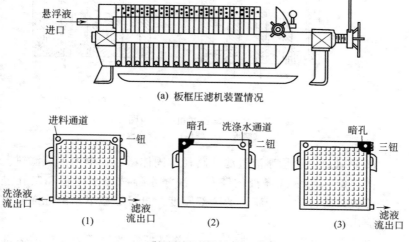

(a) 板框压滤机装置情况

(b) 压滤机的滤板和滤框构造

图 3-8　板框压滤机的装置情况以及滤板和滤框的构造情况

三个钮的称为洗涤板；有两个钮的称为滤框。从图 3-8 可以看出，(1)是过滤板，(2)是滤框，(3)是洗涤板。安装时按钮的记号 1-2-3-2-1……的顺序排列。

滤板和滤框的构造如图 3-8(b) 所示。滤板表面上有棱状沟槽，其边缘略为突出。板与框之间隔有滤布。在板、框和滤布的两上角都有小孔。当装合后，就连成为两条孔道。一条是悬浮液通道，另一条是洗涤水通道。此外，在框的上角有暗孔与悬浮液通道相通。在过滤板和洗涤板的下角（悬浮液通道的对角线位置）都装有滤液的出口阀。在洗涤板的上角有暗孔与洗涤水通道连通。在过滤板的另一下角（洗涤水通道的对角线位置）装有洗涤液出口阀。操作时，悬浮液在压力下经悬浮液通道和滤框的暗孔进入滤框的空间内，如图 3-9(a) 图中所示。滤液透过滤布，沿板上沟槽流下，汇集于下端，经滤液出口阀流出。

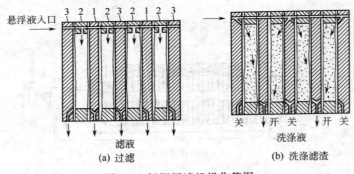

图 3-9　板框压滤机操作简图
1—过滤板；2—滤框；3—洗涤板

图 3-9(a)表示悬浮液过滤的路径。固体微粒在框内形成滤饼。

图 3-9(b)表示洗涤液的路径。洗涤水经洗涤水通道和暗孔进入洗涤板，透过滤布和滤饼的全部厚度，自过滤板下角的洗涤液出口阀流出。

由图 3-9 可以看出，洗涤时，洗涤液所走的途径为滤饼的全部厚度，而过滤时，滤液的途径约为其一半。并且，洗涤液须穿过两层滤布，而滤液只需穿过一层。因此，洗涤液所遇阻力约为过滤终了时滤液所遇阻力的 2 倍。此外，洗涤液所通过的面积仅为过滤面积的一半。故若洗涤时所用压强与过滤终了时所用压强相同，则洗涤液流量仅约为最后滤液流量的 1/4。

板框压滤机的操作表压一般为 294～490kPa（3～5at）。滤板和滤框用铸铁、木材或耐腐蚀材料制成，并可使用塑料涂层，视悬浮液的性质而定。板和框一般是方形，其边长通常在 1m 以下。框的厚度约为 20～75mm，滤板一般较滤框薄，随所受压力大小而定。

板框压滤机的优点是：构造简单，制造方便，所需辅助设备少；过滤面积大；推动力大；操作压力大；便于检查操作情况，管理简单，使用可靠。

缺点是：装卸板框的劳动强度大，生产效率低；滤渣洗涤慢，不均匀；由于经常拆卸和在压力下操作，滤布磨损严重。

板框压滤机适用于过滤黏度较大的悬浮液、腐蚀性物料和可压缩物料。其改进措施应着重于板框的拆装和去渣的机械化、自动化，减轻劳动强度，提高过滤效率。

2. 转筒真空过滤机

转筒真空过滤机是连续操作过滤机中应用最广泛的一种，它的转筒每回转一周就完成一个包括过滤、洗涤、吸干、卸渣和清洗滤布等几个阶段的操作。

图 3-10 是一台外滤式转筒真空过滤机的外形图和操作简图。过滤机的主要部分是一水平放置的回转圆筒（转鼓）。筒的表面上有孔眼，并包有金属网和滤布。它在装有悬浮液的槽内作低速回转（1.7～50mHz），转筒的下半部浸在悬浮液内。转筒内部用隔板合成互不相通的扇形格，这些扇形格经过空心主轴内的通道和分配头的固定盘上的小室相通。分配头的作用是使转筒内各个扇形格同真空管路或压缩空气管路顺次接通。于是在转筒的回转过程中，借分配头的作用，控制过滤操作顺序的连续进行。

转筒在操作时可分成以下几个区域，如图 3-10 所示。

（1）过滤区（Ⅰ）　当浸在悬浮液内的各扇形格同真空管路相接通时，格内为真空。由于转筒内外压力差的作用，滤液透过滤布，被吸入扇形格内，经分配头被吸出。在滤布上则形成一层逐渐增厚的滤渣。

（2）预干区（Ⅱ）　当扇形格离开悬浮液时，格内仍与真空管相通，滤渣在真空下被吸干。

（3）洗涤区（Ⅲ）　洗涤水喷洒在滤渣上，洗涤液同滤液一样，经分配头被吸出。滤渣被洗涤后，在同一区域内被吹干。

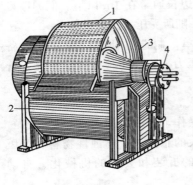

(a) 外形图

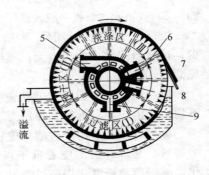

(b) 操作简图

图 3-10　外滤式转筒真空过滤机的外形图和操作简图
1—转筒；2—槽；3—主轴；4—分配头；5—洗涤液；6—压缩空气；
7—吹松区（Ⅳ）；8—滤布复原区（Ⅴ）；9—滤液

（4）**吹松区（Ⅳ）**　扇形格同压缩空气管相接通，压缩空气经分配头，从扇形格内部吹向滤渣，使其松动，以便卸料。

（5）**滤布复原区（Ⅴ）**　这部分扇形格移近到刮刀时，滤渣就被刮落下来。滤渣被刮落后，可由扇形格内部通入空气或蒸汽，将滤布吹洗净，重新开始下一循环的操作。

在各操作区域之间，都有不大的休止区域。这样，当扇形格从一操作区域转向另一操作区域时，各操作区域不致互相连通。

由此可见，过滤机过滤面上各个部分都顺次经历过滤、洗涤、吸干、卸渣、清洗滤布等几个阶段的全部操作。

转筒真空过滤的构造关键在于有一个分配头，可使扇形格在不同的位置时，能自动进行各阶段操作。

图 3-11 所示为分配头的构造。此分配头由一个随转鼓转动的圆盘和一个固定盘所组成。转动盘上的小孔与扇形格相接通，当转定盘上的孔与固定盘上孔隙 3 相通时，扇形格与真空管路相通，滤液被吸走，而流入滤液槽中。当转动盘继续转到使小孔与固定盘上孔隙 4 相通时，扇形格内仍是真空，但这时吸走的是洗涤液，并流入洗涤液槽中。当转动盘上小孔与固定盘上孔隙 5 和 6 相通时，扇

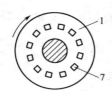 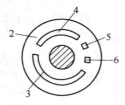

图 3-11　分配头的构造

1—转动盘；2—固定盘；3—与真空管路相通的孔隙；4—与洗涤液贮槽
相通的孔隙；5、6—与压缩空气管路相通的孔隙；7—转动盘上的小孔

形格与压缩空气管路相通，格内变成加压，压缩空气将滤渣吹松并将滤布吹净。按着以上顺序操作，就可使各个阶段连续进行。

转筒真空过滤机适用于过滤各种物料，也适用于温度较高的悬浮液，但温度不能过高，以免滤液的蒸气压过大而使真空失效。通常真空管路的真空度约为 33.3~86.6kPa（250~650mmHg）。转筒真空过滤机所得的滤渣含水量一般为 30% 左右，滤渣的厚度一般在 40mm 左右。对于过滤困难的胶质滤渣，厚度可小到 5~10mm 以下。当滤渣很薄时，刮刀卸料容易损坏滤布，可在过滤时预先将绳索绕在转筒上，在卸渣处滤渣随绳索离开过滤表面而脱落。

转筒真空过滤机的转筒直径为 0.3~0.4m，长度为 0.3~6m，表面积一般为 5~50m^2，浸入滤浆中的面积为表面积的 30%~40%。过滤机消耗的功率为 0.4~4kW。

第四节　离心分离

一、离心作用下的沉降速度

重力沉降的分离效率不高，这是因为微粒在重力作用下、沉降速度较小。如果用惯性离心力代替重力，就可以提高微粒的沉降速度和分离效率，提高生产能力并缩小设备尺寸。

颗粒做圆周运动时，使其方向不断改变的力称为向心力。颗粒的惯性却促使它脱离圆周轨道而沿切线方向飞出，此种惯性力即为离心力。离心力与向心力大小相等而方向相反。离心力的作用方向是沿旋转半径从圆心指向外，其大小为

$$C=ma_r=mu_t^2/r \tag{3-15}$$

式中，m 为颗粒的质量；a_r 为离心加速度；u_t 为颗粒的切线速度；r 为旋转半径。

固体粒子所受的惯性离心力与重力之比，或向心加速度与重力加速度之比称为分离系数，用符号 a 表示。

$$a=\frac{C}{mg}=\frac{m\dfrac{u_t^2}{r}}{mg}=\frac{u_t^2}{rg} \tag{3-16}$$

例如当切线速度 $u_t=20\text{m/s}$ 旋转半径 $r=0.3\text{m}$，则离心分离系数

$$a=\frac{u_t^2}{rg}=\frac{20^2}{0.3\times9.81}=136$$

这表明颗粒在这种条件下的离心沉降速度是重力沉降速度的 136 倍。

设 ρ 为分散介质的密度，kg/m^3；ρ_m 为悬浮在介质中球形微粒的密度，kg/m^3；d 为球形微粒的直径，m。微粒在惯性离心力作用下，随介质做旋转运动，并在径向方向沉降。同重力沉降相似，当微粒在沉降方向上所受各种力互相平衡时，微粒作等速沉降，沉降速度为 u_0。

微粒在径向沉降方向上所受的力有惯性离心力

$$C=m\frac{u_t^2}{r}=\frac{\pi}{6}d^3\rho_s\frac{u_t^2}{r}$$

还有浮力
$$F_1=\frac{\pi}{6}d^3\rho\frac{u_t^2}{r}$$

阻力
$$R=\zeta A\frac{\rho u_0^2}{2}=\zeta\frac{\pi}{4}d^2\frac{\rho u_0^2}{2}$$

当微粒等速沉降时，$C-F_1-R=0$，或 $C-F_1=R$

即
$$\frac{\pi}{6}d^3(\rho_s-\rho)\frac{u_t^2}{r}=\zeta\frac{\pi}{4}d^2\frac{\rho u_0^2}{2}$$

将上式整理后，得悬浮液中固体微粒的离心沉降速度公式

$$u_0=\sqrt{\frac{4d(\rho_s-\rho)u_t^2}{3\rho\zeta}\frac{}{r}}\quad\text{m/s} \tag{3-17}$$

离心沉降速度同样可以按 Re 的大小区分为不同的沉降区域。

当 $Re<1$ 时，沉降属于层流区域，这时阻力系数

$$\zeta=\frac{24}{Re}=\frac{24\mu}{du_0\rho}$$

将此值代入式(3-17)中，得层流区域离心沉降速度公式为

$$u_0=\frac{d^2(\rho_s-\rho)}{18\mu}\cdot\frac{u_t^2}{r}\quad \text{m/s} \tag{3-18}$$

将离心沉降速度与重力沉降速度作比较可以看出，在离心力作用下的沉降速度增大的倍数，正等于向心加速度与重力加速度之比，即分离系数所表示的数值。

二、离心分离设备

1. 旋风分离器

（1）旋风分离的操作原理　旋风分离器是利用离心沉降原理从气流中分离出颗粒的设备，如图 3-12 所示，其器体上部为圆筒形、下部为圆锥形。含尘气体从圆筒上侧的进气管以切线方向进入，获得旋转运动，分离出粉尘后从圆筒顶的排气管排出。粉尘颗粒自锥形底落入灰斗（未绘出）。

气体通过进气口的速度为 $10\sim25\text{m/s}$，一般采用 $15\sim20\text{m/s}$，所产生的离心力可以分离出小到 $5\mu\text{m}$ 的颗粒及雾沫。因此旋风分离器是化工生产中使用很广的设备，并常用于厂房的通风除尘系统，它的缺点是对气流的阻力较大，处理有磨蚀性的颗粒时易被磨损。

图 3-12 的侧视图上还画出了气体在器内的流动情况。气体自圆筒上侧的切线进口进入后，按螺旋形路线向器底旋转，到达底部后折向上，成为内层的上旋气流，称为气芯，然后从顶部的中央排气管排出。气流中所夹带的尘粒在随气流旋转的过程中逐渐趋向器壁，碰到器壁后落下，滑向出灰口。直径很小的颗粒常在未达器壁前即被卷入上旋气流而被气流带出。

旋风分离器内的压力，在器壁附近最高，往中心逐渐降低，到达气芯处常降到负压，低压气芯一直延伸到器底的出灰口。因此，出灰口必须密封完善，以免漏入空气而使收集于锥形底的灰尘重新卷起，甚至从灰斗吸入大量粉尘。

旋风分离器各部分的尺寸都有一定的比例，图 3-13 所示为标准型式旋风分离器的尺寸比例。只要规定出其中一个主要尺寸（直径 D 或进气口宽度 B），则其他各部分的尺寸也确定。由于气体通过进气口的速度变动不大，故每个尺寸已规定好的旋风分离器，所处理的气体体积流量（亦即其生产能力）可变动的范围较窄。

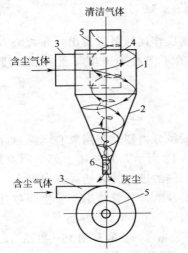

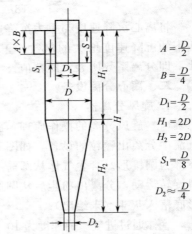

$$A = \frac{D}{2}$$

$$B = \frac{D}{4}$$

$$D_1 = \frac{D}{2}$$

$$H_1 = 2D$$

$$H_2 = 2D$$

$$S_1 = \frac{D}{8}$$

$$D_2 \approx \frac{D}{4}$$

图 3-12　旋风分离器
1—外壳；2—锥形底；3—进气管；
4—盖；5—排气管；6—除尘管

图 3-13　标准型式旋风
分离器的尺寸比例

（2）分离性能的估计　旋风分离器能够分离出的颗粒大小是它的主要性能之一。能够分离的最小颗粒直径称为临界直径 d_c。临界直径的大小可以根据下列假设推导而得：①颗粒与空气在旋风分离器内的切线速度 u_t 恒定，与所在的位置无关，且等于在进口处的速度 u_1；②颗粒沉降过程中所穿过的气流最大厚度等于进气口宽度 B（参见图 3-13）；③颗粒与气流的相对速度为层流。

临界粒径是判断分离效率的重要依据，目前常用的计算公式为

$$d_c = \sqrt{\frac{9\mu B}{\pi N u_1 \rho_s}} \tag{3-19}$$

式中，μ 为气体的黏度，$N \cdot s/m^2$；B 为旋风分离器进口宽度，m；N 为空气在分离器中的旋转圈数，对于图 3-12 所示的旋风分离器 N 取 5；ρ_s 为固体颗粒的密度，kg/m^3；u_1 为含灰气体进口速度，一般为 15～20m/s。

式(3-19) 是估算旋风分离器性能的公式，导出此式时作的假设①、②并无事实依据，但此式简单，被认为尚属可用，问题是对各种型式的设备定出合理的 N 值。

理论上，所有大于或等于最小直径 d_c 的尘粒都可以完全沉降。但实验结果表明，较大粒子的分离效率，并不是 100%。这是因为气体中有涡流，阻碍尘粒的离心沉降。而且，已沉降到器壁的尘粉，还可能重新被卷起，发生返混现象。反之，直径小于 d_c 的尘粒，并不是完全不能被除去。这是因为含尘气体中所有尘粒并不是都要通过气流的最大厚度（$D_1 - D_2 = B$），才能沉降到圆筒壁。进入环隙的气流中本来就靠近圆筒壁的小于 d_c 直径的粒子，也可能被分离。而且，由于受到较大粒子的碰撞，小粒子还可能附在大粒子上沉降。

（3）旋风分离器的选择　旋风分离器是一种工业通用设备，应用很广。我国对各种类型的旋风分离器已编制了比较完善的系列。对各种型号的旋风分离器一般以圆筒直径 D 表示其他部分的尺寸比例。从系列中可以查得旋风分离器的主要尺寸和主要性能。

目前除标准式旋风分离器以外，还有一些对标准式进行改进的新型旋风分离器，其目的在于提高分离效率。常用的有 CLT、CLT/A、CLP/A、CLP/B 等。代号 C 表示除尘器；L 表示离心式；A、B 为产品的类别。根据使用场合不同，分为 X 型（吸出式）、Y 型（压入式）。除了单筒的旋风分离器以外，还有双筒、四筒等，型号内有数字注明。例如，CLT/A-1.5 表示单筒、直径为150mm；CLT/A-2×2.0 表示双筒、直径为200mm。

2. 旋液分离器

旋液分离器是一种利用离心力从液流中分离固体颗粒的设备。它的构造及操作原理与旋风分离器基本相同。图 3-14 为这种设备

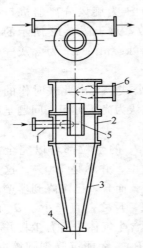

图 3-14　旋液分离器
1—悬浮液入口管；2—圆筒；
3—锥形筒；4—底流出口；5—中
心溢流管；6—溢流出口管

的示意图。

旋液分离器不能将固体颗粒与液体介质完全分开，固体颗粒从下旋液流中甩到器壁后，随液流下降到锥形底的出口，成为较浓的悬浮液排出，称为底流。清液或只含有很细颗粒的液体，则成为向上的内旋流经中心管排出，称溢流。内层旋流中心还有一个空的气芯。

调节旋液分离器底部出口的开度，可以调节底流量与溢流量的比例，从而使几乎全部或者仅使一部分固体颗粒从底流送出。使小直径颗粒从溢流中送出的操作称为分级。底流量与溢流量之比的调节，还可以控制两部分中颗粒大小的范围。

旋液分离器的直径比较小，其原因在于固、液密度差比固、气密度差小，在一定的进口切线速度下，要维持必要的分离作用力，应缩小旋转半径，这样离心沉降速度可提高；同时加大锥形部分的高度则增大了液流的行程，从而停留时间便加长；锥形段的倾斜度一般为 $10°\sim20°$。

旋液分离器往往是很多个做成一组来使用的。它可以从液流中分出直径为几微米的小颗粒，但它作为分级设备的应用更广泛。由于圆筒直径小（通常的范围是 $50\sim300mm$），液体进出口速度大（可到 10m/s 左右），故阻力损失很大，磨损也较严重。

3. 离心机

利用离心力以分离非均相混合物的设备，除前述的旋风（液）分离器外，更重要的还有离心机。离心机所分离的混合物中至少有一相是液体，即为悬浮液或乳浊液。它与旋风（液）分离器的主要区别在于离心机是由设备本身的旋转产生离心力，后者则是由被分离的混合物以切线方向进入设备而引起。离心机的主要部件是一个载着物料以高速旋转的转鼓，产生的应力很大，故保证设备的机械强度以保证安全是极重要的要求。离心机由于可产生很大的离心力，故可以分离出用一般过滤方法不除去的小颗粒，又可以分离包含两种密度的液体混合物。离心机的分离速率也较大，例如悬浮液用过滤方法处理若需 1 小时，用离心分离只需几分钟，而且可以得到比较干的固体渣。

离心机按其所产生的离心力与重力之比，即分离系数 a 值的大小，有常速（$a < 3000$）、高速（$3000 < a < 50000$）与超速（$a > 50000$）之分。

（1）按分离方式分类

① 过滤式离心机 鼓壁上开孔，覆以滤布，悬浮液注入其中随之旋转。液体受离心力后穿过滤布及壁上小孔排出，而固体颗粒则截留在滤布上。

② 沉降式离心机 鼓壁上无孔，悬浮液中颗粒的直径很小而浓度不大，则沉降于鼓壁的上方开口溢流而出。

③ 分离式离心机 用于乳浊液的分离。非均相液体混合物被鼓带动旋转时，密度大的趋向器壁运动，密度小的集中于中央，分别从靠近外周的及位于中央的溢流出。

（2）典型离心机 由于所要求的分离系数大小不同，分离方法不同，或操作方法不同，或操作方式（间歇与连续）的不同，离心机各式各样的构造，规格及特点介绍如下。

① 三足式离心机 如图 3-15 所示。为间歇式操作的离心机，为了减轻转鼓的摆动和便于拆卸，将转鼓、外壳和联动装置都固定在机座上。机座则借拉杆挂在三个支柱上。所以，称为三足式离心机。转鼓的摆动由拉杆上的弹簧承受。离心机装有手动制动器，只能在电动机的电门关闭后才可使用。离心机被装在转鼓下的三角皮带传动。这种离心机一般在化工厂中，用于过滤晶体或固体颗粒较大的悬浮液。

三足式离心机的分离系数，一般在 430～655。缺点是：上部卸出滤渣，需繁重的体力劳动；轴承和传动装置在转鼓的下部，检修不方便，且液体有可能漏入使其腐蚀。

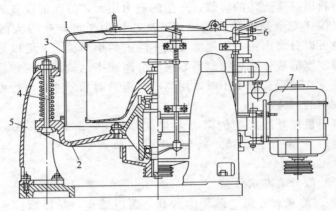

图 3-15　三足式离心机

1—转鼓；2—机座；3—外壳；4—拉杆；5—支柱；6—制动器；7—电动机

② 刮刀卸料离心机　这种离心机的特点是转鼓连续全速运转的情况下，能自动依次循环，间歇地进行进料、分离、洗涤滤渣、甩干、卸料、洗网等工序的操作。每工序的操作时间，可根据事先预定的要求电气-液压系统按程序进行自动控制，也可用手工直接控制液压系统进行操作。这种离心机用刮刀将已分离脱水的滤渣直接从转内刮下，并卸出。为了卸料方便，这种离心机做成卧式，并可根据物料的不同分为过滤式或沉降式两种。

图 3-16 是目前我国化工厂广泛使用的 WG-800 卧式刮刀卸料离心机，其全部工序是在全速运转（23.3Hz）下自动间歇地进行的。

缺点是：刮刀卸料对部分物料造成破损，不适用要求产品晶型颗粒完整的情况；刮刀寿命短，须经常修理更换。

由于这种离心机有很多优点，是目前化工、石油及其他工业部门中使用最为广泛的一种离心机。

③ 其他类型的离心机

a. 往复卸料离心机　是一种在全速运转下，同时连续地进行加料、分离、洗涤、卸料等所有工序的连续式离心机。它主要适用

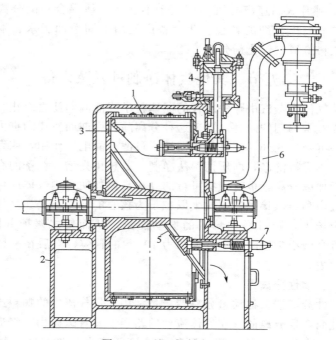

图 3-16　刮刀卸料离心机

1—转鼓；2—机座；3—刮刀；4—油压缸；5—溜槽；6—加料管；7—气锤

于粗分散的、并能很快脱水和失去流动状的悬浮液。它的优点是：滤渣颗粒的破损情况要比刮刀卸料离心机好得多；自动控制系统较简单；功率消耗也较均匀。

　　b. 管式超速离心机　它有一管状无孔转鼓，这种形状的转鼓可以大大地增加它的转数。能在不过度增加转鼓壁应力的情况下，获得很大的惯性离心力，还可以增长转鼓中悬浮液的行程而改善沉降条件。用于分离乳浊液和含固相较少的细粒子悬浮液。

　　c. 倒锥式液体分离机　用于分离乳浊液或细粒子的悬浮液。与管式离心机相比较，倒锥式离心机具有较高的分离效率，转鼓容量较大。但结构复杂；不易用耐腐蚀材料制造，所以不适用分离腐蚀性液体。

d. 碟片式高速离心机　可用于不互溶液体混合物的分离及从液体中分离出极细的颗粒。此设备广泛用于润滑油脱水、牛乳脱脂、饮料澄清、催化剂分离等。

第五节　其他气体净制过程及设备

从气体或蒸汽中除去所含的固体粒子或液滴而使之净化，是化工过程经常遇到的问题。实现这种分离除可用前面所述的重力沉降与离心沉降方法外，还可利用惯性、过滤、静电等作用，或者用液体对气体进行洗涤，即所谓湿法净制。若想预先增大粒子的有效直径而后加以分离，也有某些可行的办法。例如使含尘气体或含雾气体与过饱和蒸汽接触，则发生以粒子为核心的冷凝，又如将气体引入超声场内，则可增加粒子的振动能量，从而使之碰撞并附聚。如，可令微小尘粒附聚成直径约为 $10\mu m$ 的颗粒，然后在旋风分离器中除去。

一、惯性分离器

惯性分离器又称动量分离器，是利用夹带气流中的颗粒或液滴的惯性而实现分离的。在气体流动的路径上设置障碍物，气流绕过障碍物时发生突然的转折，颗粒或液滴便撞击在障碍物上捕集下来。图 3-17 所示为一惯性分离器组，在其中每一容器内，气流中的颗粒撞击挡板后落入底部。容器中的气速必须控制适当，使之能进行有效的分离，又不致重新卷起已沉降的颗粒。

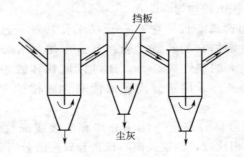

图 3-17　惯性分离器组

惯性分离器与旋风分离器的原理相近，颗粒的惯性愈大，气流转折的曲率半径愈小，则其效率愈高。所以，颗粒的密度及直径愈大，则愈易分离；适当增大气流速度及减小转折处的曲率半径也有助于提高效率。一般来说，惯性分离器的效率比降尘室略高，能有效捕集 $10\mu m$ 以上的颗粒，阻力为 $100\sim1000Pa$，可作为预除尘器使用。

分离器内也可充堆疏松的纤维状物质以代替刚性挡板。在此情况下，沉降作用、惯性作用及过滤作用都产生一定的分离效果。若以黏性液体润湿填充物，则分离效率还可提高。蒸发器及塔顶部的折流式除沫器、冲击式除沫器等，也是惯性分离器的常见形式。

二、袋滤器

使含尘气体穿过做成袋状而支撑在适当骨架上的滤布，以滤除气体中的尘粒，这种设备称为袋滤器。滤布纤股间隙为 $100\sim200\mu m$，但有许多直径为 $5\sim10\mu m$ 的细丝交错于孔隙之中，微小的颗粒撞击于这细丝上而被截留，滤布上逐渐积累的颗粒层也有很好的过滤作用。因此，袋滤器往往能除去 $1\mu m$ 以下的微尘，效率可达 99.9％以上，常用在旋风分离器后作为末级除尘设备。

袋滤器主要由滤袋及其骨架、壳体、清灰装置、灰斗和排灰阀部分构成。图 3-18 所示为一脉冲式袋滤器。含尘气体自下部进入袋滤器。气体由外向内穿过支撑于骨架上的滤袋，洁净气体汇集于上部出口管排出，颗粒被截留于滤袋外表面上。清灰操作时，开动压缩空气反吹系统，脉冲气流从布袋内向外吹出，使尘粒落入灰斗。按规格组成的若干排滤袋，每排用一个电磁阀控制喷吹清灰，各排循序轮流进行。每次清灰时间很短（约 $0.1s$），每分钟内便有多排滤袋受到喷吹。

袋滤器中每个滤袋的长度一般为 $2\sim3.5m$，直径为 $120\sim300mm$。多数情况下气体的过滤速度为 $0.6\sim0.8m/min$，有良好的清灰装置能及时清灰者可采用较高的气速。滤布材料的选择十分重要，依物料性质、操作条件及净化要求而定。一般天然纤维只能在 80℃以下使用，毛织品略高于此温度，聚丙烯腈、聚酯等化纤织物可用于 135℃以下，玻璃纤维可用于 $150\sim300℃$。

袋滤器投资费较高，清灰较麻烦，用于处理湿度较高的气体时，应注意气体温度须高于露点。

三、静电除尘器

当气体中含有某些极微细的尘粒或露滴时，可用静电除尘予以分离。

使含有悬浮尘粒或露滴的气体通过金属板间的高压直流静电场，气体便发生电离，生成带有正电荷与负电荷的离子。离子与尘粒或雾滴相遇而附于其上，使后者带有电荷而被电极所吸引，尘粒便从气体中除去。

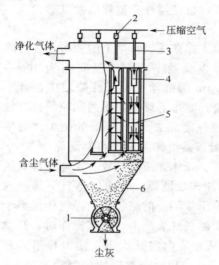 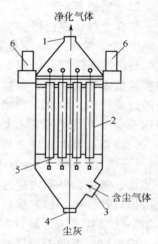

图 3-18　脉冲式袋滤器
1—排灰阀；2—电磁阀；
3—喷嘴；4—文丘里管；
5—滤袋骨架；6—灰斗

图 3-19　静电除尘器
1—净气出口；2—收尘电极；
3—含尘气入口；4—尘灰出口；
5—放电电极；6—绝缘箱

图 3-19 所示为具有管状收尘电极的静电除尘器。

静电除尘器能有效地捕集 $0.1\mu m$ 甚至更小的烟尘或雾滴，分离效率可高达 99.99%，阻力较小。气体处理量可以很大。低温操作时性能良好，但也可用于 $500℃$ 左右的高温气体除尘。缺点是设备费和运转费都较高，安装、维护、管理要求严格。

四、文丘里除尘器

文丘里除尘器是一种湿法除尘设备，其主体由收缩管、喉管及扩散管三段连接而成。液体喷成很细的雾滴，促使尘粒润湿而聚结长大，随后将气流引入旋风分离器或其他分离设备，达到颇高的净化程度。收缩管的中心角一般不大于 25°，扩散管中心角为 7°左右，液体用量约为气体体积流量的千分之一。

图 3-20 所示的是文丘里除尘器的一种形式，称为皮斯-安东尼涤气器，其特点在文丘里管的收缩段内装有一个轴向位置可以调整的锥，用以适应气体负荷的波动而维持稳定的高效率。

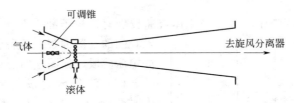

图 3-20 皮斯-安东尼涤气器

在常压下用皮斯-安东尼涤气器捕集酸雾时，测得其分离效率 η、压强降 Δp 与喉部气速及液气比之间的关系是：η 提高 Δp 也提高，呈曲线变化。根据此种除尘器在化工、石油、钢铁及有色冶金等多种工业装置上应用数据，其除雾及分离 $0.1\mu m$ 以上的尘粒时的效率常在 95%～99%范围内。

文丘里除尘器的结构简单紧凑、操作方便，但是压强降较大，一般在 2000～5000Pa 范围内。

第六节 固体流态化

使颗粒状物料与流动的气体或液体相接触，并在后者作用下呈现某种类似于流体的状态。这就是固体流态化。借这种流态化完成某种处理过程的技术，即所谓流态化技术。

近 30 年来，流态化技术发展很快，在多种工业部门中得到广泛应用。在化学工业、石油化学工业中，很多化工产品是在固体催化剂的作用下使原料气进行反应制得的。如果催化剂颗粒静止不动成堆积状态时，就称为固定床反应器。如果催化剂颗粒在上升气流作用下悬浮湍动时，就称为流化床反应器。此外，流化床还应用于没有化学反应的物料操作。流态化的固体像液体一样具有流动性，在流化床中固体颗粒容易混合，颗粒的表面积很大，传热和传质速率很高，床层温度均匀一致，利用这些特点进行某些物理操作是很有利的。

一、基本概念

在容器内筛板上，放置一层固体颗粒，当气体或液体从筛板下部通过颗粒床层时，随着流速的改变，可以观察到三个不同的阶段。

（1）固定床阶段　当流体流速较低时，粒子静止不动，流体从颗粒间的空隙通过。这种情况称为固定床阶段，如图 3-21(a)所示。

（2）流化床阶段　当流速增大时，颗粒开始松动，粒子的位置也在一定区间内进行调整，床层略有膨胀，空隙率增大，但颗粒还不能自由运动。当流速继续增大时，这时粒子全部悬浮在向上流动的流体中。流速增大，床层高度随之升高，空隙率也继续增大。这种情况称为流化床阶段，如图 3-21(b)所示。

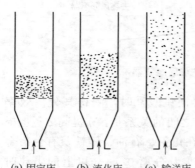

(a) 固定床　(b) 流化床　(c) 输送床

图 3-21　不同流速下床层状态的变化

（3）输送床阶段　当流速升高到某一极值时，流化床上界面消失，粒子分散悬浮在流体中，并被流体所带走。这种情况称为流体输送阶段，如图 3-21(c)所示。

在流化床阶段，气-固或液-固系统具有类似于液体的流动性。它是无定形的，随容器形状而改变，但床层有一明显的上界面。气-固系统的流化床，看起来好像沸腾着的液体，并且在很多方面呈现类似于流体的性质。例如，当容器倾斜时，床层上表面保持水平面，如图 3-22(a)所示。当两床层连通时，它们的床面自行找平，如图 3-22(b)所示。床层中任意两点的压力差大致等于此两点的床层静压差，图 3-22(c)所示。流化床也和液体一样具有流动性，如容器上开孔，粒子将从孔口喷出，并可像液体一样由一个容器流入另一个容器，如图 3-22(d)所示。

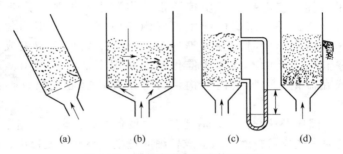

(a)　　　　(b)　　　　(c)　　　　(d)

图 3-22　流化床类似于液体的状态

由于流化床具有某些液体的性质，因此在一定的状态下，流化床具有一定的密度、热导率、比热容和黏度等数值。流化床层有时也称为沸腾床或假液化床。

流化床与固定床比较，其主要优点如下。

（1）气-固或液-固间传热和传质的速率较高，床层温度均匀　流化床所用的颗粒比固定床小得多，颗粒的比表面积很大。由于流体和颗粒的激烈搅动，使床层温度分布均匀。

（2）床层与壁面间的传热膜系数（给热系数）大　流化床内固体颗粒冲刷换热面的激烈运动，促使壁面气膜变薄，表面不断更新，从而提高了床层对壁面的传热膜系数。通常流化床对壁面的传热膜系数比固定床的大 10 倍左右。

（3）操作方便，可以实现操作的连续化和自动化　在流化床中，颗粒具有类似液体的流动性，因此从床层中取出颗粒或向床层中加入新的颗粒特别方便。

（4）设备的生产强度大，便于扩大生产规模　由于流化床的传热速率高，容易实现操作的连续化、自动化，容易控制操作条件，因此在单位时间内设备的处理量大，还可以提高年平均操作天数。流化床的气速高，因而设备直径小，内换热器的传热面积小，而且换热器的结构简单，节省金属材料、造价较低。

流化床的主要缺点如下。

（1）气体返混和大气泡的存在使反应效率下降　流化床内流体和颗粒沿设备的轴向混合很严重，使已反应的物质返回，稀释了参加反应的物质，使传质推动力减小并增加了产生副反应的机会。此外，床层内产生大气泡，使气固接触不均匀，气体在床层内的停留时间分布不均匀，增加了副反应的生成。返混现象和气固接触不良都使催化剂的利用率下降。采用多层流化床或在流化床内加设内部构件，可以减轻返混现象，抑制气泡成长。

（2）固体颗粒磨损大，消耗多，对设备的磨损也大　由于颗粒剧烈搅动，造成颗粒磨损而变成较细的粉尘，易被气流带出，因此要设置粉尘回收装置。

必须指出，流化床虽然有许多优点，甚至有些过程只能在流化床中才能实现，但是，并不是所有固定床的过程都可以用流化床代替。

二、流化床的不正常现象

（1）腾涌现象　腾涌现象主要发生在气-固流化床中，如果床层高度与直径的比值过大，或气速过高时，就会发生小气泡合并成为大气泡的现象。当气泡直径长大到与床径相等时，则将床层分为几段，形成相互间隔的气泡与颗粒层。颗粒层像活塞那样被气泡向上推动，在达到上部后气泡崩裂，而颗粒则分散下落，这种现象称为腾涌现象。床层发生腾涌时，不仅使气-固两相接触不良，且使器壁受颗粒磨损加剧。同时引起设备振动，因此，应该采用适宜的床层高度与床径的比例及适宜的气速，以避免腾涌现象的发生。

（2）沟流现象　沟流现象是指气体通过床层时形成短路，大量的气体没有能与固体粒子很好地接触即穿过沟道上升。发生沟流现象后，床层密度不均匀且气、固相接触不好，不利于气、固两相间的传热、传质和化学反应；同时由于部分床层变为死床，颗粒不悬浮在气流中。

　　沟流现象的出现主要与颗粒的特性和气体分布板的结构有关。粒度过细，密度大，易于黏结的颗粒，以及气体在分布板处的初始分布不均匀，都容易引起沟流。

　　通过测量流化床的压强降并观察其变化情况，可以帮助判断操作是否正常。流化床正常操作时，压强降的波动应该是较小的。若波动幅度较大，可能是形成了大气泡。如果发现压强降直线上升，然后又突然下降，则表明发生了腾涌现象。反之，若压强降比正常操作时为低，则说明产生了沟流现象。实际压强降与正常压强降偏离的大小反映了沟流现象的严重程度。

三、流化床的操作范围

1. 临界流化速度

　　要使固体颗粒床层在流化状态下操作，必须使气速高于临界流速 $u_临$，而最大气速又不得超过颗粒的沉降速度，以免颗粒被气流带走。有些过程要求操作速度不要超过临界流化速度太大，或者用临界流化速度的若干倍数来表示操作条件。因此，临界流化速度对流化床操作和设计是一个重要的参数。

　　由于临界点 C 点是固定床的终止点，又是流化床的起始点，床层的压强降既符合固定床规律，又符合流化床规律。这是解决这一问题的依据。

　　对于光滑球形粒子床层，临界流化速度可用下式计算

$$u_{临} = 0.00059\, \frac{d^2(\rho_s - \rho)g}{\mu}\quad \mathrm{m/s} \tag{3-20}$$

　　式中，d 为固体粒子直径，m；ρ_s 为固体粒子的密度，$\mathrm{kg/m^3}$；ρ 为流体的密度，$\mathrm{kg/m^3}$；μ 为流体的黏度，$\mathrm{N \cdot s/m^2}$。

　　对于具有任意形状的粒子层，经综合许多实验数据，得到以下的计算式

　　当 $Re = \dfrac{du_{临}\rho}{\mu} < 5$ 时

$$u_{临} = 0.00923\, \frac{d^{1.82}[\rho(\rho_s - \rho)]^{0.94}}{\mu^{0.88}\rho} \tag{3-21}$$

当 $Re \geqslant 5$ 时，按上式算出的 $u_{临}$ 须校正。

2. 带出速度

带出速度 $u_{出}$ 是流化床中流体流速的上限，也是研究粒子在气流中运动的一个基本性质。

如果沉降速度为 u_0 的粒子，在速度为 $u_{气}$ 垂直向上的均匀气流中流动，粒子运动的绝对速度 u 为

$$u = u_{气} - u_0 \tag{3-22}$$

当 $u_{气} = u_0$ 时，粒子的速度 $u = 0$，即粒子在气流中原处静止。这时的气流速度 $u_{气}$ 称为悬浮速度，在数值上与 u_0 相等。但是只要 $u_{气}$ 稍大于 u_0，粒子就会以 $u = u_{气} - u_0$ 的速度随气流带走。因此，在流化床中带出速度就直接用 u_0 表示。关于 u_0 的计算，前面重力沉降中已经介绍。

流化床的操作速度，应在临界流化速度 $u_{临}$ 和带出速度 $u_{出}$ 之间。流化床的操作范围无论是大颗粒或小颗粒，都是比较大的。小颗粒的操作范围比大颗粒的操作范围更大。

第七节　气力输送

利用气体在管内流动以输送固体颗粒的方法称为气力输送。作为输送介质的气体最常用的是空气，但在输送易爆粉料时，也采用其他惰性气体。

气力输送方法从 19 世纪开始就用于港口码头和工厂内的谷物输送。气力输送在化工厂中应用也很广。如聚氯乙烯成品经干燥后用气力输送的方法送至包装工序。气流干燥器也是在气力输送状态下进行物料干燥的装置。

气力输送的优点如下。

① 系统密闭，避免了物料的飞扬、受潮、受污染，也改善了劳动条件。

② 可在输送过程中（或输送终端）同时进行粉碎、分级、加热、冷却以及干燥等操作。

③ 占地面积小，可以根据具体条件灵活地安排输送线路。例

如，可以水平、垂直或倾斜地装置管路。

④ 设备紧凑，易于实现连续化、自动化操作，便于同连续的化工过程衔接。

但是，气力输送与其他机械输送方法相比较也存在一些缺点，如动力消耗大；颗粒尺寸受到一定限制（<30mm）；在输送过程中物料易破碎；管壁也受到一定程度的磨损，不适于输送黏附性或高速运动时易产生静电的物料。

气力输送可以从不同角度加以分类。

1. 按气流压强分类

（1）吸引式　输送管中的压强低于常压的输送称为吸引式气力输送。气源真空度不超过 10000Pa 的称为低真空式，主要用于近距离、小输送量的细粉尘的除尘清扫；气源真空度在 10000～50000Pa 之间的称为高真空式，主要用在粒度不大、密度介于 1000～1500kg/m³ 之间颗粒的输送。吸引式输送的输送量一般都不大，输送距离也不超过 50～100m。

（2）压送式　输送管中的压强高于常压的输送称为压送式气力输送。按照气源的表压强也可分为低压式和高压式两种。

① 低压式　气源表压强不超过 50000Pa。这种输送方式在一般化工厂中用得最多，适用于小量粉粒状物料的近距离输送。

② 高压式　气源压强可达 700kPa（表压），用于大量粉粒状物料的输送。输送距离可达 600～700m。

2. 按气流中固体浓度分类

在气力输送中，常用的混合比（或称固气比）R 表示气相中固相的浓度，所谓混合比，即单位质量气体所输送的固体质量，其表达式为

$$R = G_s/G \tag{3-23}$$

式中，G_s 为单位管截面上单位时间加入的固体质量，kg/(s·m²)；G 为气体的质量流速，kg/(s·m²)。

（1）稀相输送　混合比在 25 以下（通常 $R=0.1～5$）的气力输送称稀相输送。在稀相输送中，固体颗粒呈悬浮状态。目前在我

国稀相输送应用较多。

① 输送气流速度 $u_气$　本章已经讨论过粒子在流体中自由沉降速度 u_0，上节又讨论过若粒子在速度为 $u_气$ 垂直向上的均匀气流中流动，粒子运动的绝对速度

$$u = u_气 - u_0 \tag{3-24}$$

当粒子处于 $u_气 > u_0$ 的气流中时，就会被气流带动。所以，实现了气力输送。如果颗粒由大小不等的粒子组成，则 $u_气$ 必须大于最大颗粒的 u_0。颗粒群稀相输送的最小气流速度就是悬浮速度。

前面讨论的粒子在流体中沉降属于无干扰的自由沉降。在气力输送中尽管是稀相输送，但其空隙率仍在 95%～99% 之间，粒子间相互干扰影响不能忽略。在颗粒群中由于颗粒浓度和颗粒之间摩擦的影响，计算所得的自由沉降速度 u_0，已不能表示此过程，应用干扰沉降速度 u_0' 表示。

$$u_0' = f_0 u_0 \tag{3-25}$$

式中，f_0 为校正系数。

由于干扰沉降速度 u_0' 小于自由沉降速度 u_0，设计和计算时用 u_0 代替 u_0' 是可行的。有些资料介绍直接用 u_0 而不加校正。

气力输送时，只要 $u_气 > u_0$ 粒子就以 $u = u_气 - u_0$ 的速度被气流带走。如果固体颗粒是大小不同的粒子，只要 $u_气$ 大于最大颗粒的 u_0，全部颗粒也应能带走。但由于输送管中气流速度不均匀和存在边界层，物料沿管截面在气流中分布也不均匀，有时颗粒可能聚集，对于粉状物料，这种聚集状态更易出现。因此，在实际气力输送管路中，粒状物料所用的气流速度常是 u_0 的几倍，而粉状物料甚至大几十倍。

为了降低管路系统的流动阻力，减少压气机的功率消耗，减少管路的磨损，气流速度要小一点为好。因此气流速度就有一个最适宜值的确定问题。

表 3-1 列出了输送气流速度的经验数值。实际选用时应考虑管路的长短和混合比的大小。混合比 $R_固$ 是气固系统中固体与气体的

质量比，单位是 kg 固/kg 气。$R_{固}$ 值高时，取较大值。

混合比的经验数见表 3-2。

表 3-1　输送气流速度的经验数值

输送物料情况	输送气流速度 $u_{气}/\mathrm{m \cdot s^{-1}}$
松散物料，在垂直管中	$\geqslant(1.3\sim1.7)u_0$
松散物料，在倾斜管中	$\geqslant(1.5\sim1.9)u_0$
松散物料，在水平管中	$\geqslant(1.8\sim2.0)u_0$
有一个弯头的上升管	$\geqslant2.2u_0$
有两个弯头的垂直或倾斜管	$\geqslant(2.4\sim4.0)u_0$
管路布置较复杂时	$\geqslant(2.6\sim5.0)u_0$
细粉状物料	$\geqslant(50\sim100)u_0$

表 3-2　混合比的范围

输　送　方　式		混合比 $R_{固}$
吸引式	低真空	$1\sim8$
	高真空	$8\sim20$
压送式	低压	$1\sim10$
	高压	$10\sim40$

② 输送气量 $q_{V气}$ 和输送管的内径 D　输气量 $q_{V气}$ 有如下关系

$$q_{V气}=\frac{m_{气}}{\rho}=\frac{m_{固}}{R_{固}\rho}\quad \mathrm{m^3/s} \tag{3-26}$$

式中，ρ 为气体的密度，$\mathrm{kg/m^3}$；$R_{固}$ 为混合比，$R_{固}=m_{固}/m_{气}$，$\mathrm{kg/kg}$；$m_{固}$ 为输送固体的质量流量，$\mathrm{kg/s}$；$m_{气}$ 为气体的质量流量，$\mathrm{kg/s}$。

输料管的内径可用下式计算

$$D=\sqrt{\frac{4q_{V气}}{\pi u_{气}}}=\sqrt{\frac{4m_{固}}{\pi u_{气}R_{固}\rho}}\quad \mathrm{m} \tag{3-27}$$

（2）密相输送　混合比大于 25 的气力输送称为密相输送，在密相输送中，固体呈集团状态。

密相输送的特点是低风量和高混合比，物料在管内呈流态化或柱塞状运动。此类装置的输送能力大，输送距离可长达 $100\sim1000\mathrm{m}$，尾部所需的气固分离设备简单。由于物料或多或少呈集团状低速运动，物料的破碎及管道磨损较轻。目前密相输送已广泛用于水泥、塑料粉、纯碱、催化剂等粉状物料的输送。

密相输送与稀相输送比较可看出：

① 输送气速较小，粗颗粒的操作气速可以低于颗粒的带出速度下进行；

② 混合比高，可达 40～80，单位料柱的压降大。

本章小结

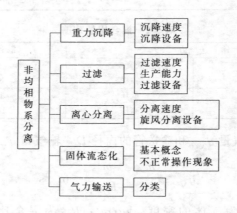

思考题与习题

一、思考题

1. 什么是均相物系？它有什么特点？举例说明。

2. 什么是非均相物系？它有什么特点？举例说明。

3. 沉降分离设备有几种？这些设备必须满足的基本条件是什么？

4. 温度变化对颗粒在气体中的沉降和在液体中的沉降各有什么影响？

5. 式 $u_0 = \sqrt{\dfrac{4d\ (\rho_s - \rho)\ g}{3\rho\xi}}$ m/s 适用什么条件？与实际颗粒沉降有哪些区别？

6. 对气体非均相混合物可用哪些设备分离？它们在分离能力上有什么区别？

7. 对液体非均相混合物可用哪些设备分离？它们在分离能力上有什么区别？

8. "架桥"现象在过滤过程中有什么意义？

9. 悬浮液过滤方法有几种？各有哪些特点？

10. 悬浮液滤饼过滤中，过程的推动力和过程的阻力各是什么？

11. 重力沉降的基本原理是什么？何谓沉降速度？

12. 过滤操作过程分几个阶段？各阶段的任务有哪些？

13. 影响过滤生产能力的因素是什么？如何强化过滤过程。

14. 绘图说明板框过滤机的构造和操作阶段，你是否操作过板框过滤机？你认为哪个阶段最影响过程的进行。

15. 常用的过滤介质有几种？

16. 什么是板框过滤机的过滤速率？可从几个方面提高板框过滤机的过滤速率？

17. 板框过滤机和转筒真空过滤机在处理物料、操作过程方面有哪些区别？

18. 何谓离心分离系数？如何提高此值？

19. 离心沉降和重力沉降有哪些相同和不同？

20. 在旋风分离器操作中，影响分离效率的因素有哪些？

21. 你操作过旋风分离器吗？分离器下方的除尘管是否总是开的？为什么？

22. 旋风分离器和离心机在产生离心力作用的方式上有什么区别？

23. 如何提高离心设备的分离能力？

24. 按分离方式分，离心机有几种？

25. 惯性分离器与静电除尘器在性能和特征上有何区别？

26. 固定床阶段、流化床阶段、输送床阶段粒子的状态各有什么特征？这三个阶段的区别主要决定于什么因素？举例说明三个阶段在化工生产中的应用。

27. 流化床有什么特征？它有哪些不正常现象？

28. 什么是流化床的带出速度？它是由什么因素决定的？

29. 写出计算重力沉降速度的斯托克斯公式，并说明公式的应用条件。

30. 影响沉降速度的因素有哪些？

31. 降尘室设计和操作的原则是什么？

32. 降尘室的生产能力与哪些因素有关？

33. 某颗粒在尘室中沉降，若降尘室的高度增加一倍，则降尘的生产能力如何变化？

34. 沉降槽中装设搅拌耙的目的是什么？

35. 在斯托克斯区域内，温度升高后，同一固体颗粒在液体和气体中的沉降速度增大还是减小？为什么？

36. 常见的气体净制设备有哪些？

37. 何谓固体流化？有几个阶段？

38. 固体流化在工业上有什么优点？

39. 什么叫气力输送？为什么气力输送中的气流速度比颗粒的沉降速度要大很多。

40. 在过滤过程中，为什么一般都要对滤饼进行洗涤？

二、习题

1. 用落球法测定某流体的黏度，将待测液体置于玻璃容器中，测得直径为 6.35mm 的钢球在此液体中沉降 200mm 所需的时间为 7.32s。已知钢球的密度为 $7900kg/m^3$，液体的密度为 $1300kg/m^3$，计算液体的黏度。（5310mPa·s）

2. 密度为 $2650kg/m^3$ 的球形石英颗粒在 20℃ 的空气中自由沉降，试计算服从斯托克斯定律的最大颗粒直径。　（5.73×10^{-5} m）

3. 某烧碱厂拟采用重力沉降净化粗盐水。粗盐水密度为 $1200kg/m^3$，黏度为 2.3mPa·s，其中固体颗粒可视为球形，密度为 $2640kg/m^3$。求：①直径为 0.1mm 颗粒的沉降速度；②沉降速度为 0.02m/s 的颗粒直径。（3.41mm/s；0.311mm）

4. 已知含尘气体中尘粒的密度为 $\rho_s = 2300kg/m^3$，气体的温度为 773K（黏度为 0.036mPa·s），流量为 $1000m^3/h$。采用标准式旋风分离器，取 $D = 400mm$，其尺寸比例按图 3-13 中比例。试估计最小粒子直径 $d_{小}$。气体的密度为 $0.46kg/m^3$。　（8×10^{-6} m）

第四章 传　　热

学习目标

　　掌握间壁式换热器的设计计算：

　　了解传热在化工生产中的应用，工业换热的方式，工业生产中常见换热器的结构、特点和应用；

　　理解传热的机理、特点和影响因素，强化传热的途径。

能力目标

　　能够完成列管式换热器的选型和设计；

　　能够分析换热器换热能力的影响因素。

第一节　概　　述

　　传热过程即热量传递过程。在化工生产过程中，几乎所有的化学反应过程都需要控制在一定的温度下进行。为了达到和保持所要求的温度，反应物在进入反应器前常需加热或冷却到一定温度。在过程进行中，由于反应物吸收或放出一定的热量，故又要不断地导入或移出热量；有些单元操作，如蒸馏、蒸发、干燥和结晶等，都有一定的温度要求，所以也需要有热能的输入或输出过程才能进行；此外许多设备或管道在高温或低温下操作，若要保证管路中输送的流体能维持一定的温度以及减少热量损失，则需要保温（或隔热）；近 10 多年来，随着能源价格的不断上涨，回收废热及节省能源已成为降低生产成本的重要措施之一。以上所讲到的情况，都与热量传递有关。可见，在化工生产中，传热过程具有相当重要的地位。

　　化工生产中常遇到的传热问题，通常有以下两类：一类是要求热量传递情况好，即要求传热速率高，这样可使完成某一换热任务时所需的设备紧凑，从而降低设备费用；另一类是像高温设备及管路的保温，低温设备及管道的隔热等，则要求传热速率越低越好。

　　传热设备在化工设备中占有很大比例，据统计，在一般石油化工企业中，换热设备的费用约占总投资的 $30\%\sim40\%$。

第二节　传热的基本方式

热的传递是由于系统内或物体内温度不同而引起的。当无外功输入时，根据热力学第二定律，热总是自动地从温度较高的部分传给温度较低的部分，或是从温度较高的物体传给温度较低的物体。根据传热机理不同，传热的基本方式有三种：传导、对流和辐射。

一、热传导

又称导热。当物体内部或两个直接接触的物体之间存在着温度差异时，物体中温度较高部分的分子因振动而与相邻的分子碰撞，并将能量的一部分传给后者，借此，热能就从物体的温度较高部分传到温度较低部分。这种传递热量的方式为热传导。在热传导过程中，没有物质的宏观位移。

二、对流

又称热对流、对流传热。在流体中，主要是由于流体质点的位移和混合，将热能由一处传至另一处的传递热量的方式为对流传热。对流传热过程中往往伴有热传导。工程中通常将流体和固体壁面之间的传热称为对流传热；若流体的运动是由于受到外力的作用（如风机、水泵或其他外界压力等）所引起，则称为强制对流；若流体的运动是由于流体内部冷、热部分的密度不同而引起的，则称为自然对流。

三、辐射

辐射是一种通过电磁波传递能量的过程。任何物体，只要其绝对温度不为零度，都会以电磁波的形式向外界辐射能量。其热能不依靠任何介质而以电磁波形式在空间传播，当被另一物体部分或全部接受后，又重新转变为热能。这种传递热能的方式称为辐射或热辐射。

实际上，上述三种传热方式很少单独存在，而往往是同时出现的。如化工生产中广泛应用的间壁式换热器，热量从热流体经间壁（如管壁）传向冷流体的过程，是以传导和对流两种方式进行。

四、间壁式换热器中的传热过程

工业生产中冷、热两种流体的热交换，大多数情况下不允许两种流体直接接触，要求用固体壁隔开，这种换热器称为间壁式换热器。

图 4-1 所示的套管式换热器是其中的一种。它是由两根管子套在一起组成的。两种流体分别在内管与两根管的环隙中流动，进行热量交换。热流体的温度由 T_1 降至 T_2；冷流体的温度由 t_1 升至 t_2。间壁两侧流体的换热情况可用图 4-2 表示。由于热流体与冷流体之间有温度差 Δt_m，则热量通过间壁从热流体传给冷流体。单位时间内的传热量，即传递速率与传热面积 A 及两流体的温度差 Δt_m 成正比，为

$$Q = KA\Delta t_m \qquad (4-1)$$

式中，K 为比例系数，称为总传热系数，$W/(m^2 \cdot K)$ 或 $W/(m^2 \cdot ℃)$；Q 为传热速率，J/s 或 W；A 为传热面积，m^2；Δt_m 为两流体的平均温度差，K（或℃）。

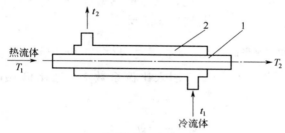

图 4-1　套管式换热器

1—内管；2—外管

式 (4-1) 称为传热速率方程式或传热基本方程式，它是换热器设计最重要的方程式。当所要求的传热速率 Q、温度差 Δt_m 及总传热系数 K 已知时，可用传热速率方程式计算所需要的传热面积 A。

如图 4-2 所示，热流体靠对流传热将热量传给管壁，在管壁中靠热传导将热量从一侧传到另一侧，再靠对流传热将热量从管壁传给冷流体。因此，应熟悉热传导和对流传热的机理，解决式 (4-1) 中各项的计算和有关问题。

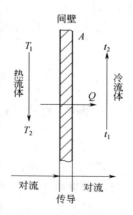

图 4-2　间壁传热

第三节 热 传 导

一、导热基本定律

假如有一个由均匀固体物质组成的单层平壁如图 4-3 所示，面积为 A，m^2；壁厚是 δ，m；壁的两面温度保持为 t_1 和 t_2。如果 $t_1 > t_2$，则热量一定会以热传导的方式从温度为 t_1 的平面传递到温度为 t_2 的平面。实践中总结出这样的规律：单位时间内由高温面以热传导的方式传递给低温面的热量 Q，与面积 A 成正比，也与传热温度差（$t_1 - t_2$）成正比，与壁厚 δ 成反比

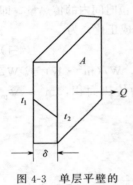

图 4-3 单层平壁的
热传导

$$Q \propto \frac{A}{\delta}(t_1 - t_2)$$

引入比例系数 λ，把比例式改写成等式，则得

$$Q = \lambda \frac{A}{\delta}(t_1 - t_2) \tag{4-2}$$

式(4-2) 就是热传导方程式，或称傅里叶定律。式中 λ 称为热导率，其单位是 $J/(s \cdot m \cdot K)$ 或 $W/(m \cdot K)$。

把式(4-2) 改写成下面的形式

$$\frac{Q}{A} = \frac{t_1 - t_2}{\dfrac{\delta}{\lambda}}$$

则表明单层平壁进行热传导时，其热阻

$$R = \frac{\delta}{\lambda} \tag{4-3}$$

式(4-3) 表明，平壁材料的热导率越小、平壁厚度越厚，则热传导阻力就越大。

热导率的物理意义是壁面为 $1 m^2$，厚度为 $1 m$，两面温差为 $1 K$ 时，单位时间内以传导方式所传递的热量。热导率值越大，则物质

的导热能力越强，所以热导率是物质导热能力的标志，为物质的物理性能之一。通常，需要提高导热速率时可选用热导率大的材料；反之，要降低导热速率时，应选用热导率小的材料。

各种常用物质的热导率都是实验测定的。一般说来，金属的热导率最大，固体非金属的热导率次之，液体较小而气体最小。

固体的热导率一般随温度升高而增大。在工程计算中，所遇到的固体壁两侧的温度常常是不同的，在选用其热导率时常以算术平均温度为准。

表 4-1～表 4-3 分别给出部分固体、液体和气体的热导率。

表 4-1　部分固体在 273～373K 时的热导率

金属材料		建筑或绝热材料	
物　料	$\lambda/[W/(m \cdot K)]$	物　料	$\lambda/[W/(m \cdot K)]$
铝	204	石棉	0.15
青铜	64	混凝土	1.28
黄铜	93	绒毛毯	0.047
铜	384	松木	0.14～0.38
铅	35	建筑用砖砌	0.7～0.8
钢	46.5	耐火砖砌	1.05[①]
不锈钢	17.4	绝热砖砌	0.12～0.21
铸铁	46.5～93	85%氧化镁粉	0.07
		锯木屑	0.07
		软木片	0.047
		玻璃	0.7～0.8

① 温度在 1073～1373K 时。

表 4-2　部分液体在 293K 时的热导率

名　称	$\lambda/[W/(m \cdot K)]$	名　称	$\lambda/[W/(m \cdot K)]$
水	0.6	甲醇	0.212
苯	0.148	乙醇	0.172
甲苯	0.139	甘油	0.594
邻二甲苯	0.142	丙酮	0.175
间二甲苯	0.168	甲酸	0.256
对二甲苯	0.129	醋酸	0.175
硝基苯	0.151	煤油	0.151
苯胺	0.175	汽油	0.186(303K)

表 4-3　部分气体在大气压下的热导率与温度的关系

温度 /K	$\lambda \times 10^3/[\text{W}/(\text{m} \cdot \text{K})]$									
	空气	N_2	O_2	蒸汽	CO	CO_2	H_2	NH_3	CH_4	C_2H_4
273	24.4	24.3	24.7	16.2	21.5	14.7	174.5	16.3	30.2	16.3
323	27.9	26.8	29.1	19.8	24.4	18.6	186	—	36.1	20.9
373	32.5	31.5	32.9	24.0		22.8	216	21.1		26.7
473	39.3	38.5	40.7	33.0		30.9	258	25.8		
573	46.0	44.9	48.1	43.4		39.1	300	30.5		
673	52.2	50.7	55.1	55.1		47.3	342	34.9		
773	57.5	55.8	61.5	68.0		54.9	384	39.2		
873	62.2	60.4	67.5	82.3		62.1	426	43.4		
973	66.5	64.2	72.8	98.0		68.9	467	47.4		
1073	70.5	67.5	77.7	115.0		75.2	510	51.2		
1173	74.1	70.2	82.0	133.1		81.0	551	54.8		
1273	77.4	72.4	85.9	152.4		86.4	593	58.3		

二、多层平壁的导热

生产上常见的是多层平壁，如用耐火砖、保温砖和青砖等构成的三层炉壁，如图 4-4 所示。按导热方程式计算各层的传热速率。

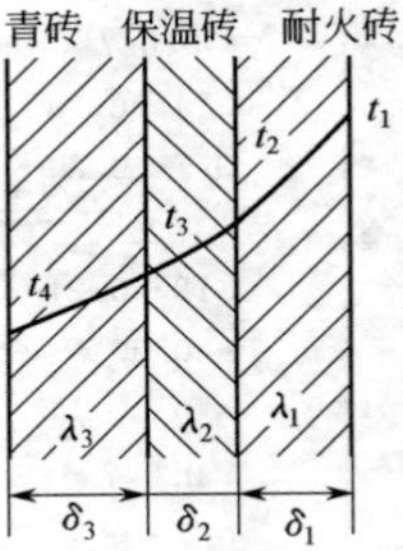

图 4-4　三层平壁

第一层（耐火砖）：$Q_i = \dfrac{\lambda_i}{\delta_1} A(t_1 - t_2)$

或　　　　　$Q_1 \times \dfrac{\delta_1}{\lambda_1 A} = \Delta t_1$

第二层（保温砖）：$Q_2 = \dfrac{\delta_2}{\lambda_2 A} = \Delta t_2$，

$\Delta t_2 = t_2 - t_3$

第三层（青砖）：$Q_3 = \dfrac{\delta_3}{\lambda_3 A} = \Delta t_3$，$\Delta t_3 = t_3 - t_4$

对于稳定传热　　　$Q_1 = Q_2 = Q_3 = q$

因此　　$Q\left(\dfrac{\delta_1}{\lambda_1 A} + \dfrac{\delta_2}{\lambda_2 A} + \dfrac{\delta_3}{\lambda_3 A}\right) = \Delta t_1 + \Delta t_2 + \Delta t_3 = t_1 - t_4$

$$Q = \frac{t_1 - t_4}{\dfrac{\delta_1}{\lambda_1 A} + \dfrac{\delta_2}{\lambda_2 A} + \dfrac{\delta_3}{\lambda_3 A}} = \frac{A(t_1 - t_4)}{\dfrac{\delta_1}{\lambda_1} + \dfrac{\delta_2}{\lambda_2} + \dfrac{\delta_3}{\lambda_3}} = \frac{A \cdot \Delta t}{\sum\limits_{i=1}^{i=n}\left(\dfrac{\delta}{\lambda}\right)_i} \quad (4\text{-}4)$$

式（4-4）表明，多层平壁导热的总热阻等于各层导热热阻之和。

在需要知道两层壁交界处的温度以判断承受温度的情况时，也可由上式计算。例如对照图 4-4，t_1 是炉内壁温度，t_4 是规定的外壁温度，现欲计算 t_2，t_3。由各层导热方程式可得

$$t_2 = t_1 - \frac{Q}{\lambda_1 A / \delta_1} \tag{4-5}$$

及

$$t_3 = t_2 - \frac{Q}{\lambda_2 A / \delta_2} \tag{4-6}$$

或

$$t_3 = \frac{Q}{\lambda_3 A / \delta_3} + t_4 \tag{4-7}$$

若 Q 是未知数，可将式(4-4) 代入

$$t_2 = t_1 - \frac{t_1 - t_4}{\left(\dfrac{\delta_1}{\lambda_1} + \dfrac{\delta_2}{\lambda_2} + \dfrac{\delta_3}{\lambda_3}\right)\dfrac{\lambda_1}{\delta_1}} \tag{4-8}$$

及

$$t_3 = t_2 - \frac{t_1 - t_4}{\left(\dfrac{\delta_1}{\lambda_1} + \dfrac{\delta_2}{\lambda_2} + \dfrac{\delta_3}{\lambda_3}\right)\dfrac{\lambda_2}{\delta_2}} \tag{4-9}$$

【例 4-1】　锅炉钢板壁厚 $\delta_1 = 20\text{mm}$，其热导率 $\lambda_1 = 58.2\text{W}/(\text{m}\cdot\text{K})$。若黏附在锅炉内壁的水垢层厚度 $\delta_2 = 1\text{mm}$，其热导率 $\lambda_2 = 1.162\text{W}/(\text{m}\cdot\text{K})$。已知锅炉钢板外表面温度 $t_1 = 523\text{K}$，水垢内表面温度 $t_3 = 473\text{K}$，求锅炉每 m^2 表面积的传热速率，并求钢板内表面（与水垢相接触的一面）温度 t_2。

解：

$$\frac{Q}{A} = \frac{t_1 - t_3}{\dfrac{\delta_1}{\lambda_1} + \dfrac{\delta_2}{\lambda_2}} = \frac{523 - 473}{\dfrac{0.02}{58.2} + \dfrac{0.001}{1.162}} = 41500(\text{W}/\text{m}^2)$$

$$t_2 = t_1 - \frac{Q}{A} \cdot \frac{\delta_1}{\lambda_1} = 523 - 41500 \times \frac{0.02}{58.2} = 508.7(\text{K})$$

三、圆筒壁的导热

在化工生产中最多见的还是圆筒壁的热传导，例如，一些管道和圆筒形设备的导热。圆筒壁的导热与平壁的不同之处是导热面积沿着管子半径的方向逐渐变化，即由管内到管外，导热面积越来越大。

1. 单层圆筒壁

根据导热速率方程　　$Q = \lambda \dfrac{A(t_1 - t_2)}{\delta}$

因为圆筒壁的导热面积 A 是个变量，故导热速率方程可改写为

$$Q = \lambda \frac{A_{均}(t_1 - t_2)}{\delta}$$

或
$$Q = \lambda \frac{A_{均}(t_1 - t_2)}{r_{外} - r_{内}} \tag{4-10}$$

式中，$A_{均}$ 为圆筒壁的平均面积，m^2；λ 为圆筒壁的热导率，$J/(s \cdot m \cdot K)$；t_1、t_2 分别为圆筒的内、外壁温度，K；δ，壁厚，m；$r_{外}$、$r_{内}$ 分别为圆筒的外半径和内半径，m。

计算圆筒的导热速率，应首先计算出它的平均面积 $A_{均}$。平均面积的计算分两种情况：当 $r_{外}/r_{内} < 2$（即壁很薄）时，$A_{均}$ 可取算术平均值即

$$A_{均} = \frac{2\pi r_{外} l + 2\pi r_{内} l}{2} = \pi l (r_{外} + r_{内}) \tag{4-11}$$

当 $r_{外}/r_{内} \geqslant 2$ 时（即壁较厚时），为精确起见，$A_{均}$ 必须取对数平均值，即

$$A_{均} = \frac{A_{外} - A_{内}}{\ln \dfrac{A_{外}}{A_{内}}} = \frac{2\pi r_{外} l - 2\pi r_{内} l}{\ln \dfrac{2\pi r_{外} l}{2\pi r_{内} l}} = \frac{2\pi l (r_{外} - r_{内})}{\ln \dfrac{r_{外}}{r_{内}}} \tag{4-12}$$

用以上方法计算出圆筒壁的平均面积 $A_{均}$ 后，代入导热速率方程求导热速率。

【例 4-2】 有一蒸汽管道，长 100m，管外径为 170mm，外面包着一层保温灰，其厚度为 60mm，热导率为 0.0697J/(s·m·K)，保温层内表面温度为 563K，外表面温度为 323K。求单位时间蒸汽管上的热损失。

解：已知 $r_{内} = 0.085m$，$r_{外} = 0.145m$，$l = 100m$，$t_1 = 563K$，$t_2 = 323K$，$\lambda = 0.0697 J/(s \cdot m \cdot K)$

因为 $r_{外}/r_{内} < 2$，$A_{均}$ 可取算术平均值，

$$A_{均} = \frac{A_{内} + A_{外}}{2} = \pi l (r_{内} + r_{外})$$

$$= 3.14 \times 100 \times (0.085 + 0.145) = 72.2 (m^2)$$

$$Q = \lambda \frac{A_{均}(t_1 - t_2)}{r_{外} - r_{内}} = 0.0697 \times \frac{72.2 \times (563 - 323)}{0.145 - 0.085}$$

$$= 20129 J/s = 201 (kJ/s)$$

2. 多层圆筒壁

多层圆筒壁的导热速率方程可仿照多层平壁的推导方法推导，见图 4-5，推导结果如下（以两层为例）

$$Q=\frac{t_1-t_3}{\dfrac{\delta_1}{\lambda_1 A_{均1}}+\dfrac{\delta_2}{\lambda_2 A_{均2}}}=\frac{\Delta t}{r_1+r_2}=\frac{\Delta t}{\sum R} \qquad (4\text{-}13)$$

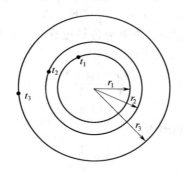

图 4-5 多层圆筒壁

从多层圆筒壁导热速率方程中看出，其导热过程的总推动力为总温差，总的导热阻力为各层热阻之和。但在计算各层热阻时，用的是各层壁面的平均面积。

第四节 对流传热

热量由固体壁面传递给对流着的流体或者相反的过程称为对流传热（或给热）。对流传热包括有固体壁面与紧靠壁面的流体质点间，以及流体层流内层的热传导和流体内湍流主体对流等传热过程，所以对流传热除受热传导的规律影响外，往往还要受流体流动规律的支配，这是因为层流内层的热阻往往起着重要作用，而其厚度又与流体流动的情况密切相关。

一、对流传热方程式

大量实践证明：在单位时间内，以对流传热过程传递的热量 Q 与固体壁面 A 的大小、壁面温度 $t_{壁}$ 和流体主体平均温度 t 二者的差成正比。即

$$Q \propto A(t_壁 - t)$$

引入比例常数 α，则上式可写成

$$Q = \alpha A(t_壁 - t) \qquad (4\text{-}14)$$

α 称为对流传热膜系数或给热系数，它的物理意义是：1m^2 的固体壁面，壁面和流体主体温度差为 1K 时，每秒钟以对流传热方式传递的热量。α 的单位是 $J/(s \cdot m^2 \cdot K)$ 或 $W/(m \cdot K)$。式（4-14）是对流传热方程式，是计算对流传热过程的一个基本关系式。

把式（4-14）改写成下面的形式

$$\frac{Q}{A} = \frac{t_壁 - t}{\dfrac{1}{\alpha}}$$

则对流传热过程的热阻 R 为

$$R = \frac{1}{\alpha} \qquad (4\text{-}15)$$

对流传热方程式以很简单的形式表达复杂的对流传热过程的传热速率，其中的给热系数包括了所有影响对流传热过程的复杂因素。

二、给热系数的经验公式

1. 影响给热系数的因素

影响给热系数的因素很多，最主要的因素有：

① 流体的种类，液体、气体或蒸汽；

② 流体的对流状况，强制或自然对流；

③ 壁面的形状、位置、大小，管或板水平或垂直，高度、长度或直径等；

④ 流体的流动状况与性质，层流、过渡流或湍流，温度、压强、密度、比热容、热导率及黏度。

由于给热系数 α 的影响因素繁多，故不像热导率 λ 那样容易确定。目前所使用的给热系数计算式，多数是通过大量实验所得出的经验公式。

2. 给热系数的经验式

（1）流体无相变、在圆直管中作强制湍流时，给热系数的经验

式为

$$\alpha = 0.023 \frac{\lambda}{d_{内}} \left(\frac{d_{内} u\rho}{\mu} \right)^{0.8} \left(\frac{\mu c}{\lambda} \right)^n \tag{4-16}$$

式中，λ 为流体热导率，$W/(m \cdot K)$；$d_{内}$ 为管内径，m；u 为流速，m/s；ρ 为流体密度，kg/m^3；μ 为流体黏度，$N \cdot s/m^2$；c 为流体比热容，$J/kg \cdot K$；n 为指数，液体被加热时 $n = 0.4$，液体被冷却时 $n = 0.3$，气体 $n = 0.4$。

流体无相变时的给热过程，与流体的流动状况及物理性质有关。因此在使用式(4-16)时，必须注意以下几个条件：

① 流体作稳定湍流，$Re > 10^4$；

② $Pr = 0.7 \sim 120$；

③ 用流体的进、出口算术平均温度作为定性温度，即按此温度确定流体的有关物理性质；

④ 管长 l 与管径 $d_{内}$ 之比 $\dfrac{l}{d_{内}} > 60$。

（2）流体在套管环间和无挡板列管换热器管外流动时，给热系数的经验式

$$\alpha = 0.023 \frac{\lambda}{d_{当}} \left(\frac{d_{当} u\rho}{\mu} \right)^{0.8} \left(\frac{\mu c}{\lambda} \right)^n \tag{4-17}$$

式中　$d_{当}$——当量直径，m。

由于给热系数 α 与 $u^{0.8}$ 成正比，与 $d_{内}^{0.8}$ 成反比，以致增加流速能使给热系数有较大幅度的增加，减少管径使给热系数增长的就较小。

其他情况下的给热系数的计算式，一般都是若干准数的指数方程式，可查阅有关教科书。无论运用哪个公式，都应弄清该公式的适用范围，查取物性常数的定性温度，以及实际情况与公式所限定条件的差别，如何校正，然后再进行计算。

（3）有相变的给热过程：在化工生产中，流体的换热过程中发生相变的情况很多。例如在蒸发器内，作为加热剂的蒸汽会冷凝为

液体，被加热的物料则会沸腾汽化；在蒸馏操作中，一方面通过再沸器在沸腾下加热汽化，另一方面通过塔顶冷凝器将蒸馏过的物料进行冷凝。由于在汽化或冷凝的过程中，必然伴有流体的流动，它们属于给热过程；但是，由于过程中又伴有相态的变化，因此，它们又有着不同于无相变过程的某些特殊规律。

① 沸腾给热　将液体加热到操作条件下的饱和温度时，液体在整个体积内将会有气泡产生，称为液体的沸腾。发生在沸腾液体与固体壁面的给热过程称为沸腾给热。沸腾又分为大容积沸腾和管内沸腾。

② 冷凝给热　当饱和蒸汽与温度较低的壁面接触时，蒸汽将释放出潜热而被冷凝成液体。冷凝液在壁面上呈液滴状，冷凝称为滴状冷凝。冷凝液在壁面上呈膜状，冷凝称为膜状冷凝。并且 $\alpha_{滴} > \alpha_{膜}$。

有相变给热过程比无相变给热过程更为复杂。目前对它们的研究也就更不充分，尽管已有些经验公式可供参考，但可靠程度不很高。因此，在表 4-4 中给出工业用换热器中给热系数的大致范围，供估算或核对计算结果时参考。

表 4-4　工业用换热器中 α 值的大致范围

对流传热的类型	α 值的范围/(W/m^2)	对流传热的类型	α 值的范围/(W/m^2)
水蒸气的滴状冷凝	46000~140000	水的加热或冷却	230~11000
水蒸气的膜状冷凝	46000~170000	油的加热或冷却	58~1700
有机蒸汽的冷凝	580~2300	加热蒸汽的加热或冷却	23~110
水的沸腾	5800~52000	空气的加热或冷却	1~58

从表中可以看出，在有相变的情况下，其给热系数远比无相变的情况下要大很多，因此，在使用饱和水蒸气作为加热剂使用时，应及时将冷凝液和不凝性气体排出。

第五节　辐射传热

任何物体，只要其绝对温度不为零度，都会不停地以电磁波的形式向外界辐射能量；同时，又不断吸收来自外界其他物体的辐射能。当物体向外界辐射能量与其从外界吸收的辐射能不相等时，该物体与外界就产生热量的传递。这种传热方式称为热辐射。

热辐射以电磁波的形式进行传播，可以在真空中传播，无需任何介质，这是热辐射与对流和传导的主要不同点。因此，辐射传热的规律也不同于对流传热和导热。

一、辐射传热的基本概念

热射线和可见光一样，服从反射和折射定律，能在均一介质中作直线传播。在真空中和绝大多数气体中，热射线可完全透过，但不能透过工业上常见的大多数固体和液体。

如图 4-6 所示，投射在某一物体上的总辐射能为 Q，其中有一部分能量 Q_A 被吸收，一部分能量 Q_R 被反射，另一部分能量 Q_D 则透过物体。根据能量守恒定律，得

$$Q_A + Q_R + Q_D = Q \tag{4-18}$$

即

$$\frac{Q_A}{Q} + \frac{Q_R}{Q} + \frac{Q_D}{Q} = 1 \tag{4-19}$$

或

$$A + R + D = 1 \tag{4-20}$$

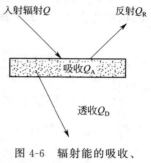

图 4-6 辐射能的吸收、反射和透过

式中，A 称为吸收率；R 称为反射率；D 称为透过率。

当 $A=1$，即 $R=D=0$ 时，这种物体称为黑体或绝对黑体；实际上黑体并不存在，但是，某些物体如无光泽的黑煤，其吸收率约为 0.97，接近于黑体；引入黑体的概念只作为一种实际物体的比较标准，以简化辐射传热的计算。

当 $R=1$，即 $A=D=0$ 时，这种物体称为镜体或白体；白体亦不存在，但有些物体接近白体，如磨光的金属表面的反射率约为 0.97，接近于镜体。

当 $D=1$，即 $A=R=0$ 时，这种物体称为透热体。如单原子和对称的双原子构成的气体，一般可视为能让热辐射完全透过，多原子气体和不对称原子气体则能选择地吸收和发射某一波长范围辐射能。

实际物体，如一般的固体能部分地吸收由 0 到 ∞ 的所有波长范

围的辐射能。凡能以相同的吸收率且部分地吸收由 0 到∞的所有波长范围的辐射能的物体，定义为灰体。灰体也是理想物体，但大多数的工程材料都可视为灰体，从而可使辐射传热的计算大为简化。

二、物体的辐射能力

1. 黑体的辐射能力

物体在一定温度下，单位表面积、单位时间内所发射出来的全部波长的总能量，称为该温度下的发射能力，用 E 表示，其单位为 W/m^2。

对于黑体来说，其发射能力 E_0 只与温度有关。理论证明，黑体的辐射能力 E_0 与其表面的热力学温度 T 的四次方成正比，即

$$E_0 = \sigma_0 T^4 \tag{4-21}$$

式中，σ_0 为黑体的辐射常数，$\sigma_0 = 5.669 \times 10^8 \, W/(m^2 \cdot K^4)$；$T$ 为黑体表面的热力学温度，K。

此式称为斯蒂芬-玻尔兹曼定律。

式（4-21）常写为 $\qquad E_0 = C_0 \left(\dfrac{T}{100}\right)^4 \tag{4-22}$

式中，C_0 为黑体的辐射系数，$C_0 = 5.669 \, W/(m^2 \cdot K^4)$。

2. 实际物体的辐射能力

在一定温度下，黑体的辐射能力比任何物体的辐射能力都大，也就是说黑体的辐射能力最大。

实际物体的辐射能力 E 与同温度下黑体的辐射能力 E_0 之比称为该物体的黑度，以 ε 表示，即

$$\varepsilon = E/E_0 \tag{4-23}$$

由式（4-22）和式（4-23）可知实际物体的辐射能力的计算式可写为

$$E = \varepsilon C_0 \left(\frac{T}{100}\right)^4 \tag{4-24}$$

黑度表明了物体接近于黑体的程度，反映了物体辐射能力的大小。黑度越大，物体的辐射能力也越强，黑体的黑度等于 1，实际物体的黑度小于 1。黑度是物体自身的性质与外界条件无关。物体的黑度可由实验测定，常用材料的黑度可查阅有关书籍。

黑体能够全部吸收投向其上的辐射能，其吸收率 $A = 1$。实际

物体只能部分地吸收投向其上的辐射能，且物体的吸收率与辐射能的波长有关。实验表明，对于波长在 $0.76\sim20\mu m$ 范围内的辐射能，即工业上应用最多的热辐射，可以认为物体的吸收率为常数，并且等于黑度，即

$$A=\varepsilon$$

由此可知，物体的辐射能力越大，其吸收能力也越大。

三、两物体间的相互辐射

工业上常遇到的两固体间的相互辐射传热，皆可视为灰体之间的热辐射。两固体由于辐射而进行热交换时，从一个物体发射出的辐射能只有一部分到达另一物体，而到达的这一部分由于要发射出一部分能量，从而不能被全部吸收。同理，从另一物体反射回来的辐射能，亦只有一部分回到原物体，而返回的这部分辐射能又部分地反射和部分地吸收。这种过程将继续反复进行。实际上两物体间的辐射计算是很复杂的，它不仅与两物体的吸收率、反射率、形状以及大小有关，而且与两者之间的距离和相对位置有关，一般以下式表示。

$$Q_{1\text{-}2}=C_{1\text{-}2}A\left[\left(\frac{T_1}{100}\right)^4-\left(\frac{T_2}{100}\right)^4\right] \tag{4-25}$$

式中，A 为两物体之间辐射传热与两物体的传热面；T_1，T_2 为两物体温度；$C_{1\text{-}2}$ 为总辐射系数。由于物体表面形状、相对位置不同，决定了 A，$C_{1\text{-}2}$ 的不同。可查有关资料。

四、设备热损失的计算

许多化工厂设备的外壁温度常高于周围环境的温度，因此，热量将由壁面以对流和辐射两种形式散失。所以，设备损失的热量应等于对流传热和辐射传热两部分之和。

设高温设备外壁的换热面积为 A，壁面温度为 t_w，周围空气温度为 t_o，则

由给热散失的热量　$Q_1=\alpha A(t_w-t_o)$

由辐射所散失的热量

$$Q_2=C_{1\text{-}2}A\cdot\phi\left[\left(\frac{t_w}{100}\right)^4-\left(\frac{t_o}{100}\right)^4\right]$$

为方便起见，将辐射散热方程式改写成与给热方程式相类似的形式，即

$$Q_2 = \alpha_R A(t_w - t_o) \tag{4-26}$$

因为设备向大气辐射传热的角系数 $\phi = 1$，式中

$$\alpha_R = C_{1\text{-}2}\left[\left(\frac{t_w}{100}\right)^4 - \left(\frac{t_o}{100}\right)^4\right]\bigg/(t_w - t_o) \tag{4-27}$$

则总热损失为

$$Q = Q_1 + Q_2 = (\alpha + \alpha_R) \cdot A \cdot (t_w - t_o)$$
$$= \alpha_T A(t_w - t_o) \tag{4-28}$$

式中，α_T 为给热辐射联合传热系数，单位 $W/(m^2 \cdot K)$。其数值可按下式估算。

① 室内

对圆筒壁（$D_1 < 1m$）　$\alpha_T = 9.42 + 0.052(t_w - t_o)$ (4-29)

对平壁（$D_1 \geq 1m$）　$\alpha_T = 9.77 + 0.07(t_w - t_o)$ (4-30)

② 室外

$$\alpha_T = \alpha_o + 7\sqrt{u} \tag{4-31}$$

对保温结构，一般 $\alpha_o = 11.63 W/(m^2 \cdot K)$；

对保冷结构，$\alpha_o = 7 \sim 8 W/(m^2 \cdot K)$。

式中的 u 是指全年平均风速，m/s，以各地气象资料为准。

【例 4-3】　有一架空敷设的蒸汽管线，敷上保温层之后的外径为 0.3m，设外壁温度为 293K，周围空气的平均温度以 288K 计，平均风速为 3m/s。试求每米管道上因给热和热辐射所造成的散热效率。

解： 据式（4-31）

$$\alpha_T = \alpha_o + 7\sqrt{u} = 11.63 + 7\sqrt{3} = 23.75[W/(m^2 \cdot K)]$$

然后按式（4-28）求解

已知 $t_w = 293K$　$t_o = 288$

则　$Q/L = 23.75 \times \pi \times 0.3 \times (293 - 288) = 111.86[W/(m \cdot K)]$

第六节　传热计算

一、换热器的热负荷计算

热负荷是生产上要求流体温度变化而吸收或放出的热量。换热

器中冷、热两流体进行热交换，若忽略热损失，则根据能量守恒原理，热流体放出的热量 Q_1 必等于冷流体吸收的热量 Q_2，即 $Q_1 = Q_2$，称此为热量衡算式。热量衡算式与传热速率方程式为换热器传热计算的基础。设计换热器时，根据热负荷要求，用传热速率方程式计算所需传热面积。

1. 无相变时热负荷计算

（1）温差法　当物质与外界交换热量时，物质不发生相变而只有温度变化，这种热量称为显热。在恒压条件下，单位质量的物质升高1℃所需的热量，称为定压热容，以符号 c_p 表示，单位为 kJ/（kg·K）或 kJ/（kg·℃）。

如图 4-7 所示，在换热器中用冷流体使质量为 q_{m1} 的热流体由温度 T_1 降至 T_2，其热负荷可用下式计算

$$Q_1 = q_{m1} c_{p_1} (T_1 - T_2) \tag{4-32}$$

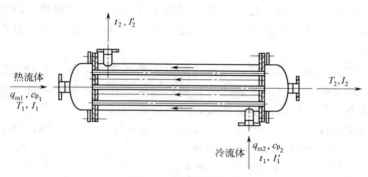

图 4-7　热负荷的计算

同理，用热流体使质量为 q_{m2} 的冷流体由温度 t_1 升至 t_2，其热负荷可用下式计算

$$Q_2 = q_{m2} c_{p_2} (t_2 - t_1) \tag{4-33}$$

由热量衡算式得　$Q = q_{m1} c_{p_1} (T_1 - T_2) = q_{m2} c_{p_2} (t_2 - t_1)$

（2）热焓法　热焓也称为焓。当物系的内能为 U，压力为 p，体积为 V 时，焓的定义为

$$I = U + pV \tag{4-34}$$

由于 U、p 及 V 为物系的状态函数，所以 I 也是状态函数。由热力学得知，在恒压条件下，物系与外界交换的热量与物系的始态与终态的焓差相等，即

$$Q = q_m(I_1 - I_2) \tag{4-35}$$

式中，I_1、I_2 分别为物系始态、终态的焓，kJ/kg。

2. 有相变化时热负荷计算

当流体与外界交换热量过程中发生相变化时，其热负荷用潜热法计算。例如，饱和蒸汽冷凝为同温度下的液体时放出的热量，或液体沸腾汽化为同温度下的饱和蒸汽时吸收的热量，可用下式计算

$$Q = q_m r \tag{4-36}$$

式中，r 为液体汽化（或蒸汽冷凝）潜热，kJ/kg。在传热过程中有时还会遇到升华与凝结、熔融与凝固等，则 r 取相应过程的相变潜热计算。

此外，在传热过程中还会遇到化学反应、吸收与解吸、溶解与结晶等有热效应的过程，在进行热负荷计算时还必须考虑到这部分热量。

应当提起注意的是：热负荷是由工艺条件决定的，是对换热器换热能力的要求；而传热速率是换热器本身在一定操作条件下的换热能力，是换热器本身的特性，可见两者不同。

【例 4-4】 试计算压力为 147.1kN/m^2，流量为 1500kg/h 的饱和水蒸气冷凝后并降温至 50℃时所放出的热量。

解： 此题可分成两步计算：饱和水蒸气冷凝成水，放出潜热；水降温至 50℃时所放出的显热。

① 蒸汽冷凝成水所放出的热量为 Q_1

查水蒸气表得：147.1kN/m^2 下水的饱和温度 $t_s = 110.7℃$，汽化潜热 $r = 2230.1$kJ/kg

$$Q_1 = q_{m1} r = \frac{1500}{3600} \times 2230.1 = 929(\text{kJ/s}) = 929(\text{kW})$$

② 水由 110.7℃ 降温至 50℃时放出的热量 Q_2

$$平均温度 \quad t = \frac{110.7 + 50}{2} = 80.4(℃)$$

80.4℃时水的比热容 $c_p = 4.195$kJ/(kg·℃)

$$Q_2 = q_{m1} c_p (t_s - t_1) = \frac{1500}{3600} \times 4.195 \times (110.7 - 50)$$

$$= 106(\text{kJ/s}) = 106(\text{kW})$$

③ 共放出热量 Q

$$Q = Q_1 + Q_2 = 929 + 106 = 1035(\text{kW})$$

④ 用焓差法计算

查水蒸气表得：147.1kN/m^2 下饱和水蒸气的焓 $I = 2694.43\text{kJ/kg}$；$50℃$ 水的焓 $i = 209.34\text{kJ/kg}$

饱和水蒸气冷凝后并降温至 $50℃$ 放出的热量

$$Q = q_m (I - i) = \frac{1500}{3600} \times (2694.43 - 209.34) = 1035.5(\text{kW})$$

二、载热体的用量及其终温的计算

参与换热的两种流体称为载热体，其中温度高的一股称为热载热体或热流体；温度低的一股称为冷载热体或冷流体。为生产过程加入热量的热流体也称为加热剂，为生产过程取走热量的冷流体也称为冷却剂。

根据某一载热体的流量及其状态变化，确定换热器的热负荷后，另一载热体的用量可由热量衡算关系计算，即

据 $$Q_1 = Q_2$$

可写成 $$q_{m1} c_{p_1} (T_1 - T_2) = q_{m2} c_{p_2} (t_2 - t_1) \tag{4-37}$$

$$q_{m1} = \frac{q_{m1} c_{p_2} (t_2 - t_1)}{c_{p_1} (T_1 - T_2)} \tag{4-38}$$

或 $$q_{m2} = \frac{q_{m1} c_{p_1} (T_1 - T_2)}{c_{p_2} (t_2 - t_1)} \tag{4-39}$$

当载热体用量先被确定后，可求其终温

$$T_2 = T_1 - \frac{q_{m2} c_{p_2} (t_2 - t_1)}{q_{m1} c_{p_1}} \tag{4-40}$$

或 $$t_2 = t_1 + \frac{q_{m1} c_{p_1} (T_1 - T_2)}{q_{m1} c_{p_2}} \tag{4-41}$$

式中，Q_1、Q_2 分别为热、冷流体单位时间内放出和吸收的热量，W；T_1、T_2 分别为热流体最初和最终温度，K；t_1、t_2 分别为

冷流体最初和最终温度，K；q_{m1}、q_{m2} 分别为热、冷流体的质量流量，kg/s；c_{p_1}、c_{p_2} 分别为热、冷流体的比热容，J/(kg·K)。

【**例 4-5**】 将 0.417kg/s，353K 的硝基苯通过一换热器冷却到 313K，冷却水初温为 303K，出口温度确定为 308K。已知硝基苯 $c_{p_硝}$ 为 1.38kJ/(kg·K)，试求该换热器的热负荷及冷却水用量。

解：依题意知：$q_{m硝}=0.417$kg/s，$c_{p_硝}=1.38$kg/(kg·K)，$T_1=353$K，$T_2=313$K

得

$$Q_硝=q_{m硝} c_{p_硝}(T_1-T_2)$$
$$=0.417\times1.38\times10^3(353-313)=23(kW)$$

由式(4-39)

$$q_{m水}=\frac{q_{m硝} c_{p_硝}(T_1-T_2)}{c_{p_水}(t_2-t_1)}$$

依题意知：$t_1=303$K，$t_2=308$K

得

$$q_{m水}=\frac{23000}{4.187\times10^3\times(308-303)}=1.1(kg/s)$$

【**例 4-6**】 若例 4-5 中冷水用量确定为 1.5kg/s，其出口温度应为多少？

解：已知 $c_{p_2}=1.5$kg/s，由式(4-41) 计算冷却水的终温

$$t_2=t_1+\frac{q_{m硝} c_{p_硝}(T_1-T_2)}{q_{m2} c_{p_2}}=303+\frac{23000}{1.5\times4.187\times10^3}=306.7(K)$$

三、平均传热温差的计算

1. 平均传热温差概念

在传热基本方程式 $Q=KA\Delta t_m$ 中 Δt_m 为平均传热温差。

（1）恒温传热 如果换热器内冷、热两股流体在传热过程中的温度都是恒定的，称为恒温传热。通常，当间壁两侧流体均发生相态变化时，就是恒温传热。例如，某些连续操作的精馏塔的再沸器，用恒定温度 T 的水蒸气加热沸点恒定的塔釜液。也有一些蒸汽操作中，其加热室内的传热过程也是恒热传热。恒温传热温差图如图 4-8 所示，此时平均传热温差就是冷、热流体的温差，即

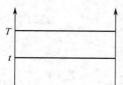

图 4-8 恒温传热温差图

$$\Delta t_m=\Delta t=T-t$$

（2）变温传热 冷、热流体在换热过程中，沿换热器壁面上的

各点温度不断变化的，称为变温传热。变温传热有一侧变温和两侧变温两种。

① 一侧变温传热 两股流体中有一股在换热中发生相态变化，温度恒定。另一股温度不断变化。如用饱和水蒸气加热某种无相变物料，如图 4-9 所示。此时平均传热温差为传热面积两端点上的较大温差 $\Delta t_{大}$ 和较小温差 $\Delta t_{小}$ 的平均值。与流动方向无关。

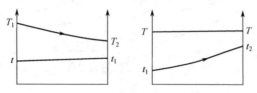

图 4-9 一侧变温传热温差图

② 两侧变温传热 两股流体在换热中均无相态变化，这是换热过程中较常见的情形。例如，用冷水冷却高温油。此时，两股流体间的温差不但连续变化，而且还与两股流体的流动方向有关。

a. 并流 如图 4-10 所示，间壁两侧流体向同一方向流动，两股流体的较大温差总是在换热器的入口端。平均传热温差为 $\Delta t_{大}$ 和 $\Delta t_{小}$ 的平均值。

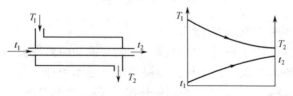

图 4-10 并流传热温差图

b. 逆流 如图 4-11 所示，间壁两侧冷、热流体以相反的方向流动，冷、热流体间的较大温差可能在冷流体入口端，也可能在热流体入口端。平均传热温差仍为 $\Delta t_{大}$ 和 $\Delta t_{小}$ 的平均值。

c. 错流和折流 如图 4-12 所示，错流时，间壁两侧流体交叉流动。折流时，参与换热的两种流体在传热面的两侧，若其中一侧的流体只沿一个方向流动，而另一侧的流体则先沿一个方向流动，

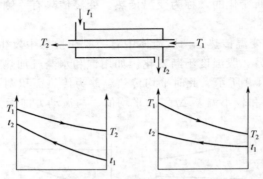

图 4-11　逆流传热温差图

然后折回以相反方向流动，或反复地做折流运动，称为简单折流。若两股流体均做折流流动，则称为复杂折流。在折流时，两流体间的并流与逆流交替存在。

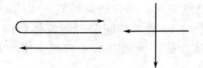

图 4-12　换热器中错流、折流示意图

2. 平均传热温差的计算

（1）简单流平均温差的计算　一侧变温和两侧变温的逆、并流情况，都称简单流。其平均传热温差按下述原则计算

当 $\Delta t_{大}/\Delta t_{小}<2$ 时，平均传热温差 Δt_m 可取算术平均值，即

$$\Delta t_m = \frac{\Delta t_{大} + \Delta t_{小}}{2} \tag{4-42}$$

当 $\Delta t_{大}/\Delta t_{小}\geqslant 2$ 时，为精确起见，平均传热温差 Δt_m 必须取对数平均值，即

$$\Delta t_m = \frac{\Delta t_{大} - \Delta t_{小}}{\ln \dfrac{\Delta t_{大}}{\Delta t_{小}}} \tag{4-43}$$

其中 $\Delta t_{大}$ 为设备端点冷、热流体较大温差，$\Delta t_{小}$ 为设备端点冷、热流体的较小温差，并流时，$\Delta t_{大} = T_1 - t_1$；$\Delta t_{小} = T_2 - t_2$。逆流时，$\Delta t_{大}$ 为 $T_1 - t_2$ 和 $T_2 - t_1$ 中数值较大者，$\Delta t_{小}$ 为数值较小者。

（2）错流和折流时平均温差的处理方法 对错流和折流的情形，可先按逆流方式计算出 $\Delta t_{大}$ 和 $\Delta t_{小}$，再按上述计算原则求出 $\Delta t_{m逆}$，而后乘以一个小于 1 的修正系数。修正系数的数值可由有关手册中查得。

【例 4-7】 在某换热器内用 424.1K 的饱和水蒸气加热空气，空气进口温度为 323K，出口温度为 393K。求换热过程的平均传热温差。

解：此过程为一侧变温情况，故与流体流动方向无关。依题意 $T = 424.1K$，$t_1 = 323K$，$t_2 = 393K$

$$T \rightarrow T \qquad 424.1 \rightarrow 424.1$$

$$\frac{t_1 \rightarrow t_2}{\Delta t_{大} \quad \Delta t_{小}} \qquad \frac{323 \rightarrow 393}{101.1 \quad 31.1}$$

$$\frac{\Delta t_{大}}{\Delta t_{小}} = \frac{101.1}{31.1} = 3.25 > 2$$

应按式（4-43）用对数平均法计算平均传热温差

$$\Delta t_m = \frac{\Delta t_{大} - \Delta t_{小}}{\ln \dfrac{\Delta t_{大}}{\Delta t_{小}}} = \frac{101.1 - 31.1}{\ln \dfrac{101.1}{31.1}} = 59.4 \text{(K)}$$

若按式（4-42）用算术平均法计算平均温差时，则为

$$\Delta t_m = \frac{\Delta t_{大} + \Delta t_{小}}{2} = \frac{101.1 + 31.1}{2} = 66.1 \text{(K)}$$

显然，算术平均值 66.1K 相对于对数平均值 59.4K 来讲，具有 11.3% 的误差，所以在 $\Delta t_{大}/\Delta t_{小} > 2$ 时，不允许用算术平均温差来代替对数平均温差。

【例 4-8】 某厂欲使用列管式换热器，利用反应后产物的余热预热未反应的原料，产物的初温为 500K，比热容为 1.4kJ/(kg·K)。原料的初温为 300K，要求预热到 400K，比热容为 1.1kJ/(kg·K)。两流体的流量均为 1800kg/h，逆流换热。若传热系数 K 为 50W/(m²·K)，求所需的换热面积。

解：据式 $q = KA\Delta t_m$，欲求出传热面积 A，必须先求出该换热器的热负荷 q 和平均温差 Δt_m

① 计算热负荷 已知 $t_1 = 300K$，$t_2 = 400K$，$q_{m原} = 1800\text{kg/h} = 0.5\text{kg/s}$，

$$c_{原} = 1.1\text{kJ/(kg·K)}$$

$$Q = q_{m原} \, c_{p原}(t_2 - t_1) = 0.5 \times 1.1 \times 10^3 (400 - 300) = 5.5 \times 10^4 (\text{W})$$

② 计算平均传热温差 已知 $T_1 = 500\text{K}$，$c_{p产} = 1.4\text{kJ/(kg·K)}$，$q_{m产} = 1800\text{kg/h} = 0.5\text{kg/s}$

$$T_2 = T_1 - \frac{q_{m原} \, c_{p原}(t_2 - t_1)}{q_{m产} \, c_{p产}} = 500 - \frac{0.5 \times 1.1 \times 10^3 (400 - 300)}{0.5 \times 1.4 \times 10^3} = 421(\text{K})$$

$$
\begin{array}{cc}
T_1 \rightarrow T_2 & 500 \rightarrow 421 \\
t_2 \leftarrow t_1 & \dfrac{400 \leftarrow 300}{100 \quad 121}
\end{array}
$$

得 $\Delta t_大 = 121\text{K}$，$\Delta t_小 = 100\text{K}$，而 $\Delta t_大 / \Delta t_小 < 2$

故
$$\Delta t_m = \frac{\Delta t_大 + \Delta t_小}{2} = \frac{121 + 100}{2} = 110.5(\text{K})$$

③ 计算所需传热面积 已知 $K = 50\text{W/(m}^2 \cdot \text{K)}$

$$A = \frac{Q}{K \Delta t_m} = \frac{55000}{50 \times 110.5} = 10 \, (\text{m}^2)$$

3. 流动方向的选择

由前面讨论可知，在一侧变温的传热过程中，两种流体的流向对平均传热温差没有影响。这时主要根据换热器的结构，或操作上的方便，决定两种流体的流向。

采用错流和不同方式的折流，往往是为了使换热器的结构比较合理，或为满足其他方面的要求。

对两侧变温的简单流传热过程，流体的流向对传热的影响较大，直接关系到载热体用量和传热速率。

【例 4-9】 用热水将某种比热容为 3.35kJ/(kg·K) 的溶液从 293K 加热到 333K，所用热水的初温为 363K，终温为 343K。试分别计算并流和逆流时的平均传热温差。

解： 已知 $T_1 = 363\text{K}$，$T_2 = 343\text{K}$，$t_1 = 293\text{K}$，$t_2 = 333\text{K}$

并流时

$$
\begin{array}{cc}
T_1 \rightarrow T_2 & 363 \rightarrow 343 \\
t_1 \rightarrow t_2 & \dfrac{293 \rightarrow 333}{70 \quad 10}
\end{array}
$$

得 $\Delta t_大 = 70\text{K}$，$\Delta t_小 = 10\text{K}$，而 $\Delta t_大 / \Delta t_小 = 7 > 2$

则
$$\Delta t_m = \frac{\Delta t_大 - \Delta t_小}{\ln \dfrac{\Delta t_大}{\Delta t_小}} = \frac{70 - 10}{\ln \dfrac{70}{10}} = 30.8(\text{K})$$

逆流时

$$T_1 \rightarrow T_2 \quad 363 \rightarrow 343$$

$$t_2 \leftarrow t_1 \quad \frac{333 \leftarrow 293}{30 \quad 50}$$

得　$\Delta t_大 = 50\text{K}$，$\Delta t_小 = 30\text{K}$，而 $\Delta t_大 / \Delta t_小 = 50/30 = 1.67 < 2$

则

$$\Delta t_m = \frac{\Delta t_大 + \Delta t_小}{2} = \frac{50 + 30}{2} = 40(\text{K})$$

由计算结果可知，在两流体的初温、终温确定以后，逆流传热的平均温差比并流传热大。本例中 $\Delta t_逆 / \Delta t_并 = 40/30.8 = 1.3$

在冷、热流体进、出口温度已定时，逆流比并流的平均传热温差大，可提高传热速率，节省传热面积。在载热体的换热终温不定时，逆流操作的加热或冷却程度大于并流，可节省载热体的用量。因此在生产中，没有特殊要求时，一般采用逆流操作。在传热计算中若没有特殊说明时均按逆流计算。

四、传热系数的计算和讨论

前面已经介绍了传热基本方程式 $Q = KA\Delta t_m$ 中的热负荷 Q 与平均温度差 Δt_m 的关系，本节是在热传导和对流传热的基础上介绍传热系数 K 的计算，如何正确计算 K 值是传热计算过程中的一个重要问题。

由传热基本方程式 $Q = KA\Delta t_m$ 可将其写为

$$Q = \frac{\Delta t_m}{\dfrac{1}{KA}} = \frac{传热推动力}{总阻力} \tag{4-44}$$

由热、冷流体间的传热基本方程式可知，传热过程的总热阻为

$$R = \frac{1}{KA}$$

由导热速率方程得固体壁面的导热热阻为

$$R_导 = \frac{\delta}{A_m \lambda}$$

由给热速率方程得两侧流体的给热热阻为

$$R_内 = \frac{1}{\alpha_内 A_内}; \quad R_外 = \frac{1}{\alpha_外 A_外}$$

据串联过程热阻的相加得

$$R = R_内 + R_导 + R_外$$

即

$$\frac{1}{KA} = \frac{1}{\alpha_内 A_内} + \frac{\delta}{A_m \lambda} + \frac{1}{\alpha_外 A_外} \tag{4-45}$$

式(4-45) 可以看作是 K 值的一般表达式。下面按壁面的不同形状，分别讨论的计算式。

1. 通过平壁面的传热系数 K

平面壁的特点是：内侧表面积，外侧表面积和平均表面积都相等，即

$$A_内 = A_m = A_外 = A$$

这样，式(4-45) 便可以写成

$$K = \frac{1}{\dfrac{1}{\alpha_内} + \dfrac{\delta}{\lambda} + \dfrac{1}{\alpha_外}} \tag{4-46}$$

式(4-46) 为平面壁传热系数 K 的计算式。在实际生产中，换热器的器壁上经常形成一层污垢，此污垢虽然很薄，但产生的热阻很大，所以在计算传热系数 K 时，必须考虑到污垢的热阻，即

$$R = R_内 + R_导 + R_外 + R_{垢内} + R_{垢外}$$

$$K = \frac{1}{\dfrac{1}{\alpha_内} + \dfrac{\delta}{\lambda} + \dfrac{1}{\alpha_外} + R_{垢内} + R_{垢外}} \tag{4-47}$$

式中，$\alpha_外$、$\alpha_内$ 分别为壁面外侧、内侧流体给热系数，$W/(m^2 \cdot K)$；$R_{垢外}$、$R_{垢内}$ 分别为壁面外侧、内侧污垢热阻，$m^2 \cdot K/W$。

如果传热壁面为多层平壁，应以 $\sum\limits_{i=1}^{n}\left(\dfrac{\delta}{\lambda}\right)_i$ 替换式(4-47) 中的 $\dfrac{\delta}{\lambda}$ 一项，此时传热系数 K 的计算式为

$$K = \frac{1}{\dfrac{1}{\alpha_内} + \sum\limits_{i=1}^{n}\left(\dfrac{\delta}{\lambda}\right)_i + \dfrac{1}{\alpha_外} + R_{垢内} + R_{垢外}} \tag{4-48}$$

2. 通过圆筒壁面的传热系数 K

圆筒形壁面的特点是：内表面积、平均表面积及外表面积都不

相等，即

$$A_内 < A_m < A_外$$

此时可令传热基本方程式中的传热面积 A 等于 A_m，即

$$Q = KA_m \Delta t_m = \frac{Qt_m}{\dfrac{1}{KA_m}}$$

由式(4-45)可得 $\dfrac{1}{KA_m} = \dfrac{1}{\alpha_内 A_内} + \dfrac{\delta}{\lambda A_m} + \dfrac{1}{\alpha_外 A_外}$

$$K = \frac{1}{\dfrac{A_m}{\alpha_内 A_内} + \dfrac{A_m \delta}{\lambda A_m} + \dfrac{A_m}{\alpha_外 A_外}}$$

或 $$K = \frac{1}{\dfrac{d_m}{\alpha_内 d_内} + \dfrac{\delta}{\lambda} + \dfrac{d_m}{\alpha_外 d_外}} \tag{4-49}$$

式中，$d_外$、$d_内$、d_m 分别为圆筒壁面的外直径、内直径和平均直径，m。

式(4-47) 称为以平均表面积为基准的 K 值计算式。

当考虑垢层时，可将污垢热阻直接加在 K 式的分母上，即

$$K = \frac{1}{\dfrac{d_m}{\alpha_内 d_内} + \dfrac{\delta}{\lambda} + \dfrac{d_m}{\alpha_外 d_外} + R_{垢内} + R_{垢外}} \tag{4-50}$$

因为圆筒壁传热系数 K 的计算式较为烦琐，故对于壁较薄，直径较大的圆筒壁（即 $d_外/d_内 < 2$ 时），可按平面壁计算式进行计算。计算结果误差很小，符合工艺要求。

3. 污垢热阻

换热器壁面上结垢的原因较多，一般有以下几种：

① 由流体夹带进入换热器，如河水中悬浮的泥沙、气体或空气中夹带的灰尘、压缩机润滑油雾、催化剂粉尘等。

② 因流体的温度降低而冷凝或形成的结晶，如焦炉气中焦油的冷凝及萘的结晶等。

③ 因液体受热使溶解物质析出，如水中所含的钙、镁化合物，受热后生成沉淀。

④ 流体对器壁有腐蚀作用而形成的腐蚀产物。

由于污垢往往具有较大的热阻，在生产上应尽量防止和减少污垢的形成，如提高流体的流速，使所带物质不致沉积下来；控制冷却水的加热程度，以防止水垢的析出等。对于有垢层形成的设备必须定期检查除垢，以维持较高的传热速率。

工程计算时，常取垢层热阻的经验数据，表 4-5 中给出了一些流体的污垢热阻值 $R_{垢}$，有时也以污垢系数 $\alpha_{垢}$ 形式给出。两者的关系为

$$R_{垢} = \frac{1}{\alpha_{垢}} \tag{4-51}$$

表 4-5　流体污垢热阻的经验数据

流　体　种　类	污垢热阻 /(m²·K/W)	流　体　种　类	污垢热阻 /(m²·K/W)
水($w<$m/s,$t<$323K)		（劣质、不含油）	0.00009
蒸馏水	0.00009	（往复机排出）	0.000176
海水	0.00009	液体	
清净的河水	0.00021	（处理过的污水）	0.00026
未处理的凉水塔用水	0.00058	（有机物）	0.000176
经处理的凉水塔用水	0.00026	（煤油）	0.000172
经处理的锅炉用水	0.00026	（燃料油）	0.00106
硬水、井水	0.00058	（焦油）	0.00176
自来水	0.00018	气体	
冷冻盐水	0.000172	（空气）	0.00026～0.00053
水蒸气		（溶剂蒸气）	0.00014
（优质、不含油）	0.000052		

4. 总传热系数的经验值

总传热系数 K 值取决于流体的特性、传热过程的操作条件及换热器的类型等多种因素，因而变化范围很大。进行换热器的选型和设计时，需要先估算一个总传热系数，才能进行后续的计算，为此就需要了解工业上常见流体之间换热时总传热系数 K 的大致范围，表 4-6 列出了工业列管式换热器的总传热系数的经验值。

表 4-6　工业列管式换热器的总传热系数的经验值

冷流体	热流体	总传热系数 $K/[W/(m^2·℃)]$
水	水	850～1700
水	气体	17～280

续表

冷流体	热流体	总传热系数 $K/[\mathrm{W}/(\mathrm{m}^2 \cdot ℃)]$
水	有机溶剂	280～850
水	轻油	340～910
水	重油	60～280
有机溶剂	有机溶剂	115～340
水	水蒸气冷凝	1420～4250
气体	水蒸气冷凝	30～300
水	低沸点烃类冷凝	455～1140
水沸腾	水蒸气冷凝	2000～4250
轻油沸腾	水蒸气冷凝	455～1020

五、传热面积计算

传热面积可由传热基本方程式求出，即

$$A = \frac{Q}{K \Delta t_{\mathrm{m}}}$$

现举两例来说明计算传热面积的步骤和方法。

【例 4-10】 某厂要用一台套管式冷却器，冷却流量为 410kg/h 的气体，气体在内管中流动，进口温度为 363K，出口温度为 318K；冷却水在环隙中与气体成逆向流动，进口温度为 298K，出口温度为 308K。已知气体的给热系数 $\alpha_{内} = 50\mathrm{W}/(\mathrm{m}^2 \cdot \mathrm{K})$，冷却水的给热系数为 $\alpha_{外} = 5000\mathrm{W}/(\mathrm{m}^2 \cdot \mathrm{K})$，冷却器的内管外径为 50mm，管壁厚 2.5mm，热导率为 46.5W/(m² · K)，水垢热阻 $R_{垢} = 0.0003\mathrm{m}^2 \cdot \mathrm{K}/\mathrm{W}$，气体的比热容为 2.5kJ/(kg · K)。试求所需冷却器的换热面积。

解：① 计算热负荷 已知 $q_{\mathrm{m热}} = 410\mathrm{kg/h} = 0.114\mathrm{kg/s}$，$c_{\mathrm{p热}} = 2.5\mathrm{kJ/(kg \cdot K)}$，$T_1 = 363\mathrm{K}$，$T_2 = 318\mathrm{K}$

$$Q = q_{\mathrm{m热}} c_{\mathrm{p热}} (T_1 - T_2)$$
$$= 0.114 \times 2.5 \times 10^3 \times (363 - 318) = 12900(\mathrm{W}) = 12.9(\mathrm{kW})$$

② 计算冷、热流体的平均传热温差

$$\begin{array}{cc} T_1 \to T_2 & 363 \to 318 \\ \underline{t_2 \leftarrow t_1} & \underline{308 \leftarrow 298} \\ 55 & 20 \end{array}$$

$\Delta t_{大} = 55\mathrm{K}$，$\Delta t_{小} = 20\mathrm{K}$，$\Delta t_{大}/\Delta t_{小} > 2$

$$\Delta t_{\mathrm{m}} = \frac{\Delta t_{大} - \Delta t_{小}}{\ln \dfrac{\Delta t_{大}}{\Delta t_{小}}} = \frac{55 - 20}{\ln \dfrac{55}{20}} = 34.7 \ (\mathrm{K})$$

③ 计算传热系数 已知 $d_{外} = 0.05\mathrm{m}$，$\delta = 0.0025\mathrm{m}$，$\alpha_{内} = 50\mathrm{W}/(\mathrm{m}^2 \cdot$

K），$\alpha_{外}=5000W/(m^2 \cdot K)$，$\lambda=46.5W/(m \cdot K)$，$R_{垢}=0.0003(m^2 \cdot K)/W$
由 $d_{外}/d_{内}<2$，故可按平面壁公式计算

$$K=\cfrac{1}{\cfrac{1}{\alpha_{内}}+\cfrac{\delta}{\lambda}+\cfrac{1}{\alpha_{外}}+R_{垢}}$$

$$=\cfrac{1}{\cfrac{1}{50}+\cfrac{0.0025}{46.5}+\cfrac{1}{5000}+0.0003}=49[W/(m^2 \cdot K)]$$

④ 计算换热面积 A 由计算得出 $q=12900W$，$\Delta t_m=34.7K$，$K=49W/(m^2 \cdot K)$

则所需冷却器的换热面积为

$$A=\frac{Q}{K\Delta t_m}=\frac{12900}{49\times34.7}=7.58(m^2)$$

【例 4-11】 某酒精蒸气冷凝器是由 19 根 $\phi18\times2mm$，长 1.2m 的黄铜管组成，酒精的冷凝温度为 351K，汽化热为 $879\times10^3J/kg$。冷却水的初温为 288K，终温为 308K。如果传热系数为 $698W/(m^2 \cdot K)$，问此冷凝器能否冷凝 350kg/h 的酒精？

解： 若该冷凝器的实际面积为 $A_{有}$，完成 350kg/h 酒精蒸气冷凝任务需要的传热面积为 $A_{需}$，当 $A_{有}\geqslant A_{需}$ 时，该设备能完成冷凝任务；当 $A_{有}<A_{需}$ 时，则该设备不能完成任务。

① 计算设备实有面积 已知 $l=1.2m$，$n=19$ 根

$$d=\frac{d_{内}+d_{外}}{2}=\frac{18+14}{2}=16(mm)=0.016(m)$$

$$A_{有}=\pi d_m ln=3.14\times0.016\times1.2\times19=1.145(m^2)$$

② 计算需要面积 已知 $K=698W/(m^2 \cdot K)$

$$Q_{热}=q_{m热}\ r=\frac{350}{3600}\times879\times10^3=85460(W)$$

$T=351K$，$t_1=288K$，$t_2=308K$

$$
\begin{array}{cc}
T-T & 351-351 \\
\dfrac{t_1\rightarrow t_2}{} & \dfrac{288\rightarrow308}{63\qquad43}
\end{array}
$$

$\Delta t_{大}=63K$，$\Delta t_{小}=43K$，$\Delta t_{大}/\Delta t_{小}<2$

$$\Delta t_m=\frac{\Delta t_{大}+\Delta t_{小}}{2}=\frac{63+43}{2}=53(K)$$

$$A_{需}=\frac{Q}{K\Delta t_m}=\frac{85460}{698\times53}=2.31(m^2)$$

计算结果表明，需要的传热面积大于设备实有的传热面积，故不能完成350kg/h酒精蒸气的冷凝任务。

第七节 强化传热的途径与热绝缘方法

一、强化传热的途径

在实际生产中，人们总是希望换热器的传热速率尽可能大些，这样便可用较小的换热设备来完成同样多的换热任务。所以，设法提高换热器的传热速率、强化传热过程是一个值得探讨的问题。

1. 增大传热面积 A

增大传热面积可以提高传热速率，但如果采用一般方法来增大传热面积，便会造成设备体积庞大，占地面积增多，而且金属材料的耗量也多，使设备投资大。为了避免这些问题，在实际生产中一般设法增加单位体积内的传热面积，使设备紧凑，结构合理。例如，用螺纹管代替光滑管，或在圆管上加翅片。这样，换热器的体积和金属用量增加不多，但传热速率提高不少。尽管如此，增大传热面积仍然要受到一定限制，所以不常采用。

2. 提高冷、热流体间的平均温差 Δt_m

冷、热流体间的平均温差是传热过程的推动力，所以，提高温差便可以提高传热速率。提高冷、热流体间温差的方法有提高热载热体温度或降低冷载热体温度。在实际生产中，这两种方法有一定的局限性，因为一般来说，被加热或冷却的物料，进出口温度是工艺条件所规定的，不能随意改变。而用来做加热剂和冷却剂的载热体温度一般也受限制，不便任意选取，如冷却水温度的高低，是受水源和当地气温情况所决定的。为了降低温度，虽然可以采用冷冻盐水或其他冷却剂，但操作费用又要增加。因此，提高热载热体温度和降低冷载热体温度并不是增大冷、热流体平均温差的常用办法。

当冷、热流体的进、出口温度都固定时，逆流操作比并流操作产生的温差大。故在实际生产中，除特殊情况外，一般都采用逆流操作。目的就是提高冷、热流体间的平均传热温差。

3. 提高传热系数 K

由传热系数关系式

$$K = \cfrac{1}{\cfrac{1}{\alpha_{内}} + \cfrac{\delta}{\lambda} + \cfrac{1}{\alpha_{外}} + \sum R_{垢}}$$

可以看出，提高 $\alpha_{内}$、$\alpha_{外}$ 和降低 $R_{垢}$ 都可以使 K 值增大。由于在一般情况下管壁都是由金属材料构成的，管壁热阻在传热过程中不起控制作用，通常可以忽略不计。因而提高 K 值的有效措施是设法提高给热系数 α 和减小垢层热阻 $R_{垢}$。

（1）减小垢层热阻 $R_{垢}$　由于换热器使用已久，管壁上形成污垢。污垢热阻对传热系数 K 有明显的影响。因此，要想提高传热系数 K，必须设法防止垢层的形成并及时予以清除。

（2）提高给热系数 α　由传热系数 K 的关系式中可以看出，提高 $\alpha_{内}$ 和 $\alpha_{外}$ 均可提高传热系数 K。从数学角度分析，当 $\alpha_{内}$ 与 $\alpha_{外}$ 在数值上相差不多时，应同时设法提高它们，当 $\alpha_{内}$ 与 $\alpha_{外}$ 在数值上相差很大时，$1/\alpha_{小}$ 对传热过程起控制作用，故应设法提高 $\alpha_{小}$ 值。

从两流体间的传热过程分析中可知，固体壁面与流体间的给热热阻，主要存在于靠近壁面的层流内层中，因为热量经此是以导热方式传递的，所以产生很大的热阻。要想提高给热系数 α 必须设法使层流内层的热阻减小。具体措施如下。

（1）增加流体流速　例如，在列管换热器中，管外加设挡板，或管内增加流体的转折次数，均可提高流体的流速，增大流体的湍动程度，从而使层流内层变薄。热阻降低，α 值增大，但流速提高，流体阻力增加，所以提高流速有一定的局限性。

（2）改变流动条件　流体在流动过程中，如不断改变流动方向，可以使流体在较低流速下就达到湍流程度，所以一些新型换热器的设计都注意了这一点。如板式换热器中，流体在压有波纹形的板间流动，当 $Re = 200$ 时，即达到湍流状态。

（3）在流体有相交的换热器中，应采用一些积极的措施，尽量减少冷凝液膜的厚度，如在蒸气中加入微量油酸，能促进滴状冷凝的形成。在垂直管外挂设若干条金属线或开多条纵槽等，可以促使冷凝液迅速下流，使给热系数 α 大大提高。

（4）采用热导率较大的流体作加热剂或冷却剂 如在原子能工业中常用液态金属作载热体，其热导率比纯水大十几倍，故可大大降低层流内层的热阻，使给热系数 α 提高。

总之，在强化传热过程中，应具体问题具体分析，定出强化方案。特别要准确掌握传热过程的控制热阻，以便有针对性地采取措施。只有减小控制热阻之值，传热速率才能有明显提高。

二、管路和设备的热绝缘方法

1. 热绝缘目的

对于不在常温下操作的管路及设备，都应采取妥善的绝热措施，其目的在于：

① 减少热量损失，提高操作的经济效果；

② 保持设备内所需要的高温或低温操作条件；

③ 维护正常的车间温度，保证良好的劳动条件。

2. 热绝缘方法

（1）夹层、夹套绝热 这种方法主要是利用气体或液体热导率较小的特点，使其在夹层、夹套中起绝热作用。例如，锅炉的砖壁，在耐火砖与普通砖之间留有一定空隙，所形成的夹层中为静止空气层，这样不但有较好的隔热效果，还节省了其他绝热材料。又如合成氨生产中所用的合成塔，处于高温的内筒与低温的塔壁之间留有环隙，原料气在环隙中缓缓流过，形成隔热气流层，使塔壁不致过热而受损，同时预热了原料气。某些完成放热反应的反应器、在外壁装有水夹套，水从夹套中流过，可起到隔热保护环境的作用，同时也回收了热能。

（2）包裹、涂抹保温 这种方法是选用热导率较小的保温材料，包裹或涂抹在设备或管路的外面，这样就增加了设备或管路的导热热阻，从而使热损失大大减少。

所用保温材料应具备以下几个条件：

a. 具有较小的热导率，一般 $\lambda < 0.23 W/(m \cdot K)$；

b. 空隙率大，单位体积的质量小；

c. 温度变更或机械振动时不易损坏；

d. 价格低廉，易于获得。

　　载热体的温度在 723K 以下时，一般用泡沫混凝土、石棉硅藻土、矿渣棉等作保温材料。在低于室温，特别是 273K 以下时，泡沫塑料和软木是很好的保温材料。

　　从减少热损失角度来看，增加保温层的厚度有利，但增加保温层厚度就会使保温工程的投资增大，而且热损失并不是随保温层厚度的增加而按比例减小。对于直径较小的管路，更应选用优质保温材料，以减小保温层的厚度。

　　适宜的保温层厚度见表 4-7。

表 4-7　适宜的保温层厚度　　　　　　　　　　mm

管　　径	温　　度/K		
	373	473	573
25	14～20	30～36	35～62
100	37～40	60～70	65～105
480	55～60	80～103	90～157
平壁	100～153	120～242	120～240

第八节　换热设备

　　在工业生产中，实现物流之间热量交换的设备，统称为换热器。热量的交换过程，总希望换热设备具有较高的传热速率，以减小换热器的尺寸，从而降低设备费用。

一、换热器的分类

　　1. 按工业生产上的换热方法分类

　　工业上的三种换热方法包括间壁式、混合式和蓄热式，相应地也可以将换热器分成间壁式、混合式和蓄热式换热器三大类。

　　2. 按其换热的用途和目的分类

　　(1) 冷却器　冷却工艺物流的设备，冷却剂一般多采用水。

　　(2) 加热器　加热工艺物流的设备，加热剂一般多用饱和水蒸气。

　　(3) 冷凝器　将蒸汽冷凝为液相的设备。只冷凝部分蒸汽的设备称为分凝器；将蒸汽全部冷凝的设备称为全凝器。

　　(4) 再沸器（又称加热釜）　专门用于精馏塔底部汽化液体的

设备。

（5）蒸发器　专门用于蒸发溶液中的水分或溶剂的设备。在第五章中将做详细介绍。

（6）换热器　两种不同温度的工艺物流相互进行显热交换的设备。

（7）废热锅炉　从高温物流中或废气中回收热量而产生蒸汽的设备。

3. 按传热面的形状和结构分类

（1）管式换热器　由管子组成传热面的换热器，包括列管式、套管式、蛇管式、翅片管式和螺纹管式换热器等。

（2）板式换热器　由板组成传热面的换热器，包括夹套式、平板（波纹板）式、螺旋板式、伞板式和板翅式换热器等。

（3）其他型式　如液膜式、板壳式、热管等换热器。

生产中最常用的是列管式换热器。

二、列管式换热器

列管式换热器又称管壳式换热器。它适用于冷却、冷凝、加热、蒸发、废热回收等用途。列管式换热器具有结构坚固、制造容易、材料来源广、操作弹性大、可靠程度高、使用范围广等优点，所以至今在工业生产中仍得到广泛使用。但在传热效率、设备紧凑性和材料消耗用量、单位传热面积的金属消耗量等方面，还稍次于各种板式换热器，但仍不失为目前化工厂中主要的换热设备。

1. 列管式换热器的主要构造

列管式换热器主要由外壳、管板、换热管管束、顶盖（又称封头）等部件构成。如图 4-13 所示，在圆形外壳内，装入平行管束，管束两端固定在管板上。管子在管板上的固定方法一般采用焊接法和胀管法。装有进口或出口管的顶盖用螺钉与外壳两端法兰相连，顶盖与管板之间的空间构成流体的分配室。

进行热交换时，一种流体由顶盖的连接管处进入，在管内流动；另一种流体在管束和壳体之间的空隙内流动；管束的表面积就是传热面积。

上述列管式热交换器中，若两种流体都是一次流过，这种热交换器称为单程列管式热交换器。

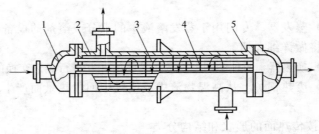

图 4-13　列管式换热器示意图

1—封头；2—外壳；3—换热管管束；4—折流板；5—管板

　　流体在热交换器中的流动速度对传热膜系数有一定的影响。流速加大，传热膜系数相应加大，传热效果就比较好。当载热体的流量较小而需要的传热面积较大，亦即需要的管子数目比较多时，如采用单程列管换热器，则流体在管中的流速必然很小，结果使传热膜系数减小，传热效果变坏。为了改变这种情况，可以在顶盖和管板所构成的分配室内，装入与管子平行的隔板，将全部管子分成若干组，流体每次只能流过一组管子，然后回流而进入另一组管子，最后由顶盖的出口管流出。这种热交换器称为多程列管式热交换器，流体流过每一组管子称为一程。

　　为了维持管外（即壳程）流体有一定的流速，以提高其传热膜系数，通常在壳程装一定数目与管束相垂直的折流挡板，也称折流板或挡板。挡板的作用是提高壳程流体的流速，并引导壳程流体按规定的路径流动，迫使其多次错流流过管束，这两种作用都有利于传热膜系数的提高。挡板的形式很多，使用最广泛的为圆缺形挡板。如图 4-13 所示，此外还有盘环形挡板。如图 4-14 所示为 4 程换热器，其壳方由于安装了纵向挡板，使流体呈双程流动。

　　2. 列管式换热器的热补偿装置

　　列管式换热器在操作时，由于冷、热两流体的温度不同，外壳和管子的温度必有差异。这种差异使外壳和管子的热膨胀不同，情况严重时，可以将管子扭弯，或使管子从管板上松脱，甚至毁坏整个换热器。所以若外壳和管子的温度相差 50℃ 以上时，就必须考虑这种热膨胀的影响。对热膨胀所采用的补偿法，有浮头补偿、补

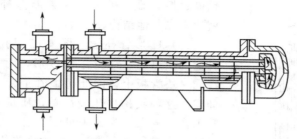

图 4-14 管方 4 程、壳方 2 程列管式换热器

偿圈补偿和 U 形管补偿等数种。

（1）浮头补偿 这种换热器中两端的管板，有一块不与壳体相连，可以沿管长方向自由浮动的，称为浮头，所以这种换热器又叫浮头式换热器。当壳体和管束因温差较大而热膨胀不同时，管束连同浮头就可以在壳体内自由伸缩，从而解决热补偿问题。而另外一端的管板又是以法兰与壳体相连接的，因此，整个管束可以由壳体中拆卸出来，便于清洗和检修，所以，浮头式换热器是应用较多的一种，但其结构比较复杂，金属量多，造价也高。

浮头式换热器有内浮头和外浮头两种。浮头在壳体内的叫内浮头、应用较普遍，图 4-14 及图 4-15 所示均为内浮头式换热器；此外还有浮头在壳体外的外浮头式换热器，在一定条件下也可应用。

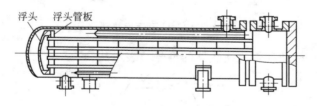

图 4-15 浮头式换热器

（2）补偿圈补偿 图 4-16 为具有补偿圈（又称膨胀节）的固定管板换热器。依靠补偿圈的弹性变形，以适应外壳与管子间的不同热膨胀。但这种装置只适用于壳壁与管壁温差低于 60～70℃ 和壳程流体压强不高的情况，一般壳体压强超过 0.6MPa 时，由于补

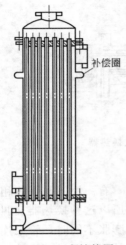

图 4-16 有补偿圈
补偿的热交换器

偿圈过厚，难以伸缩，失去温差补偿作用，就应考虑其他结构。

（3）U形管补偿 图 4-17 是用 U 形管补偿的换热器，管子变成 U 形，两端均固定在同一块管板上，因此每根管子皆可以自由伸缩。这种结构也比较简单，质量轻，但弯管工作量较大，为了满足管子有一定的弯曲半径，管板利用率就差。管内很难机械清洗，因此管内流体必须清洁。管束虽可以拉出，但中心处的管子仍不便调换。这种换热器在高温、高压下很适用。

3. 列管式换热器的选用

国家有关部门已对列管换热器制订了部分标准系列，在实际生产中，可直接选用标准系列产品。图 4-18 为列管式换热器的典型结构。

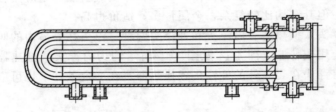

图 4-17 U 形管换热器

（1）标准列管式换热器的型号及表示法

$$\times\times\times DN\text{-}\frac{p_t}{p_s}\text{-}A\text{-}\frac{LN}{d}\text{-}N \quad \text{I（或Ⅱ）}$$

×××——第一个字母代表前端管箱型式。例如：A 表示平盖管箱，如图 4-18(c)所示；B 表示封头管箱，如图 4-18(a)所示；D 表示特殊高压管箱。

第二个字母代表管壳型式。例如：E 表示单程壳体；J 表示无隔板分流或冷凝器壳体。

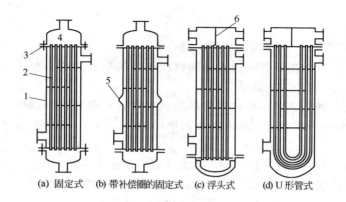

(a) 固定式　(b) 带补偿圈的固定式　(c) 浮头式　(d) U形管式

图 4-18　列管式换热器的典型结构

1—壳体；2—管束；3—管板；4—封头；5—补偿圈；6—隔板

　　第三个字母代表后端结构型式。例如：L 表示与 A 相似的固定管板结构；M 表示与 B 相似的固定管板结构；S 表示钩圈式浮头；U 表示 U 形管束。

　　DN——公称直径，mm。

　　p_t/p_s——管/壳程公称压力，MPa；压力相等时只写 p_t。

　　A——公称换热面积，m^2。

　　LN/d——LN 为公称换热管长度，m；d 为换热管外径，mm。

　　N——管程数。

　　Ⅰ（或Ⅱ）——换热管级别。Ⅰ为较高级；Ⅱ为普通级冷拔换热管。

　　示例：

　　封头管箱，公称直径 800mm，管程与壳程公称压力 2.5MPa，公称换热面积 200m^2，较高级冷拔换热管外径 25mm，管长 6m，6 管程，单壳程的固定管板式换热器。其型号为

$$BEM800\text{-}2.5\text{-}200\text{-}\frac{6}{25}\text{-}6 \quad Ⅰ$$

　　平盖管箱，公称直径 1200mm，管程公称压力 2.5MPa，壳程公称压力 1.6MPa，公称换热面积 400m^2，普通级冷拔换热管外径

25mm，管长 6m，2 管程，单壳程的浮头式冷凝器。其型号为

$$AJS1200\text{-}\frac{2.5}{1.6}\text{-}400\text{-}\frac{6}{25}\text{-}2 \quad \text{II}$$

（2）标准换热器的选用步骤

① 根据操作条件和流体的性质选择换热器的结构型式（固定管板式、浮头式换热器等）。

② 确定流体在换热器内的流入空间。在列管换热器中，流体流经管内或管外，关系到设备的使用是否合理。一般可从下述几方面考虑。

a. 不洁净或易结垢的流体宜走管内，便于机械清洗。

b. 腐蚀性强的流体宜走管内，以免壳体同时被腐蚀。

c. 压力高的流体宜走管内，以免壳体受压。

d. 流量小的宜走管内，因管程流通截面积常小于壳程，还可以采用多程结构以增大管程的流速。

e. 饱和蒸汽冷凝宜走壳程，便于排冷凝液。

f. 与环境温差大的流体宜走管内，可减少热量或冷量的损失。

③ 计算热负荷。

④ 一般先按逆流计算平均温度差。

⑤ 选取传热系数经验值。

⑥ 初算所需换热面积，可考虑 10%～20% 的安全系数。

⑦ 由所需换热面积试选标准换热器及型号，列出设备的主要结构尺寸和参数，以及该换热器的实际换热面积 A。

⑧ 校核。一是计算给热系数和确定污垢热阻，按给热系数公式核算传热系数；二是按错流或折流（多程结构时）核算平均温度差。据此，由总传热方程式核算所需换热面积 A'。若 $A/A'=$ 1.1～1.2，可视为合理。否则重选设备后再校核。

⑨ 计算压力降，该压力降应在工艺要求的范围内。

有关校核和计算压力降的公式与方法可参考有关资料。

三、其他换热器

在生产中遇到的换热问题是错综复杂的，为了适应各种换热要求，出现了多种形式的换热设备。

1. 套管式换热器

套管式换热器是由两种大小不同的标准管连接或焊接而成的同心圆套筒，根据换热要求，可将几段套筒连接起来组成换热器。每一段套筒称为一程，每程的内管依次与下一程的内管用 U 形肘管连接，而外管之间也由管子连接，如图 4-19 所示。这种换热器的程数可以按照传热面大小而随意增减，一般都是上下排列固定于管架上。若所需传热面稍大，则可将数排并列，每排与总管相连。进行热交换时一种流体在内管流动，另一种流体在套管的环隙中流动，冷热两种流体一般呈逆流流动。由于套管的两个管径都可以适当选择，以使内管与环隙间的流体呈湍流状态，因此一般具有较高的传热系数，同时减少了垢层的形成。由于设备均由管子构成，所以能耐较高的压强，制造也较方便，传热面易于增减。其缺点是单位传热面的金属消耗量很大，占地又较大，所以一般适用于中小流量、传热面要求不大的情况，特别适合于高压情况。

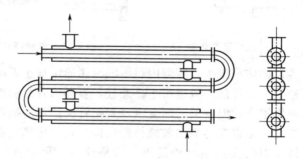

图 4-19　套管式换热器

2. 蛇管式换热器

蛇管式换热器由肘管连接的直管所组成，如图 4-20 所示，或由盘成螺旋形的管子所组成。蛇管的形状主要决定于容器的形状，图 4-21 为常见的几种蛇管形状。

蛇管的材料有钢管、铜管或其他有色金属管、陶质管、石墨管等。通常按照换热的方式把蛇管换热器分为沉浸式和喷淋式两类。

（1）沉浸式　如图 4-20 所示，是将蛇管浸没在盛有液体的容器内，蛇管内通入载热体。另外，蛇管也可铸在容器壁内或焊在器壁上。这种换热器可用于液体加热、蒸发，也可用于冷却、冷凝。

当管内通入液体载热体时，为确保蛇管中充满液体，液体入口应在蛇管的下端。当管内通入蒸汽时，为避免产生水击和阻塞蒸汽，蒸汽应从蛇管的顶端进入，凝液则从下端冷凝水排除器排出。

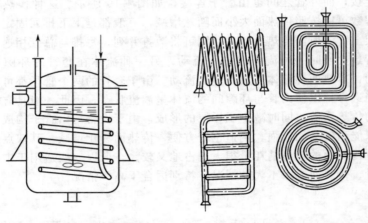

图 4-20　沉浸式蛇管换热器　　　　　图 4-21　蛇管形状

由于容器的体积很大，容器内料液的流速通常很小，所以管外传热膜系数很小，传热系数也很小。此外，容器内各处温度大致接近，从而降低了平均温度差。因此沉浸式蛇管换热器的换热效果较差且设备笨重。通常在容器内装搅拌器以提高管外传热膜系数。

这种换热器的优点是结构简单、价格便宜，可用任何材料制造，能够承受高压，操作管理也方便，所以常用在传热量不大的反应锅中作为换热装置，或用于冷却，冷凝高压下的流体。

（2）喷淋式　如图 4-22 所示，多用作冷却器。它是把若干直管水平排列于同一垂直面上，上下相邻的两管用 U 形肘管连接起来。被冷却的流体在管内流动，冷却水在管外从上方水槽中均匀地流到最上面的管子上，然后逐管流下，最后集于底盘内排出。喷淋冷却器除了沉浸式蛇管所具有的优点外，比沉浸式易于检查和清扫，当管子是用法兰连接时还可以清扫管子内部。由于喷淋冷却水的部分汽化，带走部分热量，冷却水用量较少，管外传热膜系数和 K 值通常也比沉浸式大。所以在场地充足，不怕水滴飞溅的场合广泛用作冷却器。

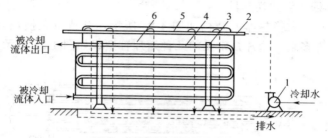

图 4-22 喷淋式蛇管换热器

1—冷却水泵；2—淋水管；3—支架；4—蛇管；

5—淋水管盖板；6—淋水板

3. 夹套式换热器

这种换热器结构简单，如图 4-23 所示。夹套装在容器（或反应器）外部，在夹套及器壁间形成密闭空间，成为一股流体的通道，器内则为另一股流体。由于它的传热系数小，传热面又受容器筒体大小的限制（一般不超过 $10m^2$），所以只能用在换热量不大的场合。但由于它构造简单，价格低廉，不占器内有效容积，所以常用于反应器和贮液槽，以使器内维持一定的温度。

为提高传热效果，可在器内设置搅拌器，使容器内流体作强制对流；为弥补传热面的不足，还常在器内添置蛇管等装置。

由于夹套内部清洗困难，所以一般用不易产生垢层的水蒸气、冷却水、二氯氟甲烷或氨等作为夹套换热器的载热体。在用蒸汽做加热剂时（夹套内压强一般不宜超过 0.5MPa）蒸汽由上部进入夹套、冷凝水由夹套下部连接管流出。

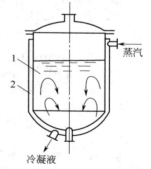

图 4-23 夹套式换热器

1—容器；2—夹套

如用水做冷却剂时，冷却水由下部连接管进入，由上部导出。若容器直径大于 1m，则夹套上可有两组或更多的接管，以使热交换比较均匀。

4. 翅片管式换热器

翅片管式换热器的结构如图 4-24 所示，其特点是换热管外或管内有许多金属翅片，常见的几种翅片管型式如图 4-25 所示。

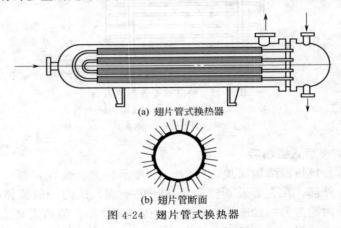

(a) 翅片管式换热器

(b) 翅片管断面

图 4-24　翅片管式换热器

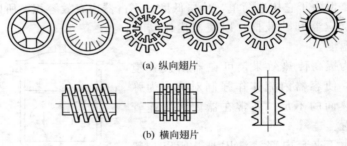

(a) 纵向翅片

(b) 横向翅片

图 4-25　常见的几种翅片管型式

由于化工生产中常遇到气体的加热或冷却，若与气体换热的另一载热体是水蒸气冷凝或冷却水等，则因气体的传热膜系数很小，因而成为整个传热过程的控制因素。为提高传热效果，就必须降低气体侧的热阻，所以在换热器的气体侧增加翅片，既扩大了传热面积，又增强了气体流动时的湍动程度，使气体的传热膜系数得以提高。

一般说来，当两载热体的传热膜系数相差 3 倍或更多时，采取翅片管式换热器在经济上是合理的。

翅片的种类很多，按翅片的高度不同，可分为高翅片及低翅片两种，低翅片一般为螺纹管。高翅片适用于两载热体传热膜系数相差很大的场合，如气体的加热或冷却；低翅片适用于两载热体传热膜系数相差不大的场合，如黏度较大的液体的加热或冷却。国内目前对于翅片管较为重要的应用是空气冷却器（简称空冷器），如图 4-26 所示。

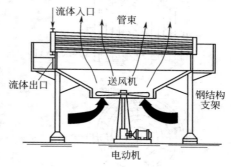

图 4-26　空冷器

它是利用空气在翅片管的外面流过时，冷却或冷凝在管内通过的流体。

长期以来，人们一直用水作为主要的冷却剂，随着工业用水量的不断增加，水源不足或水质较差的地区，用水做冷却剂就较困难。大量工业用水还带来了污水处理问题。为此，近十多年来在炼油、石油化工等工业中日益广泛地采用空冷器作为冷凝器和冷却器。但空冷器不能在所有场合代替水冷，因为它利用大气温度的空气进行冷却，存在着局限性。如流体出口温度要求低于 313K 时，采用空冷器就需要很大的传热面，这是不经济的。一般空冷器的设计气温应低于 308K，而与热流体出口温度之间的温差应保持在 20K，至少 15K。目前空冷器已编有系列标准供选用。

5. 螺旋板式换热器

这种换热器是由两块薄金属板焊接于在中心一块短的分隔挡板上，并卷成螺旋形而构成，因而在器内构成两条螺旋形通道，分别走冷、热两股流体，如图 4-27 所示。

图 4-27(a) 中，流体一般由螺旋形通道外层的连接管进入，沿螺旋通道向中心流动，最后由中心室连接管流出。另一股流体则从中心室连接管进入，顺通道沿相反方向向外流动，最后由外层连接管流出。两股流体在换热器内做严格的逆流流动。

图 4-27(b) 为用于蒸汽冷凝的换热器。蒸汽从顶部进入，在

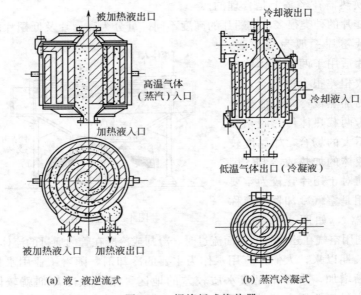

(a) 液-液逆流式　　　(b) 蒸汽冷凝式

图 4-27　螺旋板式换热器

敞开的通道中轴向流动，冷凝液由底部排出，另一冷载体从外周向中心做螺旋流动。

　　螺旋板式换热器的主要优点是结构紧凑，单位体积提供的传热面积大。如直径 1500mm、高 1200mm 的螺旋板式换热器的传热面积可达 130m^2。

　　流体在螺旋板换热器内允许流速较高，液体可达 2m/s，气体可达 20m/s，且流体流道是螺旋形，故传热系数较大，传热效率高，其 K 值约为列管换热器的 1～2 倍。此外，因流体在器内流速大，脏物不易滞留。螺旋板换热器的缺点是对焊接质量要求很高，检修也较困难，目前还只用于低压场合，当采用特殊结构时，操作压强可达 25atm，最高使用温度为 750K。目前，国内已有系列标准的螺旋板式换热器，采用的材料有碳钢及不锈钢两种。

　　6. 石墨换热器

　　在化工生产中常常有不少具有强烈腐蚀性的物料，普通材料制成的换热设备已不能满足需要。从 20 世纪 30 年代以来，已发展了许多耐腐蚀的新型材料，如陶瓷、玻璃、聚四氟乙烯、石墨等。

不透性石墨换热器，除强碱、强氧化性介质以外，对大多数有机化合物、盐类溶液、有机酸、无机酸皆具有化学稳定性，且有很好的导热性能与机械加工性能，故得到了广泛的应用。

石墨是渗透性的，用来制造换热器时必须经过浸渍处理，填塞石墨的孔隙使之不能渗透。常用的不透性石墨有浸渍不透性石墨和压型不透性石墨两类。浸渍不透性石墨是将一般电极石墨用具有耐蚀性能的树脂或呋喃树脂，对于更高的操作温度，则采用特殊的浸渍剂。压型不透性石墨是将石墨粉与树脂按一定比例捏混后，在压力机上进行剂压或模压成型和处理后制成。石墨管材大都是压型不透性石墨。

工业上不透性石墨换热器，主要有管壳式（列管式）、平板式和块式三类。

管壳式的结构与金属列管式换热器大致类同，管子与管板用石墨酚醛胶泥胶结。这种型式的换热器制造方便、石墨利用率高、成本低，可以构成较大的传热面积，但耐压低、不耐震。但因压型不透性石墨管、浸渍石墨管板与黏结剂三者的热膨胀系数不同，只能在 390K 以下使用，主要用于冷却与冷凝。

平板式换热器由石墨板构成换热面，板的两面沿板的轴向布置筋片，当两板互相接合时便构成流体通道；所有板片间用石墨酚醛胶泥黏结，不需采用垫片密封，具体结构如图

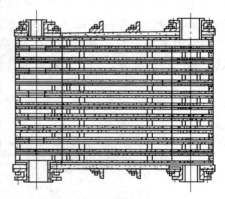

图 4-28　石墨平板式换热器

4-28 所示。这类换热器结构较复杂，石墨利用率不高，尤其是粘缝特别长，易漏失损失，造价也较高，只能用于低压和温度不高的场合。

块式石墨换热器是若干带孔块状石墨元件组装而成，块状可以是圆柱体或立方体。图 4-29 所示是立方体元件。在顶部和侧面钻孔

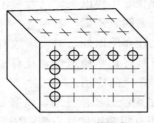

图 4-29 立方体元件

形成互相垂直交叉的流体通道。这类换热器的结构比较先进，可耐高压、高温和振动。由于是"积木式"结构，拆卸、安装、清洗、修理等都较方便。但传热效果较差，加工尚有一定困难，易堵塞，不宜用于较脏物料，阻力也较大。

目前石墨换热器主要用于特殊耐腐蚀要求，如处理盐酸、氯气等场合。

7. 板式换热器

板式换热器是以"板式"结构作为换热面的新型换热器中较成功的设备，是由许多薄金属板片（型板）平行排列构成，如图 4-29 所示。

换热器中每个薄金属板都冲成凹凸不平的规则波纹，如图 4-30(b) 所示。板的组合见图 4-30(a)，每两片板的周边间有垫片，压紧后可达密封的目的，采用不同厚度的垫片，可以调节流体通道的大小。每片板的器角上各开一孔道，其中两个孔道可以和板面上的流道相通，另外两个孔靠垫片与板面流道隔开，不同用途的孔，在相邻的两板上是错开的。冷、热流体分别在同一板片的两侧流过。除两端的板外，每一个板面都是传热面。

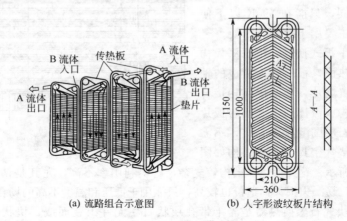

(a) 流路组合示意图　　　(b) 人字形波纹板片结构

图 4-30　板式换热器

由于型板表面的特殊结构，造成了板间流体通道的方向和截面不时改变，流体流经通道时就遇到了多次流向流速的改变，从而使紧贴板面的滞流层受到破坏，增大了流体的湍动程度和对流传热膜系数。同时，这种湍动还能使流体在换热器中均匀分布，更有利于热交换。因此，板式换热器是一种高效换热设备，对低黏度液体来讲，K 值常可达 $2.4 \sim 7 W/(m^2 \cdot K)$。

由于板式换热器板片很薄（通常在 $1 \sim 2mm$），又排得很紧（间隙仅 $2 \sim 8mm$），故设备紧凑，单位体积中可获得较大的传热面。对板间距 $4 \sim 6mm$ 的设备可达 $250 m^2/m^3$（列管换热器一般仅 $40 \sim 150 m^2/m^3$）。板片也易清洗。处理腐蚀性物料时，耐腐蚀材料可大为节省，其缺点是密封周边较长，易泄漏。由于密封材料耐温问题，目前大多只能用于 420K 以下。又由于板片刚性较差，压强也只能用到 $0.15 \sim 0.25 MPa$ 以下。通常其处理量较小，对特别容易结垢的物料也不适用。

目前国内生产的板片型式有水平波纹板、人字形波纹板等数种，后者传热系数较高，耐压性能为 $1.5 MPa$。

8. 板翅式换热器

板翅式换热器是一种轻巧、紧凑、高效换热器。其紧凑性目前可高达 $4370 m^2/m^3$，承压已达 $5.5 MPa$。这种换热器最早用于航空工业，现已广泛应用在空气分离、天然气液化、碳氢化合物分离制氢、乙烯等工业中。

板翅式换热器的结构形式很多，但其基本结构元件大致是相同的，如图 4-31 所示。它是在金属平板上放一波纹状金属导热翅片，然后再放一块金属平板，两边以侧条密封而组成单元体。上、下两块金属平板称为平隔板。把各个单元体进行不同的叠积和适当地排列，然后焊牢，就可得到常用的逆流或错流板翅式换热器的板束，如图 4-32 所示。把板束焊在带流体进、出口的集流箱上，就成了板翅式换热器。

翅片是板翅换热器的最基本元件，它的作用除了承担主要的传热任务外，还起到两平隔板之间的支承作用。这样即使翅片和平隔板材料较薄（常用平隔板厚度为 $1 \sim 2mm$，翅片厚度为 $0.2 \sim 0.4mm$ 的铅锰合金板），但却有高的强度，能耐较高的压力。

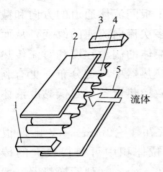 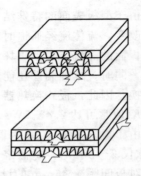

图 4-31　基本结构元件分解图　　　图 4-32　逆流（上）与错流（下）
1、3—侧条；2、5—平隔板；4—翅片　　　　　　板束的布置

翅片的另一作用是增大流体的湍动，从而增强传热。流体在各种形式的翅片通道中流动时，由于当量直径很小，其流向和流速又不断变化，形成了强烈的湍动，增强了传热。

板翅式换热器由于流道很小，易堵塞，清洗困难，故要求物料清洁，且制造复杂，内漏后很难修复，流体阻力也较大。因为这种设备通常用铝材制造，故特别适合各种低温化学工业使用。

9. 热管

热管是一种新型的高效传热元件。最简单的热管是在一根金属管的内表面上，覆盖一层毛细管材料做成芯网，再装入定量的工作液体后，抽去不凝性气体封闭而成，如图 4-33 所示。

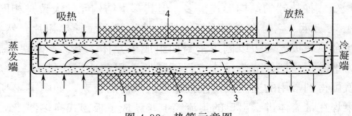

图 4-33　热管示意图
1—导管；2—芯网；3—蒸汽；4—隔热层

当蒸发端受热时，工作液体吸热后沸腾汽化，产生的蒸汽流至冷凝端，经冷凝后放出潜热。冷凝液沿芯网在毛细管力的作用下流

回至蒸发端，工作液如此反复地循环，热量则由蒸发端传递至冷凝端。工作液可根据实际需要加以适当选择，如水、液氨、甲醇和水银等。

热管把传统的管壁内、外两流体的传热，巧妙地转化为只在外表面的传热；若在热管两端外表面上加装翅片，能强化传热过程。在热管内部，热量是通过有相变化的沸腾、冷凝过程来传递的，由于沸腾与冷凝的给热系数都很大，且蒸汽流动的阻力损失较小，因此热管的壁温相当均匀，特别适用于某些等温性要求高的场合。

热管还具有传热能力强、应用范围广、结构简单、工作可靠的优点。对传热量大而面积小，传热距离较长的场合尤为适用。

近年来，热管换热器广泛用于废热和余热的回收，预热燃烧所需的空气，都取得了较好的经济效果。中国上海宝钢的 1、2、3 号高炉余热回收装置，均采用热管换热器。仅 1 号高炉余热回收后，可节约焦炉煤气达 $5000\text{m}^3/\text{h}$，可供应十多万户城市居民的生活用气。回收效益明显，为企业节能和技改发挥了重要作用。

10. 板壳式换热器

板壳式换热器是板式换热器和管式换热器的综合产物，它以板为换热面，但具有圆筒形壳体。由于较好地解决了耐温、抗压与高效之间的矛盾，因此兼有管壳式与板式换热器的优点。其缺点是制造工艺复杂，焊接要求高。

第九节 加热方法和载热体

加热与冷却是两种相反而又相成的操作，如果生产上有一冷载体要加热，又有一热载体要冷却，只要两者温度变化的要求能够达到，就应尽可能让这两载热体进行换热，而不必分别进行加热和冷却。

生产上常有需要加热大量物料或冷却大量物料的情况，甚至要求比较高或比较低的温度，这时单靠所处理的流体之间换热就不能满足了，必须采用专门的加热和冷却方法。

一、加热方法和加热剂

1. 饱和水蒸气及热水加热法

用饱和水蒸气加热的优点是温度与压力间有一个对应关系，通过对压力的调节就能很方便地控制加热温度。此外，饱和水蒸气冷凝时的传热膜系数高，有利于提高传热速率，减小传热设备尺寸。但饱和水蒸气加热，温度不能太高，通常不超过 455K。因为温度很高时，蒸汽压力很高，对设备耐压程度要求很高。在 455K 时，蒸汽压力是 1MPa，可用承受低压的换热器；在 630K 时，对应的压力就达 18MPa，则必须用承受高压的换热器。所以在加热温度超过 455K 时，常考虑采用其他加热方法。

用饱和蒸汽加热时，应及时排除冷凝水，常在冷凝水出口接管上安装疏水器，起阻汽排水的作用。如果冷凝水不及时排出，浸泡了换热器内部分传热面，则将使加热效果变坏，妨碍正常操作。假如饱和水蒸气中不含冷凝气体，也应及时排除，否则同样会降低水蒸气的传热膜系数。

用热水加热不很普遍，因热水的传热膜系数并不很高，加热温度也不很高，热水加热一般用在利用饱和水蒸气的冷凝水和废热水的余热，以及某些需要缓慢加热的场合。

2. 矿物油加热法

凡需在常压下进行均匀的高温加热时，可以采用矿物油加热法，加热温度一般可达 500K。矿物油来源容易，但黏度较大，且随使用时间增长而增大，所以传热膜系数较小，加热效果不如饱和水蒸气，且温度调节困难。

3. 有机载热体加热法

由于上述两种载热体有一定的缺点，故有时采用萘、联苯、二苯醚及其他有机物的低熔混合物作载热体。有机载热体一般具有沸点高、化学性质稳定等优点，应用最广泛的是 26.5％联苯及 73.5％二苯醚的低熔混合物，俗称导生油和导热姆。其凝固点为 285.3K，沸点是 531K，在 473K 和 623K 时的蒸汽压分别为 24.5kPa 和 519.8kPa，约为同温度下的水蒸气压强的 1/60 和 1/30。

导生油具有可燃性，但无爆炸危险，其毒性也很轻微，在 650K 以下可长期使用而不变质。常压下用导生油加热时，温度可达 528K，增加压力能更进一步提高温度。如果用导生油蒸汽加热时，温度可达 531～653K。导生油的黏度比矿物油小，故传热效果好，且适用的温度范围广，用导生油蒸气加热时温度也易于调节。导生油加热的缺点主要是它极易渗漏，故所有管路连接处需用焊接或金属垫片。

4. 熔盐加热法

如果加热温度超过 653K，上述加热法均不适用，这时可采用熔盐加热法。常用的熔盐为 7％硝酸钠、40％亚硝酸钠和 53％硝酸钾组成的低熔混合物，其熔点为 415K，最高加热温度可达 800～810K。

5. 烟道气或炉灶加热法

这种加热方法可达 1300K 或更高的温度，但控制、调节温度比较困难，且烟道气的传热膜系数又很小。如用气体或液体燃料时，温度的调节和控制可以采用自控系统。在加热易燃易爆物料时，应尽量避免采用这种加热方法，以免危险。

6. 电加热法

电加热的特点是加热的温度比较高，而且清洁，应用起来也比较方便，易于控制和调节。化工生产中最常用的是电阻加热和电感加热。

(1) 电阻加热　将电流通过电阻较大的电阻丝，电能则转为热能。将电阻丝攀绕在被加热的设备上，即可达到加热的目的。这种加热方法的最高温度大约可达 1400K，但在防火防爆的环境中使用电阻加热不安全。

(2) 电感加热　当电流通过导体时，在导体的周围便产生磁场，若通过导体的电流是交流电，则在导体四周产生的磁场为交变磁场。在这种磁场中放一块金属（铁或钢），则在交变磁场的感应下，金属表层产生感应的交变涡电流，涡流损耗转变为所需的热能。这种方法称为电感加热。

电感加热装置比较简单，将电阻较小的导线（铜或铅等），盘绕在金属（铸铁或钢）容器的外面，组成圆柱形的螺旋线圈，此线圈与金属容器不直接接触。在金属导线内通以交流电时，由于电磁感应作用使得容器壁面产生热能，于是容器内的物料即可达到被加热的目的。

电感加热法在化学工业及医药工业中逐渐被广泛应用，因其取材容易，施工简便，且无明火，在防火防爆的环境中使用较电阻加热安全。一般要求加热温度在 800K 以下者，可考虑采用。其主要缺点是能量利用率不高。

综上所述，在化工生产中，凡加热温度低于 450K 时，大多数都采用饱和水蒸气作载热体；加热温度在 800K 以上时，多数用烟道气加热；加热温度在 450～800K 之间则可选用其他加热方法。

二、常用冷却剂

生产上常用的冷却方法有水冷、冷冻盐水冷却和空气冷却几种，尤以水冷应用最为广泛。冷却水可以是江水、河水、海水、井水及循环水等，其温度都随地区和季节而变化，一般为 277～298K，仅深井水的温度随季节变化较小。为防止溶解在水中的盐类析出以致在换热器的传热面上形成水垢，一般控制冷却水的终温不超过 320K。一般说来，冷却温度要求在 300K 以下时，用水冷的方法是有困难的，一般就需要采用冷冻盐水或其他冷却剂。在化工生产所消耗的水量中有 80% 左右是用作冷却水，因此水源及水质污染问题往往影响到新建厂或老厂的扩建，所以用空气作冷却剂已日益广泛被采用，在水源不足的地区更是如此。空气做冷却剂的主要缺点是传热膜系数小，使换热设备比较大。一般在气温低于308K 的地区建设一些大型企业时，用空气冷却的方法在经济上是合理的。

第十节　换热器的操作

一、投用前的检查试压

制造和检修完工的换热器，应按规定进行压力试验，一般试压介质是水，试压压力为设计压力的 1.25～1.5 倍，若是使用时间较短的换热器试压时可考虑适当降低压力，试压时应检查小浮头、胀接处、焊口、管箱垫片、连接阀处有无泄漏，如有泄漏进行处理。

二、换热器的投用（以水冷却油品为例）

试压完毕后的换热器，应放尽换热器内存水，以免大量水存在使蒸汽及热油进入时引起水击和汽化而损坏内件。装置在开工时，换热设备的主体与附件用法兰螺栓连接，垫片密封。由于它们材质不同，升温过程中，特别是超过200℃（热油区）时，各部分膨胀不均，造成法兰面松弛，引起介质的泄漏，因此在装胀开工过程中，进行蒸汽吹扫试压，当热油升至250℃左右时，应进行热紧。在投用过程中，换热器应先开冷源再开热源，先开出口再开进口。这是因为，如果先进热油会造成各部件热胀，后进冷介质又会使各部件紧急收缩，这种强烈的一胀一缩，极易造成密封的泄漏。另外因为冷介质一般是较轻的介质，沸点较低，在热介质先进入的情况下，整个换热器处在一种高温状态下，后进入的少量冷介质突然大量汽化，使换热器超压，造成密封面泄漏。因此投入冷换热设备时应先冷后热，先开出口，再开入口，以使介质有畅通的后路，防止超压，使密封不致泄漏。

关于冷却器的投用，冷却器一般采用循环水冷却，冷却水在循环过程中，不断蒸发而被浓缩，水中的水垢和污垢增多，某些微生物和藻类滋生，使水的腐蚀性增强。因此冷却管束在投用前，金属表面应预先生成一层薄而质密的保护膜，使设备在运行中不被腐蚀，这就是冷却器的预膜。冷却器的投用除与换热器投用方法一样外，在控制油品温度时，用出口阀进行调节。因为用进口阀进行调节时，由于入口水量控制引起冷却器内流短路和流速减慢，造成上热下凉，不易将油品冷却至规定范围，因此冷却器调节不用进口阀。

三、换热器的停用

换热器的停用方法和投用方法正好相反。应先关热源，后关冷源；先关进口，再关出口。为了不影响其他操作，在停用前打开副线阀。停用完毕后，对换热器进行蒸汽吹扫，吹扫干净后交付检修。在对冷却器油品介质进行吹扫时，应关闭水进出口阀，打开放空阀，以防由于水汽化，换热器超压，损坏密封面和内件。

冬季停用的换热器，应放尽换热器内存水及其他介质，并用风进行吹扫，充入氮气进行保护，防止设备腐蚀；如需解体，应对暴露于大气中的部分进行防腐处理，如涂上一层防腐层。

本章小结

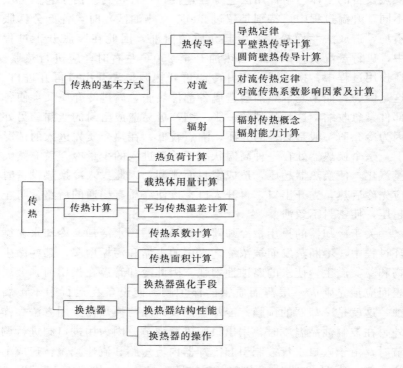

思考题与习题

一、思考题

1. 传热有哪三种方式？各有什么特点？

2. 导热和对流传热各发生在什么场合？

3. 在间壁传热过程中，热量通过几种传热方式从热流体传向冷流体？

4. 当你站在火炉前取暖时，你会感到暖和，热量是如何传递给你的？

5. 传热基本方程式 $Q = KA\Delta t_m$，表明什么含义？如何表达传热的推动力和阻力？

6. 传热过程的热负荷和传热速率各表示什么意义？两者有什么关系。

7. 写出傅立叶定律的表达式。并说明各项的单位。

8. 用导热基本知识说明：①北方两层窗保温；②暖水瓶装水不满易保温。

9. 在多层平壁和多层圆筒壁的导热过程中，各层热阻、推动力与总热阻、推动力之间有什么关系？

10. 为什么生产中用的隔热材料必须采取防潮措施？

11. 单层平壁和单层圆筒壁的导热有什么不同？单层圆筒壁的导热热阻如何表示？导热推动力为 $t_1 - t_2$，其中 t_1、t_2 各指何处温度？

12. 影响给热系数的诸多因素主要影响对流传热过程中的什么问题？

13. 为什么说污垢的存在加大了传热热阻？

14. 在计算传热系数 K 时，什么情况下可以忽略管壁的热阻？什么情况下可将圆筒壁按平壁处理？

15. 设备热损失的大小与哪些因素有关？有人说"保温厚度越大，对保温绝热越有利。"你怎样看待这种说法？

16. 当间壁两侧流体均无相变时，试写出计算冷热流体有效平均温度差的普遍公式，并说明为什么工程上的换热器不都采用逆流的原因。

17. 当流体在换热过程中无相变时，如果要想提高给热系数，可以采取哪些措施？

18. 强化传热的途径有几方面，可采取什么措施？

19. 用列管换热器预热原油走管内、加热蒸汽走管外，使用一段时间后，发现传热效果不好，请找出原因，并采取相应的措施。

20. 有一使用不久的金属列管换热器，发现传热效果不好，请问有什么措施可以提高？

21. 在列管换热器中，用饱和水蒸气走管外加热管内的空气。试问：①传热系数接近于哪种流体的对流传热系数？②壁温接近于哪种流体的温度？

22. 在列管换热器中，欲加大管方和壳方的流速，可采用什么措施？会产生什么影响？

23. 间壁换热器有哪些种类？试比较其优点和适用场合。

24. 固定管板式列管换热器在结构上有什么特点？为什么要采用温差补偿装置？目前工程上采取了哪些热补偿措施？

25. 什么是热负荷？试说热负荷与传热速率之间的关系。

26. 在列管换热器中，采用多管程的目的是什么？怎样来确定其管程数？

27. 什么叫加热剂和冷却剂？工程上常用来作为加热剂和冷却剂的物质有哪些？

28. 试说明化工生产中节能（热）工作的重要性，并指出目前在工程上采取了哪些措施。

29. 保温材料应具备哪些条件？

30. 列管换热器有哪些热补偿的方法？

31. 日常见到的输送热流体的管道如何进行热补偿？你见过几种？
32. 如何选用列管换热器？
33. 浮头式换热器和 U 形管式换热器在安装上应注意什么问题？
34. 为什么说螺旋片式换热器传热系数较大？传热效率高？

二、习题

1. 某换热器中用 $110kN/m^2$ 的饱和水蒸气加热苯，苯的流量为 $5m^3/h$，从 293K 加热到 343K。若设备的热损失估计为 $Q_冷$ 的 8%，试求热负荷及蒸汽用量。 （115.04kW，0.0528kg/s）

2. 用饱和水蒸气将原料液由 100℃ 加热至 120℃。原料液的流量为 $100m^3/h$，密度为 $1080kg/m^3$，平均等压比热容为 2.93kJ/（kg·℃）。已知传热系数为 680W/（m^2·℃），传热平均温差为 23.3℃，饱和蒸汽的比汽化焓为 2168kJ/kg，试求蒸汽用量和所需的传热面积。 （111m^2）

3. 某厂用两个大气压的饱和蒸汽将环丁砜水溶液由 105℃ 加热至 115℃ 后，送再生塔再生，已知流量为 $200m^3/h$，溶液的密度 $\rho = 1080kg/m^3$，比热容 $c_p = 2.93kJ/$（kg·℃），试求水蒸气的消耗量（热损失不计）。 （2.871× 10^3 kg/h）

4. 现用一列管换热器加热原油，原油在管外流动，进口温度为 100℃，出口温度为 160℃；某反应物在管内流动，进口温度为 250℃，出口温度为 180℃。试分别计算并流和逆流时的平均温度差。 （85℃，84.7℃）

5. 在一间壁换热器中，用裂化油渣来加热石油，若裂化渣的初温为 300℃，终温为 200℃；石油初温为 25℃，终温为 150℃，试分别求并流与逆流操作时的平均温度差。 （182℃，162.5℃）

6. 在一单壳、四管程的列管式换热器中，用水冷却油。冷却水在壳程流动，进口温度为 15℃，出口温度为 32℃。油的进口温度为 100℃，出口温度为 40℃。试求两流体间的平均温度差。 （38.7℃）

7. 在例（4-7）中，热水的初、终温及溶液的初温均不变，要求传热过程中冷热流体间的最小温差不低于 10K。试比较并流和逆流情况下，溶液能被加热到的最高温度。 （353K）

8. 如果上题中溶液的最终温度为 330K，传热过程的最小温差不低于 10K，试比较并流和逆流时所需加热剂最低单位用量（即加热每千克冷流体所需的加热剂量）和平均传热温差。 （加热剂用量逆流是并流的 $\frac{1}{3}$，平均传热温差有所降低）

9. 有一平底锅，厚度为 10mm，面积为 $2m^2$，其热导率为 58J/（s·m·K），

锅内壁温度为 373K，外壁温度为 523K，求此锅单位时间内传递的热量。（1740kJ/s）

10. 有一平底反应器，厚为 20mm，热导率为 46J/(s·m·K)，内壁温度为 373K，外壁温度为 393K。求此反应器单位面积、单位时间传递的热量。 （46kW/m²）

11. 某炉壁由内向外依次为耐火砖、保温砖和普通建筑砖。耐火砖：$\lambda_1=$ 1.4W/(m·K)，$\delta_1=220$mm；保温砖：$\lambda_2=0.5$W/(m·K)，$\delta_2=$ 120mm；建筑砖：$\lambda_3=0.8$W/(m·K)，$\delta_3=230$mm。已测得炉壁内、外表面温度为 900℃和 60℃，求单位面积的热损失和各层间接触面的温度。 （675W/m²，$t_2=794$℃，$t_3=254$℃）

12. 某平壁厚 0.40m，内、外表面温度为 1500℃和 300℃，壁材料的热导率 λ $=0.815+0.00076t$，W/(m·K)。试求通过每平方米壁面的导热速率。 （4500W/m²）

13. 有一平底反应器，厚度为 20mm，热导率为 58J/(s·m·K)，内壁有一层垢，厚度为 2mm，热导率为 1.6J/(s·m·K)。反应器外表面温度为 473K。垢层内表面温度为 373K。求此反应器单位时间内单位面积上所传递的热量。 （48.3kW/m²）

14. 燃烧炉的平壁由一层耐火砖和一层普通砖砌成，两层厚度各为 100mm，测得炉壁内表面温度为 973K，外表面温度为 403K。为了减少热损失，在普通砖的外面增加一层厚度为 40mm 的保温材料，其热导率为 0.0697J/(s·m·K)，待操作稳定后，测得内表面温度为 1010K，外表面温度为 363K。试计算加保温层前后单位面积上单位时间内的热损失。 （2611.81W/m²，811.8W/m²）

15. 如图所示，有一加热器，为了减少热损失，在壁外面包一层绝热材料，厚度为 300mm，热导率为 0.16 W/(m·℃)。已测得绝热层外缘温度为 30℃，在插入绝热层 50mm 处测得温度为 75℃。试求加热器外壁温度为多少？ （300℃）

16. ϕ38mm×2.5mm 的钢管用作蒸汽管。为了减少热损失，在管外保温。第一层是 50mm 厚的氧化镁粉，平均热导率为 0.07W/(m·℃)；第二

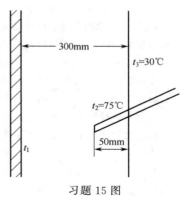

习题 15 图

层是 10mm 厚的石棉层，平均热导率为 $0.15W/(m \cdot ℃)$。若管内壁温度为 $160℃$，石棉层外表面温度为 $30℃$，试求每米管长的热损失及两保温层界面处的温度。 （$42.3W/m^2$，$36.07℃$）

17. 直径为 $\phi60mm×3mm$ 的钢管用 30mm 厚的软木包扎，其外又用 100mm 厚的保温灰包扎，作为绝热层。现测得钢外壁面温度为 $-110℃$，绝热层外表面温度为 $10℃$。软木和保温灰的热导率分别为 0.043 和 0.07 $W/(m \cdot ℃)$。试求每米管长的冷量损失。 （25W/m）

18. 蒸汽管道外包扎有两热导率不同而厚度相同的绝热层，设外层的平均直径为内层的 2 倍，其热导率也为内层的 2 倍。若将两层材料互换位置，而假定其他条件不变，试问每米管长的热损失将改变多少？说明在本题情况下，哪种材料包扎在内层较为合适。 （$\lambda_{小}$ 的材料在内层合适）

19. 在一 $\phi60mm×3.5mm$ 的钢管外包有两层绝热材料，里层为 40mm 的氧化镁粉，平均热导率 $\lambda=0.07W/(m \cdot ℃)$；外层为 20mm 的石棉层，其平均热导率 $\lambda=0.15W/(m \cdot ℃)$。现用热电偶测得管内壁温度为 $500℃$，最外层表面温度为 $80℃$。管壁的热导率 $\lambda=45W/(m \cdot ℃)$。试求每米管长的热损失及两层保温层界面的温度。 （191.4W/m，$t_3=131.2℃$）

20. 外径为 426mm 的蒸汽管道，其外包扎一层厚度为 426mm 的保温层，保温材料的热导率可取为 $0.615W/(m \cdot ℃)$。若蒸汽管道的外表面温度为 $177℃$，保温层的外表面温度为 $28℃$，试求每米管长的热损失。 （489W/m）

21. 某平壁燃烧炉由一层耐火砖与一层普通砖砌成，两层厚度均为 100mm，其热导率分别为 $0.9W/(m \cdot ℃)$ 及 $0.7W/(m \cdot ℃)$。待操作稳定后，测得炉壁的内表面温度为 $700℃$，外表面温度为 $130℃$。为了减小燃烧炉的热损失，在普通砖的外表面增加一层厚度为 40mm、热导率为 $0.06W/(m \cdot ℃)$ 的保温材料。操作稳定后，又测得炉内表面温度为 $740℃$，外表面温度为 $90℃$。设两层材料的热导率不变，试计算加保温层后炉壁的热损失比原来减少百分之几？ （68.5%）

22. 某换热器中装有 2m 长，内径为 20mm 的钢管，管内水的流速为 1m/s，水的初温为 293K，终温为 325K。求管壁对水的给热系数。 [$4818W/(m^2 \cdot K)$]

23. 将上题中管径缩小一半，流速及其他条件都不变，则给热系数有何变化？如将流速增加 1 倍，其他条件都不变，则给热系数又有何变化？ （α 增加 14.9%）

24. 在器壁的一侧为蒸汽冷凝，其对流传热系数为 $10000W/(m^2 \cdot K)$；器壁的另一侧为被加热的冷空气，其对流传热系数为 $10W/(m^2 \cdot K)$，壁厚

2mm，其热导率为 384W/(m·K)。求传热系数。　　(10)

25. 有一壁厚为 5mm 的平壁容器，其热导率为 40W/(m·K)，外包一层厚度为 50mm 的保温层，其热导率为 0.1W/(m·K)，容器内装有 350K 的热水，$\alpha_{水}=200\text{W}/(\text{m}^2\cdot\text{K})$，此容器放置在 283K 的空气中，$\alpha_{气}=9\text{W}/(\text{m}^2\cdot\text{K})$，求热系数 K。　[1.62W/(m²·K)]

26. 有一列管式冷却器，由外径为 25mm、壁厚为 2mm 的钢管组成。已知管内流体的给热系数 $\alpha_{内}=1330\text{W}/(\text{m}^2\cdot\text{K})$，管外流体的给热系数 $\alpha_{外}=3860\text{W}/(\text{m}^2\cdot\text{K})$，$R_{垢内}=R_{垢外}=0.000172\text{m}^2\cdot\text{K/W}$，管壁的热导率 $\lambda=46.5\text{W}/(\text{m}\cdot\text{K})$。求冷却器的传热系数。　[690W/(m²·K)]

27. 有一列管式换热器，原油流经管内，管外为饱和水蒸气加热，管束由 $\phi53\text{mm}\times1.5\text{mm}$ 的钢管组成。已知管内给热系数 $\alpha_{内}=100\text{W}/(\text{m}^2\cdot\text{K})$；管外给热系数 $\alpha_{外}=10^4\text{W}/(\text{m}^2\cdot\text{K})$；钢的热导率 $\lambda=46.5\text{W}/(\text{m}\cdot\text{K})$。考虑使用时管内壁有一垢层，其热阻 $R_{垢}$ 取 0.00043m²·K/W，求该换热器的 K 值。　[94.7W/(m²·K)]
又为了提高 K 值，在其他条件不变的情况下，设法减小热阻，即：①将内管换成热导率为 384W/m²·K 的铜管；②将 $\alpha_{内}$ 提高 1 倍；③将 $\alpha_{外}$ 提高 1 倍。求 K 值。　[①94.7W/(m²·K)，②180W/(m²·K)，③95W/(m²·K)]

28. 某溶液蒸发过程中所用列管换热器由 $\phi25\text{mm}\times2.5\text{mm}$ 的钢管组成。管内为溶液沸腾，给热系数为 7000W/(m²·K)，管外为蒸汽冷凝，给热系数为 8000W/(m²·K)，钢的热导率为 46.5W/(m²·K)。若管内壁上积起一层垢，其热阻为 0.001m²·K/W，试计算积垢前后的传热系数 K。[3110W/(m²·K)，757W/(m²·K)]

29. 某厂要求将流量为 1.25kg/s 的苯由 80℃冷却至 30℃。冷却水走管外与苯逆流换热，进口水温为 20℃，出口不超过 50℃。已知苯侧的给热系数为 850W/(m²·K)，水侧的给热系数为 1700W/(m²·K)，污垢热阻和管壁的热阻可忽略。试求换热器的传热面积。已知苯的平均比热容为 1.9kJ/(kg·℃)，水的平均比热容为 4.18kJ/(kg·℃)。　(11.6m²)

30. 在一套管换热器中，内管为 $\phi180\text{mm}\times10\text{mm}$ 的钢管，内管中热水被冷却，热水流量为 3000kg/h，进口温度为 90℃，出口温度为 60℃。环隙中冷却水进口温度为 20℃，出口温度为 50℃，总传热系数 $K=2000\text{W}/(\text{m}^2\cdot\text{℃})$。试求：①冷却水用量；②并流流动时的平均温度差及所需管子长度；③逆流流动时的平均温度差及所需管子长度。　(① 3000kg/h；②30.6℃，1.71m²；③40℃，2.32m)

第五章 溶液的蒸发

学习目标

掌握单效蒸发的相关计算；

理解蒸发的原理、特点和强化蒸发的途径；

了解蒸发器的结构、多效蒸发流程。

能力目标

根据蒸发溶液的具体情况，能够选择合适的蒸发器。

第一节 概 述

化工生产中的蒸发是将溶液加热至沸腾，使其中部分溶剂汽化为蒸气并被移除，以提高溶液中不挥发性溶质浓度的单元操作。它是利用加热的方法，使溶液中挥发性溶剂与不挥发性溶质得到分离的一种操作。

蒸发的目的：①获得高浓度的溶液作为产品或半成品；②将溶液浓缩至饱和状态与结晶联合操作得到固体产品；③脱除杂质，制取纯净的溶剂。因此，溶液的蒸发在化工、轻工、医药、食品、海水淡化等工业部门是常用的单元操作之一，也是分离溶液的一种方法。

蒸发操作的热源常为饱和水蒸气，称为加热蒸汽或生蒸汽。而被蒸发的溶液多为水溶液，水为溶剂，故汽化产生的也是水蒸气，为了与加热蒸汽相区别，将溶剂汽化所产生的饱和水蒸气称为二次蒸汽。

本章主要介绍水溶液的蒸发及与蒸发过程有关的基本知识。

一、蒸发的特点

1. 蒸发操作必须具备的条件

（1）蒸发操作所处理的溶液中溶剂具有挥发性，而溶质不具挥发性。

（2）要不断地供给热能使溶液沸腾汽化。由于溶质的存在，使蒸发过程中溶液的沸点温度升高；同时，大量的溶剂汽化，也需要大量的热能。

（3）溶剂汽化后要及时地排除。否则，溶液上方蒸汽压力增大后，影响溶剂的汽化；若蒸汽与溶液达到平衡状态，蒸发操作无法进行。

2. 蒸发过程的特殊性

蒸发过程中溶剂的汽化速率主要取决于传热速率，热量的传递制约着溶液的沸腾汽化。因此，蒸发属于传热过程，但与一般的传热比较，又有其特殊性。

（1）蒸发过程中由于溶质不挥发，浓缩时易在加热表面上析出溶质而形成垢层，使传热速率降低。因此，在蒸发设备的结构上，要考虑如何防止或减少垢层的生成，并且要易于清洗和除垢。

（2）溶液性质（如热敏性、黏性、发泡性及腐蚀性等）对蒸发设备在结构上提出了特殊要求。如溶质是热敏性物料，在高温下停留时间过长可能会使物料分解或变质，这就要求溶液在设备内的蒸发温度要低，或者停留时间要短。

（3）溶剂汽化后，体积增大；同时夹带着细小的液滴，会造成物料的损失或堵塞后续管路与设备。在设备结构上应设置气液分离空间和除沫装置，减少不必要的损失。

3. 节能是蒸发操作的重要问题

蒸发操作要消耗大量的加热蒸汽（即生蒸汽），如何使单位加热蒸汽能汽化更多的溶剂，如何充分利用溶剂汽化所产生的二次蒸汽（这是蒸发操作中节能的主要途径），是蒸发操作中要考虑的重要问题。

蒸发操作的这些特点，只有从蒸发的方法及流程，设备的结构和操作条件上来加以满足，使之适应蒸发过程的需要。

二、蒸发操作的分类

1. 按操作方式分类

蒸发操作可分为连续操作和间歇操作。工业生产上大多采用连续操作。

2. 按操作压力分类

（1）常压蒸发　常压操作时设备与大气相通，或采用敞口设备，二次蒸汽直接排入大气中。常压蒸发的设备费用低，但热能利用率差。

（2）加压蒸发　采用密闭设备，使操作压力高于大气压。加压下二次蒸汽的压力与温度较高，便于利用二次蒸汽的热量。压力提高后，溶液的沸点升高，流动性好，有利于提高传热效果。

（3）真空蒸发　密闭设备内的压强低于大气压，又称减压蒸发。真空下能降低溶液的沸点，传热的温度差也比常压下的大，能满足热敏性物料蒸发的要求。同时，有利于低压蒸汽或工业废气的利用。

但是，沸点温度降低后，溶液的黏度会增大；同时形成真空需要增加设备和消耗动力，无特殊要求时，一般可采用常压蒸发。

3. 按二次蒸汽是否利用分类

（1）单效蒸发　溶剂汽化产生的二次蒸汽不利用，冷凝后直接排放掉。这种操作一般用在小批量生产的场合，采用常压下的间歇操作。

（2）多效蒸发　将多个蒸发设备按一定的方式组合起来，每一个蒸发设备称为一效，两个蒸发设备称为双效，依此类推。

多效蒸发的目的是利用蒸发过程中的二次蒸汽，提高蒸发操作的经济效益。一般第一效使用加热蒸汽（生蒸汽），第二效利用第一效溶剂汽化产生的二次蒸汽作为热源。这样将前一效产生的二次蒸汽引到后一效去作热源使用，使生蒸汽的经济性大为提高。所以，多效蒸发宜于大批量生产的场合，采用加压或真空下连续操作。

第二节　单效蒸发

一、单效蒸发流程

图 5-1 所示为单效真空蒸发的流程示意图。图中蒸发器由加热室和蒸发室构成。加热蒸汽在加热室的管间冷凝，所放出的潜热通过管壁传给管内的溶液，加热蒸汽的冷凝水经疏水器排出。原料液由蒸发室的下部加入，经蒸发浓缩后的完成液从蒸发器底部排出。溶剂汽化所产生的二次蒸汽，经蒸发室及顶部的除沫器分离出所夹带的液沫后，进入冷凝器内与冷却水直接混合而被冷凝排出。

不凝性气体经汽水分离器和缓冲罐后，再由真空泵抽至

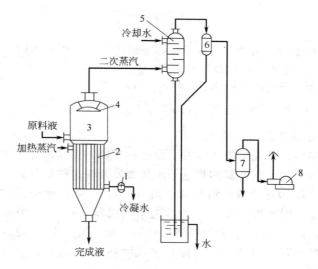

图 5-1 单效真空蒸发流程

1—疏水器；2—加热室；3—蒸发室；4—除沫器；5—冷凝器；
6—分离器；7—缓冲罐；8—真空泵

大气中。

二、单效蒸发计算

单效蒸发操作需要计算的项目有溶剂的蒸发量、加热蒸汽的消耗量及蒸发器所需要的传热面积三项内容。计算以上三项内容可以用物料平衡、热量平衡及传热方程式来解决。由于化工生产中蒸发的溶液多为水溶液，故以水溶液为讨论的对象，即溶剂的蒸发量为水的蒸发量。

1. 水蒸发量的计算

设：F 为进入蒸发器的原料液量，kg/h；W 为蒸发出的水分量，kg/h；x_0，x_1 分别为原料液和完成液的浓度，以溶质的质量分数表示。

因溶质在蒸发过程中不汽化，所以溶质的数量蒸发前后不变。对溶质进行物料衡算

$$Fx_0 = (F-W)x_1$$

故
$$W = F\left(1 - \frac{x_0}{x_1}\right) \tag{5-1}$$

【例 5-1】 用一单效蒸发器将 10t/h，浓度为 10% 的 NaOH 溶液浓缩到 20%，求每小时水分的蒸发量。

解： 已知 $F = 10000$ kg/h，$x_0 = 10\%$，$x_1 = 20\%$

代入式(5-1) 得　　$W = 10000 \times \left(1 - \frac{0.10}{0.20}\right) = 5000$（kg/h）

2. 加热蒸汽消耗量的计算

加热蒸汽消耗量的计算可以通过蒸发器的热量衡算求得。在单位时间内，输入蒸发器的热量等于从蒸发器输出的热量。

设：D 为加热蒸汽消耗量，kg/h；t_0 为原料液初温，K；$t_沸$ 为溶液蒸发时沸点，K；$t_冷$ 为冷凝水的温度，K；$c_{p水}$ 为水的比热容，kJ/(kg·K)；c_p 为原料液比热容，kJ/(kg·K)；$Q_损$ 为损失于周围的热量，kJ/h；R 为加热蒸汽潜热，kJ/kg；γ 为二次蒸汽潜热，kJ/kg。

（1）输入蒸发器的热量

① 加热蒸汽输入热量　$Q_1 = DR + Dc_{p水}\,t_冷$；

② 原料液带入热量　$Q_2 = Fc_p t_0$。

（2）从蒸发器输出的热量

① 二次蒸汽带出的热量　$Q_3 = W\gamma + Wc_{p水}\,t_沸$

② 完成液带出的热量　$Q_4 = Fc_p t_沸 - Wc_{p水}\,t_沸$

③ 加热蒸汽冷凝水带出的热量　$Q_5 = Dc_{p水}\,t_冷$

④ 蒸发器的热损失 $Q_损$

故
$$Q_1 + Q_2 = Q_3 + Q_4 + Q_5 + Q_损 \tag{5-2}$$
$$(DR + Dc_{p水}\,t_冷) + Fc_p t_0 = (W\gamma + Wc_{p水}\,t_沸) +$$
$$(Fc_p t_沸 - Wc_{p水}\,t_沸) + Dc_{p水}\,t_冷 + Q_损 \tag{5-3}$$

如果只利用加热蒸汽的冷凝热（即潜热），又采用原料液沸点加料，蒸发器的热损失可以忽略不计（即 $Q_损 = 0$）时，那么 $t_0 = t_沸$，上式即简化为

$$DR = W\gamma$$
$$D = \frac{W\gamma}{R} \tag{5-4}$$

（3）不同加料温度时加热蒸汽消耗量的情况（热损失忽略不计）

① 沸点加料　即 $t_0 = t_沸$，即得式（5-4）

$$D = \frac{W\gamma}{R} \quad 或 \quad \frac{D}{W} = \frac{\gamma}{R}$$

D/W 为单位蒸汽消耗量，即每蒸发 1kg 水需要加热蒸汽的质量（kg）。

② 低于沸点加料　即 $t_0 < t_沸$，则由于有部分加热蒸汽用来预热原料液，而使单位蒸汽量增加，$D/W > \gamma/R$。

③ 高于沸点加料　即 $t_0 > t_沸$，则当原料液进入蒸发器后，温度迅速降至沸点，放出多余热量而使一部分水汽化，由于这一部分水蒸发并不消耗加热蒸汽，所以单位蒸汽消耗量减少，$D/W < \gamma/R$。这种自身放出的热量使部分水自动汽化的现象叫作自蒸发。在减压蒸发中往往出现自蒸发现象。

【例 5-2】　如按例 5-1 的生产要求，溶液沸点为 383K，加热蒸汽的压强约为 200kN/m^2，采用沸点加料，蒸发器的热损失忽略不计，求加热蒸汽的消耗量。

已知加热蒸汽为 200kN/m^2 时的汽化潜热 $R = 2203$kJ/kg，二次蒸汽为 383K 时的汽化潜热 $\gamma = 2230$kJ/kg。

解：已知 $W = 5000$kg/h

代入式（5-3）中得　$D = \dfrac{5000 \times 2230}{2203} = 5061$（kg/h）

3. 蒸发器传热面积的计算

蒸发器传热面积的计算，可应用一般传热方程式求得

$$A = \frac{Q}{K\Delta t} \tag{5-5}$$

（1）传热量　一般加热蒸汽是在饱和温度下以冷凝液状态排出，只利用加热蒸汽的潜热，所以

$$Q = DR$$

在式（5-5）中的 Q 为单位时间内的传递热量，即传热速率，其单位为 J/s，即 W。

（2）温度差　因加热蒸汽只是等温冷凝放出的热量，所以温度

差为加热蒸汽温度与原料液沸腾温度差，即

$$\Delta t = T - t_{沸}$$

（3）传热系数 K　蒸发中的 K 值一般是由实验确定的，可参考表 5-1。

表 5-1　蒸发器传热系数 K 的经验数据范围

蒸发器的型式				传热系数 K /$[W/(m^2 \cdot K)]$
夹套式	锅　式			350～2300
	刮板式	溶液黏度 /$(mN \cdot s/m^2)$	1～5	700～5800
			100	1700
			1000	1160
			10000	700
管状加热方式	直管式	外部加热式（长管型）	自然循环	1160～5800
			强制循环	2300～7000
			无循环式	580～5800
		内部加热式	标准式 自然循环	580～3500
			强制循环	1160～5800
			悬筐式	580～3500
	水平管式	管内蒸汽冷凝（浸没式）		580～2300
		管外蒸汽冷凝		2300～4600

【例 5-3】　用一单效蒸发器将浓度为 63％ 的硝酸铵水溶液浓缩至 90％，每小时的处理量为 10t。已知加热蒸汽的压强为 689.5kPa，蒸发器内的压强为 20.68kPa，假定溶液的沸点为 334K，沸点进料，蒸发器的传热系数为 1200W/$(m^2 \cdot K)$，热损失可以忽略不计，求蒸发器的传热面积。

解： ① 水的蒸发量

已知：$F = 10000kg/h$，$x_0 = 63％$，$x_1 = 90％$，代入式(5-1) 中

$$W = F\left(1 - \frac{x_0}{x_1}\right) = 10000 \times \left(1 - \frac{0.63}{0.90}\right) = 3000(kg/h)$$

② 加热蒸汽消耗量　从附录的水蒸气表中查得：

加热蒸汽压强为 689.5kPa 时，$T = 437.6K$，$R = 2069.4kJ/kg$

二次蒸汽压强为 20.68kPa 时，$t_{沸} = 334K$，$\gamma = 2356.7kJ/kg$ 代入式(5-4) 中

$$D = \frac{W\gamma}{R} = \frac{3000 \times 2356.7}{2069.4} = 3416(kg/h)$$

③ 蒸发器传热面积　已知 $K = 1200W/(m^2 \cdot K)$，根据式(5-5)

$$A=\frac{Q}{K\Delta t}=\frac{DR}{K(T-t_{沸})}$$

$$A=\frac{3416\times2069.4\times\dfrac{10^3}{3600}}{1200\times(437.6-334)}=15.8(\text{m}^2)$$

第三节　多效蒸发与流程

一、概述

无论在常压或真空下进行蒸发，从溶液中蒸发出 1kg 的水，都需要消耗不少于 1kg 的加热蒸汽。在化工生产中，当蒸发大量水分时，可采用多效蒸发，以减少加热蒸汽的消耗量。

如前所述，若将加热蒸汽通入一蒸发器，则液体受热而沸腾，所产生的二次蒸汽，其压强与温度比原加热蒸汽低。再将蒸发出的二次蒸汽引入另一蒸发器，只要后者中液体的压强和沸点均较原来的蒸发器中的为低，则引入的二次蒸汽就能作为下一效的加热蒸汽，从而减少加热蒸汽的消耗量。同时，第二个蒸发器的加热室便成为第一个蒸发器二次蒸汽的冷凝器。这是多效蒸发的原则。将几个蒸发器这样连接起来一同操作，即组成一个多效蒸发器。每一个蒸发器称为一效。通入加热蒸汽的蒸发器为第一效，利用第一效的二次蒸汽加热的为第二效，依此类推。常用的为三效或四效蒸发器。

二、多效蒸发流程

按多效蒸发时溶液加料方式的不同，可将多效蒸发分为并流法、逆流法、错流法和平流法四种流程，工业中较为常用的为并流法。

1. 并流法

料液的流向与蒸汽的流向相同，即均由第一效顺序至末效。并流法三效蒸发流程如图 5-2 所示。

在这种流程中，后一效蒸发室的压力较前一效的低，因而溶液可以靠压差从前一效流到后一效而无需用泵来输送。再者，前一效的溶液沸点较后一效的高，因此当溶液由前一效进入后一效后，呈过热状态，可自行蒸发，产生更多的二次蒸汽，以利于二次蒸汽的利用。

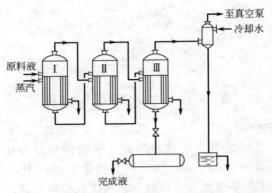

图 5-2 并流法三效蒸发流程

这种流程的缺点是：后一效中溶液的浓度较前一效大，而温度又较前一效的温度低，使溶液黏度加大，传热系数减小；在末效中尤为严重，影响生产能力的发挥。因此黏度很大或黏度随温度变化很大的溶液不适合用并流法进行多效蒸发。

2. 逆流法

料液的流向与蒸汽流向相反，逆流法三效蒸发流程如图 5-3所示。

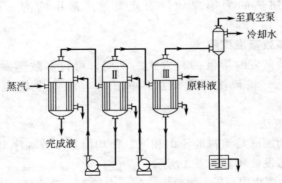

图 5-3 逆流法三效蒸发流程

原料液从末一效进入，用泵依次输送至前一效。浓缩液由第一效底部排出。而加热蒸汽的流向仍是由第一效按顺序至末一效。优点是随溶液浓度增加温度也增高，故溶液黏度不会很大，使各效均有较好的传热效果。缺点是溶液自低压处向高压处流动，效间需用泵输送，能量消耗较大；且由于多效蒸发时，前一效溶液的沸点总是比后一效的高，所以，当溶液由后一效逆流进入前一效时，不仅没有自行蒸发的现象，还需多消耗一些热量将溶液加热至沸点。逆流法用于处理溶液黏度随温度和浓度变化较大的溶液，不宜处理热敏性溶液。

3. 错流法

此法为各效间有些采用并流，有些采用逆流。如在三效蒸发中，蒸汽还是从Ⅰ→Ⅱ→Ⅲ，而溶液的流向可为Ⅲ→Ⅰ→Ⅱ或Ⅱ→Ⅲ→Ⅰ，错流法兼有并流法和逆流法的优点而避免其缺点。但这种方法操作复杂，实际上很少采用。

4. 平流法

每效都加入原料溶液并在每效放出增浓溶液的方法称为平流法，其三效蒸发流程如图 5-4 所示。

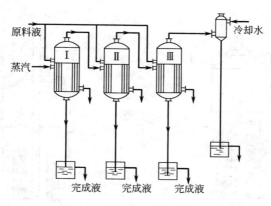

图 5-4　平流法三效蒸发流程

此法适用于溶液增浓后有结晶析出，而不适用于在效间流动的情况。

第四节　蒸发设备简介

化工生产中常用的蒸发设备有如下几种类型。

一、蒸发锅

分直接热源加热或用蒸汽夹套加热，多为间歇操作，溶液浓度达到要求后从锅底或侧面放出。蒸发锅的传热面积小，生产能力低。

二、蛇管式蒸发器

用蛇形管作为加热蒸汽管进行加热的蒸发器。蛇形管可用耐腐蚀的材料制作，故这种蒸发器亦可用于腐蚀性溶液的蒸发。

三、标准式蒸发器（中央循环管式蒸发器）

加热室由竖式管束组成。在管束中央有一大直径的管子，称中央循环管，如图 5-5 所示。组成管束的其他细管称为沸腾管。由于中央循环管单位体积溶液的传热面积小于沸腾管内单位体积溶液的传热面积，因此溶液被加热的程度不同，溶液的密度也就不同，沸腾时，带有气泡的液体从沸腾管上升，而从中央循环管下降，这样不断循环的结果提高了蒸发器的传热效果。由于溶液循环情况较好，

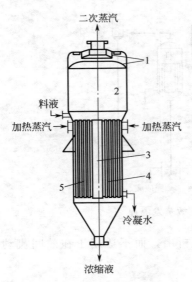

图 5-5 标准式蒸发器

1—分离器；2—蒸发室；3—中央

循环管；4—加热室；5—沸腾管

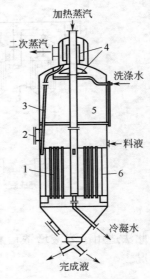

图 5-6 悬筐式蒸发器

1—加热室；2—人孔；3—液沫回流管；

4—除沫器；5—蒸发室；6—环隙通道

加热用沸腾管也不长，故可以用于处理黏度较大及易生成沉淀的溶液。

四、悬筐式蒸发器

这种蒸发器的加热室支放在蒸发器下部中心处，像一个悬着的筐架，其结构如图 5-6 所示，加热蒸汽自上部进入，在加热室的管间流动，冷凝液自下部排出。原料液进入蒸发室后，沿加热室的各沸腾管上升，而从加热室和器壁间的环隙下降，进行自然循环，增强了传热效果。悬筐式较中央循环管式蒸发器溶液循环状态好，悬筐可以吊出检修，适合处理产生结晶的溶液。但结构复杂，消耗金属较多。

五、外加热式蒸发器

这种蒸发器的加热室和分离室是分开的，如图 5-7 所示。原料液进入加热室被加热至沸腾，沸腾液进入分离室后，溶液与二次蒸汽进行分离；分离后的溶液沿循环管下降又回到加热室。合格的浓缩液由分离室下部侧管引出。由于循环管在加热室外，未受到加热，所以加热室内沸腾液和循环管内溶液的密度差较大，加快了溶液循环速度，传热较好。同时因加热室和分离室是分开的，故加热管束可以较长而

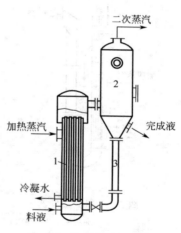

图 5-7　外加热式蒸发器
1—加热室；2—分离室；3—循环管

设备不太高，不但加大了传热面积，增强传热效果，而且便于检修。

六、列文蒸发器

列文蒸发器如图 5-8 所示。除其加热室和循环管均与分离室不在一起外，在加热室的上方还有沸腾室，这就使加热室管内溶液上方增加了一段液柱，使得加热管内溶液所受的压力增加。在加热室内溶液加热至接近沸腾，当上升至沸腾室时，溶液由于液柱压力减少而沸腾汽化，同时循环管的原料液不断补充至加热室。带有二次蒸汽的沸腾溶液进入汽液分离室分离部分溶液，通过循环管进行循

环，部分浓缩液自分离室底部引出。

列文蒸发器中溶液在沸腾室内（不在加热室）沸腾，因而减少了加热管壁上析出结晶和结垢的机会，适宜于处理有结晶的物料。又因循环管的截面积大，也长，又不受热，使循环推动力较以上所述各种蒸发器都大得多，传热状况接近于强制循环蒸发器。但设备高大，耗用金属材料多，且需高大厂房。

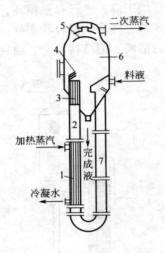

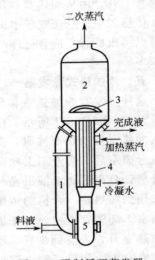

图 5-8　列文蒸发器

1—加热室；2—沸腾室；3—隔板；
4—挡板；5—除沫器；
6—分离室；7—循环管

图 5-9　强制循环蒸发器

1—循环管；2—分离室；
3—除沫挡板；4—加热室；
5—循环泵

以上六种均属自然循环蒸发器，这些蒸发器的共同缺点是循环速度较低。为进一步提高循环速度，可采用强制循环蒸发器。

七、强制循环蒸发器

其结构如图 5-9 所示。特点是溶液的循环由泵输送进行，循环速度可达 $2 \sim 5 \mathrm{m/s}$。由于溶液的流速大，因此适用于有结晶析出或易结垢的溶液。但动力消耗大，消耗功率为 $0.4 \sim 0.8 \mathrm{kW/m^2}$。

八、液膜蒸发器

液膜蒸发器的特点是：溶液沿加热管壁呈膜状流动时进行传热

和蒸发；溶液只通过加热面一次即可达到浓缩的要求。由于蒸发速度快，溶液受热时间短，因此特别适合处理热敏性溶液的蒸发。

1. 升膜式蒸发器

结构示意见图 5-10。其结构与列管换热器类似，不同之处是它的加热管直径为 $25\sim50\text{mm}$，管长与管径比为 $100\sim300$。

料液经预热后由加热室底部进入，受热后迅速沸腾汽化，所产生的二次蒸汽在管内高速上升（常压下气速达 $20\sim30\text{m/s}$，减压下达 $80\sim200\text{m/s}$）。料液在管内壁被上升蒸汽拉成环状薄膜，液膜在上升过程中逐渐被蒸浓。

升膜式蒸发器一般为单流型（即料液一次通过加热管而完成浓缩）。适用于稀溶液、热敏性及易起泡溶液的蒸发。对高黏度、易结晶、易结垢的溶液不适用。

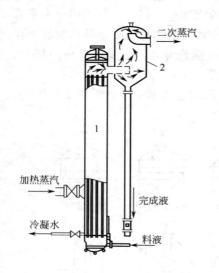

图 5-10　升膜式蒸发器

1—加热室；2—分离室

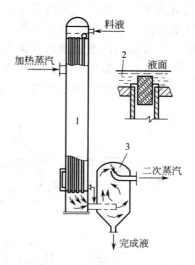

图 5-11　降膜式蒸发器

1—加热室；2—液体分布器；3—分离室

2. 降膜式蒸发器

结构示意见图 5-11。料液由加热室顶部加入，经液体分布器后均匀地分布在每根加热管的内壁上，在重力作用下呈膜状下降，在底部得到浓缩液。

二次蒸汽与浓缩液并流而下，液膜的下降还可以借助二次蒸汽的作用，因而可蒸发黏度大的溶液。为使每根加热管上能形成均匀的液膜，又要能防止蒸汽上窜，必须在每根加热管入口处安装液体分布器。

降膜式蒸发器不仅适用于热敏性料液的蒸发，还可以蒸发黏度较大（50～450kPa·s）的溶液，但仍不宜处理易结晶和易结垢的溶液。

九、除沫器与冷凝器

除沫器和冷凝器是蒸发设备重要的和不可缺少的辅助装置。

1. 除沫器

在蒸发器的上部需有较大空间的分离室，该分离室可以使液滴借重力下降，使二次蒸汽夹带的液滴减少。但二次蒸汽中仍夹带有许多液沫，故在分离室的上部与二次蒸汽出口处要设除沫装置，作用是将雾沫中的溶液聚集并与二次蒸汽分离。对要求严格的场合，还可以在蒸发器外部再设除沫装置。

常用的几种除沫器如图 5-12 所示，技术特性列于表 5-2 中。

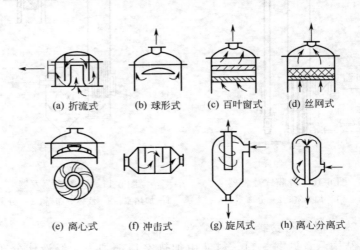

(a) 折流式   (b) 球形式   (c) 百叶窗式   (d) 丝网式

(e) 离心式   (f) 冲击式   (g) 旋风式   (h) 离心分离式

图 5-12　除沫器

表 5-2 常用几种除沫器技术特性表

形 式	雾滴直径/μm	压力降/Pa	分离效率/%
球形式	＞50	100～150	80～88
折流式	＞50	200～600	85～90
旋风式	＞50	400～750	85～94
离心式	＞50	约200	＞90

2. 冷凝器

当蒸发所产生的二次蒸汽是需要回收的有价值的溶剂，或者会严重污染冷却水时，应采用间壁式冷凝器。但是，二次蒸汽多为不需回收的水蒸气，这时可采用直接混合式冷凝器，冷凝效果好，结构简单，操作方便，造价低廉。常用的是多孔板式冷凝器，如图 5-13 所示。

冷凝器在蒸发流程中的具体配置，可参见蒸发操作的流程图。

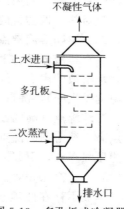

图 5-13 多孔板式冷凝器

第五节 蒸发过程的分析

前已述及，节能是蒸发操作的重要问题。蒸发操作的费用主要体现在汽化大量溶剂所消耗的热能上，在全厂蒸汽动力费中占有很大的比例。1kg 生蒸汽能蒸发的水分量称为单位蒸汽耗用量（又称蒸汽的经济性），它是蒸发操作是否经济的重要指标。如何提高生蒸汽的利用率，下面作简要的分析。

一、影响生产强度的因素

单位时间、单位传热面积上蒸发的水分量称为蒸发器的生产强度。蒸发器的生产强度与传热速率有关，其大小主要取决于有效传热温度差和传热系数。

（1）提高传热系数 合理地设计蒸发器的结构，使蒸发器内溶液的循环速度大；防止垢层生成或及时除垢；适当地排除加热蒸汽中的不凝性气体，都可以提高蒸发器的传热系数。

（2）增大有效温度差 有效温度差是加热蒸汽温度与溶液沸点的温差，是蒸发过程中实际可以利用的温度差，它与加热蒸汽的温度和溶液的沸点升高有关。

凡是能提高加热蒸汽的温度或降低溶液沸点的措施，均能增大有效温度差。但加热蒸汽的温度受本厂蒸汽锅炉额定压强的限制，不能随意变动。而采用真空蒸发可降低溶液的沸点，使有效温差增大，且对热敏性物料的蒸发是很有利的。

二、影响溶液沸点升高的因素

沸点是液体的饱和蒸汽压等于外压时的温度。在相同的压强下，水溶液的沸点与纯水沸点的差值，称为溶液的沸点升高（又称为温度差损失）。沸点升高越多，有效温度差降低也越大。

溶液沸点升高的原因：一是溶液中含有不挥发的溶质，使溶液沸点高于纯溶剂的沸点；二是蒸发室中溶液保持着一定的高度，由于静压强存在，引起溶液底部的沸点高于表面的沸点；三是在多效蒸发时，蒸汽从一效输送到另一效时有流动阻力，也会引起温度损失（单效不存在此项损失）。温度差损失越大，沸点温度越高，所需加热蒸汽的压强也越大。所以降低溶液的温度差损失，可以增大有效温度差。

三、降低热能消耗的措施

1. 提高生蒸汽的利用率

多效蒸发的目的就是利用蒸发过程中产生的二次蒸汽，以节约生蒸汽的消耗，提高蒸发操作的经济性。表 5-3 列出了不同效数蒸发器蒸发 1kg 水分所消耗生蒸汽量的经验值。

表 5-3 不同效数蒸发所需生蒸汽量

效　数	单效	双效	三效	四效	五效
蒸发 1kg 水所需蒸汽量/kg	1.1	0.57	0.4	0.3	0.27
再增加一效可节约蒸汽/%	48	30	25	10	7

效数的多少受到设备折旧费与有效温度差的限制。从表中可见，随着效数的增加，节约的生蒸汽越来越少，而设备的投资费或

折旧费将增多。若增加一效所节约的蒸汽费用不足以抵消设备的折旧费用时，则不能增加效数。生产上最常用的是 2～3 效，最多的达 4～6 效，再多就很少应用了。

在工业生产中，一般生蒸汽的压强和蒸发室的操作压强都有一定的限制，因此总的有效温度差也一定。随着效数的增加，温度差损失会增大，为了保证每效的传热能正常进行，总有效温差分配到各效的温度差不能小于 5～7℃。为了使各效有较大的温度差，必须限制其效数。

可见，多效蒸发的效数是有限的，最佳效数应通过经济核算确定。

2. 适当引出额外蒸汽

当二次蒸汽的温度能满足其他换热设备的需要时，效数越往后引出额外蒸汽，则越能提高蒸汽的利用率。

3. 冷凝水的回收利用

蒸发操作中要消耗大量的加热蒸汽，必然产生大量的冷凝水，通过综合利用这部分有一定压力的冷凝水的显热，也可以降低热能的消耗，减少操作费用。

本章小结

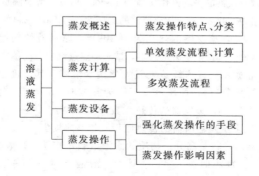

思考题与习题

一、思考题

1. 什么是蒸发过程？蒸发的目的是什么？

2. 何谓二次蒸汽？其饱和蒸汽压是由什么决定的？

3. 蒸发操作必备的条件有哪些？

4. 蒸发操作按操作方式分为哪几类？真空蒸发有什么优点？

5. 什么是单效蒸发和多效蒸发？多效蒸发有什么优点？

6. 绘图说明单效蒸发流程，并说明参与过程的物料走向。

7. 何谓单位蒸汽消耗量？其影响因素是什么？

8. 什么条件下操作溶液能产生自蒸发现象？

9. 多效蒸发通常采用哪几种流程？各适用于什么物料条件？各有什么特点？

10. 各种结构的蒸发器特点是什么？说明其各自改进的方向？

11. 什么是蒸发器的生产强度？提高蒸发器生产强度的途径是什么？

12. 为什么要从一次蒸汽和二次蒸汽中排出不凝性气体？

13. 单效蒸发计算的主要内容是什么？试分别写出其计算式。

14. 在蒸发操作的流程中，一般在最后都配备有真空泵，其作用是什么？

15. 多效蒸发的效数受哪些因素影响？

16. 强制循环蒸发器有何特点？

17. 膜式蒸发器有哪几种类型？成膜的原因是什么？适用于何种场合？

18. 除沫器的作用是什么？其有几种形式？各适用于何种情况？

二、习题

1. 在单效连续蒸发中，每小时将 1000kg 的某溶液由 10% 浓缩至 16.7%（均为质量分数），试计算所需蒸发的水分量。 （401kg/h）

2. 若上题中单效蒸发器的平均操作压强为 40kPa，相应的溶液沸点为 80℃，该温度下的汽化焓为 2300kJ/kg。加热蒸汽的绝压为 200kPa，原料的平均比热容为 3.70kJ/(kg·K)，蒸发器的热损失为 10kW，原料液的初始温度为 20℃，忽略溶液的浓缩热和沸点上升的影响，试求加热蒸汽的消耗量。 （1.34kg）

3. 采用单效真空蒸发装置连续蒸发氢氧化钠水溶液，其浓度由 0.20 浓缩至 0.50（均为质量分数），加压蒸汽压强为 0.3MPa（表压），已知加热蒸汽消耗量为 4000kg/h，蒸发器的传热系数为 1500W/(m^2·℃)，有效温度差为 17.4℃。试求蒸发器所需的传热面积（忽略热损失）。 （91.6m^2）

4. 在单效蒸发器内，将某高分子物质的水溶液自浓度为 5% 浓缩至 25%（皆为质量分数）。每小时处理 2t 原料液。溶液在常压下蒸发，其沸点为 373K。该高分子物质的比热容为 1kJ/(kg·K)。加热蒸汽的温度为 403K，汽化热为 2180kJ/kg。如不计热损失，试求在下列情况下，加热蒸汽消耗量及单位蒸汽消耗量：①原料液在 293K 时加入蒸发器；②原料液在沸点时加入蒸发器；③原料液在 393K 时加入蒸发器。已知原料的比热容为

4.03kJ/(kg・K)。 (1960kg/h; 1660kg/h; 1590kg/h)

5. 用一单效蒸发器将浓度为 63% 的硝酸铵水溶液浓缩至 90%，每小时处理量为 10t。已知加热蒸汽的压强为 689.5kN/m^2，假定溶液的沸点为 334K，且沸点进料，蒸发器的传热系数 $K = 1200$W/(m^2・K)，如果热损失忽略不计，求蒸发器的传热面积。 (15.8m^2)

6. 需将 1000kg/h 5.8% 浓度的栲胶浸提液，用单效蒸发器蒸浓至 30%，进料温度为 65℃，其沸点为 89℃，加热蒸汽压力为 6×10^4Pa（表压）。已知原料的比热容为 4.09kJ/(kg・℃)，蒸发器的总传热系数为 1750W/(m^2・℃)，热损失估计为总传热量的 2%，试求不考虑溶液沸点升高时加热蒸汽消耗量与蒸发器的传热面积。 (891kg/h, 13.1m^2)

7. 传热面积为 20m^2 的单效蒸发器，将浓度为 68% 的硝酸铵水溶液浓缩到 90%。加热蒸汽为 7×10^5Pa（绝压）的饱和水蒸气，蒸发室压力为 2×10^4Pa（绝压），溶液预热到沸点即 100℃时进料，蒸发器的总传热系数为 1200W/(m^2・℃)，试求不计热损失时的加热蒸汽消耗量及完成液量。

(2693kg/h, 7340kg/h)

第六章 结 晶

学习目标

掌握结晶操作的物料和热量计算；

理解结晶过程、相平衡和溶液过饱和度的概念；

了解结晶设备的结构，结晶操作注意事项。

能力目标

能够分析影响结晶生产过程的因素和结晶产量的计算。

第一节 概 述

结晶是一个重要的化工单元操作，是固体物质以晶体状态从蒸气、溶液或熔融物质中析出的过程。化学工业中，为数众多的化工产品及中间产品都是以晶体形态出现的，如糖、食盐、各种盐类、染料及其中间体、肥料及药品等。

结晶主要用于以下两方面。

（1）制备产品与中间产品　许多化工产品常以晶体形态出现，在生产过程中都与结晶过程有关。结晶产品易于包装、运输、贮存和使用。

（2）获得高纯度的纯净固体物料　工业生产中，即使原溶液中含有杂质，经过结晶所得的产品都能达到相当高的纯度，故结晶是获得纯净固体物质的重要方法之一。

工业结晶过程不但要求产品有较高的纯度和较大的产率，而且对晶型、晶粒大小及粒度范围（即晶粒大小分布）等也常加以规定。颗粒大且粒度均匀的晶体不仅易于过滤和洗涤，而且贮存时胶结现象（即 n 粒体互相胶黏成块）大为减少。

一、结晶过程

溶质从溶液中结晶出来经历两个步骤，首先是要产生称为晶核的微观晶粒作为结晶的核心，其次是晶核长大成为宏观的晶粒。

无论是使晶核能够产生或使之能够长大，都必须有一个浓度差作为推动力，这种浓度差称为溶液的过饱和度。产生晶核的过程称为成核过程，晶核长大的过程称为晶体成长过程。由于过饱和度的大小直接影响着晶核的形成和晶体成长过程的快慢，而这两个过程的快慢又影响着结晶的粒度及粒度分布，因此，过饱和度是结晶过程中一个极其重要的参数。

从溶液中结晶出来的晶粒和余留下来的溶液所构成的混合物称为晶浆，去除悬浮于其中的晶粒后余下的溶液称为母液。生产中通常采用搅拌器或其他方法使晶浆中的晶粒悬浮在母液中，以促进结晶过程，因此晶浆称为悬浮体。在搅拌或使晶浆循环流动过程中，难免有一些晶体受到磨损而产生破碎的微粒，这种现象称为磨损，由于磨损产生的微晶也是一种晶核，因此磨损现象对结晶操作有直接影响。

二、结晶产品的纯度

结晶过程的特点是产品纯度高。晶体是化学均一的固体，组成它的分子（原子或离子）在空间格架（称为晶格）的结点上对称排列，形成有规则的结构。结晶时，溶液中溶质或因其溶解度与杂质的溶解度不同而得以分离；或因两者的溶解度虽然相差不大，但晶格不同，彼此"格格不入"，因而也就相互分离。所以说，在结晶过程中虽然原来溶液中含有杂质，但结晶出来的固体是非常纯净的。

在结晶过程中含有杂质的母液是影响产品纯度的一个重要因素。附在晶体上的母液若未除尽，则最终的产品必然沾有杂质，降低了纯度。工业中，通常是将结晶所得的固体物质在离心机或过滤机中加以过滤，并用适当的溶剂洗涤，尽量除去由母液引进的杂质。当若干颗晶粒结成为"晶簇"时，很容易将母液包藏在晶粒间而使以后的洗涤发生困难，这样也会降低产品的纯度。但若结晶过程伴以搅拌操作，则可以减少晶簇形成的机会。母液附在晶粒上或被包藏在晶粒中的现象，通常称为包藏。

大而粒度均匀一致的晶粒比起小而参差不齐的晶粒所夹带的母液较少，而且洗涤比较容易。但细小晶粒聚结成簇的机会较少，因而包藏的母液也较少。由此可见，在结晶过程中，不但要注意产品的产量和纯度问题，而且还要注意晶体粒度及其分布问题。

溶液中的杂质还能影响晶体的外形。晶体的外形称为晶习。杂质的存在能改变晶习。不同的结晶状况也可使所产生的同一物质的晶粒在晶习、粒度、颜色及所含结晶水的多少等方面有所不同。例如，氯化钠在纯水溶液中结晶时为立方晶体；若水溶液中含有少量尿素，则氯化钠形成八面体的晶体。又如，在不同的温度下结晶时，碘化汞晶体可以是黄色或红色；铬酸铅晶体的颜色也因结晶温度不同而各不相同。此外，溶质结晶时若有水合作用，则所得晶粒中含有一定数量的溶剂（水）分子，这种水分子称为结晶水。结晶水的含量多少不仅影响着晶体的形状，而且也影响着晶体的性质。例如，无水硫酸铜（$CuSO_4$）在240℃以上结晶时，是白色的属于斜方晶系的三棱针状晶体；但在常温下，结晶出来的却是大颗粒蓝色的属于三斜晶系的含五个结晶水的硫酸铜水合物（$CuSO_4 \cdot 5H_2O$）。

由上可知，为了使结晶在工业生产过程中顺利进行，需要制备过饱和溶液，并适当控制晶核的形成和晶体成长两段速率，以保证获得一定的产量和粒度，同时还需注意产品的纯度。

三、溶解度和溶液的过饱和度

1. 相平衡与溶解度

在一定温度下，任何固体溶质与溶液接触时，如溶液尚未饱和，则溶质溶解；当溶解过程进行到溶液恰好达饱和，此时，固体与溶液互相处于相平衡状态，这时的溶液称为饱和溶液，其浓度即是在此温度条件下该物质的溶解度（平衡浓度）；如溶液已过饱和，此时，溶液中所含溶质的量超过该物质的溶解度，超过溶解度的那部分过量物质要从溶液中结晶析出。

结晶过程的产量，取决于固体与溶液之间的平衡关系，这种相平衡关系通常用固体溶质在溶剂中的溶解度表示，即在 100g 水（或 kg）或溶剂中最多能溶解无水盐溶质的质量（g 或 kg）来表示。其单位可根据具体情况分别用 mol/L，g 溶质/g 溶剂或 kg 溶质/kg 溶剂表示。须注意：一般所指某物质在某溶剂中的溶解度时，其所组成的溶液在给定条件下一定是饱和的。物质的溶解度与化学性质、溶剂的性质及温度有关。一定物质在一定溶剂中的溶解度主要与温度有关，压力影响较小，可忽略不计。因此，在提及溶解度时，必须标明温度。

溶解度数据可用溶解度对温度所绘的曲线来表示。该曲线称为溶解度曲线，如图 6-1 所示。各种物质的溶解度数据可由实验测定，或从有关手册中查得。

许多物质的溶解度曲线是连续的，即在所涉及的温度范围内，整条曲线并无转折之处，如图 6-1(a) 所示，而且这种物质的溶解度随温度升高而增加，对于这种物质用冷却方法就可使溶质从溶液中结晶出来。另外，还有一些水合盐（即含有结晶水的物质）的溶解度曲线有明显的转折点，如图 6-1(b) 所示，曲线的转折处相当于稳定固相的转变。例如，硫酸钠在 0℃ 与 32.4℃ 之间结晶时，其晶体为 $Na_2SO_4 \cdot 10H_2O$，而在 32.4℃ 以上结晶时，则晶体为 Na_2SO_4，所以转折点又称变相点。同一物系可能有几个这样的变相点。另外还有一些物质，其溶解度随温度升高反而减小，如硫酸钙在水中的溶解度就是随温度升高而减小的，硫酸钠在变相点以后的溶解情况也是这样。像这类溶解度的物质欲使其从溶液中结晶出来就不能用冷却法而应该用蒸发法。

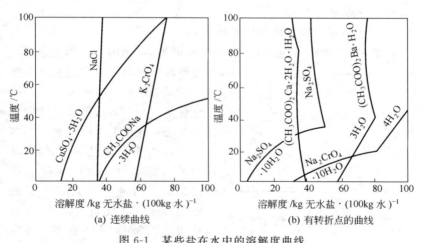

图 6-1　某些盐在水中的溶解度曲线

了解物质的溶解度特性有助于结晶方法的选择，例如氯化钠溶解度随温度的变化很小，所以若把它的饱和溶液加以冷却而希望得到数量较多的结晶产品是困难的。如果用蒸发的方法将溶液中的水分蒸出一部分，使其变为过饱和溶液，则可以增加结晶的产量。至于硫酸铜这样的盐，只要用冷却方法就能得到足够量的晶体。由此可见，根据物质溶解度的特性，可以确定应该用什么方法将物质从溶液中结晶出来。

2. 溶液的过饱和度

由前面所述，如果溶液含有超过饱和量的溶质，就称为过饱和溶液。同一温度下，过饱和溶液与饱和溶液间的浓度差称为过饱和度。过饱和度是结晶过程必不可少的推动力。在适当的条件下，可制备出过饱和溶液。在这些条件下：溶液要纯净，未被杂质或灰尘所污染；装溶液的容器要干净；溶液要缓慢降温；不使溶液受到搅拌、振荡、超声波的扰动或刺激。某些溶液降到饱和温度时，不会有晶体析出，要降低到更低的温度，甚至要降到饱和温度以下好几度才有晶体析出。这种低于饱和温度的温度差，称为过冷度。

不同物质结晶时所需的过冷度不相同，如硫酸镁在上述条件下，过冷度可达 17℃ 左右；而某些分子较大的有机物溶液如蔗糖溶液的过冷度大于 25℃。

3. 溶液的过饱和度与结晶的关系

图 6-2 表示溶液的过饱和度与结晶的关系，图中 AB 线表示具有

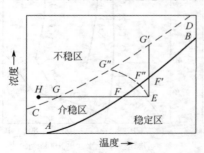

图 6-2　过饱和度与结晶的关系

正温度系数的溶解度曲线（即溶解度随温度升高而增大），AB 线上任意一点，表示溶液刚达到饱和状态，理论上可以结晶，但实际上，由于还未达到具有推动力的过饱和度，所以实际上不能结晶，溶液必须具有一定的过饱和度，才能析出晶体。CD线表示溶液达到过饱和，其溶质能自发地结晶析出的浓度曲线，称为超溶解度曲线，此线位于过饱和区而与溶解度曲线 AB 大致平行。这两条曲线将浓度-温度图分为三个区域：AB 线以下的区域为稳定区，又称不饱和溶液区，

因溶液未达到饱和，故溶液不可能结晶；CD 线以上为不稳定区，也即在此区域中，溶液能自发地产生晶核；AB 和 CD 线之间的区域称介稳区（或准稳定区），在此区域中，溶液虽处于过饱和状态，但不会自发地产生晶核，但如在溶液中加入晶种（在过饱和溶液中加入少量小颗粒的溶质晶体，称为加晶种），这种晶种会逐渐增大，即促使溶液结晶，故也可以视为介稳区决定了诱导结晶时的浓度和温度间的关系。

　　超溶解度曲线、介稳区及不稳区这些概念，对结晶操作具有重要的实际意义。例如在结晶过程中，将溶液控制在介稳区，而在较低的过饱和度内，主要是原有晶种的成长，较长的时间内，只能有少量的晶核产生，于是此种操作情况可得到颗粒较大而整齐的结晶产品。反之，如将溶液控制在不稳定区，则会有大量的晶核产生，于此操作情况下，则所得的产品粒度较小。显然，适当地控制溶液的过饱和度，是控制结晶操作的重要手段。而介稳区范围大小，取决于许多因素，如溶液的性质及其最初浓度、结晶时溶液冷却的快慢、溶液中所存在的晶种的大小数目及搅拌强度等。

四、晶核的形成与晶体的长大及影响因素

　　晶体主要是溶质在过饱和度的推动下结晶析出的。结晶作用实质上是使质点从不规则排列到规则排列而形成晶格。前面已经提到结晶过程主要包括晶核形成及晶体的成长两个阶段，下面讨论影响各段的因素。

　　我们已经提到要使固体溶质从溶液中结晶析出，则溶液必须呈过饱和状态。由图 6-2 可知，纯净的饱和溶液进入介稳区时，不能自发地产生晶核，可以通过非结晶相的外来物诱导成核，故称诱导成核或非均相成核。当饱和溶液进入不稳定区时，晶体能自发地产生，称为均相成核，以上两种统称初级成核。若在过饱和溶液中加入少量晶种（晶种可以是溶质本身也可以是同晶型的物质微粒）诱导成核，称次级成核。非均相成核过程和次级成核的共同点都是由固相外来物诱导成核，但都可以称为非均相成核。

　　成核速率的大小，取决于溶液的过饱和度、温度、杂质及其他因素，但其中起重要作用的是溶液的化学组成和晶体的结构特点。

对于一定的物系主要有以下影响因素。

（1）溶液推动力的影响　成核速率随过饱和度的增加而增大，由于生产工艺要求控制结晶产品中的晶粒大小，不希望产生过量的晶核。因此过饱和度的增加有一定的限度。晶核的形成速率也与溶液的过冷度有关。

（2）机械作用的影响　对均相成核来说，在过饱和溶液中发生轻微振动或搅拌，成核速率明显增加。次级成核搅拌时碰撞的次数与冲击能的增加，对成核速率也有很大的影响。此外，超声波、电场、磁场、放射性射线对成核速率均有影响。

（3）杂质的影响　过饱和溶液形成时，杂质的存在导致两个结果。当杂质存在时，物质的溶解度发生变化，因而导致溶液的过饱和度发生变化；再就是对溶液的极限过饱和度有影响。故杂质的存在可能使成核过程加快，也可能减慢。至今尚未得出普遍性规律。

结晶的速率和晶体颗粒的大小受溶液的性质、纯度、温度及操作条件影响，同时也受溶液的过饱和程度大小影响。一般说来，对不加晶种的结晶有如下影响。

① 若溶液过饱和度大，冷却速度快，强烈地搅拌，则晶核形成的速度快，数量多，但晶粒小。

② 若过饱和度小，使其静止不动和缓慢冷却，则晶核形成速度慢，得到的晶体颗粒较大。

③ 对于等量的结晶产物，若在结晶过程中，晶核形成的速度大于晶体成长的速度时，则产品的晶体颗粒大而少；若此两速度相近时，则产品的晶体颗粒大小参差不齐。溶液的过饱和度对晶体长大的影响比对晶核形成的影响要小。

对加晶种的结晶，晶种可使晶核形成的速度更快。

显然，在结晶操作中，若能控制晶核形成的速度和长大的速度，就可以控制结晶产品晶体颗粒的大小。但影响此两速度的因素很多，且复杂。目前的结晶理论只能定性的分析，不能做定量的处理。只能依赖于实践经验。晶核的形成与晶体的长大，虽然是两个过程，但几乎是同时进行的，有效地控制晶核的数量，及时创造晶体成长的条件，就能获得颗粒大小均匀，形状一致，整洁而美观的晶体产品。

第二节　结晶方法

在工业生产中，由于被结晶溶液的性质不同，以及对结晶产品的粒度、晶型和对生产能力的大小要求不同，因此所采用的结晶方法也不同。

前面已经论述过，溶质应在过饱和溶液中才能结晶。按溶质在溶液中形成过饱和度的方式，工业结晶的方法可分为两大类。第一类是移除部分溶剂的结晶法，在这类方法中，主要是使溶液在常压（沸点温度下）或减压下（低于正常沸点时）蒸发，部分溶剂汽化，溶液浓缩，以得到过饱和溶液。此法适用于溶解度随温度降低而变化不大的物质的结晶，如 NaCl、无水硫酸钠等。这种方法也称溶剂汽化法。

第二类是不移除溶剂的结晶法，主要靠溶液冷却而得到过饱和溶液，故适用于溶解度随温度降低而显著降低的物质，如 KNO_3、$NaNO_3$、$MgSO_4$ 及 $Na_2CO_3 \cdot H_2O$ 等，此法也称冷却法。

以上两类并不是绝对的，某些物质的结晶可以用蒸发的方法，也可以用冷却的方法或两种方法兼用。

还有盐析法。盐析法是向溶液中加入某种物质降低溶质在溶液中溶解度的办法使溶液达到过饱和生成结晶析出。所加入的物质必须能与原溶剂互溶，但不能与溶质发生作用，且要求原溶剂与加入的物质容易分离。加入的这种物质通常叫作稀释剂或沉淀剂。它可以是固体，也可以是液体。如氯化钠（NaCl）是一种常用的沉淀剂。

第三节　结晶设备

一、结晶设备的类型及特点

结晶设备一般按改变溶液浓度的方法分为移除部分溶剂（浓缩）结晶器、不移除部分溶剂（冷却）结晶器及其他结晶器。

移除部分溶剂的结晶器主要是通过蒸发溶剂，使浓缩液进入过饱和区而析出结晶的设备。

不移除溶剂的结晶器，则是采用冷却降温的方法使溶液达到过饱和而结晶（自然结晶或晶种结晶）的，并不断降温，以维持溶液一定的过饱和度进行育晶。此类设备用于温度对溶解度影响比较大的物质结晶。

在上述两类结晶设备中，按结晶过程操作情况不同，分为间歇式结晶设备和连续结晶设备两种。间歇式结晶设备结构比较简单，结晶质量好，结晶收得率高，操作控制比较方便，但设备利用率较低，操作劳动强度大。连续结晶设备结构比较复杂，所得的晶体颗粒较细小，操作控制比较困难，消耗动力大，但设备利用率高。

总之，在结晶操作中应根据溶液的性质、杂质的影响，和对产品的具体要求等条件来考虑选用哪种结晶设备。

结晶设备通常都装有搅拌器，搅拌作用会使晶体颗粒保持悬浮和均匀分布于溶液中，同时又能提高溶质质点的扩散速度，以加速晶体长大。

二、移除部分溶剂的结晶器

1. 转筒式结晶器

见图 6-3，它的主体是支持在支承轮上的转筒。转筒略呈倾斜，由齿轮转动而回转。转筒装在外壳里，以减少溶液向外散热。在转筒下方装有蒸汽管用以加热转筒壁面，这样一方面可以防止晶体黏结在转筒的壁面上，另一方面可用来维持溶液的温度。

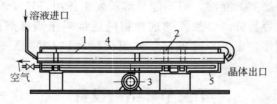

图 6-3　转筒式结晶器

1—转筒；2—齿轮；3—送风机；4—外壳；5—蒸汽管

溶液由转筒的高端均匀地进入，在转筒内流动时溶剂不断汽化、蒸气被鼓风机吹走，随着溶剂汽化，溶液逐渐增浓而达到过饱和状态析出结晶。晶体与母液由转筒的低端流出。

这种结晶器结构简单，操作连续可靠，生产能力大，且可得到较大颗粒的晶体。但由于用鼓风机和蒸汽，所以能量消耗较大，不适用于由有机物作溶剂的物料。

2. 蒸发结晶器

一般的蒸发器都可以做蒸发结晶器，它是靠加热使溶液沸腾。溶剂在沸腾状态下迅速汽化，进而使溶液达到过饱和状态而结晶析出。

这种结晶器在局部（加热面附近）溶剂汽化较快，溶液的过饱和度不易控制，因而也难以控制晶体颗粒的大小。可用于对产品晶粒大小要求不严格的结晶，也可以用在给其他结晶器做蒸浓设备用。

3. 循环式蒸发结晶器

如图 6-4 所示，料液自加料管加入，与从循环管和结晶槽溢流出来的饱和溶液一起流过加热器。料液被加热后用泵送入闪蒸器在蒸发器中部溶剂汽化使溶液达到过饱和。从闪蒸器出来的溶剂蒸气自出口管排出。过饱和溶液则经中心管进入结晶槽底部，折回向上通过在筛板上正在长大的晶体解除过饱和，并使结晶体得以成长。结晶槽上部的饱和溶液再同加入的料液一起循环，长成的晶体从出料管定期或连续排出。

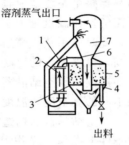

图 6-4 循环式蒸发结晶器
1—加料管；2—加热器；
3—筛板；4—中心管；
5—结晶槽；6—循环管；
7—闪蒸器

这种结晶器能连续操作，生产能力大，可以通过溶液的循环量和出料速度来控制晶粒的大小，且所得到的晶粒均匀易于分离。但结构复杂，动力消耗大，适合处理量大，对晶粒要求高的产品。

4. 喷雾结晶器

这种结晶器往往制成塔式，故又称塔式结晶器。溶液由塔顶或塔中部的喷布器喷入塔中，其液滴向塔底降落过程中与自塔底部通入的热空气逆向接触，液滴中的部分溶剂被汽化并及时被上升气流带走。同时，液滴因部分溶剂汽化吸出热量而冷却，使溶液达到过饱和而产生结晶。塔底一般呈锥形，将晶体和母液聚集后自动流出或用泵送走，进行固、液分离。

喷雾结晶器可以在短时间内将大量溶剂汽化，因而可以直接处理距饱和状态远的溶液，并且可以连续生产。但器体较庞大，消耗动力多，装置复杂。适用于不宜长时间加热的物料结晶。

5. 真空结晶器

真空结晶器可以是间歇式的，也可以是连续操作。图 6-5 为一连续真空结晶器。图中，溶液自进料口 1 连续加入，晶体与一部分母液则由泵 2 连续排出。泵 3 的作用是使从 1 进入的料液能沿管 4 循环，促进溶液均匀混合，以获得有利的结晶条件，结晶的晶粒能够悬浮起来，直到充分长大后才沉入锥底。溶剂蒸气自器顶引入高位冷凝器 5 中冷凝后排出。双级蒸气喷射泵 6 的作用是使冷凝器和结晶器整个系统造成真空，不断抽出不凝性气体。在真空结晶器中所需的操作温度通常是很低的，产生的溶剂蒸气不能被冷却水冷凝，此时可用蒸气喷射泵 7 喷射加压，将溶剂蒸气在冷凝之前加以压缩，以提高它的冷凝温度。

连续式真空结晶器也可采用多级串联操作，在每台结晶器中保持不同的真空度和温度，其操作原理与多级蒸发相同。

真空结晶器的构造简单、无运动部件，防腐问题便于考虑。真空条件下操作，操作温度低，不受冷却水温度的限制，生产能力大；溶液是绝热蒸发而冷却，不需要传热面，因此，不会在操作时出现晶体积结的问题；操作情况易调整和控制。但该设备操作时蒸气、冷却水消耗量都较大。

还有些在真空操作下的结晶设备，如生产味精（谷氨酸钠），采用带有搅拌器的夹套加热的真空蒸发罐，通常叫作真空煮晶锅，如图 6-6 所示。整个设备可分为加热蒸发室、加热夹套、（气液）分离器和搅拌器四个主要部分。加热蒸发室为圆筒壳体，罐底是半球形的，也可做成碟形或锥形的。采用半球形其容量较大，搅拌动力消耗较小，但加工困难。器身（圆筒部分）上下装有视镜和人孔，用以观察溶液的沸腾状况、溶液浓度、溶液中晶粒大小及其分布情况等。器顶盖为锥形，上接气液分离器。这种结晶器的特点是：因装有夹套加热，溶剂汽化速度快，溶液能迅速达到过饱和，容易自然起晶。此外，因有搅拌器，能使晶核或晶种在溶液内更好地均匀悬浮和运动，有利于提高晶体成长的速度和产品质量。

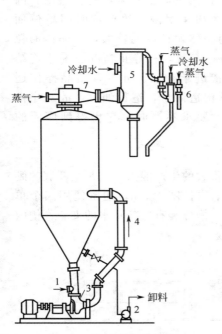

图 6-5　连续真空结晶器

1—进料口；2,3—泵；4—循环管；
5—冷凝器；6—双级蒸气喷
射泵；7—蒸气喷射泵

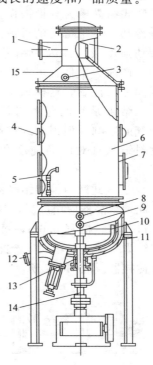

图 6-6　真空煮晶锅

1—二次蒸气排出管；2—分离器；3—清洗孔；
4—视镜；5—吸液孔；6—加热蒸发室；
7—人孔；8—压力表；9—蒸气进口管；
10—搅拌器；11—加热夹套；12—排料阀；
13—轴封填料箱；14—搅拌轴；15—顶盖

三、不移除溶剂的结晶器

1. 敞式结晶槽

最原始的结晶器是一只敞槽，借自然冷却作用使槽中溶液温度降低，同时也有少量的溶剂汽化出去。在这种结晶槽中，通常不加入晶种，也不搅拌，更不用任何方法控制冷却速率及晶粒的形成和成长。有时在槽中挂一细棒或线条，使较纯洁的晶体得以附在上面，而不致与泥渣同时沉于槽底。

敞式结晶槽为分批操作，一般每批操作需几天时间，待溶液充分冷却后，把留下的母液泄出，人工取出晶浆再进行过滤，因此劳动强度较大。因为结晶时冷却速率慢，故单位时间单位面积的生产能力很低。虽然生产的晶体颗粒可能较大，但晶体的粒度范围无法控制。这样大小不齐的晶粒，在静止情况下易于连结成簇，结果是粒间包藏母液，掺进了杂质。此外，结晶操作还受天气的影响。但因敞式结晶槽构造简单，造价便宜，故对小批量物料结晶且对产品纯度和粒度要求不严时，它仍得到广泛的应用。

2. 连续式敞口搅拌结晶器

此种结晶器应用广泛，具有很大的生产能力。它是半圆底的卧式敞口长槽。槽宽 0.6m，每一单位长度为 3m，通常使用四个单位连续为一组，以增大生产能力。槽外装有通冷却水的夹套，槽内装有搅拌器。如图 6-7 所示。

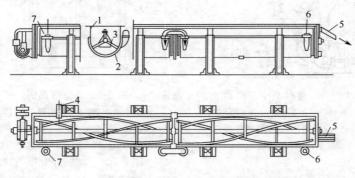

图 6-7　连续式敞口搅拌结晶器
1—槽；2—水夹套；3—搅拌器；4—溶液进口；
5—溶液出口；6,7—冷却水进出口

热而浓的溶液由结晶器的一端进入，并沿槽流动，夹套中的冷却水则与之做逆流流动。由于冷却作用，若控制得当，溶液在进口处附近产生晶核，这些晶核随溶液在结晶器中慢慢移动而长大成为晶体。最后由槽的另一端排出。此种结晶器的特点是：因对溶液施以搅拌，故晶粒不易在冷却面上聚结，且使晶粒能更好地悬浮于溶液中，有利于均匀成长；所得产品颗粒较细小，但大小均匀且完整。缺点是结晶器的容积较大。

3. 立式搅拌冷却结晶器

此种结晶器如图 6-8 所示，具有平盖和圆锥形底的紧密封闭的容器，器内装有搅拌器和蛇管。在蛇管中通以冷却水或冷冻盐水。

浓缩后的溶液由上部进入，由于冷却水的冷却作用，使溶液达到过饱和生成结晶，最后连同母液由器底的卸料管排出。为避免晶体聚结在器壁上，可在搅拌器的桨叶上装上耙子或金属刷子。搅拌的作用不仅能加速传热，使溶液中各点温度趋于一致，且能促进晶核的产生和晶体的长大而不易产生晶簇。

此种结晶器常用于生产量较小的柠檬结晶。其缺点是在蛇管上

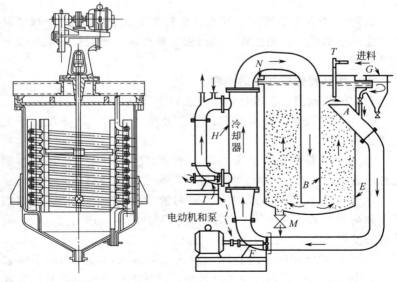

图 6-8　立式搅拌冷却结晶器　　图 6-9　克里斯塔尔式冷却结晶器

仍不可避免地会有结晶体聚结，对传热不利，必须经常清洗。

4. 连续操作循环式结晶器

如图 6-9 所示，少量的浓缩溶液（约为液体循环量的 0.5%～2%）从进料管 T 送至循环管的入口端 A，与从结晶器上部来的饱和溶液汇合由循环泵 F 送到冷却器 H，冷却器内的冷却水用泵 I 循环。溶液被冷却变为过饱和溶液。在冷却过程中，应控制它的过饱和度，使之不致引起自发成核，换言之，就是使溶液进入介稳区但又防止进入不稳区。一般情况下，溶液和冷却水之间的温度差不得超过 2℃。

过饱和溶液从靠近器底的循环管下端 B 出来后，直接向上流过器中悬浮体而与正在成长的晶体接触。一般控制循环速度恰好能使晶粒处于流化状态，且能产生粒析作用。已经长大到所需尺寸的晶粒则流到器底，连续地或间断地从排除管 M 排出。飘浮在液体表面附近的过量细晶进入小型旋风分离器 G 内，分离的清液通过循环管被送回结晶系统。结晶器内的母液由溢流管 N 流出。

这种结晶器属于母液循环式，也称为克里斯塔尔式冷却结晶器。适用于醋酸钠、硝酸钾、硝酸银、硫酸铜、硫酸镁及硫酸镍等盐类的结晶。

四、结晶操作应注意的问题

为使结晶操作正常进行，应注意以下几点：

① 按产品要求，在操作时注意防止生成晶簇，防止设备壁上形成积垢；

② 循环系统溶液流速要均匀，不要出现滞留死角，凡有溶液流过的管道均应有保温防止局部降温，而生成晶核沉积；

③ 要避免在晶核形成时有大的刺激，如激烈的振动、强烈的搅拌和高湍流的溶液循环，在采用搅拌器时应尽量选用大直径、低转速的搅拌器；

④ 在连续操作结晶过程时因料液不断加入，晶体产品不断被排出，因而溶液中的杂质也不断增加，杂质的存在影响晶粒的生成速度和产品的质量，所以必须注意对杂质的清除。

第四节 结晶操作的物料和热量衡算

在结晶过程中，为了确定结晶的产量以及应加入或移出的热量，可通过结晶操作的物料衡算和热量衡算求得。

一、物料衡算

在结晶过程中，原料的浓度常为已知。前已述及，在结晶过程终了时，母液的浓度即相当于最终温度时该物质的溶解度。因此，可根据母液的最终温度，由溶解度曲线查得其溶解度，即得母液的浓度。当原料液浓度和最终的母液浓度已知时，则可计算结晶过程的产量。

下述物料衡算式中，所用符号的意义和单位如下：

G_1、G_2 和 G_c 分别为原料液、母液及晶体的质量，kg；W 为因蒸发（或汽化）而移除的溶剂量，kg；a_1 为原料液的浓度，以溶质的质量分数表示；a_2 为母液的浓度，以溶质的质量分数表示

$$a_c = \frac{溶质的分子量}{晶体水合物的分子量} = \frac{M}{M_{水合物}} \quad (当晶体不是水合物时，a_c = 1)$$

总物料衡算式为

$$G_1 = G_2 + G_c + W \tag{6-1}$$

溶质（以非水合物为计算基准）的物料衡算为

$$G_1 a_1 = G_2 a_2 + G_c a_c \tag{6-2}$$

联解式(6-1) 和式(6-2) 得

$$G_c = \frac{G_1(a_1 - a_2) + W a_2}{a_c - a_2} \tag{6-3a}$$

对不同的结晶过程，在运用式(6-3)时，具体情况各有不同，现分别介绍。

1. 不移除溶剂的结晶

这时 $W = 0$，故

$$G_c = \frac{G_1(a_1 - a_2)}{a_c - a_2} \tag{6-3b}$$

2. 除去部分溶剂的结晶

此又可分为以下几种。

（1）蒸发结晶　在蒸发器中，移除的溶剂量 W 已预先规定，可由式（6-3）求出 G_c。反之，若已知结晶产量，则可求 W。

（2）汽化结晶　若用空气吹过结晶器，以带走汽化的溶剂，则汽化的溶剂量等于空气中水分增加的量，故可由空气中湿含量的变化求出 W，再由式（6-3）求出 G_c。

$$W = L(H_2 - H_1) \tag{6-4}$$

式中，L 为干空气的质量，kg；H_1 及 H_2 分别为空气最初和最终的湿含量，kg（水汽）/kg（干空气）。

（3）真空结晶　须将式（6-3）与结晶过程中热量衡算相结合，才能求出 W 和 G_c。

二、热量衡算

除上述符号外，此处增加：

G_0 为冷却水（或冷冻盐水）的量，kg；c_1、c_2、c_c 及 c_0 分别为原料液、母液、晶体及冷却水（或冷冻盐水）的平均比热容，kJ/(kg·K)；t_1 为原料液温度，℃；t_2 为母液及晶体的温度，℃；t_H 及 t_K 分别为冷却水（或冷冻盐水）的初温和终温，℃；Q 为热量，kJ；i 为溶剂蒸汽的热焓量，kJ/kg；i_H、i_K 分别为空气最初（入口处）及最终（出口处）的热焓量，kJ/kg（干空气）。

输入结晶器的热量如下。

① 随原料液带入的显热　$Q_1 = G_1 c_1 t_1$　kJ。

② 结晶热 Q_2 一般是指物质在结晶过程中放出的潜热，因为结晶可视为溶解的相反过程，其数值可取为物质的溶解热，而改变其正负符号。此法忽略了稀释热，但误差很小，不致影响结晶产品的计算。

物质的结晶热可从有关手册中查取。另外，如已知参与反应的各物质的生成热，也可按赫斯定律，由热化学方程式算出结晶物质的结晶热。

③ 因加热而传给溶液的热量 Q_3 可从传热这一章中的方法来决定。例如，在蒸发结晶器中，所加热量可由水蒸气用量及其最初和

最终的热焓量算出，或由加热蒸汽与溶液之间的传热方程式算出。此项热量 Q_3，常常也是结晶热量衡算中待求的量。

从结晶器输出的热量如下。

① 随母液带出的显热 $Q_4 = G_2 c_2 t_2$ kJ。

② 随晶体带出的显热 $Q_5 = G_c c_c t_2$ kJ。

③ 随溶剂蒸汽带出的热量 $Q_6 = W_i$ kJ。

④ 冷却剂取出的热量 $Q_7 = G_0 c_0 (t_K - t_H)$ kJ。Q_7 也常常是结晶热量衡算中所待求的热量。

⑤ 结晶器向周围散失的热量 Q_8，可由传热章中的热损失公式计算，或按经验予以估算。

在稳定结晶过程中，输入结晶器的热量等于结晶器中输出的热量。

故结晶过程的热量衡算可表示为

$$Q_1 + Q_2 + Q_3 = Q_4 + Q_5 + Q_6 + Q_7 + Q_8 \tag{6-5}$$

上式可根据具体情况而进行简化。

蒸发结晶因无冷却剂加入，故 $Q_7 = 0$。

不移除溶剂的结晶：此为用冷却方法进行结晶的操作，对溶液不加热，又无溶剂蒸汽带出，设备的热损失很小，可忽略不计。故 $Q_3 = 0$，$Q_6 = 0$，$Q_8 = 0$。

真空结晶：器内维持真空状态与外界绝热，$Q_3 = 0$，$Q_7 = 0$，$Q_8 = 0$。

【例 6-1】 每小时将 1000kg 浓度为 16.66%（质量）的氢氧化钡水溶液从 358K 冷却至 298K，蒸发出 150kg 水蒸气，母液的浓度为 2.6%（质量分数），求带八个结晶水的氢氧化钡的结晶量为若干？

解： 已知：原料液量 $G_1 = 1000$kg/h；原料液的浓度 $a_1 = 0.166$；每小时蒸发出水分量 $W = 150$kg/h；母液浓度 $a_2 = 0.026$；无水氢氧化钡的分子量 $M = 171$；带八个分子水的氢氧化钡的分子量 $M_{水合物} = 315$。

则 $a_c = M/M_{水合物} = 171/315 = 0.54$；根据式(6-3a) 计算结晶体产量 G_c

$$G_c = \frac{G_1(a_1 - a_2) + W a_2}{a_c - a_2} = \frac{1000(0.166 - 0.026) + 150 \times 0.026}{0.54 - 0.026}$$

$$= 281.13 (\text{kg/h})$$

本章小结

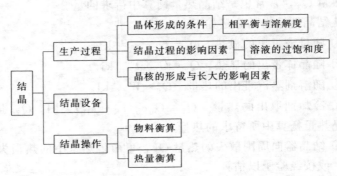

思考题与习题

一、思考题

1. 简述结晶操作在化工生产中的主要用途?

2. 解释下列概念的含义：晶核、晶格、晶簇、晶习、晶浆、母液、磨损、包藏、过冷度。

3. 什么叫溶解度、饱和度和过饱和溶液?

4. 结晶的前提是什么? 用哪些方法使溶液达到过饱和而发生结晶?

5. 哪些因素影响晶粒的形成和长大?

6. 结晶方法有几种?

7. 什么叫溶解度曲线? 并说明溶解度曲线的变化对结晶操作的指导意义? 溶解度曲线上方区域和下方区域代表什么?

8. 什么叫过饱和度和介稳区? 它们对结晶操作有什么意义?

9. 结晶过程包括哪两个阶段? 怎样来说明控制结晶速率对保证产品质量的重要意义?

10. 如果要想得到粒大而均匀的产品一般应控制怎样的工艺条件?

11. 结晶器有哪几大类型? 试说明分离式结晶器的工作原理及其主要优点?

12. 试写出结晶操作的物料衡算式和热量衡算式。

二、习题

1. 每小时使 5000kg $NaNO_3$ 的水溶液自 90℃冷却到 40℃而结晶, 所用设备为连续式敞口搅拌结晶器。如溶液在 90℃时每 1000kg 水中含有 16mol 的 $NaNO_3$。溶液在结晶器内冷却时, 所汽化的水分为原液质量的 3％。冷却水进入夹套时的温度为 15℃，出来时为 25℃。结晶器散失在外界的热可以忽略不计。$NaNO_3$ 固体的比热容可取 1.172kJ/(kg·℃)，其结晶热为 247.9kJ/kg。试求此结晶器每小时的生产能力与冷却水消耗量。　（150kg，1.99×10^4 kg）

2. 在结晶器中将 10t 碳酸钾的饱和溶液自 80℃冷却到 35℃，问可得多少 $K_2CO_3 \cdot 2H_2O$ 的晶体？假设冷却过程中水分的汽化量可以忽略。已知碳酸钾的溶解度为：80℃时，10mol/1000g 水；35℃时，8.15mol/1000g 水。K_2CO_3 的分子量为 138；$K_2CO_3 \cdot 2H_2O$ 的分子量为 174。　（1894kg）

第七章 溶液的蒸馏

学习目标

掌握气-液平衡关系的表达和应用、精馏塔物料衡算、塔板数的计算、回流比的选择；

理解相对挥发度、理论板的概念；气、液两相回流在精馏过程的作用；

了解蒸馏分离的依据，各种蒸馏方式及特殊蒸馏的过程特点，板式塔的重要类型、特点、操作。

能力目标

掌握精馏塔正常操作控制和操作技术，常见异常现象的处理方法。

第一节 概　　述

一、蒸馏过程在化工中的应用

在化工生产过程中，常常需要将原料中间产物或粗产物进行分离，以获得符合工艺要求的化工产品或中间产品。化工上常见的分离过程包括蒸馏、吸收、萃取、干燥及结晶等。其中蒸馏是分离液体混合物的典型单元操作，应用最为广泛。例如将原油蒸馏可得到汽油、煤油、柴油及重油等，将混合芳烃蒸馏可得到苯、甲苯及二甲苯等，将液态空气蒸馏可得到纯态的液氧和液氮等。

蒸馏是分离均相液体混合物的一种方法。蒸馏分离的依据是根据溶液中各组分挥发度（或沸点）的差异，使各组分得以分离，混合液中沸点低的组分易挥发，称为易挥发组分（或轻组分）；混合液中沸点高的组分较难挥发，称为难挥发组分（或重组分）。例如，在容器中将苯和甲苯溶液加热，使之部分汽化形成气液两相。当气液两相趋于平衡时，由于苯的挥发性能比甲苯强（即苯的沸点较甲苯低），气相中苯的含量较原来的溶液高，将蒸气引出并冷凝后，即可得到含苯较高的液体，而残留在容器中的液体苯的含量比原来溶液中的低，也即甲苯的含量比原来溶液中的高。这样，溶液就得到了初步分离，若多次进行上述的分离过程，即可得到较纯的苯和甲苯。

二、蒸馏的分类

根据蒸馏操作的不同特点，蒸馏可以有不同的分类方法。

① 按蒸馏操作方式不同，分为简单蒸馏、精馏和特殊蒸馏。

简单蒸馏只能用于溶液的粗略分离，不能得到纯组分，因而实际应用较少。精馏是实际生产中应用最广泛的一种，其特点是能得到很纯的产品。特殊蒸馏用在一般蒸馏不能进行分离的场合，包括水蒸气蒸馏、恒沸蒸馏和萃取蒸馏等。

② 根据原料的组分数目，可分为双组分蒸馏和多组分蒸馏。

双组分蒸馏是指分离混合液中只有两种组分的蒸馏操作。但在石油化工生产中，经常遇到的是两种以上组分组成的混合液的分离，称之为多组分的蒸馏。

③ 按操作流程不同，可分为间歇蒸馏和连续蒸馏。

间歇蒸馏是将物料一次加入釜内，蒸馏操作过程釜内液体易挥发组分的浓度逐渐降低，直至符合生产要求为止，然后再加料，再蒸馏分批间断操作。连续蒸馏是连续不断进料，同时也连续不断地从塔顶、塔底获得产品。

④ 按操作压强不同，可分为常压蒸馏、加压蒸馏和减压蒸馏。

常压蒸馏采用的较多，但对于某些高沸点或高温易分解的液体，则应采用减压蒸馏，以降低操作温度。若分离的液体混合物在常压下是气态则应采用加压蒸馏。

三、蒸馏分离的特点

蒸馏是目前应用最广的一类液体混合物的分离方法，具体有如下特点。

① 通过蒸馏的分离可以直接获得需要的产品，而吸收、萃取等分离方法，由于有外加溶剂，需进一步使所提取的组分与外加组分进行分离，因而蒸馏操作流程通常较为简单。

② 蒸馏过程适用于各种浓度混合物的分离，而吸收、萃取等操作，只有当被提取组分浓度较低时才比较经济。

③ 蒸馏操作是通过对混合液加热建立气液两相体系的，所得

到的气相还需要再冷凝液化，因而蒸馏操作耗能较大。蒸馏过程的节能是一个值得考虑的问题。

第二节 溶液气液平衡关系

一、双组分理想溶液的气液平衡关系

在一定温度下，任何纯溶液皆具有一定大小的饱和蒸气压，这是由于液体和其蒸气彼此形成动态相平衡的结果。不同的液体在相同的温度下的蒸气压数值是不同的，但均随温度的升高而增大。

液体混合物也具有蒸气压，只不过其蒸气压等于组成混合物各组分蒸气压之和。同时，液体混合物气液之间也有一定的平衡关系。下面以双组分溶液为例讨论这种平衡关系。

1. 理想溶液

所谓理想溶液，是指溶液中不同组分分子之间的吸引力和纯组分分子之间的吸引力完全相同的溶液。如以 $F_{A\text{-}A}$ 代表纯组分 A 两个相邻分子间的引力；$F_{B\text{-}B}$ 代表纯组分 B 两个相邻分子间的引力；$F_{A\text{-}B}$ 代表双组分溶液中不同组分相邻分子之间的引力，则

$$F_{A\text{-}A} = F_{B\text{-}B} = F_{A\text{-}B}$$

由于分子间的吸引力没有因为两组分混合在一起而产生变化，所以当混合成溶液时，既没有体积变化，也没有热效应产生，混合后的温度不变，焓值也不变。

真正的理想溶液是不存在的，但实践证明，由性质极其相似的物质所组成的溶液，如苯和甲苯、甲醇和乙醇，以及烃类同系物所组成的溶液，相同组分的分子和不同组分分子之间的吸引力基本相等，都可以视为理想溶液。

2. 拉乌尔定律

理想溶液的气液平衡关系，可以用拉乌尔定律来表述：在一定温度条件下，溶液上方蒸气中某一组分的分压，等于该组分在该温度下的饱和蒸气压乘以该组分在溶液中的摩尔分数。

$$p_A = p_A^0 \cdot x_A \tag{7-1}$$

$$p_B = p_B^0 \cdot x_B = p_B^0(1 - x_A) \tag{7-2}$$

式中，p_A、p_B 分别为平衡时溶液上方组分 A、B 的蒸气压，

Pa；p_A^0、p_B^0 分别为纯组分 A、B 在平衡温度下的饱和蒸气压，Pa；x_A、x_B 分别为液相中组分 A、B 的摩尔分数。

3. 道尔顿分压定律

理想溶液的蒸气也是理想气体，它服从道尔顿分压定律。

$$y_A = p_A/p \tag{7-3}$$

$$y_B = p_B/p \tag{7-4}$$

而

$$p = p_A + p_B \tag{7-5}$$

式中，y_A、y_B 分别为气相中组分 A、B 的摩尔分数；p 为气相的总压，Pa。

将式(7-1)和式(7-2)代入式(7-5)，得

$$p = p_A^0 \cdot x_A + p_B^0(1-x_A) = (p_A^0 - p_B^0) \cdot x_A + p_B^0$$

则

$$x_A = \frac{p - p_B^0}{p_A^0 - p_B^0} \tag{7-6}$$

将式(7-1)代入式(7-3)，得

$$y_A = \frac{p_A^0}{p} \cdot x_A \tag{7-7}$$

或

$$y_A = \frac{p_A^0 \cdot x_A}{p_A^0 \cdot x_A + p_B^0(1-x_A)} \tag{7-8}$$

式(7-6)～式(7-8)表达了双组分理想溶液的气液平衡关系。

【例 7-1】 正庚烷 A 和正辛烷 B 所组成的混合液，在 388K 时沸腾，外界压强为 101.3kPa，根据实验测定，在该温度条件下的 $p_A^0 = 160$kPa，$p_B^0 = 74.8$kPa，试求平衡时气、液相中正庚烷和正辛烷的组成。

解：根据式(7-6)和式(7-7)可求正庚烷组成

$$x_A = \frac{p - p_B^0}{p_A^0 - p_B^0} = \frac{101.3 - 74.8}{160 - 74.8} = 0.31$$

$$y_A = \frac{p_A^0}{p} \cdot x_A = \frac{160}{101.3} \times 0.31 = 0.49$$

则

$$x_B = 1 - x_A = 1 - 0.31 = 0.69$$

$$y_B = 1 - y_A = 1 - 0.49 = 0.51$$

【例 7-2】 甲醇 A 和乙醇 B 组成的混合液，其质量相等，已知在 293K 下甲醇和乙醇的饱和蒸气压分别为 $p_A^0 = 11.82$kPa，$p_B^0 = 5.93$kPa，试求：①当气液平衡时，两组分的蒸气分压和总压；②以摩尔分数表示的气相组成。

解：① 根据式（7-3）、式（7-4）求两组分蒸气分压。取两种组分都是 100kg 为基准进行计算，则混合物各自的摩尔数为

$$n_A = \frac{G_A}{M_A} = \frac{100}{32} = 3.125 \text{kmol}$$

$$n_B = \frac{G_B}{M_B} = \frac{100}{46} = 2.174 \text{kmol}$$

溶液中甲醇的摩尔分数 $x_A = \dfrac{n_A}{n_A + n_B} = \dfrac{3.125}{3.125 + 2.174} = 0.59$

乙醇的摩尔分数 $x_B = 1 - x_A = 1 - 0.59 = 0.41$

因此，平衡时甲醇的蒸气分压 $p_A = p_A^0 x_A = 11.82 \times 0.59 = 6.97 \text{kPa}$

乙醇的蒸气分压 $p_B = p_B^0 x_B = 5.93 \times 0.41 = 2.43 \text{kPa}$

总压为 $p = p_A + p_B = 6.97 + 2.43 = 9.4 \text{kPa}$

② 用式（7-7）求气相中两组分的摩尔分数

$$y_A = \frac{p_A^0}{p} \cdot x_A = \frac{11.82}{9.4} \times 0.59 = 0.74$$

$$y_B = 1 - y_A = 1 - 0.74 = 0.26$$

二、沸点-组成图 [t-$x(y)$ 图]

在一定外压条件下，溶液各个组分的饱和蒸气压随温度的变化而变化，在不同温度下气、液相的组成也将发生变化。为了简明地表示双组分溶液在平衡时气、液相的组成，通常用温度-组成图 [t-$x(y)$ 图] 来表示。

表 7-1 是根据实验测定的在 0.1MPa 下苯-甲苯溶液在不同温度下的气液平衡组成。依据表 7-1 数据可以绘出苯-甲苯溶液的沸点-

表 7-1   0.1MPa 下苯-甲苯溶液在不同温度下的气液平衡组成

沸点/K	饱和蒸气压/kPa		x_A	y_A
	苯 p_A^0	甲苯 p_B^0		
353.2	101.3	40.0	1.000	1.000
357.0	113.6	44.4	0.830	0.930
361.0	127.7	50.6	0.639	0.820
365.0	143.7	57.6	0.508	0.720
369.0	160.7	65.7	0.376	0.596
373.0	179.4	74.6	0.255	0.452
377.0	179.4	83.3	0.155	0.304
381.0	221.2	93.9	0.058	0.128
383.4	233.0	101.3	0.000	0.000

组成图，见图 7-1。图中的
纵坐标为溶液的沸点温度，
横坐标为混合物中易挥发
组分的液相组成 x 和气相
组成 y。图中有两条曲线，
其中实曲线代表平衡时液
相组成 x 与温度 t 的关系，
称为液相线。虚线表示平
衡时气相组成 y 与温度 t 的
关系，称为气相线。这两
条曲线把图形分成三个区
域。t-x 线以下，溶液处于
未沸腾状态，称为液相区，

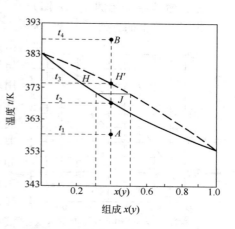

图 7-1　苯-甲苯溶液的 t-$x(y)$ 图

又称过冷液相区。t-y 线和 t-x 线之间的区域，既有液相又有气相，
称为气液共存区。t-y 线以上，溶液全部汽化为蒸气，称为气相
区，又称过热蒸气区。若将温度为 t_1，组成为 x 的 A 点溶液加热至
t_2 到 J 点时，溶液开始沸腾，产生第一个气泡，相应的温度称为泡
点温度。同样，当温度为 t_4 组成为 y 的 B 点蒸气冷却至 H' 点所示
的温度 t_3 时，混合气开始冷凝，产生第一个液滴，相应的温度称为
露点温度。显然，在一定外压下，泡点温度和露点温度与混合液的
组成有关，所以液相线又称为泡点线，气相线又称为露点线。

从沸点-组成图中可以看出：

① 气液平衡时，由于气、液两相温度相同，处于平衡状态的
点必在同一水平线上；

② 纯苯的沸点 $t_A = 80℃$，甲苯沸点 $t_B = 110℃$，混合液的沸
点介于 t_A 和 t_B 之间，且随着组成不同而不同，易挥发组分含量增
加时，混合液沸点降低，反之则升高；

③ 当气、液两相并存时，气相中易挥发组分的含量总是大于
液相中易挥发组分的含量，即 $y_A > x_A$；

④ 当 A 点溶液全部加热到 B 点全部汽化，气相中各组分的含
量与原来溶液组成一样，没有发生变化。

三、气液平衡相图（y-x 图）

为了计算上的方便，工程上常把气相组成 y 和液相组成 x 的平衡关系绘制成图，称为气液平衡相图或 y-x 图。图 7-2 就是利用表 7-1 的数据绘制成的苯-甲苯混合液的 y-x 图。图中的曲线为平衡线，它反映了苯-甲苯混合液中易挥发组分苯的组成和与其平衡的气相组成之间的关系。图中的对角线称为参考线，在线上的任何一点，气、液相组成相等，$x = y$。

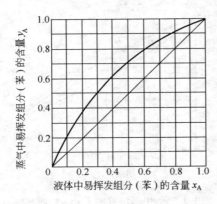

图 7-2 苯-甲苯混合液的 y-x 图

对多数溶液来说，平衡线位于对角线之上。这就是说，在沸腾时，气相中易挥发组分的含量总是大于液相中易挥发组分的含量，$y_A > x_A$。而气相难挥发组分含量总是小于液相中难挥发组分的含量，$y_B < x_B$，这就为蒸馏操作提供了依据。显然，平衡线离对角线越远，该溶液就越容易分离。

应当指出，总压对 t-x 关系的影响较大，不能忽略，而对 y-x 关系的影响就不那么大。实验表明，当总压变化不大于 30% 时，一般溶液的 y-x 关系的变化不超过 2%，可以忽略不计，这也是应用 y-x 图比 t-x 图要方便的地方。

四、挥发度和相对挥发度

利用 t-x 图、y-x 图可以判别溶液中两组分分离的难易程度，但必须要有溶液各组分的平衡数据，还要作图，比较麻烦。用相对挥发度来判别分离的难易程度就相对简单得多了。

1. 挥发度和相对挥发度

气相中某一组分的蒸气分压和它在与气相平衡的液相中的摩尔分数之比，称为该组分的挥发度，用符号 v（单位为 Pa）表示

$$v_A = \frac{p_A}{x_A} \qquad v_B = \frac{p_B}{x_B} \tag{7-9}$$

式中，v_A、v_B 分别为组分 A、B 的挥发度，Pa。

两个组分之间的挥发度之比，称为相对挥发度，用符号 α 表示。在双组分溶液中，组分 A 对组分 B 的相对挥发度，用 α_{AB} 表示

$$\alpha_{AB} = \frac{v_A}{v_B} = \frac{p_A x_B}{p_B x_A}$$

当压强不大，气相服从道尔顿定律，$p_A = p y_A$，$p_B = p y_B$，代入上式得

$$\alpha_{AB} = \frac{y_A x_B}{y_B x_A} \tag{7-10}$$

当溶液为理想溶液时，应服从拉乌尔定律：$p_A = p_A^0 x_A$，$p_B = p_B^0 x_B$，则

$$\alpha_{AB} = \frac{v_A}{v_B} = \frac{p_A^0}{p_B^0} \tag{7-11}$$

式(7-11)表明，理想溶液中双组分的相对挥发度等于双纯组分的饱和蒸气压之比。

【**例 7-3**】　苯酚和对甲酚的混合液，在 390K，总压为 10kPa 下，苯酚的饱和蒸气压 $p_A^0 = 11.58$kPa，对甲酚的饱和蒸气压 $p_B^0 = 8.76$kPa，试求苯酚的相对挥发度。

解：根据式(7-6)，$x_A = \dfrac{p - p_B^0}{p_A^0 - p_B^0} = \dfrac{10 - 8.76}{11.58 - 8.76} = 0.44$，$x_B = 1 - x_A = 1 - 0.44 = 0.56$

根据式(7-7)，$y_A = \dfrac{p_A^0}{p} \times x_A = \dfrac{11.58}{10} \times 0.44 = 0.51$，$y_B = 1 - y_A = 1 - 0.51 = 0.49$

由式(7-10)，$\alpha_{AB} = \dfrac{y_A x_B}{y_B x_A} = \dfrac{0.51 \times 0.56}{0.49 \times 0.44} = 1.325$

或由式(7-11)，$\alpha_{AB} = \dfrac{p_A^0}{p_B^0} = \dfrac{11.58}{8.76} = 1.322$

两种计算，结果是一致的。

2. 用相对挥发度表示相平衡关系

由式(7-10)，$\alpha_{AB} \dfrac{x_A}{x_B} = \dfrac{y_A}{y_B}$，$\alpha_{AB} \dfrac{x_A}{1-x_A} = \dfrac{y_A}{1-y_A}$

得
$$y_A = \frac{\alpha_{AB} x_A}{1 + (\alpha_{AB} - 1) x_A} \tag{7-12}$$

式(7-12) 就是用相对挥发度表示气液平衡的关系式，它与式(7-8) 相比，能更加明确而简便的判别分离的难易程度。当 $\alpha_{AB} = 1$ 时，$y_A = x_A$，溶液无法分离。当 $\alpha_{AB} > 1$ 时，$y_A > x_A$，说明能够分离，而且 α_{AB} 越大，y_A 越大，越容易分离。当 $\alpha_{AB} < 1$ 时，和 $\alpha_{AB} > 1$ 一样可以分离，只是两组分互相颠倒，B组分成了易挥发组分。

相对挥发度 α_{AB} 是温度、压力等的函数，遵守拉乌尔定律溶液的相对挥发度随温度的变化很小。在精馏塔内，压力、温度的变化较小，计算中通常可以取塔底和塔顶相对挥发度的几何平均值作为整个塔的相对挥发度的值，即

$$\alpha_{AB} = \sqrt{\alpha'_{AB} \alpha''_{AB}} \tag{7-13}$$

式中，α'_{AB} 为塔顶的相对挥发度；α''_{AB} 是塔底的相对挥发度。

【**例 7-4**】 利用表 7-1 的蒸气压数据，计算在不同温度下的相对挥发度，并以该表按式(7-6) 所算出的 x_A 值为准，按式(7-12) 计算出对应的平衡气相浓度 y_A，同时与按照式(7-7) 算出的 y_A 值进行比较。

解：由式(7-11)：$\alpha_{AB} = p_A^0 / p_B^0$

塔顶为纯苯，则 $\alpha'_{AB} = 101.3/40 = 2.53$

塔底为纯甲苯，则 $\alpha''_{AB} = 233.0/101.3 = 2.41$

根据式(7-13) 算得 $\alpha_{AB} = \sqrt{2.53 \times 2.41} = 2.47$

由式(7-12)，$y_A = \dfrac{2.47 x_A}{1 + 1.47 x_A}$

第一点　$x_A = 1$，$y_A = \dfrac{2.47}{1 + 1.47} = 1$

第二点　$x_A = 0.83$，$y_A = \dfrac{2.47 \times 0.83}{1 + 1.47 \times 0.83} = 0.923$

按同样方法逐点计算，并将结果列于表 7-2 内。

表 7-2　y_A 值计算结果

温度/K	p_A^0/kPa	p_B^0/kPa	x_A	按式(7-7)算出的 y_A	按式(7-12)算出的 y_A
353.2	101.3	40.0	1.000	1.000	1.000
357.0	113.6	44.4	0.830	0.930	0.923
361.0	127.7	50.6	0.639	0.820	0.814
365.0	143.7	57.6	0.508	0.720	0.718
369.0	160.7	65.7	0.376	0.596	0.598
373.0	179.4	74.6	0.255	0.452	0.458
377.0	199.4	83.3	0.155	0.304	0.312
381.0	221.2	93.9	0.058	0.128	0.132
383.4	233.0	101.3	0.000	0.000	0.000

　　从表中所列的数据可以看出，利用全塔平均相对挥发度计算与用气液平衡关系式计算，误差在 1% 左右，其结果是令人满意的。

第三节　精馏原理

一、简单蒸馏原理和流程

　　把液体混合物加入蒸馏釜中并加热，逐渐地进行部分汽化，并不断将生成的蒸气移去，则可使组分部分地分离，这种方法称为简单蒸馏。简单蒸馏适用于分离沸点相差较大，分离程度要求不高的溶液分离。图 7-3 为简单蒸馏装置图。一定组成的原料液加到蒸馏釜 1 中，并逐渐汽化，产生的蒸气不断进入冷凝-冷却器 2 中冷至一定温度，馏出液可按不同的组成范围导入容器 3 中。

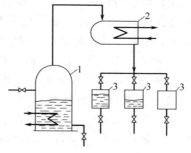

图 7-3　简单蒸馏装置图
1—蒸馏釜；2—冷凝-冷却器；3—容器

　　利用沸点-组成图，可以说明简单蒸馏的原理和操作基本方法。以图 7-4 所示的苯-甲苯溶液为例，当混合液中苯的含量为 x_F，温度为 t_a（图中 A 点）时，只有液相存在。若将其加热至 F 点，溶液开始沸腾，系统中出现了与液相平衡的蒸气，其组成为 y_F，而且 $y_F > x_F$。如果继续加热至 g 点，气液两相共存，蒸气中苯的含量为 y_G，与其平衡的液相中苯的含量为 x_G，而且 $y_G > x_G$。如果这时把蒸气引出来加以冷凝，就

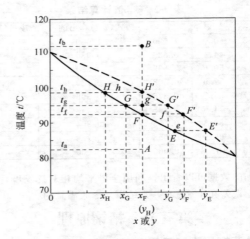

图 7-4　说明蒸馏原理的苯-甲苯 t-x（y）图

可以使其苯的含量比原来有所提高，而残液中苯的含量则相应减少，这就是简单蒸馏的原理。但随着操作的进行，釜中液相的浓度不能始终保持为 x_F 不变，而是越来越低，馏出的浓度也相应地在变化。因此，通常用几个容器把不同浓度范围的馏出液分别收集起来。

如果不把气体引走，而是继续加热至 H' 点，溶液则全部汽化，气相组成与原始溶液的组成相同，即 $y_H = x_F$。如再继续加热至 B 点，蒸气成为过热蒸气，温度虽然升高了，但组成仍不变。显然，全部汽化达不到分离的目的。同理，将 B 点的混合气体在密闭系统中冷凝至 g 点，一部分冷凝成含量为 x_G 的液体，一部分含量为 y_G 的蒸气，而且 $y_G > x_G$。但如果继续冷至 F 点或 A 点，组成和原来混合气体组成一样，没有发生变化。这就是说，全部汽化或全部冷凝，都不能实现溶液的分离，而部分汽化和部分冷凝是将溶液分离，实现蒸馏操作的根本途径。

由上可知，简单蒸馏为间歇、非定态操作，在操作过程中系统的温度和浓度均随时间而变。

蒸馏的分离效果不高，其蒸馏出液体的最高组成也只有 y_0，即与料液呈平衡时的气液组成，因此只有两组分的相对挥发度很高时，才能得到比较好的分离效果，所以通常只能作粗分和初步分离。例如从含乙醇不到10％的发酵醪液经简单蒸馏只能得到50度左右的烧酒。

二、精馏基础

由简单蒸馏可知，溶液部分汽化所得易挥发组分含量较原溶液高，但要想获得较纯的组分也是不可能的。化工生产中，常常要求将溶液分离为接近纯的组分。简单蒸馏是无法实现的，必须由能够进行多次部分汽化和多次部分冷凝的精馏操作来实现。

1. 多次部分汽化和多次部分冷凝

根据图7-4分析，如果将原料液加热至 g 点，得到组成为 y_G 的蒸气，$y_G > x_G$。然后将其引入冷凝器进行部分冷凝至 f 点，则可以得到进一步增浓的组成 y_F，$y_F > y_G$。将平衡的气相再一次部分冷凝至 e 点，又得到更加增浓的组分 y_E，$y_E > y_F$。这样，经过足够多次的操作，最后就可以得到纯度很高的易挥发组分产品。

如果把部分汽化后浓度为 x_G（$x_G < x_F$）的残液再次加热至 h 点，残液中易挥发组成 x_H 又进一步降低，$x_H < x_G$。这样，经过足够多次的部分汽化，最后也可以得到易挥发组分含量极低的产品——难挥发组分。

图7-5是根据上述分析而设计的一套精馏模型。组成为 x_F 的原料液加入蒸馏釜1中部分汽化，分离成组成为 y_3 的蒸气和组成为 x_3 的残液。将组成为 y_3 的蒸气引入分凝器2中进行部分冷凝，

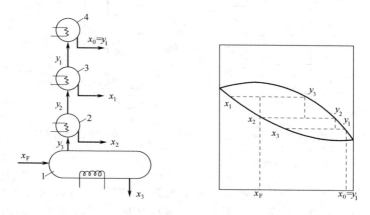

图7-5　多次部分汽化、部分冷凝示意图
1—蒸馏釜；2,3—分凝器；4—全凝器

分离成组成为 y_2 的蒸气和组成为 x_2 的二级残液。组成为 y_2 的蒸气再引入分凝器 3 中进行部分冷凝，又分离成组成为 y_1 的蒸气和组成为 x_1 的三级残液。如果操作到此为止，则将组成为 y_1 的蒸气经全凝器 4 全部冷凝下来，液相中易挥发组分的含量 $x_0 = y_1$，比原料液中的含量有了很大提高。但是，这种操作有很大的缺点，就是每一次部分冷凝都要产生一个中间液相馏分，最后作为馏出液的量可能就很少了。为了弥补这一不足，提高产品的收率，可以将部分冷凝所产生的中间馏分再部分汽化，如图 7-6 所示。将组成为 x_1 的中间馏分在汽化器 5 中部分汽化，使产生的蒸气与分凝器 2 中的气相汇合，以补偿因部分冷凝而减少的蒸气量。将汽化器 5 中的液相与分凝器 2 所冷凝的液相汇合，送至加热釜中再一次部分汽化，如果汽化器 5 中温度控制得当，可以做到使其产生的气液相组成等于或接近 y_2 和 x_3。这样，收率就提高了，但设备增多，能耗也大了。

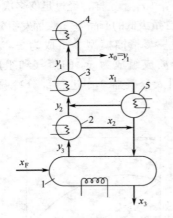

图 7-6　无中间馏分的操作示意
1—蒸馏釜；2,3—分凝器；
4—全凝器；5—汽化器

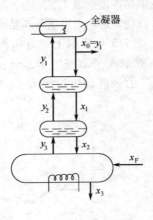

图 7-7　精馏操作模型

为了改善这种状况，可以把组成为 y_3 的蒸气与组成为 x_1 的液相直接混合，如图 7-7 所示。气、液相的组成比较接近，但由于液相泡点温度比气相露点温度低，高温的蒸气将低温液体加热并部分汽化，而蒸气又被液相所部分冷凝，这样既节省了加热和冷凝设备，又使能量得到了充分利用。化工生产中，实际采用的精馏塔就是根据这一原理而设计的。

2. 精馏塔的操作过程

常用的精馏塔如图 7-8 所示。一个完整的精馏设备除包括精馏塔塔体本身外，还包括塔底再沸器和塔顶冷凝器两部分。再沸器加热以提供一定组成的上升蒸气，塔顶冷凝器冷凝蒸气以提供下降的回流液。

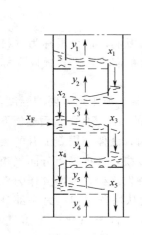

图 7-8　精馏塔示意图

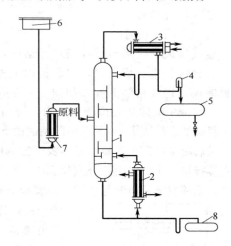

图 7-9　连续精馏流程

1—精馏塔；2—再沸器；3—冷凝器；
4—观察罩；5—馏出液贮槽；6—高位槽；
7—预热器；8—残液贮槽

塔体内有若干块塔板，把塔分成若干层。塔板一侧设有溢流管，使冷凝器返回的回流液在板上维持一定的液面，并顺溢流管逐板下降。塔板上开有许多人孔和浮阀等不同的元件，从塔底产生的蒸气通过小孔和板上元件与板上液体直接接触，进行热量和质量交换。

上升蒸气遇到塔板上的冷凝液体，受冷而部分冷凝并放出热量，这些热量被板上的液体吸收而产生部分蒸气，实现了热量交换。蒸气被冷凝后，由于难挥发组分被较多地冷凝成液体而转入液相，使气相中易挥发组分含量提高了。板上液体部分汽化时，易挥发组分较多地转入气相，使液相中难挥发组分的含量也增加了。从而实现了气、液两相的质量交换。由此可见，在塔内自下而上蒸气每经过一块塔板，就与塔板上的液体接触一次，部分冷凝一次，易挥发组分含量就增大一次，直至塔顶就得到纯度很高的易挥发组分。同时自上而下的液体每经过一块塔板，就与上升的蒸气接触一次，就部分汽化一次，难挥发组分含量就增大一次，直至塔釜可以得纯度很高的难挥发组分。混合液就这样被精馏塔分离了。

三、精馏流程

1. 连续精馏流程

连续精馏的进料口设在塔口部某一块塔板上，这块板称为进料板。进料板把塔分成两段，进料板以上称为精馏段，进料板以下称为提馏段。连续精馏流程，如图7-9所示。

原料液不断地从高位槽6流出，经预热器7预热到需要的温度，从进料板加入精馏塔1。原料液与精馏段下降的回流液体汇合后逐板下流，最后流至塔底再沸器。在逐板下流的同时，液体与塔釜上升的蒸气直接接触，实现多次部分汽化和多次部分冷凝，易挥发组分向气相转移，难挥发组分向液相转移。塔釜得到难挥发组分，一部分作为塔釜产品，连续从塔釜采出；另一部分在再沸器中加热部分汽化产生蒸气，依次上升通过各层塔板。塔顶蒸气进入冷凝器全部冷凝，并用泵或靠位差将部分冷凝液回流塔顶，其余部分作为塔顶产品送出，流入馏出液贮槽5。

在连续精馏过程中，原料液不断加入塔内进行精馏，塔顶和塔底也连续不断采出产品。在操作达到稳定状态时，每层塔板上液体与蒸气组成都保持不变。

2. 间歇精馏流程

间歇精馏，也叫分批精馏，其流程与连续精馏有许多不同的地方。如间歇精馏的加料不是在塔中某一

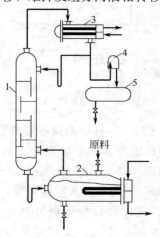

图 7-10　间歇精馏流程
1—精馏塔；2—蒸馏釜；3—冷凝器；
4—观察罩；5—馏出液贮槽

块板上，而是将原料液一次性地加入蒸馏釜中；其精馏塔只有精馏段没有提馏段，如图 7-10 所示。

原料液加入蒸馏釜中，用间接蒸汽加热沸腾，蒸馏釜既起原料预热器的作用，又是残液贮槽。由蒸馏釜 2 产生的蒸气进入精馏塔 1 内，经塔中各板与回流液接触，易挥发组分逐渐增浓，塔顶蒸气引入冷凝器 3 冷凝，冷凝液一部分送回塔顶作回流液，一部分送至馏出液贮槽 5 作为产品。

间歇精馏中，由于原料液是一次性加入釜内的，所以在精馏过程中釜内的易挥发组分越来越少，当操作进行到釜内易挥发组分含量达到规定值时，即停止加热，排出残液。然后再投入新的一批原料液，重新开始精馏。另外，间歇精馏塔顶馏出液的浓度也随着操作进行而改变。因此，常常设置几个馏出液贮槽，以收集不同浓度范围的馏出液。

第四节　精馏塔的物料衡算

工业上的精馏过程以连续精馏为最多，因此，本节讨论二元混合液连续精馏的物料衡算。

连续精馏塔的物料衡算，包括全塔的物料衡算和精馏段、提馏段的物料衡算。通过全塔物料衡算可以得出进料与各产品之间的流量与组成的关系。通过精馏段和提馏段的物料衡算，可以得出两段内任意两块相邻塔板相遇的气、液两相组成的关系。这种关系是由两段的操作条件所决定，称为操作关系，由此而得的定量关系式，称为操作线方程式。精馏段和提馏段操作线方程式分别由各段内物料衡算求得。

由于精馏过程是一个传质与传热同时进行的过程，影响因素也比较多，为了讨论方便，特作如下假设。

（1）恒摩尔汽化　在精馏段内，从每一塔板上升的蒸气摩尔流量都相等，提馏段也是如此。但是，两段的上升蒸气摩尔流量不一定相等。

（2）恒摩尔溢流　在精馏段内，从每块塔板上下降的液体摩尔流量都相等，提馏段也是一样。但是两段液体的摩尔流量并不一定相等。

（3）自塔顶引出的蒸气全部冷凝　因此，馏出液的组成和塔顶蒸气组成相等。

（4）蒸馏釜或再沸器采用间接蒸汽加热　实现恒摩尔汽化和恒

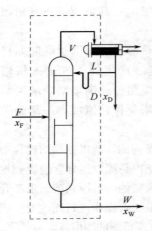

图 7-11 全塔物料衡算图

摩尔溢流的条件：①各组分的千摩尔汽化潜热相等；②塔板上物料的混合热、全塔的热损失以及相邻板间因温差而造成的显热变化都可以忽略。实践证明，在很多情况下，是可以近似地视为恒摩尔汽化和恒摩尔溢流的。

一、全塔物料衡算

为了求出馏出液、残液的流量及其组成和原料液组成之间的关系，必须进行全塔物料衡算。

全塔的进、出物料情况如图 7-11 所示，其中进入塔的为原料液，用符号 F 表示，离开塔的馏出液和残液分别用符号 D 和 W 表示。原料液中易挥发组分的含量用符号 x_F 表示，馏出液和残液中易挥发组分的含量分别用符号 x_D 和 x_W 表示。由于精馏塔是连续稳定操作，进料量应该等于出料量，对全塔进行物料衡算有下列关系。

$$F = D + W \tag{7-14}$$

对易挥发组分衡算，则

$$Fx_F = Dx_D + Wx_W \tag{7-15}$$

在应用式（7-14）和式（7-15）计算时，应注意单位统一。即 F、D、W 以质量流量计时，x_F、x_D、x_W 也应以质量分数来计；如果各种料液以千摩尔流量表示，则各组成也应以摩尔分数表示。

【例 7-5】 某连续精馏塔在常压下分离苯-甲苯混合液，已知处理量为 15300kg/h，原料液中苯的含量为 45.9%，工艺要求塔顶馏出液苯的含量不小于 94.2%，残液中苯的含量不大于 4.27%。试求馏出液量和残液量。

解： 用式（7-14）和式（7-15）进行全塔物料衡算。

$$F = D + W$$
$$Fx_F = Dx_D + Wx_W$$

将已知数代入上述两式，得

$$15300 = D + W$$
$$15300 \times 0.459 = 0.942D + 0.0427W$$

两式联立求解得 $D = 7082.6\text{kg/h}$，$W = 8217.4\text{kg/h}$

二、精馏段的物料衡算

对图 7-12 中虚线范围内进行物料衡算。

设 V 为精馏段每块板上升蒸气量，kmol/h；L 为精馏段内每块板下降液流量，kmol/h；y_{n+1} 为从精馏段第 $n+1$ 块板上升蒸气中易挥发组分的摩尔分数；x_n 为从精馏段第 n 块板下降液体中易挥发组分的摩尔分数。

对精馏段进行总物料衡算

$$V = L + D \qquad (7\text{-}16)$$

对易挥发组分进行衡算

$$V y_{n+1} = L x_n + D x_D \qquad (7\text{-}17)$$

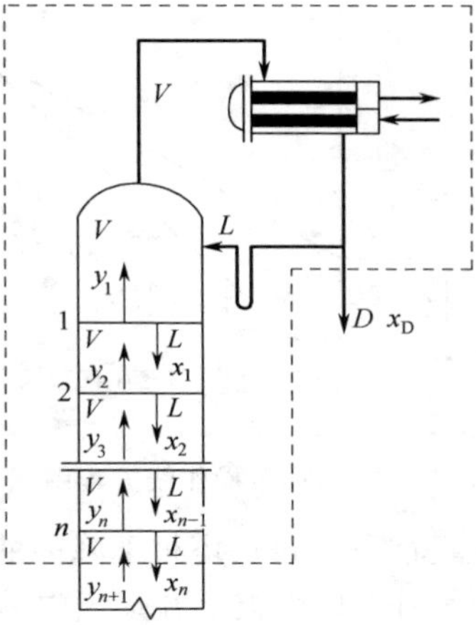

图 7-12 精馏段的物料衡算

将式(7-16) 代入式(7-17) 并整理，得

$$y_{n+1} = \frac{L}{L+D} x_n + \frac{D}{L+D} x_D \qquad (7\text{-}18)$$

将式(7-18) 右边两项分子分母同除以馏出液的量 D，则

$$y_{n+1} = \frac{L/D}{L/D+1} x_n + \frac{1}{L/D+1} x_D$$

令 $L/D = R$，称为回流比，即回流液量与塔顶采出产品量之比，则

$$y_{n+1} = \frac{R}{R+1} x_n + \frac{1}{R+1} x_D \qquad (7\text{-}19)$$

为了方便起见，将板数下标省去，则

$$y = \frac{R}{R+1} x + \frac{1}{R+1} x_D \qquad (7\text{-}20)$$

式(7-19) 和式(7-20) 就是精馏段的操作线方程式。它表明在一定操作条件下，精馏段内任一塔板下降的液相组成与来自下一层塔板上升气相组成的关系。在精馏操作中，回流比 R 和馏出液的组成 x_D 都是由工艺规定了的，因此可以把它画在 y-x 图上。在

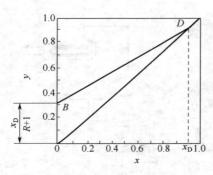

图 7-13　操作线方程图示

y-x 图上，方程式表示的 y 与 x 的关系是一条斜率为 $R/(R+1)$，截距为 $x_D/(R+1)$ 的直线，称为精馏段操作线，见图 7-13 中的 BD 直线。

三、提馏段的物料衡算

在图 7-14 所示的虚线范围内进行物料衡算。

设 V' 为提馏段内每块塔板上升的蒸气量，kmol/h；L' 为从提馏段内每块塔板下降的液体流量，kmol/h；y_{m+1} 为从提馏段第 $m+1$ 块塔板上升蒸气中易挥发组分的摩尔分数；x_m 为从提馏段第 m 块塔板下降液体中易挥发组分的摩尔分数。

对所确定的范围进行总物料衡算

$$L' = V' + W \qquad (7\text{-}21)$$

对易挥发组分进行物料衡算

$$L'x_m = V'y_{m+1} + Wx_W \qquad (7\text{-}22)$$

将式（7-21）代入式（7-22）并整理，得

$$y_{m+1} = \frac{L'}{L'-W} x_m - \frac{W}{L'-W} x_W \qquad (7\text{-}23)$$

为了方便将下标省去，则

$$y = \frac{L'}{L-W} x - \frac{W}{L'-W} x_W \qquad (7\text{-}24)$$

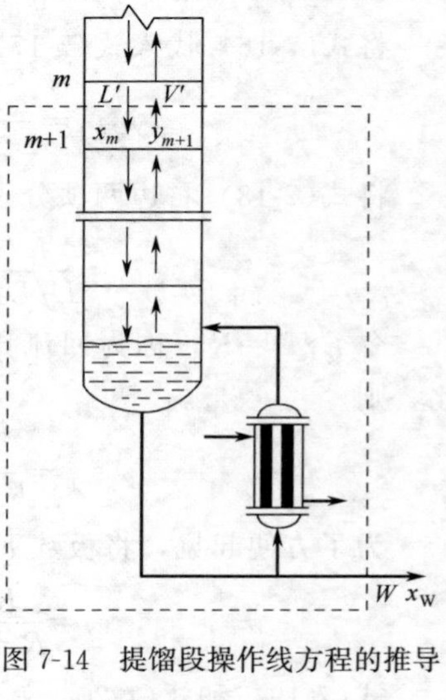

图 7-14　提馏段操作线方程的推导

式（7-23）和式（7-24）称为提馏段的操作线方程式，它表明在一定操作条件下，提馏段内任一塔板下降的液相组成与来自下一层塔板上升蒸气组成之间的关系。在提馏段中，L'、W、x_W 也都是工艺确定了的，因此，把提馏段操

作线画在 $y\text{-}x$ 图上也是一条直线。该直线的斜率为 $L'/(L'-W)$，截距为 $-W/(L'-W)\cdot x_W$。不过，提馏段中的液体流量 L' 不像精馏段的回流量那样容易确定，即使在回流量 L 一定的情况下，L' 还与进料量 F 以及受热情况有关。因此，需要讨论进料状况对操作线的影响之后，再来分析提馏段操作线的作图方法。

四、进料状况对操作线的影响

在精馏塔的实际操作过程中，进料状态可以有五种不同的情况：①温度在沸点以下的冷液体；②温度正好在沸点的饱和液体；③温度介于泡点和露点之间的气液混合物；④温度正好在露点的饱和蒸气；⑤温度高于露点的过热蒸气。分别见图 7-15 中 a、b、c、d、e 各点。

进料状态不同，将影响进料板上、下两段上升蒸气和下降液体的流量。为此，引进进料的液化分率 q

$$q = \frac{\text{原料中液相的千摩尔数}}{\text{原料的千摩尔数}} \tag{7-25}$$

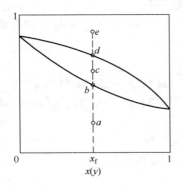

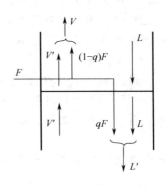

图 7-15　五种进料状况　　　　图 7-16　进料板的流量关系

q 的物理意义为，若进料总量为 F，液化分率为 q，引入到加料板的液体量为 qF，引入的蒸气量为 $(1-qF)$。这样，提馏段的回流液量比精馏段增加了 qF，精馏段的上升蒸气量比提馏段增加了 $(1-q)F$，如图 7-16 所示。因此，在进料板上、下的气液流量关系为

$$L' = L + qF \tag{7-26}$$

$$V = V' + (1-q)F \tag{7-27}$$

式(7-26) 和式(7-27) 表示了进料板上、下两段精馏段和提馏段的气、液相流量的关系通式。如式中 q 为已知的话，则提馏段的回流量 L' 可由式 $L' = L + qF$ 求得。将 $L' = L + qF$ 代入式(7-23)中，则提馏段操作线方程可写成

$$y_{m+1} = \frac{L+qF}{L+qF-W}x_m - \frac{Wx_W}{L+qF-W} \tag{7-28}$$

由上分析可知，对于提馏段操作线方程应首先求出进料液的液化分率 q，下面分别讨论五种不同进料状态下的 q 值。

(1) 进料为正在泡点的饱和液体　因为进入的料液全部是泡点下的饱和液体，与进料板上液体温度相近，原料加入后不会在板上产生汽化或冷凝，因此进入的料液全部与精馏段回流液合并流入提馏段。则

$$L' = L + F$$

将上式与进料板上、下两块回流液量通式 $L' = L + qF$ 相比较，可知，当进料液为正在泡点的饱和液体时 $q = 1$。

(2) 进料为饱和蒸气时　进料中全为气体，不带液体，故精馏段和提馏段的回流液体没有变化。即

$$L' = L$$

与通式 $L' = L + qF$ 相比较，故当进料液为饱和蒸气时 $q = 0$。

(3) 气液混合物进料　进料中其饱和液体部分与精馏段回流液相互汇合，进入提馏段。即

$$L' = L + qF$$

进料中蒸气则与提馏段上升蒸气汇合进入精馏段。即

$$V = V' + (1-q)F$$

此时　$0 < q < 1$。

(4) 低于沸点的冷液进料　因为进入料液全是沸点以下的冷液，除了与精馏段回流液一起汇合进入精馏段外，同时由于是冷液，还将使塔内热蒸气冷凝出一部分液体一起进入提馏段。

故此时 $L' > L + F$ 与通式 $L' = L + qF$ 相比较，则 $q > 1$。

(5) 过热蒸气进料　进料为过热蒸气时，不仅没有增加提馏段

的回流液量，且使精馏段的回流液受热而部分汽化。

因此，$L' < L$ 与式 $L' = L + qF$ 比较，得 $q < 0$。

从上面分析可知，当进料为饱和液体时 $q = 1$；

当进料为饱和蒸气时 $q = 0$。

在其余三种情况时，可根据精馏的基本假设，对加料板作物料和热量衡算求出 q 值。

$$q = \frac{\text{每千摩尔进料变成饱和蒸气所需热量，kJ/kmol}}{\text{进料液的汽化潜热，kJ/(kmol·K)}} \quad (7-29)$$

例如，当进料为液体时，q 可用下式来计算

$$q = 1 + \frac{c_p(t_s - t_F)}{r_C}$$

式中，c_p 为进料液的定压比热容，kJ/kmol；t_s 为进料沸点，K；t_F 为进料液温度，K；r_C 为进料液的汽化潜热，kJ/kmol。

【例 7-6】 常压连续操作的精馏塔，将 15000kg/h 含苯 40% 和甲苯 60% 的混合液分离成含苯 97% 的馏出液和含苯 2% 的残液（均为质量分数），求用摩尔表示的馏出液和残液的产量。若混合液是泡点液体进料，所用的回流比为 3.5，写出其精馏段和提馏段操作线方程，并说明两操作线的斜率和截距。

解：① 已知 $M_苯 = 78$，$M_{甲苯} = 92$，$F = 15000$kg/h，先将组成换算为摩尔分数：

进料液组成 $\quad x_F = \dfrac{40/78}{40/78 + 60/92} = 0.44$

残液组成 $\quad x_W = \dfrac{2/78}{2/78 + 98/92} = 0.0235$

馏出液组成 $\quad x_D = \dfrac{97/78}{97/78 + 3/92} = 0.9744$

原料液的平均分子量 $\quad M_{平均} = 78 \times 0.44 + 92 \times 0.56 = 85.84$

故 $\quad F = 15000/85.84 = 174.7 \text{(kmol/h)}$

全塔物料衡算

$$\begin{cases} F = D + W \\ Fx_f = Dx_D + Wx_W \end{cases}$$

代入已知量 $\begin{cases} 174.7 = D + W \\ 174.7 \times 0.44 = D \times 0.9744 + W \times 0.0235 \end{cases}$

解得：$D = 76.6$kmol/h，$W = 98.1$kmol/h

② **精馏段操作线**

$$y_{n+1}=\frac{R}{R+1}x_n+\frac{x_D}{R+1}=\frac{3.5}{3.5+1}x_n+\frac{0.9744}{3.5+1}$$

$$y_{n+1}=0.78x_n+0.216$$

该直线的斜率为 0.78，该直线的截距为 0.216。

提馏段操作线

$$y_{m+1}=\frac{L+qF}{L+qF-W}x_m-\frac{W}{L+qF-W}x_W$$

因泡点液体进料　故 $q=1$

且　　　　　　$L=3.5\times D=3.5\times76.6=939.6(\text{kmol/h})$

则　　　$y_{m+1}=\frac{939.6+175\times1}{939.6+1\times175-98.3}x_m-\frac{98.3\times0.0235}{939.6+175\times1-98.3}$

$$=1.097x_m-0.00227$$

该直线的斜率为 1.097，该直线的截距为 0.00227。

五、理论塔板数的计算

求理论塔板数通常有两种方法，逐板计算法和简易图解法。但它们的基本依据是共同的，一是板上气、液相的平衡关系，二是相邻两塔板之间气、液相之间的操作关系。

1. 逐板计算法求理论塔板数

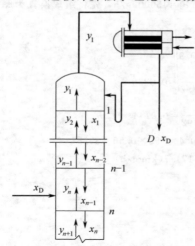

在进行精馏塔设计计算时，进料量 F 及组成 x_F，馏出液的组成 x_D 和釜液组成 x_W，通常由工艺条件规定。因此，馏出液量 D 和残液量 W 也可以算出。进料的液化分率 q 及回流比 R 为设计选定。已知这些数据，便可以利用操作线方程，结合平衡关系求出每一层塔板上气液平衡组成，也可以求出精馏塔的理论塔板数。

逐板计算法示意图见图 7-17，由于最上层塔板上升的蒸气全部冷凝，所以 $y_1=x_D$。

图 7-17　逐板计算法示意图

由于离开每一块理论塔板的气、液相是平衡的，所以利用平衡关系式

$$y_1 = \frac{\alpha x_1}{1 + (\alpha - 1) \ x_1}$$

可以算出自该板下降的液相组成 x_1

$$x_1 = \frac{y_1}{\alpha - (\alpha - 1) \ y_1}$$

因为 x_1 和 y_2 应符合操作线方程式，所以利用式（7-20）可以算出 y_2。而 y_2 与 x_2 又成平衡关系，又可以利用平衡关系求出 x_2。按这种方法依次计算下去，直至 $x_n \leqslant x_F$ 为止，第 n 块板即为进料板。习惯上把进料板划为提馏段的第一块板，所以精馏段需要 $(n-1)$ 块理论塔板。

用同样的方法，利用提馏段操作线方程式和相平衡关系式，进行重复计算，直算至 $x_m \leqslant x_W$ 为止。由于再沸器相当于最后一块理论塔板，则提馏段内理论塔板为 $(m-1)$ 块。

逐板计算的优点是计算比较准确，并能反映每块板上的气、液相组成；缺点是计算比较麻烦，特别是在塔板多的情况下，完成全部计算很费时间。不过，随着近年来计算技术的飞速发展，利用计算机计算大大地缩短了时间。目前，在设计部门大多数都采用计算机逐板计算。

2. 图解法

利用气液平衡相图和精馏段、提馏段操作线，通过在相平衡线和操作线之间画梯级来确定理论塔板数的方法，为图解法。用图解法求理论塔板数的原理、方法和步骤，参照图 7-18 讨论如下。

① 在坐标纸上绘出要求分离的两组分的 y-x 平衡曲线，并作对角线。

② 根据全塔物料衡算，作精

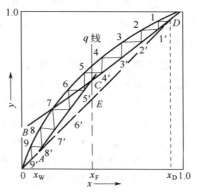

图 7-18　图解法求理论塔板数

馏段操作线 BD，q 线 EC 和提馏段操作线 AC。

③ 图中 D 点，$y_1 = x_D$。从 D 点出发，绘一水平线，与平衡线交于点 1。点 1 的横坐标，也就是与 y_1 成平衡的溶液。因此，也就是第一块板上的液体组成 x_1。这相当于逐板计算法中，根据 y_1 利用平衡关系求 x_1。自点 1 作垂线交精馏段操作线于 1′点，点 1′的横坐标是 x_1，根据操作线的定义，它的纵坐标就是 y_2，也就是第二块板上升蒸气的组成。这相当于逐板计算法中，根据 x_1 利用操作线方程求 y_2。由点 1′再作水平线与平衡线交于点 2，点 2 的横坐标就是 x_2，即与 y_2 成平衡关系的液相组成。然后又由点 2 作垂线，与操作线相交于 2′点，由点 2′的纵坐标得出 y_3。这样应用逐步绘梯级的方法，便可依次求得各层理论塔板上的气液组成。

当梯级垂线开始落在两操作线的左侧时，说明该塔板液组成已开始小于进料组成，进入提馏段，应改在平衡线与提馏段操作线之间绘梯级。直至最后一个梯级的垂线到达 x_W 或开始小于 x_W 的数值为止。

梯级总数即为理论塔板总数。跨过 C 点的梯级代表进料板。进料板以上梯级代表精馏段的理论塔板数，以下的梯级则代表提馏段的理论塔板数。

同逐板计算一样，塔再沸器和部分冷凝器都相当于一块理论塔板，计算塔内理论塔板时应分别从精馏段和提馏段中减去。

图解画梯级，习惯上从塔顶开始，不过从塔底开始，结果也是一样的。

图解法的优点是简单明了，缺点是误差大，特别是平衡线与操作线相距很近时，误差就更大。

【**例 7-7**】 有一苯与甲苯的混合物，其中含苯 40%（质量分数，下同），欲采用精馏塔分离，使得塔顶产品含苯 95%，塔釜产品含甲苯 95%。操作时回流比 $R = 3$，泡点进料，操作压力为 101.3kPa，苯、甲苯的相对挥发度为 2.41。试用逐板计算法求该塔所需的理论塔板数。

解： ① 将组成换算成摩尔分数，$M_苯 = 78$，$M_{甲苯} = 92$

$$x_F = \frac{40/78}{40/78 + (100-40)/92} = 0.44$$

$$x_D = \frac{95/78}{95/78+(100-95)/92} = 0.955$$

$$x_W = \frac{(100-95)/78}{(100-95)/78+95/92} = 0.0585$$

② 做全塔物料衡算，以进料 100kmol/h 为基准

$$\begin{cases} F=D+W \\ Fx_F=Dx_D+Wx_W \end{cases}$$

将已知数代入得

$$100=D+W$$

$$100\times0.44=D\times0.955+W\times0.0585$$

解得：$D=42.6$ kmol/h，$W=57.4$ kmol/h

由 $L=RD$ 得：$L=3\times42.6=127.8$ (kmol/h)

③ 建立平衡线方程

$$y = \frac{\alpha x}{1+(\alpha-1)x} = \frac{2.41x}{1+(2.41-1)x} = \frac{2.41x}{1+1.41x}$$

$$x = \frac{y}{2.41-1.41y}$$

④ 建立精馏段操作方程

$$y = \frac{R}{R+1}x + \frac{x_D}{R+1} = \frac{3}{3+1}x + \frac{0.955}{3+1}$$

$$y = 0.75x + 0.239$$

⑤ 建立提馏段操作方程

$$y = \frac{L'}{L'-W}x - \frac{W}{L'-W}x_W$$

将式(7-26)代入上式得

$$y = \frac{L+qF}{L+qF-W}x - \frac{W}{L+qF-W}x_W$$

因饱和进料，$q=1$

$$y = \frac{127.8+1\times100}{127.8+1\times100-57.4}x - \frac{57.4}{127.8+1\times100-57.4}\times0.0585$$

$$y = 1.34x - 0.0197$$

⑥ 精馏段逐板计算

已知　$x_D=0.955=y_1$

$$x_1 = \frac{y_1}{2.41-1.41y_1} = \frac{0.955}{2.41-1.41\times0.955} = 0.901$$

$$y_2 = 0.75x_1 + 0.239 = 0.75\times0.901 + 0.239 = 0.915$$

$$x_2 = \frac{y_2}{2.41 - 1.14y_2} = \frac{0.915}{2.41 - 1.41 \times 0.915} = 0.817$$

$$y_3 = 0.75x_2 + 0.239 = 0.75 \times 0.817 + 0.239 = 0.851$$

如此逐板计算到 $x_n \leqslant x_F$ 为止，结果列于下表：

$y=0.75x+0.239$	$x=y/(2.41-1.4y)$	$y=0.75x+0.239$	$x=y/(2.41-1.4y)$
$y_1=x_p=0.955$	$x_1=0.901$	$y_4=0.767$	$x_4=0.575$
$y_2=0.915$	$x_2=0.817$	$y_5=0.670$	$x_5=0.456$
$y_3=0.851$	$x_3=0.704$	$y_6=0.581$	$x_6=0.366$

已知 $x_F=0.44$，而 $x_5 > x_F > x_6$，所以第 6 块板应为进料板，即精馏的理论塔板数为 5。

⑦ 提馏段逐板计算

$$x_1 = 0.366$$

$$y_2 = 1.34x_1 - 0.0197 = 1.34 \times 0.366 - 0.0197 = 0.47$$

$$x_2 = \frac{y_2}{2.41 - 1.41y_2} = \frac{0.47}{2.41 - 1.41 \times 0.47} = 0.269$$

$$y_3 = 1.34x_2 - 0.0197 = 1.34 \times 0.269 - 0.0197 = 0.34$$

如此逐板计算到 $x_n \leqslant x_W$ 为止，并将结果列于下表：

$y=1.34x-0.0197$	$x=y/(2.41-1.4y)$	$y=1.34x-0.0197$	$x=y/(2.41-1.4y)$
$y_2=0.47$	$x_2=0.269$	$y_4=0.22$	$x_4=0.105$
$y_3=0.34$	$x_3=0.177$	$y_5=0.12$	$x_5=0.0535$

已知 $x_W=0.0585$，而 $x_5=0.0535 < x_W$，提馏段理论塔板数应为 $5-1=4$ 板。全塔为 $5+4=9$ 板，进料板为第 6 块板。

【例 7-8】 试用图解法求例 7-7 题所需的理论塔板数。

解：根据例 7-7 数据和已求出的相平衡方程式和两操作线方程式进行图解。

① 根据相平衡方程式，求出若干个不同的 x 值时的 y 值，在 y-x 图（图 7-19）上绘出平衡线。

② 根据 $x_D=0.955$，$x_W=0.0585$，$x_F=0.44$ 在横坐标上定出三点，并分别作垂线交对角线于 D、A、E 三点。

③ 由例 7-7 可知，精馏段操作线的截距为 0.239，在 y 轴上找出 $y=0.239$ 的点 B，连接 B、D 两点，得到的直线为精馏段操作线。

④ 根据 $q=1$，作 q 线交精馏段操作线于 C 点。

⑤ 连接 AC，得提馏段操作线。

⑥ 从 D 点在平衡线和精馏段操作线之间画梯级，从梯级的数目可得精馏段的理论塔板数为 5 块，提馏段的理论塔板数为 $5-1=4$ 块，进料板在第六

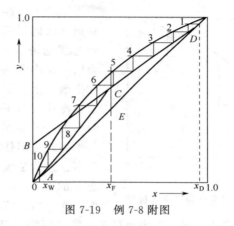

图 7-19　例 7-8 附图

块板。

　　由两例题可以看出，逐板计算法和图解法是一致的。但多数情况是不一致的，图解法的误差要大一些。

第五节　回　流　比

　　将一部分塔顶馏出液返回塔内的过程，称为回流。回流液是各块塔板上使蒸气部分冷凝的冷凝剂，是维持精馏塔连续而稳定操作的必要条件，没有回流，整个操作将无法进行。从精馏段操作线方程式中不难看出，当进料状态和组成、馏出液和残液的组成一定的情况下，回流比 R 的大小将直接影响操作线的位置。

一、全回流

　　将塔顶蒸气冷凝后又全部回流至塔内的操作，称为全回流。此时，没有塔顶产品，$D=0$，回流比 $R=\infty$，操作线的斜率等于 1，在 y 轴上的截距为零，在 y-x 图上操作线与对角线重合。显然，在这种情况下，在平衡线与操作线之间作梯级的跨度最大，所需理论塔板数为最少，如图 7-20 所示。但是，一个塔没有任何产品的操作在实际生产中是毫无意义的，它只是在开车阶段为迅速建立塔内正常回流或试车、实验研究等情况下采用。

二、最小回流比

　　当回流比 R 由无穷大逐渐减小时，精馏段操作线的截距也由

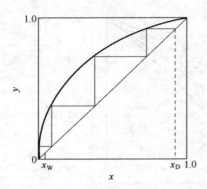

图 7-20 全回流时的理论塔板数

零逐渐增大，操作线逐渐偏离对角线而向平衡线靠近，所需要的理论塔板数也逐渐增加。当回流比小到两操作线交点落在平衡线上，如图 7-21(a) 所示或操作线与平衡线相切，如图 7-21(b) 所示的，在操作线与平衡线之间作梯级时可作无穷多。这就是说，完成这种状态下的分离需要无穷多块塔板，这里的回流比称为最小回流比。显然，这在实际生产中也是不可能采用的。但工程上通常以最小回流比作为计算基准，然后根据实际情况适当增大某一倍数来作为实际的回流比。

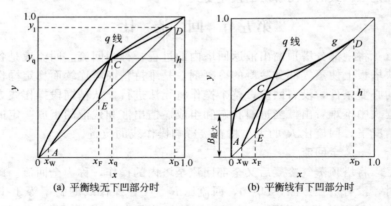

(a) 平衡线无下凹部分时　　　　　(b) 平衡线有下凹部分时

图 7-21　最小回流比的确定

由于操作线斜率$=\dfrac{R}{R+1}$，从图 7-21(a) 可以看出，当回流比最小时

$$\frac{R_\mathrm{m}}{R_\mathrm{m}+1}=\frac{\overline{Dh}}{\overline{Ch}}=\frac{y_1-y_\mathrm{q}}{x_\mathrm{D}-x_\mathrm{q}}$$

将 $y_1=x_\mathrm{D}$ 代入并整理得

$$R_{m} = \frac{x_{D} - y_{q}}{y_{q} - x_{q}} \tag{7-30}$$

式(7-30) 中的 y_{q} 和 x_{q} 为 q 线与平衡线交点的坐标。但这个公式只能适用于苯-甲苯一类平衡曲线无下凹的情况，对于像图 7-21(b) 所示平衡曲线有下凹部分时，只能通过作图定出平衡曲线的切线之后，根据其最大截距求得，或根据下式算出

$$\frac{R_{m}}{R_{m} + 1} = \frac{\overline{Dh}}{\overline{Ch}} \tag{7-31}$$

三、实际回流比的选择

全回流和最小回流比都不能在实际生产中应用，但实际回流比必定在这两个极限值之间。满足生产需要的最适宜的回流比，通常是根据操作费用和设备折旧费用之和为最小的原则来选取。

精馏塔的操作费用主要取决于塔底再沸器的加热蒸汽和塔顶冷凝器的冷却水的消耗量，而两者又都取决于塔内上升蒸气量的大小。塔内上升蒸气量 $V = L + D = (R+1)D$。当塔顶馏出液一定时，上升蒸气量随回流比 R 的增大而增加，相应的加热蒸汽和冷却水的消耗量也增多，操作费用也会随之增多，如图 7-22 曲线 1 所示。

设备折旧费是指精馏塔及其配套设备的投资乘以相应的折旧率所得的费用。当设备类型和材质一定的情况下，它主要取决于设备尺寸。当回流比最小时，塔板数为无穷大，设备费用也为无限大；但当回流比稍一增加，塔板数将从无穷大而锐减至某一有限值，设备费用相应地减少很多。可是，当 R 继续增加时，塔板数减少有限，而随着 R 的增大，塔内上升蒸气量增

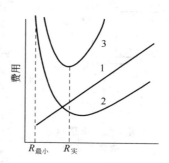

图 7-22　最适宜回流比的确定

加导致塔径以及再沸器和冷凝器等设备的尺寸相应增大，设备费用又将回升，如图 7-22 曲线 2 所示。图中曲线 3 是操作费与设备折旧费之和与回流比的关系，其最小值对应的回流比就是最适宜的回

流比。实践证明，这时的回流比大约为最小回流比的 $1.1 \sim 2$ 倍，即

$$R = (1.1 \sim 2)R_m \qquad (7\text{-}32)$$

第六节　连续精馏塔的热量衡算

对连续精馏塔进行热量衡算，可以求得冷凝器和再沸器的热负荷以及冷却介质和加热介质的消耗量，并为设计换热设备，提供基本数据。

一、全塔热量衡算

在进行热量衡算时，需选择一个合适的系统。这是以精馏塔和蒸馏釜在一起作为全塔的热量衡算系统，用虚线框出，如图 7-23 所示。

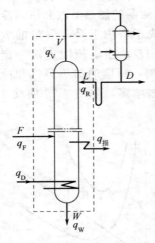

图 7-23　全塔热量
衡算示意图

1. 进入系统的热量

（1）加热蒸汽带入热 q_D

$$q_D = D(I - i) = V_D r \quad \text{kJ/h} \qquad (7\text{-}33)$$

式中，V_D 为加热蒸汽消耗量，kg/h；D 为馏出液量，kg/h；I 为加热蒸汽的焓，kJ/kg；i 为蒸汽凝水的焓，kJ/kg；r 为加热蒸汽的汽化潜热，kJ/kg。

（2）原料带入热 q_F

$$q_F = Fi_F \qquad (7\text{-}34)$$

若原料为液体，则

$$q_F = Fc_{pF}(t_F - 273) \qquad (7\text{-}35)$$

式中，F 为原料液流量，kg/h；i_F 为原料液的焓，kJ/kg；c_{pF} 为原料液的比热容，kJ/(kg·K)；t_F 为原料液的温度，K。

（3）回流带入的热量 q_R

$$q_R = DRc_{pR}(t_R - 273) \qquad (7\text{-}36)$$

式中，R 为回流比；c_{pR} 为回流液的比热容，kJ/(kg·K)；t_R 为回流液的温度，K。

2. 离开系统的带出热量

（1）塔顶蒸汽带出热 q_V

$$q_V = (R+1)DI_V \qquad (7\text{-}37)$$

式中，I_V 为塔顶蒸气的焓，kJ/kg。

（2）塔釜残液带出热 q_W

$$q_W = Wc_{pW}(t_W - 273) \qquad (7\text{-}38)$$

式中，W 为残液流量，kg/h；c_{pW} 为残液的比热容，kJ/(kg·K)；t_W 为残液的温度，K。

（3）散失于周围环境的热量　$q_损$，kJ/h。

3. 全塔热量衡算式

对全塔作衡算，带入热＝带出热，则

$$q_D + q_F + q_R = q_V + q_W + q_损 \qquad (7\text{-}39)$$

4. 塔釜加热蒸汽消耗量 V_D 的计算

根据全塔热量衡算可知，加热蒸汽向系统提供的热量为

$$q_D = q_V + q_W + q_损 - q_F - q_R$$

所以加热蒸汽消耗量为

$$V_D = \frac{q_D}{I-i} = \frac{q_V + q_W + q_损 - q_F - q_R}{r} \qquad (7\text{-}40)$$

【**例 7-9**】　在 101.3kPa 下连续精馏塔进料量为 15000kg/h 的含苯 44% 的苯-甲苯混合液，塔顶产品量为 6000kg/h，回流比 $R=3.5$，假定加热蒸汽压强为 137.3kPa（表压），试求下述两种情况下的每小时蒸汽消耗量：（1）饱和液体进料；（2）进料为 293K 冷液体（热损失可以忽略）。

解：以小时为计算基准

（1）饱和液体进料时

① 计算 q_V

从 t-x 图查得常压下纯苯的沸点为 353K，汽化潜热为 388kJ/kg，苯的比热容为 1.8kJ/(kg·K)

则

$$I_V = 388 + 1.8(353 - 273) = 532 \text{(kJ/kg)}$$

由式(7-37)，$q_V = (R+1)DI_V = (3.5+1) \times 6000 \times 532$

$$= 14364000 \text{(kJ/h)}$$

② 计算 q_W

塔釜可用纯甲苯数据近似计算。从 t-x 图查得 $t_W = 383$K，据此查得 c_{pW}

$=1.843kJ/(kg \cdot K)$，由式(7-38)

$$q_W = W \cdot c_{pW}(t_W - 273) = (15000 - 6000) \times 1.843(383 - 273)$$
$$= 1825000(kJ/h)$$

③ $q_损 = 0$

④ 计算 q_F

从 t-x 图查得进料组成下的沸点 $t_F = 366K$，据此查得原料液比热容 $c_F = 1.843kJ/(kg \cdot K)$，由式(7-35)

$$q_F = Fc_{pF}(t_F - 273) = 15000 \times 1.843 \times (366 - 273)$$
$$= 2571000(kJ/h)$$

⑤ 计算 q_R

回流液也可以看作纯苯，查出相应值：

$$t_R = 353K \quad c_R = 1.80kJ/(kg \cdot K)$$

由式(7-36)，$q_R = DRc_{pR}(t_R - 273) = 6000 \times 3.5 \times 1.8 \times (353 - 273)$
$$= 3024000(kJ/h)$$

⑥ 将各项热量代入求 V_D

查得 137.3kPa（表压）下蒸汽的潜热 2186kJ/kg

即 $$I - i = 2186(kJ/kg)$$

则 $$V_D = \frac{14364000 + 1825000 + 0 - 2571000 - 3024000}{2186} = 4846(kg/h)$$

(2) 293K 液体进料时

除 q_F 外，其他项均与饱和液体进料相等

$$q_F = Fc_{pF}(t_F - 273)$$
$$= 15000 \times 1.843 \times (293 - 273) = 5770(kJ/h)$$

由计算结果可知，293K 的液体进料较饱和液体进料多耗加热蒸汽 5770 - 4846 = 924(kg/h)。

二、塔顶冷凝器冷却水消耗量的计算

塔顶冷却水消耗量，可以对塔顶冷凝器进行热量衡算求得。

1. 塔顶蒸气放出热量 q_c

$$q_c = Vr_V = (R + 1)Dr_V \tag{7-41}$$

式中，r_V 为塔顶蒸气的汽化潜热，kJ/kg。

2. 冷却水带走的热量 $q_冷$

$$q_冷 = q_{m水} c_{p水}(t_2 - t_1) \tag{7-42}$$

式中，$q_{m水}$ 为冷却水流量，kg/h；$c_{p水}$ 为冷却水的比热容，

kJ/（kg·K）；t_2 为冷却水出口温度，K；t_1 为冷却水入口温度，K。

3. 对冷凝器作热平衡

$$q_{冷}=q_c$$

$$q_{m水}(t_2-t_1)=(R+1)Dr_V$$

则

$$q_{m水}=\frac{(R+1)Dr_V}{c_{p水}(t_2-t_1)} \tag{7-43}$$

【例 7-10】 若例 7-9 题中塔顶冷凝器的冷却水进口温度 288K，出口温度为 298K，问每小时消耗的冷却水量是多少？

解：由例 7-9 可知，$R=3.5$，$D=6000kg/h$，$r_V=388kJ/kg$。水的比热容可取 $c_q=4.18kJ/(kg·K)$。

将已知数代入式(7-43) 得

$$q_m=\frac{(3.5+1)\times6000\times388}{4.18(298-288)}=250622(kg/h)$$

第七节 特殊蒸馏

前面所讨论的蒸馏方法，一般称为普通蒸馏。普通蒸馏不能分离有共沸组成的溶液。实践证明，当组分的相对挥发度接近于 1，或两组分的沸点差小于 3K 时，用普通蒸馏分离是极不合算的。对于这些溶液可采用特殊蒸馏方法使之分离。特殊蒸馏包括共沸蒸馏、萃取蒸馏和水蒸气蒸馏等，它们的基本原理都是在混合液中加入第三组分，以增大原来各组分之间的相对挥发度，而使其分离。

一、共沸蒸馏

共沸蒸馏，又称恒沸蒸馏，是在被分离的混合液中加入一种经过选择的第三组分，使其与原混合物中的一个或多个组分形成新的共沸物，而且其沸点比原来任一组分的沸点都要低。这样，蒸馏时新的共沸物从塔顶被蒸出，而塔底产品则为一个纯组分，从而达到了将原混合物分离的目的。

共沸蒸馏适用于分离只有共沸组成和相对挥发度接近于 1 的混合液，工业上无水酒精就是用这种方法制备的。

在常压下乙醇和水会形成具有最低共沸点的共沸物，其中乙醇的摩尔分数为 0.894、质量分数为 0.9557，沸点为 351.15K。用普通蒸馏方法，只能获得 95.57% 的乙醇水溶液。但是，如果在乙醇水溶液中加入苯之后，情形就改变了，苯可以与乙醇、水形成二元、三元的共沸物，其组成和沸点如表 7-3 所示。

表 7-3　乙醇、水、苯的共沸混合物组成和沸点

恒沸物	以质量分数表示的物质组成/%			恒沸点/K
	乙醇	水	苯	
乙醇-水	95.57	4.43	—	351.15
苯-水	—	8.83	91.17	342.25
苯-乙醇	32.40	—	67.60	341.25
乙醇-水-苯	18.50	7.40	74.10	337.85

从表 7-3 中可以看出，乙醇-水-苯三元共沸物的沸点最低，蒸馏时从塔顶被蒸出；而且在三元共沸物中乙醇含量比原来乙醇-水共沸物中含量大大降低，而水的含量则增加一倍。因此，只要苯的加入量适当，原料中的水几乎可以全部转移到新的共沸物中去，塔底所留下的则几乎为纯的乙醇，即通常所说的无水酒精。

用共沸蒸馏生产无水酒精流程，如图 7-24 所示。将工业酒精和苯加入共沸蒸馏塔 1 内进行蒸馏，塔底排出的是无水酒精，塔顶蒸出的是三元共沸蒸气，经冷凝器 4 冷凝后，一部分回流塔顶，余下引入分层器 5 内静置分层。上层中苯量较多（0.845）全部返回

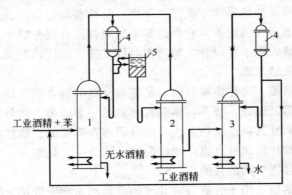

图 7-24　用共沸蒸馏生产无水酒精流程
1—共沸蒸馏塔；2—苯回收塔；3—乙醇回收塔；
4—冷凝器；5—分层器

塔内作补充回流液。下层中苯含量较少（0.1）送入苯回收塔 2 顶部，以回收其中的苯。在苯回收塔 2 中，也会产生三元共沸物。因此，将塔 2 和塔 1 的蒸气合并冷凝。塔 2 底部残液则引到乙醇回收塔 3 中，塔顶蒸出乙醇和水二元共沸物，送回塔 1 做原料，塔 3 放出的残液则几乎是纯水。

苯在系统中是循环使用的。最初加苯量应使原料中的水分几乎都能全部进入三元共沸物中为最佳。操作中，间隔一定时间补充适当数量的苯，以弥补过程中的损耗。

乙醇-水混合物的共沸蒸馏的最大优点，是蒸馏时不需要将原料全部汽化，也不需要很大的回流比，只要能做到使新共沸物汽化就可以了。因此，设备费用和能源消耗量都低。

在共沸蒸馏过程中，加入的第三组分称为共沸剂，也叫挟带剂。选择一种好的共沸剂是共沸蒸馏操作好坏的关键，通常应根据以下几点选择共沸剂。

① 共沸剂至少应与欲分离的混合液中的一个组分形成共沸物，而且所形成的新共沸物的沸点与被分离组分的沸点差，一般不应小于 10K。

② 在新的共沸物中，被分离组分与共沸剂的质量比应尽量大一些，以减少共沸剂的用量和汽化所需要的热量。

③ 冷凝后的新共沸液可以分层，以利于回收。

④ 无毒、无腐蚀、受热不分解，不与被分离组分起化学反应，来源广泛，价格便宜等。

二、萃取蒸馏

1. 萃取蒸馏原理和流程

萃取蒸馏和共沸蒸馏相似，也是在被分离的混合液中加入一种经过特殊选择的被称为萃取剂的第三组分，以实现混合液分离的操作。但萃取剂并不是与组分形成共沸物，而是与混合物各组分有选择的互溶，与其中某一或某些组分有较强的溶解能力，使其蒸气压显著降低，从而加大了原来组分之间的相对挥发度，使其容易分离，这就是萃取蒸馏的原理。

萃取剂一般比欲分离组分的沸点都要高，因此它基本上不汽化，并且和混合物中某一或某些组分结合成难挥发组分，从塔底排出。而不像共沸蒸馏那样，第三组分从塔顶蒸出。

为了保证所有塔板上都有足够浓度的萃取剂，萃取剂在靠近塔顶处引入塔内，混合液在萃取剂以下几块塔板另外引入。因此，萃取精馏塔分三段：进料板称为提馏段，主要用以提馏回流中的易挥发组分；进料板至萃取剂入口之间称为吸收段，其作用主要是用萃取剂来吸收上升蒸气中的难挥发组分；萃取剂进口以上称为溶剂回收段，其作用是回收萃取剂。这也是与一般蒸馏和共沸蒸馏不同的地方。

萃取蒸馏的典型操作是用来分离苯和环己烷的混合液。在压力 101.3kPa 下，苯的沸点为 353.1K，环己烷的沸点为 353.73K，苯和环己烷的混合液很难用普通蒸馏方法分离。但在混合液中加入糠醛之后，混合液中两组分的相对挥发度就发生了显著变化，而且糠醛加入越多，变化越显著，参见表 7-4。

表 7-4　糠醛对环己烷-苯混合液的相对挥发度的影响

溶液中糠醛的摩尔分数	0	0.2	0.4	0.5	0.6	0.7
环己烷对苯的相对挥发度	0.98	1.38	1.86	2.07	2.36	2.7

以糠醛为萃取剂用萃取蒸馏的方法分离环己烷和苯的流程，如图 7-25 所示。糠醛从萃取蒸馏塔 1 的顶部加入，原料液从塔 1 的

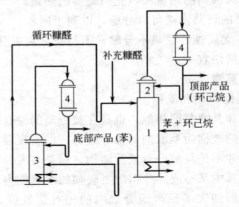

图 7-25　环己烷-苯混合液的萃取蒸馏流程
1—萃取精馏塔；2—萃取剂回收段；3—苯分离塔；4—冷凝器

中部进入塔内。塔顶蒸气主要是环己烷，其中含有少量的糠醛蒸气在回收段 2 中进行回收。糠醛和苯结合成的难挥发组分从塔底引出，并到苯分离塔 3 用普通蒸馏方法将高沸点的糠醛（沸点 434.7K）与苯分离，从塔 3 底部分出并循环使用，塔 3 顶部分离出的是产品苯。

萃取蒸馏主要优点是可供选择的萃取剂较多，萃取剂用量可以在较大范围内变化，同时萃取剂基本不汽化，耗能比共沸蒸馏小。其缺点是萃取剂用量大，虽然循环使用，但也要消耗能量，并使塔的生产能力受到限制，这就影响了萃取蒸馏的推广和应用。

2. 萃取剂的选择

萃取蒸馏得以实现，主要在于选择好的萃取剂。萃取剂主要应符合以下条件。

① 选择性强，使原组分之间的相对挥发度有显著变化。

② 溶解度要大，能与任何浓度下的原料液互溶，以避免分层，否则产生共沸物而起不了萃取蒸馏的作用。

③ 沸点要适当，应比混合液中任一组分高得多，混入塔顶产品中，也易于与另一组分分离。但沸点太高了，回收费用增加。

④ 应满足热稳定、不腐蚀、无毒，不易着火爆炸，来源广、价格低廉等一般要求。

三、水蒸气蒸馏

水蒸气蒸馏是将水蒸气直接通入塔釜内的混合液中，从而降低混合液的沸点，并使混合液得到分离的蒸馏方法。常用于热敏性物料或高沸点物质混合液的分离，但是这些物质必须与水互不相溶。

水蒸气通入后，可以降低混合物沸点的原理，是完全不互溶的混合液可以分成两层，当它们受热汽化时，其中各组分的蒸气分压分别与在同一温度下纯态时各自的饱和蒸气压相等，而且其大小仅与温度有关，与混合液的组成无关，即在理论上等于该温度下各纯组分的饱和蒸气压。根据道尔顿分压定律，混合液液面上方的蒸气压等于该温度下各组分饱和蒸气压之和。如果外压是大气压强，那么只要混合液上方两组分蒸气压之和达到 101.3kPa，液体就会沸腾，这时的温度就是混合液的沸点，而且要比混合液任一组分的沸点都要低。如果在常压下采用水蒸气蒸馏，水和与其不互溶的组分组成的混合液，其沸点总是要低于水的沸点，而且不管被分离组分的沸点有多高。

例如在常压下水的沸点 373K，苯的沸点为 353.1K，而苯和水的混合液的沸点为 353.5K，比两组分都低。再如常压下松节油的沸点高达 458K，若采用水蒸气蒸馏，只需 368K 就可以把松节油蒸馏出来。这是因为在该温度下，水的饱和蒸气压为 85.3kPa，松节油的蒸汽压为 16kPa，总压正好为 101.3kPa，水和松节油就沸腾了。把蒸出的松节油蒸气和水蒸气冷凝，静置分层，就可以得到纯度很高的松节油了。

第八节　精　馏　塔

一、精馏塔的分类和选择

1. 精馏塔的分类

精馏塔是蒸馏过程中最重要的设备，它是造成气、液相互作用以实现混合液分离的基本装置。精馏塔大致可分两大类，板式塔和填料塔。

（1）板式塔　板式塔是沿着塔的整个高度内装有许多块塔板，相邻两板有一定间距，气、液两相在塔板上互相接触进行传热和传质。

板式塔根据塔板上元件不同，可分为泡罩塔、筛板塔、浮阀塔、喷射塔等形式。近年来，又出现了斜孔筛板塔、导向筛板塔、导向浮阀塔等多种形式的板式塔。

（2）填料塔　在塔内装有填料，气、液两相在润湿的填料表面进行传热和传质。

填料塔又可分为散装填料塔和规整填料塔。散装填料有拉西环、鲍尔环、阶梯环、弧鞍、矩鞍、金属环矩鞍、木棚板等。

规整填料也可分为板波纹填料、丝网波纹、孔板波纹填料等多种。

2. 精馏塔的选择

完成某一分离任务，就要选择合适的精馏塔，一般选择精馏要从以下几个方面考虑。

（1）效率高　无论是板式塔，还是填料塔都应有满足原料分离，生产出合格产品的高级分离效率，特别是对难以分离的混合液更为重要。

（2）生产能力大　较小的塔径，完成较大的生产任务。

（3）操作弹性大　塔能在气、液相负荷有较大变化时，维持稳定生产，且保证产品合格。

（4）压降小　气流通过塔板或填料层的阻力降要小，特别是减压蒸馏操作中尤为重要。

（5）结构简单　制造、维修方便。

二、泡罩塔

泡罩塔是历史最久的一种板式塔，是由一个圆形塔体和多层装有泡罩的塔板组成，如图 7-26 所示。塔板 1 上装有一个或多个泡罩 2，泡罩像一个碗一样罩在蒸气通道 3 的上部，泡罩四周有很多齿缝。塔板上的液体高于齿缝，这样蒸气被齿缝分成多股细流喷出，在液面上形成一层泡沫，从而增大了蒸气与液体的接触面，增强了传质效果。泡罩安装要水平，齿缝必须没有残缺，而且必须浸于液体之中，否则会造成气流不均、气液接触不良等。

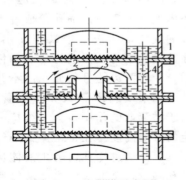

图 7-26　泡罩塔示意图
1—塔板；2—泡罩；3—蒸气通道；4—溢流管

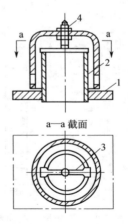

图 7-27　圆形泡罩的结构
1—塔板；2—蒸气通道；3—窄平板；4—溢流管

泡罩的形状较多通常采用圆形（见图 7-27），这样安装时间距比较小，以便于相邻泡罩漏出的蒸气彼此互相撞击，以增加接触的剧烈程度。

蒸气通道是使下层蒸气上升到该层塔板的通道，它一定要高于溢流管 4，以防止液体从通道中流下。

溢流管是上层塔板的液体流到下一层塔板的通道，溢流管顶部应露出塔板上一定高度，以保持塔板上能保持一定高度的液层。溢流下部一定要伸到下一层塔板上的液体中，以形成液封使上升蒸气不能从溢流管中通过。溢流管根据塔生产能力大小、塔径粗细，可以是一个，也可以是多个。

泡罩塔主要优点是液体不易泄漏，适应性比其他类型塔板强，操作比较稳定。缺点是结构复杂，安装检修不方便，造价很高，塔板压降高。因此，逐渐被其他类型塔取代。

三、筛板塔

筛板塔也是一种应用较早的塔型，其结构特点是在塔板上钻有许多均匀分布的小孔，称为筛孔。普通筛孔直径为 3～8mm，大孔为 10～25mm，在塔板上成正三角形排列。

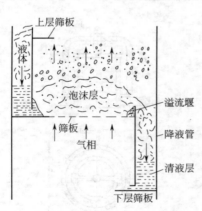

图 7-28 是一种单溢流筛板塔的示意图。整个塔板上分四个区域，图中虚线范围内是鼓泡区，塔内上升蒸气通过筛孔分成许多股的气流，从液层中鼓泡而出，在此过程中与液体进行传热和传质。左右两边的弓形面积内不开孔，用来安装溢流堰和降液管。由于溢流堰的作用，板上维持一定的液层高度。在正常操作条件下，气流通过筛孔，阻止液体从筛孔漏下，全部液体沿降液管逐

图 7-28 筛板塔结构简图

板流下，所以这部分弓形区称为溢流区。溢流堰与鼓泡区之间有一宽度为 W_s 的区域也不开孔，目的是为了减少气泡随液流进到降液

管，并可以保持液流稳定，称为安定区。鼓泡区与塔壁之间有一宽度为 W_c 的边缘区，是为了将塔板装在塔体内的支承圈上，所以也不开孔，W_c 的宽度一般为 $25\sim50$mm。

筛板塔的主要优点是结构简单，气、液相之间接触比较充分，生产能力大，塔板效率比泡罩塔高 15%，压强降小，造价大约为泡罩塔的 60%，为浮阀塔的 80%。主要缺点是操作弹性小，普通筛板易堵塞等。

四、浮阀塔

浮阀塔的结构和泡罩塔相似，只是用浮阀代替了升气管和泡罩。所谓浮阀，是装在上升蒸气通道上的可以上下浮动的阀。浮阀的开启程度可以随着气体负荷的大小而自行调整。当气速较大时，阀升起距离大，开启程度就大；气速变小，升起距离小，开启程度就小。

浮阀的形式很多，其中经常采用的为 F-1 型，如图 7-29 所示。在阀件 1 的下部有三条阀腿 5，其作用是限制阀片的最大开度，并起保持阀件垂直上下的导向作用。阀件上还另外有三个称为起始定距片的凸部 4，它一方面使阀不至于将阀孔 3 全部盖死，始终保持一个最小开度，保证在低气速下也能维持操作；另一方面也有助于防止阀与塔板锈住或黏结。

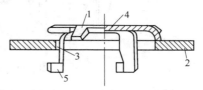

图 7-29　F-1 型浮阀
1—阀件；2—塔板；3—阀孔；
4—起始定距片；5—阀腿

F-1 型阀分轻阀和重阀两种。轻阀采用 1.5mm 钢板冲压而成，约重 25g，操作惯性较小，低气速时容易漏液，多用在减压塔中。重阀厚 2mm，约重 33g，操作中比轻阀稳定，漏液少，效率比较高，但压强降稍大一些，一般情况下都采用重阀。

浮阀塔的优点：定气流从浮阀周边横向吹入液层，气液接触时间加长，且雾沫夹带减少，塔板效率高，生产能力大，操作弹性大，结构比泡罩塔简单，压力降也较小，造价也比较低。缺点：浮阀要求有较好的耐腐蚀性能，一般材料容易被粘住、锈死卡在塔板上，必须采用不锈钢制作，增加了造价。

五、喷射型塔

喷射型塔的特点是蒸气以喷射状态斜向通过液层，使气、液两相接触加强。主要有舌形塔、浮动舌形塔和浮动喷射塔等。

1. 舌形塔

舌形塔的结构如图 7-30 所示，主要特点是在塔板上冲出一系列的舌孔，舌片与塔板呈一定倾角（一般为 20°），舌形尺寸一般为 25mm×25mm。另一个特点是塔板上不设溢流堰，但保留降液管。

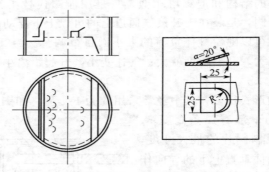

图 7-30　舌形塔板

操作时，蒸汽以较大的速度通过舌孔喷出，将液体分散成液滴或流束，形成了很大的接触界面，并造成了流体的湍动，大大强化了传质过程。由于气流在水平方向的分速度推动着液体向降液管方向流动，因而加大了液体的处理量；没有溢流堰，板上的液层较薄，压强降减小；再由于气流呈倾斜方向喷出，气流中雾沫夹带减少，因此，分离效率较高。

舌形塔的优点是气、液相的处理量都比较大，压强降小，一般只有泡罩塔的 1/3～1/2，结构简单，金属耗用量小，在一定负荷范围内效率较高。缺点是操作弹性小、稳定性较差。

2. 浮动舌形塔

浮动舌形塔是将固定的舌形板改成可以浮动的舌片，如图 7-31 所示。浮动舌片的开启度可以随着气相负荷的变化进行自动调节。

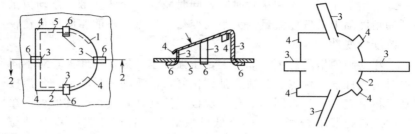

图 7-31 浮动舌片

气相负荷较大时，浮舌全开，这时其就是一个舌形塔；气相负荷较小时，它又可以随着舌片的浮动而自动调整气流通道的大小，又类似浮阀塔。因而，它兼有浮阀和喷射塔的优点。

3. 浮动喷射塔

浮动喷射塔也是综合了舌形塔和浮阀塔特点的新型塔，其结构如图 7-32 所示。每层塔板上由一组组彼此平行的浮动板互相重叠组成，如同百叶窗一样。浮动板依靠两端的突出部分作支承，装在两条平行支架的三角形槽内。当气流通过时，浮动板以其后缘为支点可以转动一定角度，而前缘上带有下弯的齿缝成 $45°×5$ 的臂，以防止相邻浮动板之间黏结或完全关闭。为了改善液体进口处的漏液和保证入口处浮动板的开启，一般装设入口斜板作为进口堰。

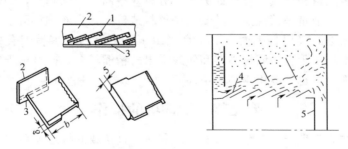

图 7-32 浮动喷射塔
1—浮动板；2—支架；3—托板；4—入口斜板；5—降液管

操作时，由上层塔板降液管流下的液体，在浮动板上横向流动，上升的气流从浮动板张开的缝隙中喷出，喷出方向和液流方向一致，增加了气、液相接触时间，同时减少了聚沫夹带。浮动板张开的角度随上升气体流量的大小而变化，气流喷出的速度也可在较大范围内变动。

浮动喷射塔具有生产能力大，压强降小，操作弹性大，对不同物料适应性强等优点。其缺点是结构复杂，浮动板易磨损，各浮板易互相重叠、互相牵制，如有一块板不浮动，就会影响其他板，在液体入口处漏液较严重，会降低塔板效率，有待于进一步改进与完善。

六、斜孔筛板塔

斜孔筛板塔的塔板上冲有若干排平行排列的斜孔，同一排斜孔口方向相同相邻两排的孔口方向相反，交错排列。气流从斜孔喷出，由于孔口方向与液流方向垂直，增加了气速，减少了雾沫夹带。由于相邻两排斜孔喷出的气流对液流的推动形成了相互牵制的作用，不仅能消除气流的不断加速而使液体推向塔壁一侧的现象，而且有使液体成多程折流的趋势，增加了液体流道的长度，使气液接触良好，液层低而均匀，大大提高了塔板的效率和生产能力。

七、填料塔

填料塔也是常用的精馏塔，由填料、塔内件及筒体构成。填料塔与板式塔相比具有生产能力大，分离效率高、压强降小，操作弹性大，持液量小等优点。其缺点是填料造价高，当液体负荷小时不能有效地润湿填料表面，不能直接用于有悬浮物或容易聚合的物料，不适用于有中间再沸器和侧线采出的精馏场合，同时由于轴向返混现象，也不能用于高压精馏。

第九节　精馏塔的操作

在化工生产中，精馏塔操作的好坏，直接或间接地关系到产品的质量、收率和消耗定额等。不同的精馏塔，分离不同的产品，操作控制也都不一样。

一、气、液相负荷对精馏操作的影响

从精馏原理可知，精馏操作是一个传热、传质同时进行的过

程。因而要保持精馏操作的稳定，必须维持进料量和出料量之间的物料平衡，以及全塔进、出热量的平衡。这样，凡是影响物料和热量平衡的因素，如进料量、进料组成及进料状态，冷凝器和再沸器换热情况，环境温度等，都会不同程度地影响精馏塔的操作。由于精馏塔内是气、液两相逆流接触进行传质传热的，所以无论哪种因素变化，结果都是塔内气、液两相负荷改变了，进而精馏操作才改变的。因此，弄清楚精馏塔内气、液相负荷变化，对操作的影响，对稳定精馏操作是非常重要的。

1. 气相负荷的影响

（1）雾沫夹带现象 气流通过每层塔板时，必然穿过塔板上的液层才能继续上升。气体离开液层时，往往要带出一些小液滴，一部分小液滴可能随气流进入到上一层塔板，这种现象称为雾沫夹带。雾沫夹带与气相负荷的大小有关，气相负荷越大，雾沫夹带越严重。过量的雾沫夹带使各层塔板的分离效果变差，塔板效率下降，操作不稳定。

（2）漏液和干板现象 当塔气速低时，雾沫夹带减少了。但气相负荷过低时，气速也过低，气流不足以将液流托住，塔板上的液体就会漏到下一层塔板上去，这种现象称为漏液。气相负荷越小，漏液越严重，随着漏量的增大，塔板建立不起足够高的液层，最后将液体全部漏光的现象，称之为干板现象。显然，气相负荷过小，精馏操作也不会稳定。

2. 液相负荷的影响

和气相负荷一样，液相负荷过大或过小时，精馏塔也不能正常操作。液相负荷过小，塔板上不能建立足够高的液层，气、液两相接触时间短，传质效果变差；液相负荷过大，降液管的截面积有限，流不下去，使塔板液层增高，气体阻力加大，延长了塔板停留时间，使再沸器负荷增加，温度下降，气相负荷也相应下降。

3. 液泛现象

所谓液泛，又称淹塔，即下一层塔板上的液体涌到上一层塔板的现象。产生液泛的原因有两个。一是气相负荷严重过大，塔板液面上的压强相应增大，上升气流阻止上层塔板液体下流，同时夹带的液体也增多，最后致使下一层塔板上的液体涌到上一层板。另一个原因是液相负荷严重过大，降液管流不开，还使整个塔的空间充满了液体。淹塔时，精馏操作是无法进行的。

二、精馏塔的操作控制

精馏塔的操作控制，实质上是控制塔板上的气、液相负荷大小，保持塔的传热、传质效果，生产出合格产品。但塔板上气、液相负荷的变化是无法直接监控的，实际操作是通过对操作压强、温度、回流比和进料量等参数的监控来实现对气、液负荷的控制。

1. 操作压强的控制

任何一个精馏塔都是依据在一恒定的操作压强下的气液平衡数据进行设计、计算和操作的。操作压强的选择主要根据被处理物质的性质和实际生产的需要来定。加压可以增加气体的密度，可以使常压下气态物质液化，因而可以提高设备生产能力，可以分离低沸点的物质。减压可以降低物质的沸点，提高其相对挥发度，可以分离高温易分解、聚合等热敏性物质和怕泄漏、污染的有毒物质。实际生产中还要考虑设备造价、操作费用等综合经济效益等。

对于实际生产中的精馏塔来说，操作压强是选定了的，只要在规定压强下操作，气、液相就会平衡的，操作就会稳定。压力在小范围变化，影响也不大，但要大幅度变化情形就不同了。如压力增大，说明上升蒸气量增大很多，气液平衡被破坏，使难易挥发组分带到上层塔板直至塔顶，导致操作恶化。反之，则说明上升蒸气量小，液相负荷相对增大，易挥发组分将被压至塔底，造成塔底产品不合格。

通常采用调节塔顶冷凝器中的冷却剂用量和回流比来控制塔顶的压力。

2. 温度的控制

在一定的操作压强下，气液平衡与温度有密切的关系，不同的温度对应不同的气液平衡组成。塔顶、塔釜的气液平衡组成，就是塔顶、塔釜产品的组成，它们所对应的平衡温度，就是塔顶、塔釜的温度指标。因而不但要保持压力恒定，还要保持温度相对稳定。若温度改变，则产品的质量和数量都相应发生变化。如塔顶温度升高，说明上升蒸气量增加了，塔顶产品中难挥发组分含量增加了，因此塔顶产品的产量增加，但质量却下降了。反之，塔顶温度降低，说明上升蒸气量减少了，产品质量有所改善，但产量却下降了，同时还有可能将易挥发组分压到塔釜，造成塔釜产品质量下降。

应当指出，温度是随压强变化而变化的。在操作压强基本稳定的情况下，温度的变化常常由于再沸器中加热蒸汽量，冷凝器中冷却介质流量、回流量、塔釜液位高度，进料状态的变化而引起温度的变化。因此，可以通过调节这些条件，可以使温度趋于恒定。精馏操作过程可以说是一个多因素的"综合平衡"过程，而温度的调节起着最终的质量调节作用。

3. 回流比的调节

如前所述，没有回流精馏塔就不能连续稳定的操作，调节精馏塔的回流比也是操作中控制产品质量、稳定操作的一个主要手段。

当塔顶温度高时，或塔顶馏分中难挥发组分含量高时，采用加大回流比的方法，增加塔内下降的液体流量，使上升蒸气中难挥发组分多冷凝一些，防止带到塔顶，提高产品质量，同时，也降低了塔顶温度。当塔釜产品中易挥发组分含量高时，塔釜温度低时，也可以相应减少回流比，从而提高上升蒸气量，使塔釜易挥发组分越多的蒸出，提高了塔釜产品质量，相应提高了塔釜温度。

对于内回流精馏塔的回流比，可通过塔顶冷凝器中的冷却介质流量来调节。

对于外回流精馏塔来说，回流比是通过塔顶产品的采出量和塔顶冷凝器的冷凝量等来调节。

三、精馏塔的操作技术

1. 精馏塔原始开车操作技术

塔系统安装或大修结束后，必须对设备和管路进行检查、清洗、试漏、置换以及单机试车、联动试车和系统开车等准备工作。这些准备工作和处理工作的好坏，对生产的正常开车有直接的影响，因此，原始开车在生产中占有重要的地位。原始开车一般按以下程序进行。

（1）检查　按工艺流程图逐一进行核对检查。

（2）吹除和清除　在新建或大修后塔系统所属设备和管道内，往往存在安装过程中留下的灰尘、焊条铁屑等杂物。为了避免这些杂物在开车时堵塞管路或卡坏阀门，必须用压缩空气进行吹除或清扫。

吹除前应按气、液流程，依次拆开与设备、阀门连接的法兰，吹除物由此排放。吹洗时用高速压缩空气流分段进行吹洗，并用木槌轻击外壁。气流时大时小，反复多次，直至吹出气体经白纱布上无黑点时为合格。再继续往后部吹洗，以至全系统都吹净。每吹净一段后，立即安装好法兰。吹洗流程应该是从设备的高处往低处吹。设备放空管、排污管，分析取样管和仪表管线等都要吹洗。对于溶液贮槽等设备，要进行人工清扫。

（3）系统水压试验和气密性试验　为了检查设备焊缝处的致密性和力学强度，在使用前要进行水压试验。水压试验一般按设计图上的要求进行，如果设计无要求，则按系统的操作压力要求进行。若系统的操作压力在 $5 \times 101.3 kPa$ 以下，试验压力则为操作压力的 1.5 倍（铸铁设备除外）；操作压力在 $5 \times 101.3 kPa$ 以上，试验压力为操作压力的 1.25 倍；操作压力不到 $2 \times 101.3 kPa$ 时，试验压力为 $2 \times 101.3 kPa$ 即可。

为了保证开车时气体不从法兰及焊缝处泄漏出来，使塔操作连续稳定，必须进行系统气密试压。

试压方法是用压缩机向系统内送入空气，并逐渐将压力提高到操作压力的 1.05 倍。然后对所有设备、管线上的焊缝和法兰逐个抹肥皂水进行查漏，发现漏处，做好标记或记录，卸压后进行处理。无泄漏后，保压 30min，压力不下降为合格，最后将气体放空。

（4）单机试车和联动试车　单机试车是为了确定转动和待转动设备（如空气压缩机和离心泵等）是否合格好用，是否符合有关技术规范。

单机试车是在不带物料和无载荷的情况下进行的。首先断开联轴节，单独开动电动机，运转 48h，观察电动机是否发热、振动，有无杂音，转动方向是否正确等。当电机试验合格后，再和水泵连接在一起进行试验，一般也运转 48h，在运转过程中，经过细心观察和仪表检查，均达到要求时即为合格。如在试车中发现问题，应会同施工单位有关人员及时检修，修好后重新试车，直到合格为止。

联动试车是用水或生产物料相类似的其他物料代替生产物料所进行的一种模拟生产状态的试车。目的是检验生产装置连续通过物料的连续性能。联动试车时给水加热，观察仪表是否准确地指示通过的流量、温度和压力等数据，以及设备的运转是否正常等情况。

（5）系统的置换　在工业生产中，被分离的物质绝大部分为有机物，它们具有易燃、易爆的性质。在设备投产前，如果不驱除设备内的空气，就很容易与有机物形成爆炸混合物。因此，在向系统送入混合物之前，应先用惰性气体（氮气）将其中的空气置换，置换气中含氧量不大于 0.5%。惰性气体由压缩机供给，置换气体从系统的后部放空。

（6）系统开车　系统置换合格后，即可进行系统开车，系统开车方法和短期停车后的开车方法相同，可以在下一个操作说明。

2. 精馏塔正常开、停车操作技术

（1）正常开车　系统置换合格后，即可进入到生产的正常开车。精馏塔操作的正常开车分为短期停车后开车和长期停车后开车。

① 短期停车后开车。在开车准备工作就绪后，确认可以开车时，待令开车。一般操作过程如下。

检查原料库存情况，选定加料量，向塔釜加料。此时随着塔压的升高，塔内的惰性气体逐渐被排出，此时冷凝水量相应增大，进行全回流操作。当塔釜液位控制在 $1/2 \sim 1/3$ 时，即可从加料口进料，当塔随塔升温过程已经转至正常后，停止加料，让其自身循环，待回流液分析合格后，开始采出产品，并继续投料生产。

② 长期停车后开车。长期停车后开车，一般是指检修后的开车。首先检查各设备、管道、阀门、各取样点、电气及仪表等是否完好正常。然后对系统进行吹净、清洗，进行强度和气密性试验，

以及系统置换。一切正常合格后，按短期停车后的开车操作步骤进行。

（2）停车　在化工生产中停车的方法与停车前的状态有关。不同的状态，停车的方法及停车后的处理方法也就不同，一般有以下3种方式。

① 正常停车。生产进行一段时间后，设备需要进行检查或检修而有计划地停车为正常停车。停车前逐渐减少物料加入，直至完全停止加入。待物料蒸完后，停止供气加热，降温并卸掉系统压力，然后停止供水，将系统中的溶液排放干净。打开系统放空阀，并对设备进行清洗。

② 紧急停车。生产中一些想象不到的、特殊情况下的停车称紧急停车。紧急停车时，首先停止加料，调节塔釜加热蒸汽和冷凝液采出量，使操作处于待生产状态，应积极抢修，排除故障，待停车原因消除后，按开车程序恢复生产。

③ 全面紧急停车。当生产过程中突然发生停电、停水、停气或重大事故时，则要全面紧急停车。这种停车操作者事先不知道，要尽力保护好设备，防止事故的发生和事故的扩大。

化工生产中的开、停车是一个很复杂的操作过程，且随单元操作方式不同而有所差异。

本章小结

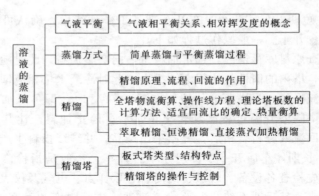

思考题与习题

一、思考题

1. 蒸馏操作的依据是什么？它与蒸发、吸收有什么不同点？

2. 何谓挥发度、相对挥发度？实际生产中如何求取物料的相对挥发度？

3. 何谓理想溶液、非理想溶液？简述拉乌尔定律，并说明其适用条件和意义。

4. 说明 $t\text{-}x$ (y) 图、$y\text{-}x$ 图的作法、特点、用途。

5. 蒸馏和精馏有何本质区别？精馏过程的基本依据是什么？

6. 利用 $t\text{-}x$ (y) 图说明精馏原理和实现精馏的基本方法？

7. 简述连续精馏流程，为什么要在塔顶设冷凝器、塔底设再沸器（加热釜)？

8. 实现恒摩尔汽化和恒摩尔溢流的条件是什么？

9. 操作线方程的物理意义是什么？简要说明在 $y\text{-}x$ 图上确定精馏段和提馏段操作线的方法和步骤？

10. q 的物理意义是什么？在 $y\text{-}x$ 图上定性作出不同进料状况时的 q 线？

11. 求理论塔板的方法和步骤有几种？各有什么优缺点？

12. 何谓理论塔板？掌握用梯级法求理论塔板，并理解为什么一个梯级表示一块理论塔板？

13. 何谓回流、回流比 R？回流的主要作用是什么？

14. 回流比的大小对操作有什么影响？怎样确定适合的回流比？

15. 为什么全回流操作时所需理论塔板数最少？全回流是在什么情况下使用。

16. 冷回流（低于泡点温度）对精馏塔的操作有何影响？

17. 根据高产、优质、节能、降耗的原则，生产中应采用何种进料状况最为合适？冷料进料量太大，塔内会出现什么现象？应如何调节？

18. 试分析并写出连续精馏塔的热量衡算式。

19. 试说明共沸蒸馏、萃取蒸馏和水蒸气蒸馏的原理和特点？

20. 生产中对精馏塔板有哪些要求？

21. 精馏塔塔板上的溢流管顶部为什么要高出塔板？而降液管下端要伸到下层塔板的液层内？

22. 说明泡罩塔的结构和优缺点？

23. 简述筛板塔的结构和优缺点？

24. 浮阀塔的操作弹性为什么比筛板塔大？

25. 简述舌形、浮动舌形、浮动喷射和斜孔筛板塔板的操作特点？

26. 影响精馏操作的主要因素有哪些？生产中怎样进行控制？

27. 何谓泡点、露点？对于一定的组成和压力，两者的大小关系如何？

28. 为什么 $\alpha=1$ 时不能用普通精馏的方法分离混合物？

29. 何谓最小回流比？挟点恒浓区的特征是什么？

二、习题

1. 今有苯和甲苯的混合液，在318K下沸腾，外界压强20.3kPa，已知在此条件下纯苯的饱和蒸气压为22.7kPa，纯甲苯的饱和蒸气压为7.6kPa，试求平衡时苯和甲苯在气、液相中的组成。　（0.84　0.16，0.94　0.06）

2. 乙苯和异丙苯的混合液，其质量相等，已知在373K时，纯乙苯的饱和蒸气压为33kPa，纯异丙苯的饱和蒸气压为20kPa，乙苯的千摩尔质量为106kg/kmol，异丙苯的千摩尔质量为120kg/kmol，试求：

　　① 当气液平衡时，两组分的蒸气分压和总压；　（9.4kPa，26.89kPa）

　　② 以摩尔分数表示的气、液相组成。　（0.65，0.35）

3. 在一密闭的容器内盛有三种组分组成的混合液。已知在该条件下的液相组成为：苯35%、甲苯40%、邻二甲苯25%（质量分数），与其平衡的饱和蒸气压分别为178.6kPa、74.6kPa和28kPa；邻二甲苯的千摩尔质量为106kg/kmol。试求平衡时气相总压及以摩尔分数表示的组成。

（104.41kPa，0.67　0.27　0.06）

4. 绘制苯-甲苯混合液在101.3kPa下的 t-x 图和 y-x 图。　（略）

5. 已知总压为101.3kPa，甲醇和水的饱和蒸气压数据如下（单位为kPa）：

温度/K	337.7	343.0	348.0	353.0	363.0	373.0
p_A^0（甲醇）	101.3	123.3	149.6	180.4	252.6	349.8
p_B^0（水）	25.1	31.2	38.5	47.3	70.1	101.3

该溶液可近似地作为理想溶液，试计算其平衡组成关系，并画出其 t-x 图和 y-x 图。　（略）

6. 试计算上题中甲醇的平均相对挥发度，用相对挥发度表示的平衡关系式算出其平衡组成并与上题的结果进行对比。　（略）

7. 纯正庚烷和纯正辛烷的饱和蒸气压和温度的关系数据如下表，根据表中的数据计算在101.3kPa压强下正庚烷和正辛烷混合液的 y-x 关系数值（溶液服从拉乌尔定律），并根据其平均相对挥发度，计算 y-x 关系数值。　（略）

温度/K	371.4	378	383	388	393	398.6
p_A^0（正庚烷）/kPa	101.3	125.3	140.0	160.0	180.0	205.0
p_B^0（正辛烷）/kPa	44.4	55.6	64.5	74.3	86.6	101.3

8. 某精馏塔在压强101.3kPa下分离甲醇和水混合液，处理的混合液流量为

1000kg/h。原料液中含甲醇75%，要求馏出液的组成不小于98%，残液组成不大于5%（均以质量分数计），试求每小时馏出液量和残液量。

(752.69kg/h, 247.31kg/h)

9. 将100kmol/h的乙醇-水溶液进行连续精馏。原料液中乙醇的摩尔分数为0.30，馏出液中乙醇含量为0.80，残液中乙醇含量是0.05（摩尔分数）。若精馏塔的回流比 $R=3$，泡点进料，试求精馏段和提馏段的操作线方程式。 （$y=0.75x+0.2$, $y=1.5x-0.025$）

10. 在一连续精馏塔中分离某种液体混合物，在沸点下进料，其精馏段操作线方程式为 $y=0.723x+0.263$，提馏段操作线方程式为 $y=1.25x-0.0187$。试求该操作条件下的回流比和原料液、馏出液、残液的组成。 （$R=2.61$, $x_F=0.535$, $x_D=0.949$, $x_W=0.0748$）

11. 在某一液体混合物的分离系统中，已知有关的数值如下：$x_F=0.24$，$x_D=0.95$, $x_W=0.05$, $q=2.366$, $R=3$，试画出其操作线。 （略）

12. 苯-甲苯精馏塔的原料液中苯的质量分数是0.30，在馏出液中苯0.95，在残液中为0.04。试计算当残液流量为1000kg/h时的原料液量和馏出液量。当回流比 $R=3$ 时，泡点进料精馏段的回流液量和上升蒸气量。

(1200kg/h, 1600kg/h)

13. 在苯-甲苯精馏系统中，已知全塔易挥发组分的平均相对挥发度为2.41，各部分物料的摩尔组成为 $x_F=0.5$, $x_D=0.95$, $x_W=0.05$。泡点进料，回流比 $R=4$。试用逐板计算法，求精馏段的理论塔板数。 （4）

14. 在苯-甲苯连续精馏塔中，已知 $x_F=0.40$, $x_D=0.90$, $x_W=0.05$, $R=2.5$，泡点进料。试用逐板计算法，求全塔的理论塔板数和加料板位置。 （9，4）

15. 用一精馏塔在101.3kPa下分离甲醇-水混合液。已知各部分物料的摩尔组成为：$x_F=0.315$, $x_D=0.95$, $x_W=0.04$。泡点进料，操作回流比为最小回流比的1.77倍。试用图解法求该塔的理论塔板数。混合液中甲醇的平衡数据如下表。 （略）

甲醇-水系统中甲醇的平衡数据

温度/K	x	y	温度/K	x	y	温度/K	x	y
337.7	1.00	1.000	346.1	0.50	0.779	362.3	0.08	0.365
338.0	0.95	0.979	348.3	0.40	0.729	364.2	0.06	0.304
339.0	0.90	0.958	351.0	0.30	0.665	366.5	0.04	0.234
340.6	0.80	0.915	354.7	0.20	0.579	369.4	0.02	0.134
342.3	0.70	0.870	357.4	0.15	0.517	373.0	0.00	0.00
344.2	0.60	0.825	360.7	0.10	0.418			

16. 在苯-甲苯精馏系统中，已知加入的原料液量为 15300kg/h，馏出液量为 7082.6kg/h，原料液的温度为 365K，比热容为 1.72kJ/(kg·K)，塔顶处可近似地视为纯苯，其焓为 534kJ/kg，实际回流比 $R=2$，回流液的比热容为 1.8kJ/(kg·K)，蒸馏釜内用 250kPa（绝压）的饱和蒸汽加热，设备的热损失忽略不计。试求蒸馏釜消耗的蒸汽量是多少（kg/h）？（4006.1kg/h）

第八章 吸 收

学习目标

　　掌握吸收操作的原理、吸收过程物料衡算、填料层高度的计算；

　　理解吸收过程的相平衡关系、吸收速率的表示方法；

　　了解气体吸收的工业应用、吸收解吸联合操作的流程、解吸过程的特点。

能力目标

　　能够正确选择吸收操作的条件，对吸收过程进行正确的调节控制。

第一节 概 述

　　使混合气体与适当的液体接触，气体中的一个或几个组分便溶解于该液体内而形成溶液，不能溶解的组分则保留在气相之中，于是原混合气体的组分得以分离。这种利用各组分溶解度不同而分离气体混合物的操作称为吸收。混合气体中，能够溶解的组分称为吸收质或溶质，以 A 表示；不被吸收的组分称为惰性组分或载体，以 B 表示；吸收操作所用的溶剂称为吸收剂，以 S 表示；吸收操作所得的溶液称为吸收液，其成分为溶剂 S 和溶质 A；排出的气体称为吸收尾气，其主要成分应是惰性气体 B，还含有残余的溶质 A。

　　吸收过程常在吸收塔中进行，图 8-1 为逆流操作的吸收塔示意图。

一、气体吸收的工业应用

　　气体的吸收是一种主要的分离操作，它在化工生产中主要用来达到以下几种目的。

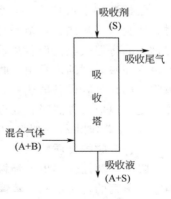

图 8-1 吸收操作示意图

　　① 分离混合气体以获得一定的组分。例如用硫酸处理焦炉气

以回收其中的氨；用洗油处理焦炉气以回收其中的芳烃；用液态烃处理裂解气以回收其中的乙烯、丙烯等。

② 除去有害组分以净化气体。例如，用水或碱液脱除合成氨原料气中的二氧化碳，用丙酮脱除裂解气中的乙炔等。

③ 制备某种气体的溶液。例如，用水吸收二氧化碳以制造硝酸，用水吸收氯化氢以制取盐酸，用水吸收甲醛以制备福尔马林溶液等。

二、气体吸收分类

在吸收过程中，如果溶质与溶剂之间不发生显著的化学反应，可以当作气体单纯地溶解于液相的物理过程，称为物理吸收；如果溶质与溶剂发生显著的化学反应，则称为化学吸收。前面提到的用水吸收二氧化碳、用洗油吸收芳烃等过程都属于物理吸收，用硫酸吸收氨、用碱液吸收二氧化碳等过程都属于化学吸收。

若混合气体中只有一个组分进入液相，其余组分皆可认为不溶解于吸收剂，这样的吸收过程称为单组分吸收；如果混合气体中有两个或更多的组分进入液相，则称为多组分吸收。例如，合成氨原料气中含有 N_2、H_2、CO 及 CO_2 等几种成分，其中唯独 CO_2 在水中有较为显著的溶解，这种原料气用水吸收的过程即属于单组分吸收；用洗油处理焦炉气时，气体中的苯、甲苯、二甲苯等几种组分都在洗油中有显著的溶解，这种吸收过程应属于多组分吸收。

气体溶解于液体之中，常常伴随着热效应，当发生化学反应时，还会有反应热，其结果是使液相温度逐渐升高，这样的吸收过程称为非等温吸收。但若热效应很小，或被吸收的组分在气相中浓度很低而吸收剂的用量很大时，温度升高并不显著，可认为是等温吸收。如果吸收设备散热良好，能及时引出热量而维持液相温度大体不变，也应按等温吸收处理。

与吸收操作相反，从吸收剂中分离出已被吸收气体的操作称为解吸。

三、吸收的传质特点

吸收和蒸馏一样也牵涉两个相（气相和液相）间的质量传递，但它与蒸馏的传质不同。蒸馏是依据溶液中各组分相对挥发度的不同而得以分离，吸收则基于混合气体中各组分在吸收剂中的溶解度不同而得以分离；蒸馏不仅有气相中重组分进入液相，而且同时有液相中的轻组分转入气相的传质，属双向传质过程，吸收则只进行气相到液相的传质，为单向传质过程。

四、吸收剂的选择

在气体吸收过程中，吸收剂的选择是个很关键的问题，一般可遵循以下原则去选择。

① 吸收剂对吸收的气体要有较大的溶解度。这样可以提高吸收速率，减少吸收剂用量。

② 吸收剂对混合物要有良好的选择性能，即对吸收质极易溶解，对惰性气体几乎不溶解。

③ 吸收剂的挥发性要比较小（即蒸气压低）。

④ 吸收剂对设备的腐蚀性要小。

⑤ 吸收剂的黏度要低，比热容要大。

⑥ 吸收剂的化学稳定性要高，且无毒，不易燃烧。

⑦ 吸收剂的价格要便宜，来源要方便。

第二节　吸收的物理基础

一、气相和液相组成的表示方法

在吸收操作中，气体总量和溶液总量都随吸收的进行而改变，但惰性气体和吸收剂的量则始终保持不变，因此，在吸收计算中，以吸收剂物质的量或惰性气体物质的量为基准表示吸收质在气液两相中的浓度较为简便。

1. 质量分数

混合物中某组分的质量与混合物的质量之比为质量分数，用符号 w_i 表示。

若混合物中只有两个组分 A 和 B，它们的质量分别为 m_A 和 m_B，混合物的质量为 m，则各组分的质量分数为

$$w_A = m_A/m \qquad w_B = m_B/m$$

而混合物的质量 $m = m_A + m_B$，则有

$$w_A + w_B = 1$$

若混合物中含有 A，B，…，N 组分，则各组分质量分数之间关系应有

$$w_A + w_B + \cdots + w_N = 1 \tag{8-1}$$

式(8-1) 说明混合物中任一组分的质量分数均小于 1，且各组

分质量分数之和等于 1。

2. 摩尔分数

混合物中某组分的物质的量与混合物的物质的量之比为摩尔分数，用符号 x_i 表示。

若混合物中只有 A 和 B 两个组分，它们的物质的量分别为 n_A 和 n_B，混合物的物质的量为 n，则 A、B 组分的摩尔分数为

$$x_A = n_A/n \qquad x_B = n_B/n$$

混合物的物质的量为 A、B 物质的量之和，即 $n = n_A + n_B$，则有

$$x_A + x_B = 1$$

若混合物中含有 A，B，…，N 组分，它们的摩尔分数分别为 x_A，x_B，…，x_N，则有

$$x_A + x_B + \cdots + x_N = 1 \tag{8-2}$$

式(8-2) 说明混合物中任一组分的摩尔分数均小于 1，各组分摩尔分数之和等于 1。

在工程计算中常遇见质量分数与摩尔分数之间换算的问题。对只含有两个组分的混合物，由摩尔分数换算为质量分数的关系式为

$$w_A = \frac{x_A M_A}{x_A M_A + x_B M_B} \tag{8-3}$$

式中，M_A、M_B 分别为混合物中 A、B 组分的摩尔质量，kg/kmol。

式(8-3) 的分母称为混合物的平均摩尔质量，即

$$M_m = x_A M_A + x_B M_B$$

若混合物中含有 A，B，…，N 组分，则混合物的平均摩尔质量 M_m 为

$$M_m = M_A x_A + M_B x_B + \cdots + M_N x_N \tag{8-4}$$

由质量分数换算为摩尔分数的计算式为（以含有两组分混合物为例）

$$x_A = \frac{w_A/M_A}{w_A/M_A + w_B/M_B} \tag{8-5}$$

为了区别气液两相中各组分摩尔分数，常用符号 x_i 表示液体混合物中各组分的摩尔分数；用符号 y_i 表示气体混合物中各组分的摩尔分数。

对理想气体混合物，各组分的摩尔分数在数值上又等于各组分

在混合气体中的体积分数和压力分数,即

$$y_i = \frac{n_i}{n} = \frac{p_i}{p} = \frac{V_i}{V} \tag{8-6}$$

式中,y_i、n_i、p_i、V_i 分别为混合气体中任一组分的摩尔分数、物质的量、分压和分体积;n、p、V 分别为混合气的物质的量、总压和总体积。

3. 摩尔比

混合物中某一组分的物质的量与载体的物质的量(混合物除去该组分外其余各组分物质之和)之比称为摩尔比。

吸收液中只含有吸收质 A 和液相载体(吸收剂)S,则 A 对 S 的摩尔比以 X_A 表示

$$X_A = n_A / n_S \tag{8-7}$$

摩尔比与摩尔分数的换算关系为

$$X_A = \frac{x_A}{1 - x_A} \text{ 或 } x_A = \frac{X_A}{1 + X_A} \tag{8-8}$$

混合气是由吸收质和气相载体(惰性气)所组成,则摩尔比为吸收质 A 与惰性气 B 的物质的量之比,以 Y_A 表示

$$Y_A = n_A / n_B \tag{8-9}$$

Y_A 与 y_A 的换算关系为

$$Y_A = \frac{y_A}{1 - y_A} \text{ 或 } y_A = \frac{Y_A}{1 + Y_A} \tag{8-10}$$

【例 8-1】 150kg 纯酒精与 100kg 水混合而成的溶液。求其中酒精的质量分数、摩尔分数、摩尔比以及混合液的平均摩尔质量。

解: 混合液的质量 m 为

$$m = m_A + m_B = 150 + 100 = 250 \text{(kg)}$$

酒精的质量分数为

$$w_A = m_A / m = 150 / 250 = 0.6$$

酒精的摩尔质量 $M_A = 46 \text{kg/kmol}$,水的摩尔质量为 $M_B = 18 \text{kg/kmol}$。酒精的摩尔分数可由式(8-5)计算,其中 $w_B = 1 - w_A$

$$x_A = \frac{w_A / M_A}{w_A / M_A + w_B / M_B} = \frac{0.6 / 46}{0.6 / 46 + (1 - 0.6) / 18} = 0.37$$

酒精对水的摩尔比为

$$X_A = \frac{x_A}{1-x_A} = \frac{0.37}{1-0.37} = 0.587$$

该混合液的平均摩尔质量可由式(8-4) 确定

$$M_m = M_A x_A + M_B x_B = M_A x_A + M_B(1-x_A)$$
$$= 46 \times 0.37 + 18 \times (1-0.37)$$
$$= 28.36 (kg/kmol)$$

【例 8-2】 某混合气中含有氨和空气。其总压为 200kPa，氨的体积分数为 0.2。试求氨的分压、摩尔分数、质量分数和摩尔比。

解： 氨的分压可用道尔顿分压定律确定，即 $p_A = p y_A$，其中 p 为 200kPa，y_A 为氨在混合气中的摩尔分数，它在数值上等于其体积分数，即摩尔分数 $y_A = 0.2$，代入得氨的分压 p_A 为

$$p_A = p y_A = 200 \times 0.2 = 40 (kPa)$$

氨的摩尔质量 $M_A = 17 kg/kmol$，空气的摩尔质量 $M_B = 29 kg/kmol$，氨在混合气中的质量分数为

$$w_A = \frac{M_A y_A}{M_A y_A + M_B y_B} = \frac{M_A y_A}{M_A y_A + M_B(1-y_B)}$$
$$= \frac{17 \times 0.2}{17 \times 0.2 + 29 \times (1-0.2)} = 0.128$$

氨对空气的摩尔比为

$$Y_A = \frac{y_A}{1-y_A} = \frac{0.2}{1-0.2} = 0.25$$

二、气体在液体中的溶解度

在一定的温度和压力下，混合气体与液相接触时，混合气体中的溶质会溶于液体中，而溶于液相内的溶质又会从溶剂中逸出返回气相。随着溶质在液相中的浓度逐渐增加，溶质返回气相的量也逐渐增大，直到单位时间溶于液相中的溶质量与从液相返回气相的溶质量相等，气相和液相的组成不再改变，达到动平衡。平衡时溶质在气相中分压称为平衡分压 p_A^*，溶质在液相中的浓度称为平衡溶解度，简称溶解度，它是吸收过程的极限。它们之间的关系称为相平衡关系。

气体的溶解度与温度和压力有关，气体的溶解度随温度的升高而减少，随压力的升高而增大。但当吸收系统的压力不超过 506.5kPa 的情况下，气体的溶解度可看作与气相的总压力无关，而仅随温度的升高而减小。

三、气液平衡关系

1. 亨利定律

对于某种气体，当气相总压力不高（一般为低于 506.5kPa），且溶解后形成的溶液为稀溶液时，溶液中溶质的浓度和该气体压力的平衡关系可用亨利定律表示

$$p_A^* = Ex_A \tag{8-11}$$

式中，p_A^* 为溶质在气相中的平衡分压，Pa；x_A 为溶液中溶质的摩尔分数；E 为亨利系数，Pa。

E 值随温度升高而增大，数值越大，则表明该气体的溶解度越小。表 8-1 给出某些气体水溶液的亨利系数 E 值。

亨利定律表示，在气、液两相达到平衡时，吸收质在气相和液相中浓度的分配情况。

【例 8-3】 含有 30%（体积）CO_2 的某原料气用水吸收，吸收温度为 303K，总压力为 101.3kPa，试求液相中 CO_2 的最大浓度。

解：本题操作条件，在水中难溶的 CO_2 形成稀溶液，故达到平衡时的溶液的最大浓度可按亨利定律计算。

由表 8-1 查得：在 303K 时 CO_2 的亨利系数 $E = 0.188 \times 10^6 \text{kPa}$，按题意，$CO_2$ 的平衡分压为

$$p^* = 101.3 \times 30\% = 30.4(\text{kPa})$$

故 $$x = p^*/E = 30.4/188000 = 0.0001616$$

即液相中 CO_2 的最大浓度为 0.0001616（摩尔分数）。

2. 吸收平衡线

表明吸收中气、液相平衡关系的图线称吸收平衡线。它可以用各种不同相组成表示的相平衡关系加以标绘。在吸收操作中，通常用 y-x 图来表示，其作法如下。

若 p_A 为吸收质在气相中的分压，Pa；p 为混合气体总压，Pa；y_A 为吸收质在气相中的摩尔分数；在平衡时，吸收质在气相中的平衡组成为 y^*（摩尔分数），由气体分压定律 $p_A^* = py_A$ 得 $p_A^* = py_A^*$，代入式（8-11）得

$$y_A^* = \frac{E}{p}x_A = mx_A \tag{8-12}$$

表 8-1 某些气体水溶液的亨利系数 E 值

$(E \times 10^{-6} / kPa)$

气体	温度/K										
	273	278	283	288	293	298	303	313	333	353	373
H_2	5.87	6.16	6.44	6.69	6.92	7.16	7.39	7.61	7.75	7.65	7.55
N_2	5.36	6.05	6.77	7.48	8.15	8.76	9.36	10.56	12.12	12.79	12.72
空气	4.37	4.95	5.56	6.15	6.72	7.29	7.81	8.81	10.20	10.89	10.88
CO	3.56	4.0	4.48	4.96	5.43	5.87	6.28	7.05	8.33	8.57	8.57
O_2	2.57	2.95	3.32	3.69	4.05	4.44	4.81	5.43	6.37	6.96	7.11
CH_4	2.27	2.63	3.01	3.41	3.80	4.19	4.55	5.27	6.35	6.91	7.11
C_2H_6	1.27	1.57	1.92	2.29	2.67	3.07	3.47	4.29	5.72	6.69	7.01
C_2H_4	0.559	0.661	0.779	0.907	1.032	1.156	1.282	—	—	—	—
CO_2	0.0737	0.0888	0.106	0.1240	0.144	0.165	0.188	0.236	0.345	—	—
C_2H_2	0.0733	0.0853	0.0973	0.1093	0.1226	0.1346	0.148	—	—	—	—
Cl_2	0.0272	0.0333	0.0396	0.0461	0.0536	0.0605	0.0669	0.080	0.0975	0.0973	0.149
H_2S	0.0271	0.0319	0.0371	0.0428	0.0489	0.0552	0.0617	0.0755	0.1043	0.137	—
Br_2	0.00216	0.00279	0.00371	0.00472	0.00601	0.00747	0.00917	0.0135	0.0255	0.0409	—
SO_2	0.00167	0.00203	0.00245	0.00293	0.00355	0.00413	0.00485	0.00660	0.0112	0.0171	—
HCl	0.000247	0.000255	0.000263	0.000271	0.000279	0.000287	0.000293	0.000303	0.000299	—	—
NH_3	0.000208	0.000224	0.000240	0.000257	0.000277	0.000297	0.000321	—	—	—	—

式中，$m=E/p$ 为相平衡常数，是一个无量纲量，且与溶液组成无关。

式(8-12) 是亨利定律的又一表达形式。由式(8-12) 可以看出：m 值越大，表明该气体的溶解度越小。

若气、液两相均以摩尔比表示，$x_A = \dfrac{X_A}{1+X_A}$ 及 $y_A = \dfrac{Y_A}{1+Y_A}$ 代入式(8-12) 即得

$$\frac{Y_A^*}{1+Y_A^*} = m\,\frac{X_A}{1+X_A}$$

经整理后，得

$$Y_A^* = \frac{mx_A}{1+(1-m)X_A} \tag{8-13}$$

将 Y^* 与 X 的关系标绘在 $Y\text{-}X$ 图上，得通过原点的一条曲线，称为吸收平衡线，如图 8-2 所示。

对于稀溶液（即 X_A 值甚小），式(8-13) 分母趋近于 1，则得

$$Y_A^* = mX_A \tag{8-14}$$

显式，式(8-14) 所表明的平衡线是一直线，其斜率为 m，如图 8-3 所示。

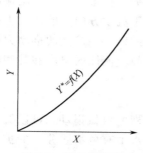

图 8-2　吸收平衡线

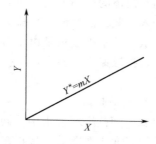

图 8-3　吸收平衡线（稀溶液）

相平衡常数，即吸收平衡线的斜率 m 值大小也可以用来判断气体组分溶解度的大小。m 值一般随温度升高而增大，亦即气体的溶解度随温度的升高而减小；压力的影响则相反，m 值随总压升高而减小。在 $Y\text{-}X$ 图上，m 值越小（即溶解度越大），吸收平衡线越趋

平坦。由此可见，较高的压力和较低的温度对吸收是有利的。反之，较低的压力和较高的温度对解吸是有利的。

由于溶解平衡是吸收进行的极限，所以，在一定温度下，吸收若能进行，则气相中吸收质的分压必须大于与液相中溶质浓度成平衡的分压，即

$$p > p^*$$

或

$$Y > Y^*$$

显然，$p > p^*$ 或 $Y > Y^*$ 是吸收进行的必要条件；而差值（$p - p^*$）或（$Y - Y^*$）则是吸收过程的推动力，差值越大，吸收速率越大。

四、传质的基本方式

吸收过程是溶质从气相转移到液相的质量传递过程。由于溶质从气相转移到液相是通过扩散进行的，因此传质过程也称为扩散过程。扩散的基本方式有两种：分子扩散和对流扩散。

1. 分子扩散

分子扩散现象在我们日常生活中经常碰到。譬如，向静止的水中滴一滴蓝墨水，过一会儿水就变成了均匀的蓝色，这是由于墨水中有色物质的分子扩散到水中的结果。物质以分子运动的方式通过静止流体的转移称为分子扩散。此外，物质通过层流流体，且传质方向与流体的流动方向相垂直时也属于分子扩散。如在呈层流的水中加入一些含盐溶液，含盐分子在垂直于流动方向上的扩散也是分子扩散。分子扩散只是由于分子热运动的结果，扩散的推动力是浓度差，扩散速率主要决定于扩散物质和静止流体的温度和某些物理性质。

2. 对流扩散

滴一滴蓝墨水进水中，同时加以强烈的机械搅动，可以看到水变蓝的速度比不搅动时快得多。这时墨水中有色物质分子的扩散方式主要是对流扩散。

物质通过湍流流体的转移称为对流扩散。对流扩散时，扩散物质不仅依靠本身的分子扩散作用，并且依靠湍流流体的携带作用而转移，而后者的作用是主要的。因此，对流扩散速率比分子扩散速率大得多，对流扩散速率主要取决于流体的湍流程度。

在吸收操作中，常用扩散系数来表示物质在介质（气相或液相）中的扩散能力，它是物系特性常数之一。其值随物系的种类和温度而不同，亦随压力和浓度而异。在气体中的扩散系数之值约为 $0.1\sim 1\text{cm}^2/\text{s}$ 的量级；在液体中约为在气体中的 $10^4\sim10^5$ 分之一，与液体的黏度成反比。扩散系数之值须由实验方法求取，其数据大部分已编于手册之中以备查用；如无可靠的实验数据，亦可用有关经验公式近似地求出。

五、吸收机理——双膜理论

关于吸收过程的机理，曾提出过各种不同的理论，其中应用最广泛且较为成熟的是"双膜理论"。

由流体力学所述，当流体流过固体壁面时，必定存在一层作层流流动的边界层。双膜理论即以这一事实为基础而提出的。见图 8-4。

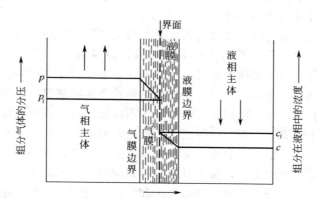

图 8-4　气体吸收的双膜模型

双膜理论的基本要点如下。

① 在吸收时，气、液两个流体相共有一个相界面（简称界面），在相界面的两侧分别存在着稳定的气膜和液膜，一般说来，膜的厚度是极薄的，而膜内流体是滞流，即使两相主体都是湍流时也这样。

② 无论气液两相主体中吸收质的浓度是否达到平衡，在相界面上，吸收质在气液两相中的浓度关系都假设已达到平衡，物质通

过界面由一相进入另一相时，界面本身对扩散无阻力。因此，在相界面上，液相的浓度 c_i 是和气相分压 p_i 成平衡的。

③ 在两膜以外气液两相的主体中，由于流体的充分湍动，吸收质的浓度基本上是均匀的，也就没有任何传质阻力或扩散阻力，即认为两相主流中没有浓度差存在，换句话说，浓度差全部集中在两个膜层内。

根据双膜理论，吸收质必须以分子扩散的方式从气相主体先后通过此两薄膜而进入液相主体。所以，尽管气、液两膜很薄，两个膜层仍为主要的传质阻力或扩散阻力所在。

根据双膜理论，在吸收过程中，吸收质从气相主体中以对流扩散的方式到达气膜边界，又以分子扩散的方式通过气膜到达气、液界面，在界面上吸收质不受任何阻力从气相进入液相，然后，在液相中以分子扩散的方式穿过液膜到达液膜边界，最后又以对流扩散的方式转移到液相主体。

双膜理论将吸收过程的机理大大简化，而变为通过气、液两膜的分子扩散过程。根据流体力学原理，流速越大，则膜的厚度越薄。因此，增大流体的流速，可以减少扩散阻力，增加吸收速率。实践证明，在流速不大时，上述论点是符合实际情况的。但当气体速度较高时，气液两相界面通常处于不断更新的过程中，即已形成的界面不断破灭，而新的界面不断产生。界面更新对整个吸收过程是很重要的因素，双膜理论对此并未考虑。因此，双膜理论在反映宏观实际和生产方面，都有其缺点和局限性。但提高流速可使吸收速率提高这一结论，也为其他理论和实践所证实，一般仍用于吸收的实际中。

第三节 吸收速率方程式

一、吸收速率方程式

单位时间内通过单位传质面积的吸收质物质的量称为吸收速率，用符号 N_A 表示，其单位为 $kmol/(m^2 \cdot s)$。

按照双膜理论，吸收过程无论是物质传递的过程，还是传递方向上的浓度分布情况，都类似于间壁式换热器中冷热流体之间的传热步骤和温度分布情况。所以可用类似于传热速率方程的形式来表达吸收速率方程。

吸收质从气相主体通过气膜传递到相界面时的吸收速率方程可写为

$$N_A = k_Y(Y_A - Y_i) \tag{8-15}$$

式中，Y_A、Y_i 分别为气相主体和相界面处吸收质摩尔比；k_Y 为气膜吸收分系数，$kmol/(m^2 \cdot s)$。

吸收质从相界面处通过液膜传递进入液相主体的吸收速率方程可写为

$$N_A = k_X(X_i - X_A) \tag{8-16}$$

式中，X_A、X_i 分别为液相主体和相界面处液相中吸收质摩尔比；k_X 为液膜吸收分系数，$kmol/(m^2 \cdot s)$。

吸收分系数与传热对流给热系数类同，也可用准数关联式计算或实验测定。然而界面上的气液组成无法测得，为克服此难题，通常采用跨两膜的总推动力和总阻力来表达吸收速率方程。与总传热速率方程和传热总系数相仿，在稳态吸收过程中，气相或液相的吸收总速率方程式为

$$N_A = K_Y(Y_A - Y_A^*) \tag{8-17}$$

$$N_A = K_X(X_A^* - X_A) \tag{8-18}$$

气相或液相的总阻力（即吸收总系数的倒数）表达式为

$$\frac{1}{K_Y} = \frac{1}{k_Y} + \frac{m}{k_X} \tag{8-19}$$

$$\frac{1}{K_X} = \frac{1}{mk_Y} + \frac{1}{k_X} \tag{8-20}$$

式中，K_Y 为以 $(Y_A - Y_A^*)$ 为推动力的气相吸收总系数，$kmol/(m^2 \cdot s)$；K_X 为以 $(X_A^* - X_A)$ 为推动力的液相吸收总系数，$kmol/(m^2 \cdot s)$；Y_A 为气相主体的摩尔比；X_A 为液相主体的摩尔比；Y_A^* 为与液相浓度 X_A 成平衡的气相摩尔比；X_A^* 为与气相浓度 Y_A 成平衡的液相摩尔比。

由式(8-19)和式(8-20)可知：吸收过程的总阻力为两膜阻力之

和。

对溶解度大的易溶气体，相平衡常数 m 很小。在 k_Y 和 k_X 值数量级相近的情况下，必然有 $\dfrac{1}{k_Y} \gg \dfrac{m}{k_X}$，$\dfrac{m}{k_X}$ 项相应很小，可以忽略，则式(8-19) 简化为

$$\frac{1}{K_Y} \approx \frac{1}{k_Y} \quad 或 \quad K_Y \approx k_Y \tag{8-21}$$

此式表明易溶气体的液膜阻力很小，吸收过程的总阻力集中在气膜内。这种气膜阻力控制着整个吸收过程速率的情况，称为气膜控制。

对溶解度小的难溶气体，m 值很大，在 k_Y 和 k_X 值数量级相近的情况下，必然有 $\dfrac{1}{k_X} \gg \dfrac{1}{mk_Y}$，$\dfrac{1}{mk_Y}$ 很小，也可以忽略，则式(8-20) 简化为

$$\frac{1}{K_X} \approx \frac{1}{k_X} \quad 或 \quad K_X \approx k_X \tag{8-22}$$

此式表明难溶气体的总阻力集中在液膜内，这种液膜阻力控制整个吸收过程速率的情况，称为液膜控制。

正确判别吸收过程属于气膜控制或液膜控制，将给吸收过程的计算和设备的选型带来方便。如气膜控制系统，选用式(8-17) 和式(8-21) 计算十分简便。在操作中增大气速，可减薄气膜厚度，降低气膜阻力，有利于提高吸收速率。

吸收总系数与传热总系数一样，对吸收过程的计算具有十分重要的意义。由于吸收过程的影响因素复杂得多，可靠的吸收总系数值，常采用实验测定或选用合适的生产经验数据。

二、气体溶解度对吸收系数的影响

气体的溶解度对吸收系数有较大影响，可分下列三种情况加以讨论。

1. 溶解度甚大的情况

当吸收质在液相中的溶解度甚大时，其 Y-X 图如图 8-5 所示。此时，亨利系数 E 值很小，因此，当混合气体总压 p 一定时，相

平衡常数 $m(=\dfrac{E}{p})$ 亦很小，平衡线较平坦，由式(8-19)可知，当 m 甚小时，则

$$K_{Y} \approx k_{Y} \quad 或 \quad \frac{1}{K_{Y}} = \frac{1}{k_{Y}} \tag{8-23}$$

即吸收总阻力 $\dfrac{1}{K_{Y}}$ 主要由气膜吸收阻力 $\dfrac{1}{k_{Y}}$ 所组成。这就是说，吸收质的吸收速率主要受气膜一方的吸收阻力所控制，故称为气膜控制。在这种情况下，气膜阻力是构成吸收的主要矛盾，液膜阻力就可以忽略不计，而气相吸收总系数用气相分系数来代替。

当吸收推动力以相应的不同单位表示时，可得

$$K_{G} \approx k_{G} \tag{8-24}$$

2. 溶解度甚小的情况

当吸收质在液相中的溶解度甚小时，其 Y-X 图如图 8-6 所示。此时亨利系数 E 值很大，相平衡常数 m 亦很大，故平衡线较陡。由式(8-20)可知，当 m 甚大时，则

$$\frac{1}{K_{X}} = \frac{1}{k_{X}} \tag{8-25}$$

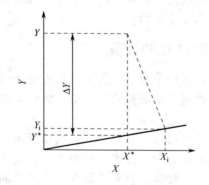

图 8-5 溶解度甚大时的推动力

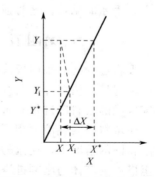

图 8-6 溶解度甚小时的推动力

在此情况下，液膜阻力构成了吸收的主要矛盾，气膜阻力可忽略不计，而液相吸收总系数可用液相分系数来代替，这种情况称液膜控制。

当吸收推动力以相应的不同单位表示时，可得

$$K_L \approx k_L \qquad (8\text{-}26)$$

3. 溶解度适中的情况

在这种情况下，气、液两相阻力都较显著，不容忽略。如适用亨利定律，根据已知气相及液相分系数求取吸收总系数。

由以上的讨论可知，当被讨论的系统一旦能判别属于气膜控制或液膜控制时，则给计算和强化操作等带来很大的方便。表 8-2 列举了一些经验判断，可供参考。

表 8-2　吸收过程中控制因素举例

气 膜 控 制	液 膜 控 制	气 膜 控 制	液 膜 控 制
水或氨水 $\xrightarrow{\text{吸收}}$ NH$_3$	水或弱碱 $\xrightarrow{\text{吸收}}$ CO$_2$	酸 $\xrightarrow{\text{吸收}}$ 5％NH$_3$	气阻与液阻同时控制
氨水 $\xrightarrow{\text{解吸}}$ NH$_3$	水 $\xrightarrow{\text{吸收}}$ O$_2$	碱液或氨水 $\xrightarrow{\text{吸收}}$ SO$_2$	水 $\xrightarrow{\text{吸收}}$ SO$_2$
浓硫酸 $\xrightarrow{\text{吸收}}$ SO$_2$	水 $\xrightarrow{\text{吸收}}$ H$_2$	NaOH 水溶液 $\xrightarrow{\text{吸收}}$ H$_2$S	水 $\xrightarrow{\text{吸收}}$ 丙酮
水或稀盐酸 $\xrightarrow{\text{吸收}}$ HCl	水 $\xrightarrow{\text{吸收}}$ Cl$_2$	液体的蒸发或冷凝	浓硫酸 $\xrightarrow{\text{吸收}}$ NO$_2$

由以上讨论可知，要想提高吸收速率，应该减小主要吸收阻力一方着手才能见效。这与强化传热完全类似。

第四节　吸收过程的计算

吸收过程既可采用板式塔又可采用填料塔。为了叙述方便及节省篇幅起见，精馏过程结合气液逐级接触的板式塔讨论，吸收将以连续接触的填料塔进行分析。

在填料塔内气液两相可作逆流也可作并流流动。在两相进出口浓度相同的情况下，逆流的平均推动力大于并流。同时，逆流时下降至塔底的液体与刚刚进塔的混合气接触，有利于提高出塔液体的浓度，可以减少吸收剂的用量；上升至塔顶的气体与刚刚进塔的新鲜吸收剂接触；有利于降低出塔气体的浓度，可提高溶质的吸收率。不过，逆流操作时向下流的液体受到上升气体的作用力（又称曳力）。这种曳力过大时会阻碍液体的顺利下流，因而限制了吸收

塔所允许的液体和气体的流量，这是逆流的缺点。设计、操作恰当，这一缺点是可以克服的，故一般吸收操作多采用逆流。

在许多工业吸收中，当进塔混合气中的溶质浓度不高，例如小于 $3\%\sim10\%$ 时，通常称低浓度气体吸收。因被吸收的溶质量很少，所以，流经全塔的混合气体量与流体量变化不大。同时，由溶质的溶解热而引起的塔内液体温度升高不显著，吸收可认为是在等温下进行的，因而可以不做热量衡算。因气液两相在塔内的流量变化不大，全塔的流动状态基本相同，传质分系数 k_G、k_L 在全塔为常数。若在操作范围内平衡线斜率变化不大，传质总系数 K_G 或 K_L 也认为是常数。这些特点使低浓度气体吸收的计算大为简化。

吸收塔计算的内容主要是确定吸收剂的用量和塔设备主要尺寸（塔径和塔高）。

一、全塔物料衡算与操作线方程

通过吸收塔的惰性气体量和溶剂量可认为是不变化的，因而在进行吸收塔的计算时气体组成用摩尔比就显得十分方便。

在气体吸收中、工业上一般都采用逆流连续操作，其流程如图 8-7 所示。

设：V 为单位时间通过吸收塔惰性气体量，kmol 惰性气/h；L 为单位时间通过吸收塔的吸收剂量，kmol 吸收剂/h；Y、Y_1 及 Y_2 分别为在塔的任一截面、塔底（气体入口）和塔顶（气体出口）的气相组成，kmol 吸收质/kmol 惰性气；X、X_1 及 X_2 分别为在塔的任一截面、塔底（液体出口）及塔顶（液体入口）的液相组成，kmol 吸收质/kmol 吸收剂。

今在塔内任取 m-n 截面与塔底进行物料衡算，得

$$V(Y_1-Y)=L(X_1-X) \tag{8-27}$$

故

$$Y=\frac{L}{V}X+\left(Y_1-\frac{L}{V}X_1\right) \tag{8-28}$$

此方程为一通过点 $(X_1，Y_1)$，且斜率为 $\dfrac{L}{V}$ 的直线。

若就全塔进行物料衡算得

$$V(Y_1 - Y_2) = L(X_1 - X_2) \tag{8-29}$$

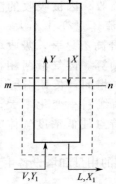

图 8-7 吸收塔物料衡算

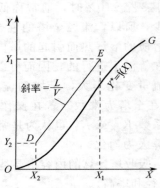

图 8-8 操作线与平衡线

比较式（8-29）和式（8-27），可知式（8-27）所表示的直线也必通过点 (X_2, Y_2)，如图 8-8 中的直线 DE。E 点对应气体入口处的组成 (X_1, Y_1)，而 D 点则代表气体出口处的组成 (X_2, Y_2)，此直线称为操作线。在操作线上任意一点即代表吸收塔某一截面上的气、液两相浓度 Y 及 X。

式（8-27）及式（8-29）由物料衡算导出，故仅决定于气、液两相的流量 V 及 L、塔底和任一截面（或塔顶）的两相浓度，而与两相间的平衡关系、吸收塔的形式、相际接触是否良好以及温度、压力等条件无关。此式的应用甚为普遍，必要条件是在稳定状况下的连续操作。

【例 8-4】 一填料吸收塔，用来从空气和丙酮蒸气组成的混合气中回收丙酮，用水作吸收剂。已知条件：混合气中丙酮蒸气的含量为 6%（体积分数），所处理的混合气中的空气量为 1400m³/h，操作在 293K 和 101.3kPa 下进行，要求丙酮的回收率达 98%。若吸收剂用量为 154kmol/h，试问吸收塔溶液出口浓度为若干？

解： 按题意，先将组成换算成摩尔比

塔底：$Y_1 = \dfrac{6}{100-6} = 0.0638$

塔顶：$Y_2 = Y_1(1-98\%) = 0.0638 \times 0.02 = 0.00128$

$\qquad X_2 = 0$

入塔空气流量为

$$V = \frac{1400}{22.4} \times \frac{273}{293} = 58.2(\text{kmol/h})$$

这样，溶液出口浓度便可由全塔物料衡算求出

$$V(Y_1 - Y_2) = L(X_1 - X_2)$$

即　　　　　　　　　$X_1 = V(Y_1 - Y_2)/L + X_2$

将已知数据代入上式，得

$$X_1 = \frac{58.2(0.0638 - 0.00128)}{154} + 0 = 0.0236$$

故溶液出口浓度为 $0.0236\text{kmol}_{丙酮}/\text{kmol}_{H_2O}$。

二、吸收剂消耗量的计算

1. 吸收剂单位耗用量 L/V

在吸收塔计算中，所处理的气体量，气相的初始和最终浓度 Y_1 及 Y_2 和吸收剂的初始浓度一般都为过程的要求所固定。但所需的吸收剂用量则有待选择。

将全塔物料衡算式(8-29)改写，得

$$\frac{L}{V} = \frac{Y_1 - Y_2}{X_1 - X_2} \tag{8-30}$$

L/V 称为吸收剂单位耗用量或液气比。即处理单位惰性气体所需的吸收剂量。而 L/V 也就是操作线 DE（起始于 D 点，终于 E 点）的斜率。

2. 最小吸收剂单位耗用量 $(L/V)_小$

由于 X_2、Y_2 是给定的，所以操作线的起点 D 是固定的。对于 E 点，则随吸收剂用量的不同而变化，即随操作线斜率 L/V 的变化而变化。由于气相初始浓度 Y_1 是给定的，当操作斜率变化时，终点 E 将在平行于 X 轴的直线 Y_1F 上移动。E 点位置的变化即溶液出口浓度 X_1 也发生变化。减小吸收剂用量，将使操作线斜率减小，显然将使出口溶液浓度 X_1 加大；但吸收的推动力 ΔY 相

应地减小，吸收将变得困难。为达同样的吸收效果，减小吸收剂用量时，气、液两相的接触时间必须加长，吸收塔也必须加高。由图8-9 可见，随着吸收剂用量的减小，操作线与平衡线愈靠愈近，其极限为相当于操作线 DF 所代表的情况，即操作线与平衡线在 P 点相切，此时，操作线的斜率为最小。在这切点上，传质的振动力 ΔY 为零，为了达到一定的浓度变化，所需的两相接触时间应为无限长，因而所需吸收塔的高度应为无限大，这一操作情况，在实际上显然是不可能的，但此时所需的吸收剂用量却为最小，而所得的溶液浓度 X_1 却为最大。

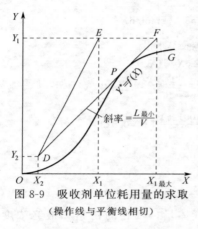

图 8-9　吸收剂单位耗用量的求取

（操作线与平衡线相切）

由此可见，吸收剂的单位耗用量 L/V，在理论上其值不能低于一定的最小值 $(L/V)_小$。$(L/V)_小$ 称最小吸收剂单位耗用量。其值可从操作线在极限 DF 情况下的斜率来决定。但若气体的溶液服从亨利定律（$Y=mX$），则最小吸收剂单位耗用量也可按下式计算

$$\left(\frac{L}{V}\right)_小=\frac{L_小}{V}=\frac{Y_1-Y_2}{X_1^*-X_2}=\frac{Y_1-Y_2}{\dfrac{Y_1}{m}-X_2} \tag{8-31}$$

或

$$L_小=\frac{V(Y_1-Y_2)}{X_1^*-X_2}=\frac{V(Y_1-Y_2)}{\dfrac{Y_1}{m}-X_2} \tag{8-32}$$

上面讨论了操作线与平衡线相切情况下（图 8-9）的最小吸收剂单位耗用量，对于平衡线与操作线相交和平衡线为直线时的情况，可分别按图 8-10 和图 8-11 中直线 DF 的斜率求出 $(L/V)_小$。

3. 吸收剂实际用量 $L_实$ 的确定

吸收剂实际用量的大小直接影响到设备费用和操作费用，因此必须合理选择。

由以上分析可知，吸收剂的最小单位耗用量是一个极限值，所

以吸收剂实际单位耗用量必高于这个极限。从图 8-10、图 8-11 中可以看出，L/V 值越大，操作线离平衡线越远，吸收过程的推动力增大，吸收速率增大，在完成同样生产任务的情况下，设备尺寸可以减小；但吸收剂用量增加，又使操作费用增大。而若 L/V 值减小，操作线靠近平衡线，吸收过程的推动力减小，吸收速率减小，在完成同样生产任务的情况下，吸收塔必须增高，设备费用增多。因此，在吸收塔的设计过程中，必须将操作费和设备费进行权衡，选择一个适当的液气比，以使二者费用之和为最小。在实际操作中一般选择 $L_{实}/V = (1.2 \sim 2) L_{小}/V$，即 $L_{实} = (1.2 \sim 2) L_{小}$。

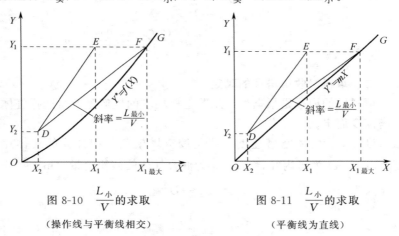

图 8-10 $\dfrac{L_{小}}{V}$ 的求取

（操作线与平衡线相交）

图 8-11 $\dfrac{L_{小}}{V}$ 的求取

（平衡线为直线）

【例 8-5】 在填料吸收塔中用水洗涤某混合气，以除去其中的 SO_2，已知混合气中含 SO_2 为 9%（摩尔分数），进入吸收塔的惰性气体量为 37.8kmol/h，要求 SO_2 的回收率为 90%，作为吸收剂的水不含 SO_2，取实际吸收剂用量为最小用量的 1.2 倍，并查得操作条件下 $X_1^* = 0.0032$，试计算每小时吸收剂用量，并求溶液出口浓度。

解：气体进口组成

$$Y_1 = \frac{y_{吸收质}}{y_{惰性气}} = \frac{9}{100-9} = 0.099$$

$$回收率 = \frac{Y_1 V - Y_2 V}{Y_1 V}$$

故气体出口组成 $Y_2 = Y_1 (1 - 回收率)$

$$=0.099 \times (1-90\%) = 0.0099$$

吸收剂进口组成 $X_2 = 0$

惰性气体流量 $V = 37.8 \text{kmol/h}$

$$L_{小} = \frac{V(Y_1 - Y_2)}{X_1^* - X_2} = \frac{37.8 \times (0.099 - 0.0099)}{0.0032 - 0}$$

$$= 1052 \text{kmol/h}$$

实际吸收剂用量 $L_{实}$ 为

$$L_{实} = 1.2 L_{小} = 1.2 \times 1052 = 1263 (\text{kmol/h})$$

$$= 1263 \times 18 = 22734 (\text{kg/h})$$

在实际吸收剂用量下，溶液出口浓度可由全塔物料衡算求得

$$V(Y_1 - Y_2) = L(X_1 - X_2)$$

$$X_1 = \frac{V(Y_1 - Y_2)}{L} + X_2 = \frac{37.8 \times (0.099 - 0.0099)}{1263} + 0$$

$$= 0.00267$$

三、填料吸收塔塔径的确定

填料塔的内径是根据生产工艺上所要求的生产量及所选择气体空塔速度而定。

设 $u_{空}$ 为气体空塔速度，即是按空塔横截面积计算的气体速度，m/s；D 为塔内径，m；V_S 为混合气体的体积流量，m^3/s。

因为

$$V_S = u_{空} \frac{\pi}{4} D^2$$

故

$$D = \sqrt{\frac{V_S}{\frac{\pi}{4} u_{空}}} \qquad (8\text{-}33)$$

从式(8-33)知，计算塔径的关键在于确定适宜的空塔速度 $u_{空}$，在填料塔内适宜的空塔速度必须不使塔内发生"液泛现象"。所谓液泛现象即在填料吸收塔中，当气体流速较低时，气、液两相几乎不互相干扰。但气速较大时由于填料的持液量增加，气体速度的大小对液体便产生一定影响，而且气速越大，液体下流越困难，填料持液量越多。当气速增大到一定值时，气流的摩擦阻力已经使液体不能向下畅流，填料层顶部产生积液。这时塔内气、液两相间由原来气相是连续相、液相是分散相，变为液相是连续相、气相是分散相，气体便以泡状通过液体，这种现象称为液泛。相应的气速

称为液泛速度。此时气速稍许变化，流体便由气流大量带出，失去操作稳定性，故此状态看作是填料吸收塔的操作极限。所以在实际生产中，所选空塔速度必须小于液泛速度，一般取 $u_{空}=(0.6\sim0.8)u_{泛}$。

液泛速度可用关联图查取，也可用公式计算，这里不作介绍。

注意：算出了塔径后还应按压力容器公称直径标准进行圆整。

【例 8-6】 某厂用水处理含 SO_2 的混合气 $1000m^3/h$，实际用水量为 $24600kg/h$，塔内用 $50mm\times50mm\times4.5mm$ 的瓷质拉西环，乱堆，操作温度为 293K，操作压力为 $101.3kN/m^2$，已知在该操作条件下气体的液泛速度为 $1.073m/s$，试求该填料塔的计算直径。

解： 空塔气速 $u_{空}=0.6u_{泛}=0.6\times1.073=0.644(m/s)$

$$D=\sqrt{\dfrac{V_S}{\dfrac{\pi}{4}u_{空}}}=\sqrt{\dfrac{1000/3600}{0.785\times0.644}}=0.758(m)$$

最后塔径圆整为 800mm。

四、填料层高度的确定

为了计算填料塔的塔高，必须首先确定填料层高度。填料层高度 Z 可用下式计算

$$Z=\dfrac{V_{填}}{\dfrac{\pi}{4}D^2} \tag{8-34}$$

式中，Z 为填料层高度，m；$V_{填}$ 为填料的体积，m^3；D 为填料塔的塔径，m。

如果用 a 来表示单位体积填料所提供的有效吸收面积（单位为 m^2/m^3），那么填料的体积 $V_{填}$ 乘以单位体积填料所提供的有效面积 a 就等于吸收速率方程式中所提供的气、液两相传质面积 A，即

$$V_{填}\,a=A \tag{8-35}$$

或

$$V_{填}=\dfrac{A}{a}$$

因此

$$Z=\dfrac{V_{填}}{\dfrac{\pi}{4}D^2}=\dfrac{A}{\dfrac{\pi}{4}D^2 a} \tag{8-36}$$

因为单位体积填料所提供的有效吸收面积 a 的数值总是小于填

料的比表面积 a_t，所以应根据液相流量及物性、填料形式及大小，按照具体情况用有关的经验式进行校正。但在缺乏数据时，可近似取填料的比表面积 a_t 进行计算。

由填料层高度计算式可以看出，要确定高度 Z 必须计算出吸收过程所需的传质面积 A，传质面积 A 可根据吸收速率方程进行计算。但由于在吸收塔中，不同截面处的传质推动力均不相同，因此应该取全塔的平均吸收推动力 ΔY_m 或 ΔX_m 作为全塔吸收速率方程中的推动力。

对气相
$$G_A = K_Y A \Delta Y_m \tag{8-37}$$

或
$$A = \frac{G_A}{K_Y \Delta Y_m}$$

因此
$$Z = \frac{A}{\frac{\pi}{4} D^2 a} = \frac{G_A}{\frac{\pi}{4} D^2 a K_Y \Delta Y_m} \tag{8-38}$$

因为
$$G_A = V(Y_1 - Y_2) \tag{8-39}$$

所以
$$Z = \frac{V(Y_1 - Y_2)}{\frac{\pi}{4} D^2 a K_Y \Delta Y_m} \tag{8-40}$$

平均推动力 ΔY_m 有多种计算方法，在吸收平衡线为一直线时，与传热相似，可采用对数平均推动方法。

对气相
$$\Delta Y_m = \frac{\Delta Y_1 - \Delta Y_2}{\ln \dfrac{\Delta Y_1}{\Delta Y_2}}$$

$$= \frac{(Y_1 - Y_1^*) - (Y_2 - Y_2^*)}{\ln \dfrac{Y_1 - Y_1^*}{Y_2 - Y_2^*}} \tag{8-41}$$

式中，Y_1、Y_2 分别为吸收塔底和塔顶的气相组成；Y_1^*、Y_2^* 分别为与吸收塔底和塔顶液相组成相平衡的气相组成；ΔY_m 为吸收塔中的平均推动力。

当 $\Delta Y_1 / \Delta Y_2 < 2$ 时，ΔY_m 可用算术平均值代替。

【例 8-7】 某吸收塔用清水来吸收摩尔分数为 0.06 的丙酮蒸气和空气的

混合气，测得塔顶气体组成 $Y_2 = 0.00128$ kmol 丙酮/kmol 水，塔底液相组成 $X_1 = 0.0221$ kmol 丙酮/kmol 水。已知丙醇与水的平衡关系为 $Y = 1.68X$，试求以气相比摩尔分数表示的全塔平均推动力。

解： $Y_1 = \dfrac{y_1}{1-y_1} = \dfrac{0.06}{1-0.06} = 0.0638$（kmol 丙酮/kmol 水）

已知 $X_1 = 0.0221$ kmol 丙酮/kmol 水 $Y = 1.68X$

那么 $Y_1^* = 0.0221 \times 1.68 = 0.037$（kmol 丙酮/kmol 水）

已知 $Y_2 = 0.00128$ kmol 丙酮/kmol 水 $X_2 = 0$

那么 $Y_2^* = 1.68 \times 0 = 0$

$$\Delta Y_m = \frac{(Y_1 - Y_1^*) - (Y_2 - Y_2^*)}{\ln \dfrac{Y_1 - Y_1^*}{Y_2 - Y_2^*}}$$

$$= \frac{(0.0638 - 0.037) - (0.00128 - 0)}{\ln \dfrac{0.0638 - 0.037}{0.00128}}$$

$$= 0.02552/3.04$$

$$= 0.0084 (\text{kmol}_{丙酮}/\text{kmol}_水)$$

【例 8-8】 空气和氨的混合气体，在直径为 0.8m 的填料塔中用清水吸收其中所含氨的 99.5%，每小时送入惰性气体量为 48.3kmol/h，混合气体进塔组成为 0.0133kmol 氨/kmol 惰性气，实际吸收剂用量为最小用量的 1.4 倍。操作温度下的平衡关系为 $Y = 0.75X$，吸收总系数 $K_Y a = 0.088$ kmol/$(\text{m}^2 \cdot \text{s})$，求每小时的吸收剂用量及所需填料层高度。

解： ① 求吸收剂用量

$$Y_1 = 0.0133$$

$$Y_2 = Y_1(1 - \text{吸收率}) = 0.0133 \times (1 - 0.995) = 0.0000665$$

$$x_2 = 0$$

$$V = 48.3 \text{kmol/h}$$

$$L_小 = \frac{V(Y_1 - Y_2)}{X_1^* - X_2} = \frac{V(Y_1 - Y_2)}{\dfrac{Y_1}{m} - X_2} = \frac{48.3 \times (0.0133 - 0.0000665)}{\dfrac{0.0133}{0.75} - 0}$$

$$= 36 (\text{kmol/h})$$

$$L_实 = 1.4 L_小 = 1.4 \times 36 = 50.4 (\text{kmol/h})$$

② 求填料层高度

$$V(Y_1 - Y_2) = L(X_1 - X_2)$$

$$X_1 = \frac{V(Y_1 - Y_2)}{L} + X_2$$

$$= \frac{48.3 \times (0.0133 - 0.0000665)}{50.4} + 0$$

$$= 0.0127$$

$$Y_1^* = 0.75X_1 = 0.75 \times 0.0127 = 0.0095$$

$$Y_2^* = 0$$

$$\Delta Y_1 = Y_1 - Y_1^* = 0.0133 - 0.0095 = 0.0038$$

$$\Delta Y_2 = Y_2 - Y_2^* = 0.0000665 - 0 = 0.0000665$$

$$\Delta Y_m = \frac{\Delta Y_1 - \Delta Y_2}{\ln \dfrac{\Delta Y_1}{\Delta Y_2}} = \frac{0.0038 - 0.0000665}{\ln \dfrac{0.0038}{0.0000665}} = 0.000921$$

$$Z = \frac{V(Y_1 - Y_2)}{\dfrac{\pi}{4} D^2 a K_Y \Delta Y_m}$$

$$= \frac{48.3 \times (0.0133 - 0.0000665)}{3600 \times 0.785 \times 0.8^2 \times 0.088 \times 0.000921} = 4.36 \text{(m)}$$

第五节　吸收设备

完成吸收操作的设备是吸收塔。塔设备性能的好坏直接影响到产品质量、生产能力、回收率及消耗定额等。因此在实际生产中选用吸收塔时，通常要求吸收塔具备生产能力大、分离效率高、操作稳定、结构简单等特点。但任何一种吸收塔都不可能同时具备这么多优点，而是各有独到之处，可以根据具体的生产工艺进行适当选择。

一、填料塔结构

填料塔是吸收操作中使用最广泛的一种塔型。它的结构如图8-12所示。外壳是一个圆筒体，塔内填有一定高度的各种填料。塔底有支承板，用以支承填料。塔顶有填料压板和液体喷洒装置，以保证液体能均匀地喷淋到整个塔的截面上。如果填料塔较高时，填料层要在塔内分段安装，在段与段之间也同样设置液体喷洒装置，以便将沿壁流下的液体重新喷洒到截面中心，保证整个填料表面都能得到很好的湿润。

填料塔操作时，混合气由塔底入口引入，自下而上穿过填料的间隙，而后由塔顶出口引出。与此同时，液体吸收剂由塔顶入口引入，经喷洒装置自上而下沿填料层表面向下流动，而后由塔底出口引出。气、液两相互成逆流在填料表面上进行接触传质。

填料塔的优点是结构简单、造价低、阻力小、分离效果较好。的缺点是气、液两相间的吸收速率较低。

二、填料的选择及类型

1. 选择填料的原则

在填料吸收塔中气液两相在填料的表面上进行接触，所以填料的选择对填料吸收塔操作的好坏有很大影响。为了使填料塔高效率地操作，我们可按以下原则对填料进行选择。

① 填料的比表面积必须大。单位体积填料的表面积称为比表面积，用符号 a_t 表示，单位为 m^2/m^3。因为在填料吸收塔中，气、液两相进行接触传质的面积就是填料的表面积，表面积越大，吸收速率越大，所以应尽量选择比表面积大的填料。

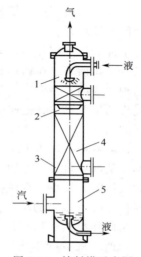

图 8-12 填料塔示意图
1—液体分布器；2—液体再分布器；
3—支承板；4—填料；5—塔体

② 空隙率必须大。单位体积填料层具有的空隙体积称为空隙率，用符号 ε 表示，单位为 m^3/m^3。因为填料中的空隙越多，气、液两相接触的机会越多，对吸收越有利。

③ 在填料表面有较好的液体均匀分布性能，以避免液体产生沟流和壁流现象，影响气、液两相接触。

④ 气流在填料层中的分布必须均匀，使得气流在塔内的压强比较均衡，不出现死角。这一点对于填料层阻力较小的大塔来讲尤其应值得注意。

⑤ 制造容易，价格便宜。

⑥ 有足够的机械强度。

⑦ 对于液体和气体均需具有化学稳定性。

2. 填料的类型

填料的种类很多，但在我国使用最广泛的有拉西环、十字格环、螺旋环、马鞍形填料等。还有重点推广的金属或塑料的鲍尔环，陶瓷、塑料制作的矩鞍形填料。在工业型高效填料中，重点推广丝网波纹填料。

下面分别介绍几种常见的和重点推广的填料。

（1）拉西环　拉西环是工业上最老的应用最广泛的一种填料。它的构造如图 8-13(a) 所示，是外径和高度相等的空心圆柱。在强度允许的情况下，其壁厚应当尽量减薄，以提高空隙率并减小堆积填料的重度。

在填料塔（图 8-13）中，拉西环的填充方式有两种：乱堆和整砌。乱堆填料装卸方便，对气体阻力较大。整砌填料装卸费工，但对气体阻力较小。直径在 50mm 以下的填料一般采用乱堆方式，直径在 50mm 以上的填料一般采用整砌方式。

拉西环虽然应用很广，但存在着一定的缺点。在填料塔内，由于拉西环堆放的不均匀，而使一部分填料不能和液体接触，形成沟流及壁流，减小了气、液两相实际接触面。此外，操作弹性范围比较窄，气体阻力比较大等。这些都不能适应当前工业发展的需要。

（2）鲍尔环　鲍尔环是针对拉西环存在的缺点加以改进而研制成功的一种填料。它的构造如图 8-13(b) 所示。在普通拉西环的壁上开上下两层长方形窗孔，窗孔部分的环壁形成叶片向环中心弯入，在环中心相搭，上下两层小窗位置交叉。

鲍尔环的优点是气体阻力小，压强降小，液体分布比较均匀，稳定操作范围比较大，操作及控制简单。

（3）矩鞍形填料　如图 8-13(c) 所示，矩鞍形填料是一种敞开型填料。填装于塔内互相处于套接状态，不容易形成大量的局部不均匀区。

矩鞍形填料的优点是有较大的空隙率，阻力小，效率较高，且因液体流道通畅，不易被悬浮物堵塞，制造也比较容易，并能采用价格便宜又耐腐蚀的陶瓷和塑料等。实践证明，矩鞍形填料是工业上较为理想而且很有发展前途的一种填料。

（4）丝网波纹填料　如图 8-13(d) 所示，丝网波纹填料是用丝网制成一定形状的填料。这是一种高效率的填料，其形状有多种。

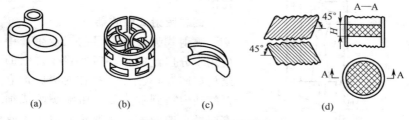

图 8-13　几种填料的形状

　　此种填料的优点是丝网细而薄，做成填料体积较小，比表面积和空隙率都比较大，因而传质效率高。其缺点是制造价格很高，容易堵塞。故它的应用范围受到很大限制。

三、湍球塔

　　湍球塔也是吸收操作使用较多的一种塔型。它的结构如图8-14 所示。它的主要构件有支承栅板、球形填料、挡网、雾沫分离器、液体喷嘴等。操作使用时把一定数量的球形填料放在栅板上，气体由塔底引入，液体由塔顶引入经喷嘴喷洒而下。当气速达到一定值时，便使小球悬浮起来并形成湍动旋转和相互碰撞的任意方向的三相湍流运动和搅拌作用，使液膜表面不断更新，从而加强了传质作用。除此之外，由于小球向各个方向做无规则运动，球面相互碰撞而又起到自己清洗自己的作用。

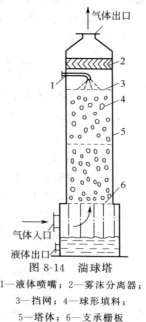

图 8-14　湍球塔

1—液体喷嘴；2—雾沫分离器；
3—挡网；4—球形填料；
5—塔体；6—支承栅板

　　湍球塔的优点是结构简单，气、液分布均匀，操作弹性及处理能力大，不易被固体和黏性物料堵塞，由于传质强化而使塔高可以降低。缺点是小球无规

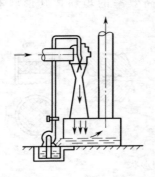

图 8-15 喷射式吸收器

则湍动造成一定程度的返混，另外因小球常用塑料制成，操作温度受到一定限制。

四、喷射式吸收器

喷射式吸收器是目前工业生产中应用十分广泛的一种吸收设备。它的结构如图 8-15 所示。操作时吸收剂靠泵的动力送到喉头处，由喷嘴喷成细雾或极小的液滴，在喉管处由于吸收剂流速的急剧变化，使部分静压能转化为动能，在气体进口处形成真空，从而使气体吸入。

喷射式吸收器的优点是吸收剂喷成雾状后与气相接触，这样两相接触面积增加，吸收速率高，处理能力大；此外吸收剂利用压力流过喉管雾化而吸气，因此不需要另设送风机，效率较高。缺点是吸收剂用量较大，但循环使用时可以节省吸收剂用量并提高吸收液中吸收质的浓度。

第六节　吸收塔的操作

一、影响吸收操作的因素

在正常的化工生产中，吸收塔的结构形式及设备尺寸都已确定，影响吸收操作的主要因素有以下几项。

1. 气流速度

根据气体吸收的基本理论，气体吸收本身是一个气、液两相间进行扩散的传质过程，气流速度的大小会直接影响这个传质过程。气流速度大，使得气体向液体扩散的阻力——气、液膜变薄，有利于气体吸收。同时在单位时间内也提高了吸收塔的生产效率，这些对生产都是有利的一面。但是气流速度过大时，也会造成液泛，夹带雾沫或气液接触不良等对生产不利的一面。因此对每一个塔都要选择一个最适宜的气流速度，以保证吸收操作高效率的平稳生产。最适宜的气流速度要靠实验方法或生产实践得到。

2. 喷淋密度

吸收剂每小时通过每平方米吸收塔截面积的液体容积叫作喷淋密度，单位为 $m^3/(m^2 \cdot h)$。对一个吸收塔来说，除保证要有足够的吸收剂喷淋量以外，喷淋密度的大小会直接影响气体被吸收后的纯净度或吸收液的质量。喷淋密度太大时，会使吸收液质量降低，太小时保证不了气体被吸收后的纯净度。如在填料吸收塔中，吸收剂的喷淋密度一定要保证全部填料润湿，沿填料表面形成液膜，增大气液两相的接触面积，提高吸收塔的生产效率，保证气、液的质量要求。

另外，选择好喷淋装置，也是保证喷淋密度均匀的必要手段。

3. 温度

气体的吸收是一个溶解放热过程，低温操作可以增大气体在液体中的溶解度，对气体吸收有利。尤其对一些化学吸收操作，由于吸收过程中放出的热量大，如果不及时排出热量，会使塔内温度升高，以致吸收操作无法进行。这就要对吸收塔采取冷却措施，或者对吸收剂进行分段冷却，分段吸收的办法。冷却器可装在塔内，也可以装在塔外。如用氨盐水吸收二氧化碳制取碳酸氢铵的碳化塔和水吸收氯化氢制取盐酸的吸收塔，都在塔内装有冷却器。

低温吸收虽然好，但温度太低时，除消耗大量制冷剂外，对一些吸收剂会增大黏度，甚至会有固体结晶析出，这些现象对吸收又是不利的。所以也要选择一个适宜的吸收温度。

4. 压力

增加吸收塔系统的压力，也相应地增加了混合气体中被吸收气体的分压，增大了气体吸收的推动力，对气体吸收有利。但过高地增加气体系统压力，会使动力消耗增大，设备耐压性、密封性增强，设备投资和生产费用加大。一般能在较低的压力下进行吸收操作的过程，就不要无故地提高压力。但对一些气体在吸收以后需要在加压下进行再反应的气体来说，可以在较高的压力下进行吸收，既利于吸收，又利于增加吸收塔的生产能力。如合成氨生产中的二氧化碳洗涤塔就是这种情况。

5. 吸收剂的纯度

对一些吸收剂循环再使用的吸收操作，从吸收塔出来的已饱和的吸收剂，在解吸（再生）设备中解吸得越完全，吸收剂的纯度越高，即吸收剂中含有被吸收气体越少，对吸收越有利。因为吸收剂中被吸收气体越少，即浓度越低，在相同的气体浓度下，气液两相的浓度差就越大，吸收的推动力也越大，这样对吸收就越有利。所以为了保证吸收良好，一定要使吸收剂解吸完全。

二、吸收塔的操作技术

（1）装填料　吸收塔经检查吹扫后，即可向内装入用清水洗净的填料。拉西环、鲍尔环等填料，均可采用不规则和规则排列法装填。若采用不规则排列法，则先在塔内注满水，然后从塔的人孔部位或塔顶将填料轻轻地倒入，待填料装至规定高度后，把漂浮在水面上的杂质捞出，并放净塔内的水，把填料表面扒平，最后封闭孔或顶盖。

（2）设备的清洗及填料的处理

① 设备清洗。在运转设备进行联动试车的同时，还要用清水清洗设备，以除去固体杂质。清洗中不断排放污水，并不断向液体槽内补加新水，直至循环水中固体杂质含量小于 50mg/kg 为止。

② 填料的处理。瓷质填料一般在设备清洗后即可使用，但木格和塑料填料，还须特殊处理后才能使用。因为木格填料中通常含有树脂，在开车前必须用碱液对其进行脱脂处理。塑料填料在使用前也必须碱洗。

（3）系统的开车　系统在开车前必须进行置换，合格后即可进行开车。具体操作步骤如下。

① 向填料塔内加压至操作压力。

② 启动吸收剂循环泵，使循环液按生产流程运转。

③ 调节塔顶喷淋量至生产要求。

④ 启动填料塔的液面调节器，使塔底液面保持规定高度。

⑤ 系统运转稳定后，即可连续导入原料混合器，并用放空阀调节系统压力。

⑥ 当塔内原料气成分符合生产要求时，即可投入正常生产。

（4）系统的停车　填料塔的停车分为短期停车、紧急停车和长期停车。

① 短期停车操作步骤为：a. 通告系统前后工序或岗位；b. 停止向系统送气，同时关闭系统的出口阀；c. 停止向系统送循环液，关闭泵的出口阀，停泵后关闭进口阀；d. 关闭其他设备的进出口阀门。

② 紧急停车操作步骤为：a. 迅速关闭原料气混合阀门；b. 迅速关闭系统的出口阀；c. 按短期停车方法处理。

③ 长期停车操作步骤为：a. 按短期停车操作停车，然后开启系统放空阀，卸掉系统压力；b. 将系统中的溶液排放到溶液贮槽，然后用清水洗净；c. 若原料气中含有易燃易爆物，则用惰性气体对系统进行置换，当置换气中易燃物含量小于 5%、含氧量小于 0.5%时为合格；d. 用鼓风机向系统送入空气，进行空气置换，当置换气中氧含量大于 20%为合格。

第七节 解 吸

前已述及，与吸收操作相反的操作，即从吸收剂中分离出已被吸收的气体的操作称为解吸。在生产中解吸过程有两个目的：

① 获得所需较纯的气体溶质；

② 使溶剂得以再生，返回吸收塔循环使用，使经济上更合理。

在化工生产中不少工艺过程采用吸收-解吸联合操作。

如用水吸收变换气中的 CO_2 气体，使变换气中 CO_2 含量由 30%（体积分数）被水吸收后 CO_2 含量降至 1%。吸收了 CO_2 后的水再送解吸塔，解吸出的 CO_2 气体送至干冰车间变为固体 CO_2 的产品，解吸后的水又循环作吸收剂继续使用。

由此可见，解吸是溶质从液相转入气相的过程。因此，进行解吸过程的必要条件及推动力恰与吸收过程相反。因此，解吸的必要条件为

$$p < p^* \quad \text{或} \quad Y < Y^*$$

即气相溶质的分压 p（或浓度 Y）必须小于液相中溶质的平衡分压 p^*（或浓度 Y^*）。其差值即为解吸过程的推动力。

上所述解吸的必要条件可以通过不同的方法实现，工业上常采用的有以下几种。

① 将溶液加热升温。解吸是吸收的相反过程，因此不利于吸

收的因素均有利于解吸。溶液加热升温可提高溶质的平衡分压 p^*，减小溶质的溶解度，从而有利于溶质与溶剂的分离。

② 减压闪蒸。若将原来处于较高压力的溶液进行减压，则因总压降低后气相中溶质的分压 p 也相应降低，因此，即使不加热升温也能实现 $p^* > p$ 的条件。所以减压对解吸是有利的。

③ 在惰性气体中解吸。将溶液加热后送至解吸塔塔顶使与塔底部通入的惰性气体（或水蒸气）进行逆流接触，由于入塔惰性气体中溶质的分压 $p = 0$，有利于解吸过程进行。

以上三种方法中，方法①是使 p^* 提高，方法②、③是使 p 值降低，其目的都是使 $(p^* - p)$ 差值提高，即提高了解吸的推动力。此三种方法都是可行的，实际使用时可酌情选择。

④ 采用精馏方法。溶质溶于溶剂中，所得的溶液可通过精馏的方法将溶质和溶剂分开，达到回收溶质，又得新鲜的吸收剂循环使用的目的。

按逆流方式操作的解吸塔如图 8-16 所示，溶液从塔顶送入，惰性气体（空气、水蒸气或其他气体）从底部通入，解吸出来的溶质气体混于惰性气体中从塔顶送出，经解吸后的溶液从塔底引出。如果要获得纯净的溶质，用水蒸气（当溶质不溶于水）作惰性气体，由塔顶排出的混合气经冷凝后分层，可把溶质分离出来。如用水蒸气解吸溶解丁苯与甲苯的洗油溶液，便可把苯与甲苯从冷凝液中分离出来。解吸塔的浓端在顶部，稀端在底部，正好与吸收相反。

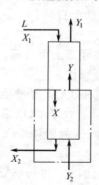

图 8-16　逆流方式操作的解吸塔

在工业生产中，吸收与解吸经常联合进行。其流程参见下节图 8-17。这一生产流程包括两个吸收塔、一个解吸塔。在吸收系统中，每个吸收塔中都有部分吸收剂循环，由吸收塔出来的吸收液由泵送至冷却器冷却后，再送回原吸塔使用。吸收最后出来的吸收液，经换热器加热后进入解吸塔，吸收质气体在这里解吸出来，解吸后的吸收剂经换热器和冷却器冷却后又重新回到吸收塔使用。

此操作优点是吸收剂循环使用可以减少吸收剂耗用量，提高吸收剂中吸收质气体的浓度。缺点是推动力减小，吸收速率降低，动力消耗较大。

第八节　吸收流程

气、液两相的流向，是吸收设备布置中首要考虑的问题。由于逆流操作有许多优点，因此，在一般的吸收中大多采用逆流操作。

在逆流操作时，气、液两相传质的平均推动力往往最大，因此，可以减小设备尺寸。此外，流出的溶剂与浓度最大的进塔气体接触，溶液的最终浓度可达到最大值，而出口气体与新鲜的或浓度较低的溶剂接触，出口气中溶质的浓度可降到最低。换而言之，逆流吸收可提高吸收效率和降低溶剂用量。

工业上吸收流程大体可有如下几种。

1. 吸收与解吸联合流程

吸收与解吸联合流程如图 8-17 所示。例如，合成氨原料气的净化过程中，精制过程要除去 CO_2，而得到 CO_2 气体又为制取尿素、碳酸氢铵和干冰的原料。为此使合成氨原料气（含 CO_2 30% 左右）从底部进入吸收塔，塔顶喷以乙醇胺液体，乙醇胺吸收了 CO_2 后从塔底排出，从塔顶排出的气体中含 CO_2 可降到 0.2% ~ 0.5%。将吸收塔底排出含 CO_2 乙醇胺溶液用泵送至加热器，加热（130℃左右）后从解吸塔顶喷淋下来，塔底通入水蒸气，CO_2 在高温、低压（约 $3 \times 10^5 \text{Pa}$）下自溶液中解吸。从解吸塔顶排出的

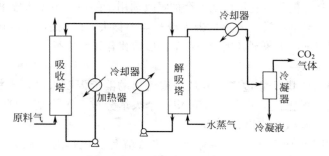

图 8-17　吸收与解吸联合流程

气体经冷却、冷凝后得到可用的 CO_2。解吸塔底排出的溶液经冷却降温（约 $50℃$）加压（约 $18×10^5 Pa$）后仍作为吸收剂。这样吸收剂可循环使用，溶质气体得到回收。

2. 部分吸收剂循环流程

当吸收剂喷淋密度很小，例如 $1～1.5 m^3/(m^2·h)$，不能保证填料表面的完全润湿，或者塔中需要排除的热量很大时，工业上就采用部分溶剂循环的吸收流程。

图 8-18 为部分吸收剂循环的吸收流程示意图。此流程的操作方法是：用泵从吸收塔抽出吸收剂，经过冷却器再循环回吸收塔；而在此同一塔中从塔底取出其中一部分作为产品；同时加入新鲜吸收剂，其流量等于引出产品中的溶剂量，与循环量无关。吸收剂的抽出和新吸收剂的加入，不论在泵前或泵后进行都可以，不过应先抽出而后补充。

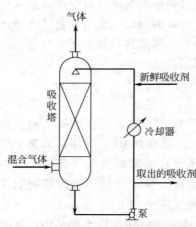

图 8-18 部分吸收剂循环的吸收流程

在这种流程中，由于部分吸收剂循环使用，因此，吸收剂入塔组分浓度较高，致使吸收平均推动力减小，同时，也就降低了气体混合物中吸收质的吸收率。另外，部分收剂的循环还需要额外的动力消耗。但是，它可以在不增加吸收剂用量的情况下增大喷淋密度，且可由循环剂将塔内的热量带入冷却器中移去，以减小塔内升温。因此，可保证在吸收剂耗用量较小下的吸收操作正常进行。

3. 吸收塔串联流程

当所需塔尺寸过高，或从塔底流出的溶液温度太高，不能保证塔在适宜的温度下操作时，可将一个大塔分成几个小塔串联起来使用，组成吸收塔串联的流程。

如图 8-19 所示为一串联逆流吸收流程。操作时，用泵将液体从一个吸收塔抽送至另一个吸收塔，并不循环使用，气体和液体则互成逆流流动。

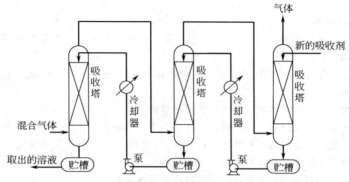

图 8-19　串联逆流吸收流程

　　在吸收塔串联流程中，可根据操作的需要，在塔间的液体（有时也在气体）管路上设置冷却器（图 8-19），或使吸收塔系的全部或一部分采取带吸收剂部分循环的操作。

　　在生产上，如果处理的气量较多，或所需塔径过大，还可考虑由几个较小的塔并联操作，有时将气体通路作串联，液体通路作并联，或者将气体通路并联，液体通路作串联，以满足生产要求。

本章小结

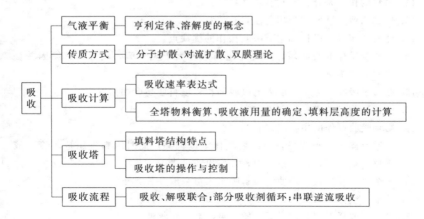

思考题与习题

一、思考题

1. 吸收剂的作用是什么？吸收剂对溶质溶解度的大小、对吸收操作有哪些影响？

2. 何谓摩尔分数？何谓摩尔比？在吸收过程中，相组成用摩尔比有什么优越性？

3. 写出亨利定律表达式，并说明各项的单位。

4. 亨利定律有几种表达式？各表达什么关系？亨利定律适用于什么条件？

5. 气、液接触达平衡表示吸收进行的极限、判断过程进行的条件如何？

6. 传质基本方程式有几种？各有什么特点？

7. 绘图说明双膜理论的论点？双膜理论有哪些局限性。

8. 写出传质速率方程的两种表达式，并表示出传质过程的阻力和推动力。

9. 什么过程是气膜控制？什么过程是液膜控制？举例说明。

10. 溶解度小的气体（难溶气体）的吸收过程应在加压条件下进行，还是在减压条件下进行？为什么？

11. 吸收操作线方程是如何推出的，此式在吸收过程中有何作用？

12. 何谓最小液气比，如何求最小液气比？

13. 当吸收塔的实际液气比小于最小液气比时，该吸收塔无法继续操作，这种说法对吗？为什么？

14. 什么是溶质的回收率？如何表示？

15. 填料的作用是什么？它有哪些特性？

16. 什么叫溶解度？它与哪些因素有关？

17. 比较并流吸收操作和逆流吸收操作的优缺点。

18. 一逆流操作的吸收塔，若气体出口浓度大于规定值，试分析其原因并提出改进的措施。

19. 在一定吸收任务下，所需的吸收面积、填料层高度如何确定？

20. 填料吸收塔的塔径如何确定？

21. 影响吸收操作的主要因素有几项？

22. 一逆流操作的吸收塔，当出塔气体浓度偏高，此时原料气组成不变，液体喷淋量不变，试分析原因，并作出改进措施。

23. 什么是解吸过程？若使溶质解吸出来可采取几种方法？

24. 试举一气体吸收实例，并指出属于哪类吸收过程？

25. 以实例解释下列名词：吸收质、吸收剂、吸收液、惰性气体。

26. 解吸的目的是什么？吸收计算和解吸计算有何不同？

27. 什么现象是填料塔操作的液泛？能在此情况下操作吗？该怎么办？

28. 绘出用乙醇胺吸收 CO_2 的吸收过程及乙醇胺再生脱出 CO_2 的解吸过程综合流程。

29. 影响吸收操作的主要因素有哪些？温度对吸收操作有何影响？

30. 填料塔主要由哪些部件组成？各部件的作用及构造怎样？如何保证过程实现？

31. 常用填料有哪几种？其形状及性能是怎样的？液体分布装置与液体再分布装置有何不同？

32. 填料塔在进行吸收操作中，应控制好哪些工艺条件？如何控制？

二、习题

1. 苯-甲苯混合液中，苯的含量为 0.3（质量分数），若以摩尔分数表示时，苯的含量为多少？ （0.336）

2. 某厂送入吸收塔处理的原料气中含 CO_2 29%（体积分数），其余为 N_2、H_2 和 CO（其组分可看作惰性气体），经吸收后，出塔气中 CO_2 含量不超过 1%（体积分数），试分别计算以摩尔比表示的原料气和出塔气中 CO_2 的组成。 （0.408，0.0101）

3. 氨水的浓度为 25%（质量分数），求氨对水的质量比和摩尔比。 （0.333，0.353）

4. 已知空气中 N_2 和 O_2 的质量分数分别为 76.7% 和 23.3%，且总压为 101.3kN/m^2，求 O_2 和 N_2 的质量比和摩尔比。 （0.304，0.266）

5. 已知在 101.3kPa 及 20℃时，气相中氨的分压为 0.8kPa，氨在水中的溶解度为 1.0g（NH_3）/100g（水），试以摩尔比表示气相和液相中氨的浓度。 （0.00796，0.00106）

6. 试求 283K 时 2.5%（质量）SO_2 水溶液液面上气相的平衡分压。 （17.54kPa）

7. CO_2 及其水溶液的平衡关系符合亨利定律，求气相总压是 101.3kN/m^2 和温度 293K 时的平衡线方程。 （$Y^* = 1420X$）

8. 对上题的溶液，若在 101.3kPa 下将温度升高至 50℃，测得此时氨水上方氨的分压为 5.9kPa，求此时的 E，m。 （287.0kPa，2.83）

9. 理想气体混合物中溶质 A 的含量为 0.06（体积分数），与溶质 A 含量为 0.012（摩尔比）的水溶液相接触，此系统的平衡关系 $Y^* = 2.52X$。①判断传质进行的方向；②计算过程的传质推动力。 （吸收过程，$\Delta Y = 0.0336$）

10. 吸收塔的某一截面上，含氨 3%（体积百分数）的气体与摩尔分数为 0.018 的氨水相遇，若已知气相传质系数 $k_Y = 5 \times 10^{-4}$ kmol/$(m^2 \cdot s)\Delta y$，液相传质系数 $k_x = 83.3 \times 10^{-4}$ kmol/$m^2 \cdot s \cdot \Delta x$。平衡关系可用亨利定律表示，平衡常数 $m = 0.753$。试计算：以摩尔分数表示的总推动力和传质速率。　$[\Delta Y = 0.0164, 7.848 \times 10^{-6}$ kmol/$(m^2 \cdot s)]$

11. 某工厂欲用水洗塔吸收某混合气体中的 SO_2，原料气的流量为 100kmol/h；SO_2 的含量为 20%（摩尔分数），并要求尾气中 SO_2 含量大于 3%。试求吸收率和所需设备的吸收速率。　（0.876，17.35kmol/h）

12. 混合气中含 NH_3 为 40%（摩尔分数），其余是空气，现用清水吸收其中含氨的 95%。已知进塔空气量为 60kmol。试求尾气中 NH_3 的含量和所需设备的吸收速率。　（0.0334，38kmol/h）

13. 从矿石焙烧炉送出气体含 9%（体积分数）SO_2，其余视为空气，冷却后送入吸收塔用水吸收其中所含 SO_2 的 95%。吸收塔的操作温度为 30℃，压力为 100kN/m^2，处理的炉气量为 1000m^3/h（30℃、1000kN/m^2 时的体积）。求出塔气的摩尔分数。　（0.00504）

14. 在一填料塔中，用洗油逆流吸收混合气体中的苯。已知混合气体的流量为 1600m^3/h，进塔气体中含苯 0.05（摩尔分数，下同）要求吸收率为 90%，操作温度为 25℃，操作压力为 101.3kPa，相平衡关系为 $Y^* = 26X$，操作液气比为最小液气比的 1.3 倍。试求下列两种情况下的吸收剂用量及出塔洗油中苯的含量：①洗油进塔浓度 $x_2 = 0.00015$；②洗油进塔浓度 $x_2 = 0$。　（①$2.05 \times 10^3$ kmol/h，1.59×10^{-3}；②$1.89 \times 10^3$ kmol/h，1.56×10^{-3}）

15. 用洗油吸收焦炉气中的芳烃。吸收塔内的温度为 27℃，压强为 106.7kPa。焦炉气流量为 850m^3/h，其中含芳烃的摩尔分数为 0.02，要求芳烃回收率不低于 95%。进入吸收塔顶的洗油中含芳烃的摩尔分数为 0.005。若取溶剂用量为理论最小用量的 1.5 倍，与 Y 成平衡的 X_1^* 为 0.176。求每小时送入吸收塔顶的洗油量及塔底流出的吸收液浓度。　（6.06kmol，0.119）

16. 在逆流操作的吸收塔中，于 101.3kPa、25℃下用清水吸收混合气中的 H_2S，将其浓度由 2% 降至 0.1%（体积）。该系统符合亨利定律，亨利系数 $E = 5.52 \times 10^4$ kPa。若取吸收剂用量为理论最小用量的 1.2 倍，试计算操作液气比 $\dfrac{L}{V}$ 及出口液相组成 X_1。若压强改为 1013kPa，而其他条件不变，再求 $\dfrac{L}{V}$ 及 X_1。 （622，3.12×10^{-5}，62.2，3.12×10^{-4}）

17. 厂内有一填料吸收塔，直径 880mm，填料层高度 6m，所用填料为 50mm 拉西环，每小时处理 2000m³ 混合气（气体体积按 25℃ 与 1atm 下计算），其中含丙酮 5%。用水作溶剂。塔顶送出的废气含 0.263%（体积分数）丙酮。塔底送出的溶液含丙酮 61.2g/kg。根据上述测试数据计算气相体积总吸收系数 $K_Y a$，操作条件下的平衡关系 $Y^* = 2.0X$。 （180.23）

第九章　液-液萃取

学习目标

　　掌握萃取过程原理、萃取的相平衡关系，会应用杠杆定律，在相图上表示单级萃取过程；

　　理解影响萃取操作的主要因素；

　　理解萃取的工业应用、操作特点及应用场合。

能力目标

　　能够运用三角形相图表示组成间的关系。

第一节　概　　述

　　液-液萃取又称为溶剂萃取，是利用原料液中组分在适当溶剂中溶解度的差异而实现分离的单元操作。液-液萃取至少涉及三个组分，即原料液中两个组分和溶剂。但有时原料液中含有两个以上的组分，溶剂也可采用两种互不相溶的双溶剂，这时就成为多组元体系。本章只讨论三元体系。所选用的溶剂对原料液中一个组分有较大的溶解力。

　　在萃取过程中，所选用的溶剂称为萃取剂。混合液体中欲分离出的组分称为溶质。混合液体中原溶剂与所加入的萃取剂应是不互溶的或者是部分互溶的。但所加入的萃取剂对欲萃取出的溶质应具有选择性的溶解能力。所以将萃取剂加入混合溶液中，经过充分混合以后，溶质即可由原混合液（原料液）中向所加入的萃取剂中扩散，以实现与混合液中其他组分分离的目的。故萃取操作也是一种传质操作过程。

　　蒸馏操作也是使混合溶液达到组分分离的一种单元操作。它是利用各组分蒸气压的不同而使组分分离的。而萃取操作过程中则是利用各组分在萃取剂中溶解度的差异来达到组分分离的目的。混合物分离是采用精馏还是采用萃取，这主要取决于技术上的可能性与经济上的合理性。

　　一般来说，在下列情况下采用萃取方法更加经济合理。

　　（1）混合液中组分的相对挥发度接近"1"或者形成共沸物，

例如芳烃与脂肪烃的分离，用一般蒸馏方法不能分离或很不经济，用萃取方法则更为有利。

（2）溶质在混合液中浓度很低且为难挥发组分，采用精馏方法将大量稀释剂汽化，热能消耗很大，从稀醋酸水溶液制备无水醋酸即为一例。

（3）混合物中热敏性组分，采用萃取可避免物料受热破坏，因而，在生物化学和制药工业中得到广泛应用。例如，从发酵液中提取青霉素、咖啡因都是应用萃取的例子。

此外，多种金属物质分离、核工业材料的制取、治理环境污染都为液-液萃取提供了广泛的应用领域。

第二节 液-液萃取过程

一、三元物系的相平衡

萃取与蒸馏一样，分离混合物的理论基础是相平衡关系，也是以相际的平衡作为过程的极限。一般萃取操作至少要涉及三种物质，即待分离的两种物质和一种溶剂，所以在讨论萃取操作的基本原理之前，首先讨论一下三元物系的相平衡。

三元物系中的组分，若混合后均为液态，且混合时无化学反应发生，也不生成加成化合物，则可以用三角形作图法表述其相平衡关系。

1. 组成表示方法

在一个等边三角形内或边上的任意一点，都可以表示混合物的组成，如图 9-1 所示。

（1）三角形三个顶点分别表示纯物质，即其中一种成分含量为 100%，其余两种成分为零。如图中 A 点组成为 100% A，而不含 B 和 C。

（2）在每一边上的点为一个二元物系，其中第三组分的含量为零。如图中 D 点表示一

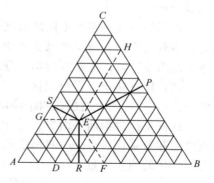

图 9-1 三元混合物组成表示法

个 A、B 两组分的混合物，含 $A80\%$，含 $B20\%$，不含 C。

（3）三角形内任一点代表一个三元混合物，如图中的 E 点。其组成又可用下面两种方法表示。

① 用三角形边长表示　以 E 点分别作三条平行于各边的虚线 EF、EG、EH，则 F 点的坐标表示 E 点中 A 组分的含量；G 点坐标表示 C 组分的含量；H 点坐标表示 B 组分的含量。所以 E 点组成为：$A50\%$，$B20\%$，$C30\%$。

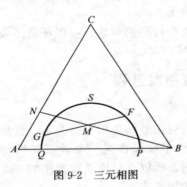

图 9-2　三元相图

② 用三角形的高来表示　从 E 点分别作三边的垂线 ER、ES、EP，则 ER 表示 E 点混合物中 C 组分的含量；ES 表示 B 组分的含量，EP 表示 A 组分的含量。则 E 点组成为：$A50\%$，$B20\%$，$C30\%$。

2. 三元相图的性质

（1）双结点曲线　若三种物质中有两种物质是部分互溶的，则当三种物质混合时，能分成两个相，以曲线 QSP 为分界线。QSP 曲线称为双结点曲线，如图 9-2 所示。

在此曲线以上的区域为均相区，曲线以下为两相区。曲线上每一点都是均相点，是 A、B、C 三种物质构成的三物系的分层点或称混溶点。

不同的三元物系有不同的双结点曲线。同一三元物系温度改变时，溶解度变化，分层区域大小也改变，曲线的形状也产生变化。通常是温度升高，溶解度增加，分层区缩小，甚至可以消失。

（2）杠杆定律　在分层区内任一点 M 所表示的混合物，都可以分为 G 和 F 两个液层，两个液层量之间关系服从杠杆定律。

杠杆定律包括两条内容：①在三元相图中代表混合物 M 的组成之点和分别代表 G、F 两相组成之点应处于同一直线上；②组成为 G、F 的两相的量，与 MF、MG 线段的长度成比例，即

$$\frac{G \text{ 的量}}{F \text{ 的量}} = \frac{MF}{MG} \tag{9-1}$$

同时，组成为 M 的混合物也可看作是纯物质 B 与具有组成为 N 的 AC 两元混合物这两种溶液混合而成。它也服从杠杆定律，即

$$\frac{B \text{ 的量}}{N \text{ 的量}} = \frac{MN}{MB}$$

（3）联结线（平衡线）　在分层区中，每个物系都以两相共存。当两相互成平衡时，其组成分别可以用双结点曲线上的点来表示。联结两个互成平衡的组成点的直线称为联结线，如图 9-3 中的 GF 线。有关联结线的数据是由实验决定的。

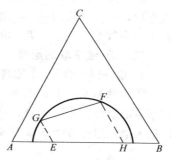

图 9-3　三元相图的联结线

（4）分配系数 k_c　在一定温度下，任一组分溶于不互溶的两相中，当两相达到平衡时，则组分在两相中以一定比例分配，其浓度之比在一定范围内保持不变。此比值称为该组分在两相中的分配系数，可用下式表示。

$$k_c = \frac{c \text{ 组分在 } F \text{ 相中浓度}}{c \text{ 组分在 } G \text{ 相中浓度}} = \frac{FH}{GE} \tag{9-2}$$

应该注意，此时的浓度为平衡浓度。如果所取的浓度单位不同，或者两相先后次序改变，则 k 值也随之改变。

不同系统具有不同的分配系数，而且操作温度对分配系数也产生影响。分配系数改变，联结线斜率也改变。

当 $k_c > 1$ 时，联结线对 AB 的倾角为锐角；$k_c = 1$ 时，联结线平行于 AB 边；$k_c < 1$ 时，联结线对 AB 的倾角为钝角。

联结线的斜率，即分配系数的数值对萃取操作的影响很大。k_c 越大，分离效果越好。

也可将分配系数表示为下列形式

$$k_c = \frac{c}{c_1} \tag{9-3a}$$

式中，c_1 为平衡时物质在被萃取混合物中的浓度；c 为平衡时物质在溶剂中的浓度。

如将上式中 c 和 c_1 表示为 $\overline{Y}$（千克溶质/千克溶剂）及 $\overline{X}$（千克溶质/千克被萃取混合物中的溶剂），则式（9-3a）又可写成下式

$$\overline{Y} = K_1 \overline{X} \tag{9-3b}$$

式中，K_1 表示以 $\overline{Y}$、$\overline{X}$ 代表的浓度时的分配系数。

式（9-3b）代表萃取操作的平衡曲线。浓度小时，上式为一直线方程，K_1 是其斜率。当溶质浓度改变时，K_1 并非是一定值，因而平衡线为一曲线。K_1 值需用实验方法测定。

二、液-液萃取的原理

1. 液-液萃取的基本原理

萃取的基本过程如图 9-4 所示。通常在萃取过程中，把混合液中被萃取的组分称为溶质 A，其余部分称为原溶剂（或称稀释剂）B，即加入第三组分称为萃取剂 S。所选用的萃取剂 S 要求对 A 的溶解

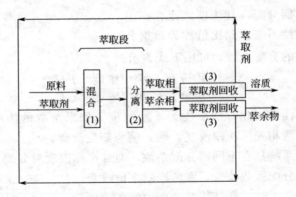

图 9-4 萃取基本过程

度要大，而对 B 的溶解度越小越好。萃取的第一步是原料液与萃取剂在混合器中充分混合接触，溶质 A 通过两液相同的界面由原料液不断地向萃取剂中传递。第二步是在充分接触传质后，使两液相在分层器中因密度差异而分成两层。一层是以萃取剂 S 为主，并溶有较多的溶质 A，称为萃取相；另一层以原溶剂 B 为主，还含有未被萃取完的少部分溶质，称为萃余相。若萃取剂 S 和原溶剂 B 部分互溶，则萃取相中还含有 B，萃余相中也含有 S。由于萃取相、萃余相

都是均相混合液，为了得到产品 A，还得进行第三步——萃取相分离和萃余相分离，并回收萃取剂循环使用。萃取相分离溶剂后，通常也称为萃取液。萃余相分离溶剂后，称为萃余液。

2. 萃取过程在三元相图上的表达

用三元相图表示萃取过程时，通常将溶剂 S 表示在图的右下角，原溶剂 B 表示在图的左下角，而溶质 A 表示在图的顶点，如图 9-5 所示。

在操作过程中，若在原来 AB 混合物 F 中逐渐加入溶剂 S，随着 S 量的增加，所得三元混合物的组成将沿 FS 线改变。

当溶剂 S 与原来混合物 F 以一定量混合时，可得另一混合物 M。M 为一不均相混合物，其混合组成可以由杠杆定律决定，即 S 量 : F 量 = MF : MS。经充分混合，使溶质重新分配，静止后 M 将分为两个液层，即 G 和 E，G 量 : E 量 = ME : MG（见图 9-5）。

在所得的两相中，E 相溶质含量多，是萃取相；G 相中原溶剂含量多，称为萃余相。

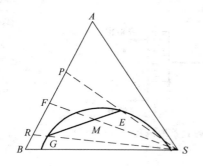
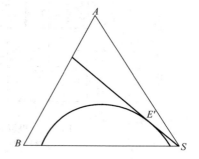

图 9-5　单级萃取产物组成　　　　　图 9-6　最大萃取相浓度的确定

萃取最终是萃取相分离和萃余相分离，以萃取相 E 中除去溶剂后，可得萃取液 P。从萃余相中除去溶剂可得萃取余液 R。显然，P 中 A 组分含量较原混合物高，R 中 B 组分含量也较原来混合物高。因此，混合物获得了部分分离。应用杠杆定律，可知所获组分间量的关系为

$$萃取相量(E)：萃余相量(G)=MG：ME \qquad (9\text{-}4)$$
$$萃取液量(P)：萃余液量(R)=RF：FP \qquad (9\text{-}5)$$

如需获得更纯的组分，则可进行二级或多级萃取。

在一定的操作条件下，可能获得的 A 组分含量最高的萃取相为自 S 点作双结点曲线的切线切点 E'，如图 9-6 所示。E' 的组成为此条件下获得萃取相中 A 组分的浓度极限。但如果改变操作条件，可使极限值改变，从而获得 A 组分的纯度更高。

三、液-液萃取操作流程

在萃取操作中，应根据萃取过程的特点，结合具体情况，布置一个经济合理的流程。根据物料与溶剂的接触情况，萃取操作流程分为单级接触式、多级接触式、多级逆流接触式和逆流塔式四种。

1. 单级接触式流程

把混合物和全部溶剂一次在混合槽内进行充分接触，经过一定时间后，再将萃取相和萃余相分别取出，如图 9-7 所示。

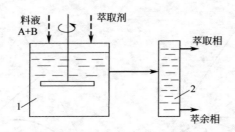

图 9-7　单级接触式萃取流程
1—混合槽；2—沉降分离槽

这种流程所用设备结构简单，制造也容易。

2. 多级接触式流程

单级接触式流程中，所得的萃余相往往还含有部分溶质。为了进一步提取溶质，可采用多级接触式流程，如图 9-8 所示。它是把几个单级接触式流程串联起来，使物料在第一级处理后，送入第二级，继续萃取，再送入第三级，依此类推，而溶剂分别加入各级的混合槽中。

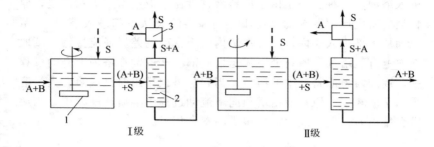

图 9-8　多级接触式萃取流程

1—混合槽；2—沉降分离槽；3—溶剂再生器

这种流程由于新鲜溶剂分别加入各级，所以萃取的推动力较大，萃取效果较好。但溶剂用量大，再生能耗高。

3. 多级逆流接触式流程

为了改进多级接触式流程的缺点，发展了多级逆流接触式流程，进而使溶剂得到合理利用。图 9-9 所示系三级逆流接触式萃取设备的流程图。物料从 1 级进入，通过 2 级、3 级后排出；溶剂则从最后的 3 级进入，通过各级后，从第 1 级排出。

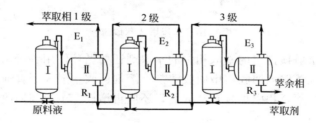

图 9-9　三级逆流接触式萃取流程

Ⅰ—混合槽；Ⅱ—沉降槽

在这种流程中，溶剂和物料逆流接触。溶剂在流动中溶质的浓度逐渐增高，但它分别与平衡浓度更高的物料在各级中接触，所以仍能发生传质过程。物料在出口处虽然溶质的浓度很低，但其接触的是浓度为零的纯溶剂，所以还能发生传质使其溶质的浓度更低。

4. 逆流塔式流程

逆流塔式萃取流程如图 9-10 所示。原料液下由萃取塔的上部进入塔内（这种安排是由于原料液密度比萃取剂密度大；反之，原料液的密度比萃取剂的密度小，则原料液应从下部进入塔内），萃取剂从下部进入塔内，两液在塔内由于密度的差异逆流接触。萃取剂向上升至塔顶，原料液下流至塔底部。萃取剂在塔内上升的过程中，逐渐溶解原料液中的溶质。当它从塔顶排出时已成溶有大量溶质的萃取相了。原料液由塔顶向下流动过程中溶质逐渐减少，当从塔底排出时，则变成含溶质很少的萃余相了。

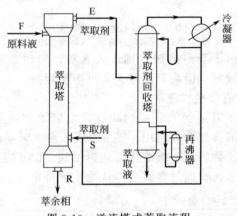

图 9-10　逆流塔式萃取流程

　　由于塔顶排出的萃取相中的萃取剂还要循环使用，所以需将萃取相引入萃取剂回收塔中回收溶剂。溶剂回收一般采用普通蒸馏的方法。若萃余相中也含有萃取剂，还应再增设一个溶剂回收塔来回收萃取剂。

四、萃取剂的选择

　　在液-液萃取中，萃取剂的选择是过程的关键，它直接影响萃取操作能否进行，以及萃取产品的质量、产量和经济效益。选用萃取剂应考虑以下几点。

　　1. 溶剂的选择性要好

　　溶剂的选择性就是溶剂对已知混合物中各组分的分离能力。在萃取中，所用的溶剂对混合物中被萃取的溶质溶解能力要强，对其余物质溶解能力应很差。

选择性好的萃取剂不仅用量少，而且产品质量也高。

2. 萃取剂回收方便

为经济起见，对萃取剂必须进行回收，因此在选择萃取剂时必须考虑到其回收难易。通常是采用蒸馏和蒸发等方法对萃取剂进行回收，要求萃取剂与混合液有较大的沸点差。同时不应生成共沸物，或汽化潜热小，蒸发容易。

3. 对萃取剂物理性质的要求

（1）萃取剂与原料液应有较大的密度差　这样在操作条件下，萃取相与萃余相之间形成两个明显的液层，两相才能在重力或离心力的作用下分层分离。

（2）表面张力适当　表面张力大，分离迅速，但分散程度差，影响两相接触。表面张力小时，液体易乳化，影响分离效率。因此，应根据实际情况选择有适当表面张力的萃取剂。

4. 萃取剂化学性质要稳定

萃取剂应完全不和被处理物料发生化学反应，否则会导致产品变质和萃取剂损失。同时，萃取剂还应具有热稳定性和抗氧化性，而且对设备的腐蚀性要小。

5. 萃取剂资源丰富，价格低廉

一般来说，一种萃取剂同时满足上述要求是不大可能的。这时就要根据实际生产情况，抓住主要矛盾合理解决。有时，如果一种溶剂不符合要求，也可以采用混合溶剂作萃取剂，如乙醇-水、酚-水和醇-醚等。

五、萃取操作的影响因素

影响萃取操作的主要因素有温度、压强、溶剂比、回流比、萃取方式等。

1. 温度

由于萃取操作是利用萃取剂对原溶剂和溶质的溶解度的差异来分离液体混合物的，而溶解度与温度有关，所以萃取温度对萃取效果影响很大。当温度升高时，混合液黏度降低，溶解度增高，有利于混合液与萃取剂的接触，使产品收率增加。但同时各组分的互溶性也增加了，使萃取剂的选择性变差，降低了萃取产品的纯度和收率。如温度达到临界溶解温度（即萃取剂与混合液中的组分都完全互溶的温度）时，此时萃取就无法进行。因此应选择一个最适宜的萃取温度，作为生产操作控制的温度。

2. 压强

对于液-液萃取来说，压强影响不大，一般都在常压下进行。但为了保证生产在液相中进行，其操作压强应大于物系的饱和蒸气压。否则，物系汽化，萃取操作就无法进行。

3. 溶剂比

溶剂比是指萃取剂与被处理的原料液用量的比值，需通过实验来确定。萃取剂用量只能在一定范围内变化，用量过大时，溶剂溶解较多的原溶剂使产品纯度下降，同时也增加萃取剂的回收费用。溶剂比过小时，萃余液中的溶质含量将随萃取剂用量的减少而增加，从而降低了产品的收率。因此，实际操作中要严格控制溶剂比，以保证产品的质量。

4. 回流比

为了提高萃取产品的纯度，将部分萃取产品进行回流。这就与精馏操作一样，回流量大时，产品纯度高但产量低，所以应有一个合适的回流比。

5. 萃取方式

萃取方式有多种，不同种方法萃取的效果也不一样。多级萃取就比单级萃取效率高、分离完全，逆流萃取也比并流萃取效果好。同时，小批量生产和大批量生产采用的萃取方式也不能一样。小批量生产可采用间歇式萃取，大生产时则采用连续操作的萃取方式。

第三节 液-液萃取设备

一、液-液萃取设备的分类

在液-液萃取操作中，为了获得较高的传质速率，必须使两相密切接触并伴有较高的湍动。当两相充分混合并传质后，还得使两相分离。两个液相分离要比蒸馏中气-液两相分离难得多，所以萃取用的设备也比蒸馏设备复杂得多。已为工业采用的萃取设备形式很多，分类方法也不同。

① 按操作方式，可分为连续接触式萃取设备和分级接触萃取设备。前者用于连续操作，后者既可用于连续操作，又可用于间歇操作。

② 根据构造特点和形状，可分为组件式和塔式萃取设备。组件式萃取设备一般为分级式，可以根据需要灵活地增减级数。塔式萃取设备可以是逐级式，如筛板萃取塔；也可以是连续式，如填料萃取塔。

③ 根据是否从外界输入机械能，分为重力流动萃取设备和输入机械能的萃取设备。

萃取设备的简单分类情况见表 9-1。

表 9-1　萃取设备的分类

搅 拌 形 式	分级接触萃取设备	连续接触萃取设备
无搅拌装置		1. 喷淋塔 2. 折流板式塔 3. 填料塔 4. 筛板塔
有旋转式搅拌装置	1. 单级混合-澄清槽 2. 多级混合-澄清槽 3. 单级离心萃取器	1. 转盘塔 2. 夏贝尔塔 3. 离心式萃取器
有脉动装置	脉冲混合-澄清槽	1. 脉冲填料塔 2. 液体脉动筛板塔 3. 往复板式塔

二、混合-沉降槽

混合-沉降槽分混合槽和沉降槽，如图 9-11 所示。原料液和萃

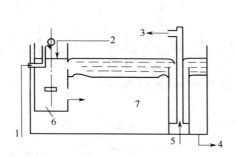

图 9-11　混合-沉降槽示意图

1—原料液；2—萃取剂；3—萃取相；4—萃
余相；5—空气；6—混合槽；7—沉降槽

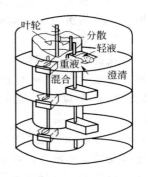

图 9-12　多级混合-沉降槽

取剂进入混合槽后受搅拌的作用而能良好地接触，在槽内存留一定时间，使其充分传质后流入沉降槽。两液相混合物在沉降槽中借重力分为萃取相和萃余相，并分别由上部和下部流出。

混合槽大多都应用机械搅拌，有时也可用气体搅拌。

混合-沉降槽是一种组件的级式萃取设备，根据生产需要，可以将几个串联起来成为多级萃取过程。多级混合-沉降槽一般是前后排列，但也可以将几个级上下重叠，如图 9-12 所示。

混合-沉降槽的优点是：①能为两液相提供良好的接触机会，每级的萃取效率高；②放大设计和经常操作都相当可靠，易开车、停车，不致损害产品的质量；③易实现多级连续操作，根据产品质量可灵活地调整级数；④两液相的流量之比可在较大范围内变化，可高达 10 以上，操作调整方便；⑤不需要高的厂房和复杂的辅助设备。其缺点是：①所需的搅拌功率较大，约为 $1.2 \sim 7.5 \mathrm{kW/m^3}$（液体），而且在级与级之间有时需用泵来输送两种液体，动力消耗大；②占地面积大；③设备内存液量大，使萃取剂用量大，投资大。

混合-沉降槽对大、中、小型生产都适用，特别是在湿法冶金上应用广泛。

三、重力流动萃取塔

两液相靠重力作逆流流动而不需机械能的萃取塔，称为重力流动萃取塔。

1. 喷洒塔

喷洒塔是结构最简单的塔型，如图 9-13 所示。密度大的重液 1 分两路由塔顶进入，从塔底流出；密度小的轻液通过塔底喷洒器进入塔内。

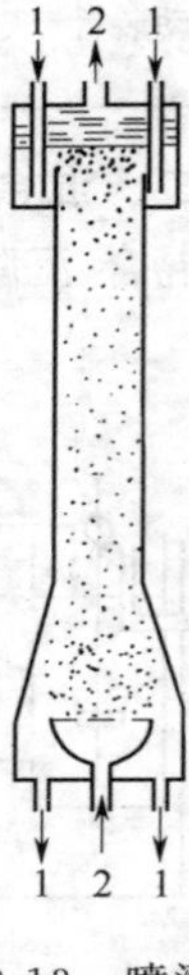

在萃取操作过程中，通常以一相为连续相，连续充满设备的全部断面。另一相为分散相，呈液滴或薄膜状分散在连续相中。

在喷洒塔中，轻液 2 为分散相，被喷洒器分散成液滴，在连续相重液 1 中浮升到塔顶，并聚集成轻液层后流

图 9-13 喷洒塔
1—重液；2—轻液

出。塔顶和塔底扩大部分是为了使轻液、重液能得到较长的澄清时间，以进行完全分离。若改轻液为连续相，则应将图中的塔倒置。重液通过塔顶喷洒器分散成液滴，在连续相轻液中沉降到塔底，合并成重液层流出。

喷洒塔的优点是结构简单，投资少，易于维护。其缺点是两相的接触面积和传质系数不大，轴向返混比较严重，传质效率低。

2. 筛板萃取塔

筛板萃取塔与筛板蒸馏塔相似，如图 9-14 所示。重液由塔顶进入，轻液从塔底进入。

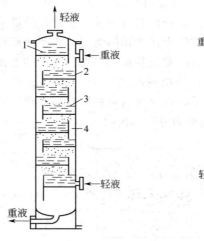

图 9-14　筛板萃取塔
1—界面；2—分散相合并；
3—筛板；4—溢流

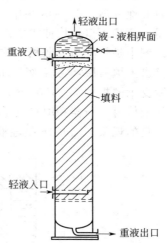

图 9-15　填料萃取塔

在筛板萃取塔中有一系列筛板，轻液经筛孔分散后，在重液连续相中上升，到上一层筛板下部集聚成一层轻相，由于密度差，轻相经筛板重新分散，上升再集聚，如此重复至塔顶分层后流出。重液则从塔顶经溢流部分逐板下降。

如果把溢流板改成升液板，则溢流部分就成为升液部分，这样就可以使轻液成为连续相，重液变为分散相。

塔中的筛板有两个作用：①使分散相反复分散、聚集，强化传质；②使不同板层间液体的返混现象基本消除，提高了传质推动力。

筛孔的直径一般为 3～8mm，按正三角形排列，间距常取 3～4 倍孔径。板间距一般在 150～600mm 之间。

筛板萃取塔结构简单，生产能力大，萃取效率高，在石油化工中的芳烃萃取和润滑油精制上得到广泛应用。

3. 填料萃取塔

填料萃取塔和蒸馏用的填料塔类似，但为了使操作中某一液相能更好地分散于另一液相中，在入口装置上有所不同，如图 9-15 所示。两相入口管均伸入塔内，管口开有小孔，使液体分散成小液滴。图中是轻液为分散相、重液为连续相的情况。为使液滴顺利地直接进入填料层，将轻液入口的喷洒装置装在填料支承的上部，一般距支承栅板约 25～50mm，当填料高度大于 3～4.5m 时，应该加装液体再分布器和填料支承，以改善因填料层过高而产生液体分布不良的现象。图 9-16 是轻液为分散相的再分布器。

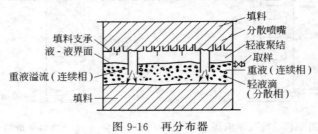

图 9-16　再分布器

塔内填料的作用除可以使分散相的液滴不断破裂与再生，促进液滴表面不断更新外；还可减少连续相的纵向返混，提高萃取效率。

填料萃取塔中所用填料的材质应有所选择，除考虑溶液的腐蚀性外，还应考虑是否容易被连续相所湿润。一般陶瓷填料易为水溶液湿润，碳质或塑料填料易为有机溶剂所湿润，而金属填料均可为二者湿润。

填料萃取塔构造比较简单，宜用耐腐蚀材料制作，在塔径较小时效率高。但处理能力低，且不能处理含有固体颗粒的物料。

四、输入机械能的萃取设备

对于两液相界面张力较大的物系，为改善塔内的传质状况，需要从外界输入机械能来产生较大的传质面积，并进行表面更新。输入机械能的常用方式有转动式和脉冲（或振动）式两种，前者主要有转盘塔和搅拌填料塔，后者有脉冲筛板塔、脉冲填料塔等。这里只介绍一种转盘塔，其他塔不再详述。

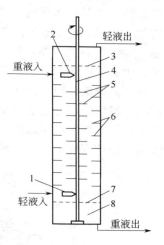

图 9-17　转盘萃取塔
1，2—液体的切线入口；
3，7—栅板；4—转轴；
5—转盘；6—定环；
8—塔底澄清区

转盘萃取塔如图 9-17 所示。在塔的内壁上从上至下装有一组等距离的固定环，塔的轴线上装有中心转轴，轴上固定着一组水平圆盘（转盘），每个转盘都位于两个相邻固定环的正中间。操作时，转轴由电机驱动，带动转盘旋转，使两液相也随着转动。两相液流中产生相当大的速度梯度和剪切应力，一方面使连续相产生旋涡运动，另一方面也促使分散相的液滴变形、破裂及合并，所以能提高传质系数、更新及增大相界面面积。固定环则起到抑制轴向返混的作用，使旋涡运动大致被限制在两固定环之间的区域。转盘和固定环都较薄而光滑，所以液体中不致有局部的高应力区，易于避免乳化现象的产生，有利于轻、重液相的分离。

由于转盘塔能分散液体，塔内不需要另设喷洒器。只是对于大直径塔，液体应顺着旋转方向从切线进口引入，以免冲击塔内已经建立起来的流动状况。塔的顶段和底段各装一层固定栅板，以使塔顶、塔底澄清区免受转盘的影响。

转盘塔塔径与转盘直径之比一般在 1.5～2.5 之间。

五、离心萃取机

当原料和萃取剂密度差很小或黏度很大时，两相的接触状况不佳，特别是很难靠重力使萃取相与萃余相分离。这时，可以用离心力来完成萃取所需的混合、沉降两过程。图 9-18 所示的离心萃取机就是靠离心力来完成萃取过程的。它主要有一个可以高速旋转的螺旋转子，是由多孔的长带卷成，装在固定的外壳中。转子的转速约为 2000～5000r/min；产生的离心力是重力的 500～5000 倍。转轴内设置中心管和外套管，使重液和轻液进出。操作时，重液由左边的中心管进入转子的内层，轻液从右边中心管进入转子的外层。当转子高速旋转时，由于离心力的作用，重液从内层通过小孔向外流动，轻液则由外层通过小孔向内层运动，两液在逆向流动中充分接触，使溶液中被萃取组分进入萃取相，并能有效地分层。最后重液由右边外套管引出，轻液则从左边外套管流出。

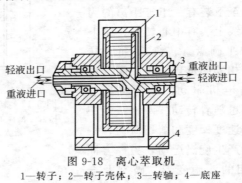

图 9-18　离心萃取机
1—转子；2—转子壳体；3—转轴；4—底座

　　离心萃取机结构紧凑，萃取效率高，两相分离很快，机内储液量少，料液在机内停留时间短，适宜处理抗生素类物料。但离心萃取机结构复杂，制造困难，造价高，耗能也高，所以工业上应用受到限制。

　　六、萃取设备的选择

　　萃取设备类型很多，如何根据生产实际选择合适的设备，既能满足生产工艺的要求，又能节约开支、降低成本，这是每个工厂都要考虑的问题。由于目前对萃取设备性能研究还不够充分，选择时往往要凭经验。下面对选型时应考虑的因素作一简要介绍。

1. 所需的平衡级数

萃取理论级与蒸馏过程中的理论塔板概念非常相似，在蒸馏中如果某一块板的气液两相相互平衡，则称这块塔板为一块理论塔板。在萃取操作中，如果进入萃取器的两液相充分混合后分离成互成平衡的两个液相，则称这个萃取器所起到的萃取作用为一个萃取理论级。在实际生产中，上述理想状态是很难达到的。虽然如此，在分析萃取操作时，引入萃取理论级的概念还是很方便的。根据物料的性质、流量及对萃取产品的质量要求，并考虑到萃取剂的性质和流量，通过经验或计算确定理论级数，然后根据经验或实验取得的萃取效率求出所需的实际级数。

当萃取操作所需理论级不超过三级时，各种萃取设备都可以满足要求。当需要多级时，可选择筛板塔及输入机械能的萃取设备。

2. 生产能力

对于处理量小的可选用填料塔、脉冲塔；处理能力大的可选用筛板塔及混合-沉降槽等设备。

3. 能源供应

电力紧张地区，应尽可能选用重力流动萃取设备。而在能源充足地区，则应优先考虑其他条件。

4. 物系性质

（1）表面张力　表面张力大的应采用输入机械能的萃取设备。

（2）黏度　黏度大的需选用有机械搅拌的萃取设备。

（3）密度　密度差小的物系，难于混合和分层，应选择离心萃取机。

（4）其他性质　在较强腐蚀性的物系，宜选用结构简单的填料萃取塔；对于有放射性的物系，应选择脉冲塔。

5. 停留时间

如要求停留时间短，以离心萃取机为合适；要求停留时间长以混合-沉降槽为合适。

6. 建筑场地

房屋高度受到限制时，宜选择混合-沉降槽；占地面积受到限制时，宜选用塔式萃取设备和离心萃取机。

本章小结

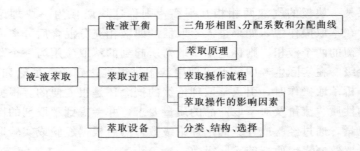

思考题与习题

一、思考题

1. 什么叫萃取？萃取操作的基本依据是什么？它与蒸馏有何本质区别？

2. 选择萃取剂时应考虑哪些因素？

3. 何为萃取相、萃余相、萃取液及萃余液？

4. 试用三角形相图分析单级萃取过程。如何求出三角形内任一点的组成？

5. 什么是双结点曲线？温度变化对双结点曲线有什么影响？

6. 杠杆定律包括哪些内容？什么是分配系数？

7. 试用三元物系相图说明萃取过程原理。

8. 萃取操作有哪几种流程？各有什么特点？

9. 萃取过程中的外加能量是什么概念？是否越多越好？为什么？

10. 萃取操作的影响因素有哪些，怎样影响的？

11. 萃取设备有哪几类？

12. 比较各类萃取设备的优缺点。

13. 选择萃取设备时应注意哪些问题？

二、习题

1. 某液体混合物，其组成为 $x_A = 0.6$，$x_B = 0.4$，在其中加入等量的溶剂 S，试用等边三角形相图表示出原料液和加溶剂后的坐标位及组成。 （略）

2. 组成 $x_A = 0.65$，$x_B = 0.35$ 的混体混合物，用溶剂 S 进行单级萃取，其相图如附图所示。试求：①处理 1.5t 料液所需的溶剂量；②萃取相的量和萃余相的量；③萃取液和萃余液的量。 （略）

3. A、B 两种有机混合物，用溶剂 S 进行萃取，已知三种物质相图如附图所

示，试求采用单级萃取时获得 A 组分的最大浓度是多少？ （0.675kg/m³）

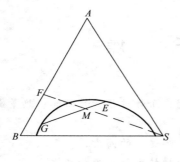

习题 2 图

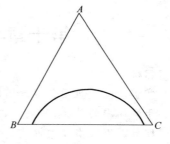

习题 3 图

第十章　干　　燥

学习目标

　　掌握湿空气性质、湿度图的应用、干燥过程物料衡算、热量衡算、干燥速率的计算；

　　理解湿空气水分的性质、影响干燥速率的因素；

　　了解干燥的操作方式、流态化干燥技术和干燥相关设备。

能力目标

　　能够在湿焓图上表示干燥过程并能查取湿空气的性质；

　　能够计算干燥过程的水分蒸发量、空气消耗量、干燥速率的计算。

第一节　概　　述

一、固体物料的去湿法

　　在化工生产中，有些固体物料常含有水分或其他液体（称为湿分）。为了便于加工、运输、贮存和使用，需要除掉固体物料中的湿分。这种从固体物料中除去湿分的操作称为去湿。去湿的方法很多，可分为三大类。

　　1. **机械去湿法**

　　利用压榨、沉降、抽吸、过滤和离心分离等机械方法除去物料中的湿分，叫作机械去湿法。此法去湿后，物料中湿分不能完全除尽，但操作简单，去湿量大。

　　2. **化学去湿法**

　　利用吸湿性物料除去物料中的湿分，叫作化学去湿法。常用吸湿性物料有生石灰、浓硫酸、无水氯化钙、片碱等。这种方法费用高、操作麻烦。主要用于小批量物料的去湿，如液体和气体中水分的除去。

　　3. **热能去湿法**

　　利用加热的方法，使物料中的湿分汽化并除去的操作称为热能去湿，通常称为干燥。在化工生产中物料去湿，一般先用机械方法将大量湿分除去，然后再采用干燥的方法去湿得到合格的产品。例如，合成橡胶生产中，凝聚后的胶粒湿分很大，首先经过挤压脱水机除去大量的水分，然后再经干燥箱干燥得到合格产品。

二、干燥过程的分类

湿分的汽化需要热量，按照热能传给湿物料的方式，干燥可分为四种方式。

1. 传导干燥

传导干燥也称间接加热干燥。热能以传导方式通过器壁传给湿物料。这种干燥方式热能利用率高，但物料易过热而变质。

2. 对流干燥

对流干燥又叫直接加热干燥。利用一种载热体（干燥介质）将热能以对流的方式传给与其直接接触的湿物料，使湿分汽化并被干燥介质带走。这种干燥方法干燥介质的温度容易调节，物料不易过热，但是干燥介质离开干燥器时温度较高，因而热能利用率低。

3. 辐射干燥

热能以红外线电磁波的形式发射到湿物料表面，物料吸收后转变为热能，使湿分汽化。红外线电磁波由辐射器产生。辐射器有电能和热能两种。用电能的有红外线灯泡等；用热能的有金属辐射板、陶瓷辐射板等。用红外线干燥速度快，安全、卫生、均匀、但耗能高。

4. 介电加热干燥

介电加热干燥也叫高频加热干燥。将需要干燥的物料置于高频电场内，由于高频电场的交变作用，使物料内部的极性分子（如水分子）产生振动，其振动能量使被干燥物料发热，从而使湿分汽化达到干燥的目的。

上述四种干燥方式，在化工生产中应用最普遍的是对流干燥。通常所用的干燥介质为空气，湿物料中被除去的湿分为水分，加热后的空气从湿物料表面流过，使物料中的水分汽化，并将水蒸气带走。本章主要讨论以热空气为干燥介质和以水为被除去湿分的对流干燥。

三、干燥过程的实质和必要条件

对流干燥过程是一个传热与传质相结合的过程。当热空气流与物料直接接触时，将热量传给湿物料表面，再从表面传至内部，这是一个传热过程。与此同时，物料吸收了热量，表面上的水分首先汽化并被气流带走。物料内部的含水量较表面要高，因而物料内部的水分以液态和气态的形式向表面扩散，然后透过物料表面的气膜扩散到热空气流中，这是一个传质过程。所以物料干燥过程的实质是由传热和传质两个过程同时进行的过程。传质方向（水分汽化的方向）与传热方向正好相反。

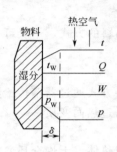

图 10-1　热空气与湿物料间的传质和传热
W—由物料中汽化的水分量；Q—由空气传给物料的热量；t—空气主体的温度；t_W—物料表面的温度；p—空气中水蒸气分压；p_W—物料表面的水蒸气压；δ—气膜厚度

在对流干燥过程中，要使过程不断进行，就要使水分不断从固体相转移到空气相中。其推动力就是水蒸气压强差。所以干燥过程得以进行的必要条件就是物料表面所产生的水蒸气压必须大于干燥介质中的水蒸气压。即物料表面气膜两侧必须有压强差。这样，固体表面的水分才能不断地向干燥介质中汽化。压强差越大，干燥进行得越快。为了保持一定的压强差，必须用干燥介质及时将水蒸气带走。若压强差为零，表示物料与干燥介质之间的水蒸气达到动态平衡，干燥过程也就停止了。图 10-1 表示了热空气与湿物料间的传质和传热情况。

第二节　湿空气的性质及湿度图

一、湿空气的性质

对流干燥过程的传热与传质是通过干燥介质——空气进行的。分析干燥过程及进行干燥过程有关的物料和热量衡算，都要涉及干燥介质的性质。因此，必须弄清楚湿空气的性质。

大气是干空气和水蒸气的混合物，这种混合物称之为湿空气。湿空气中含水量的多少对干燥操作好坏有很大影响，湿空气中含水量少，干燥时物料中水分汽化快，反之汽化也慢，一旦饱和干燥操作就无法进行。所以，研究干燥过程，必须知道湿空气中水蒸气含量及其他性质。

湿空气的性质可以用湿度、压强、水蒸气的含量以及焓等许多种能表示其性质和状态的参数表示。在干燥过程中，这些参数都在不断变化。掌握这些参数的物理意义及其相互关系，在进行有关干燥过程的计算中是必不可少的。

湿空气有两个基本特点：第一，它是一种不饱和空气，即空气中水汽分压低于同温度下水的饱和蒸气压，空气中的水汽处于过热状态，而且，由于干燥过程的操作压力较低，所以可以把这种状态的湿空气作为理想气体处理；第二，干燥过程中，尽管湿空气中的水汽量在不断变化，但其中干空气的质量、质量流量不变。

1. 湿度（湿含量）

在湿空气中，单位质量干空气所带有的水汽质量，称为湿含量或绝对湿度，简称湿度，以符号 H 表示，单位为 kg(水汽)/kg(干空气)。

若以 n_w 表示湿空气中水汽的摩尔数，M_w 表示水汽的摩尔质量；n_g 表示湿空气中的干空气摩尔数，M_g 表示干空气的摩尔质量。则湿度的计算式可根据其定义写为

$$H = \frac{n_w M_w}{n_g M_g} \tag{10-1}$$

设湿空气的总压力 p，其中水汽分压为 p_w，根据理想气体的道尔顿分压定律，干空气的分压为 $p_g = p - p_w$。式（10-1）中的 n_w/n_g 为湿空气中水汽摩尔数与干空气摩尔数之比，在数值上应等于两者的分压之比

$$n_w/n_g = p_w/(p - p_w)$$

将水汽的摩尔质量 $M_w = 18\text{kg/kmol}$，干空气的摩尔质量 $M_g = 28.96\text{kg/kmol}$ 代入式（10-1），得

$$H = 0.622 \frac{p_w}{p - p_w} \tag{10-2}$$

式（10-2）为常用的湿度计算式，此式表明，湿度与空气的总压以及其中的水汽分压 p_w 有关，当总压 p 一定时，湿空气的湿度 H 随水汽分压 p_w 的增加而增大。

2. 相对湿度

在一定的总压和温度下，湿空气中水汽分压 p_w 与同温度下水

的饱和蒸气压 p_s 之百分比称为相对湿度，用 φ 表示。其计算式为

$$\varphi = \frac{p_w}{p_s} \times 100\% \tag{10-3}$$

当 $\varphi = 100\%$ 时，$p_w = p_s$，湿空气中水汽分压为该温度下水的饱和蒸气压，表明该湿空气已被水汽所饱和，已不能再吸收水汽。所以，只有相对湿度小于 100% 的湿空气才能作为干燥介质。湿空气 φ 值越低，表明该空气偏离饱和程度越远，吸收水汽的能力越强。由此可见，湿度的大小只能表示空气中水汽含量的多少，而相对湿度的大小，则反映了湿空气吸收水汽的能力高低。

水的饱和蒸气压随温度的升高而增大，对具有一定水汽分压的湿空气，升高其温度，则相对湿度必然减少。在干燥操作中，为降低湿空气的相对湿度，提高其吸湿能力以及传质和传热推动力，通常将湿空气先预热后再送入干燥器。

若将式(10-3) 代入式(10-2)，可得

$$H = 0.622 \frac{\varphi p_s}{p - \varphi p_s} \tag{10-4a}$$

或

$$\varphi = \frac{pH}{(0.622 + H) p_s} \tag{10-4b}$$

由上式可知，在一定的操作压力下，相对湿度 φ 与湿度 H 和饱和蒸气压 p_s 有关，而 p_s 又是温度 t 的函数，所以当总压 p 一定时，相对湿度 φ 是湿度 H 和温度 t 的函数。

当 $\varphi = 100\%$ 时，湿空气已被水汽饱和，此时所对应的湿度称为饱和湿度。将 $\varphi = 100\%$ 代入式(10-4a) 中，可得饱和湿度 H_s 计算式为

$$H_s = 0.622 \frac{p_s}{p - p_s} \tag{10-5}$$

在一定的总压下，饱和湿度随温度的变化而变化；当操作总压和温度均为一定时，饱和湿度是湿空气在操作条件下的最大含水量。

3. 湿空气的比容

1kg 干空气及所带的 H kg 水汽所占有的总体积，称为湿空气的比容或湿容积，用符号 v_H 表示，单位为 m^3/kg。

常压下，干空气在温度为 $t℃$ 时的比容 v_g 为

$$v_g = \frac{22.4}{28.96} \times \frac{t+273}{273} = 0.773 \times \frac{t+273}{273}$$

水汽的比容 v_w 为

$$v_w = \frac{22.4}{18} \times \frac{t+273}{273} = 1.244 \times \frac{t+273}{273}$$

根据湿比容的定义，湿比容的计算式应为

$$\begin{aligned} v_H &= v_g + H v_w \\ &= 0.773 \frac{t+273}{273} + H \times 1.244 \times \frac{t+273}{273} \\ &= (0.773 + 1.244H) \times \frac{t+273}{273} \end{aligned} \tag{10-6}$$

式中，H 为湿空气的湿度，kg(水汽)/kg(干空气)；t 为湿空气的温度，℃。

由式(10-6)可见，在常压下，湿空气的比容随湿度 H 和温度 t 的增加而增大。

4. 湿空气的质量热容（湿热）

常压下将 1kg 干空气及其所带有的 Hkg 水汽温度升高 1K 时所需要的热量称为湿空气的质量热容，简称湿热，以符号 c_H 表示，单位为 kJ/(kg·K)。

若以 c_g 表示干空气的质量热容，c_w 表示水汽的质量热容，湿热的表达式为

$$c_H = c_g + c_w H$$

在工程计算中，常取 $c_g = 1.01$kJ/(kg·K)，$c_w = 1.88$kJ/(kg·K)，代入上式

$$c_H = 1.01 + 1.88H \tag{10-7}$$

湿热仅与湿度 H 值有关。

5. 湿空气的焓

1kg 干空气的焓与其所带 Hkg 水汽的焓之和称为湿空气的焓，符号为 I_H，单位为 kJ/kg。

若以 I_g 表示干空气的焓，I_w 表示水汽的焓，则 I_H 的表达式为

$$I_H = I_g + I_w H$$

上述焓值都是以干空气和液态水在 273K（即 0℃）时的焓为零

作基准的。对温度为 t℃，湿度为 H 的空气，其中干空气的焓 I_g 为 1kg 干空气温度从 0℃升高至 t℃时所需的热量，即 $I_g = c_g t$；水汽的焓 I_w 为 1kg、0℃的液态水汽化为同温度下水蒸气所需要的汽化热 r_0 与水蒸气再由 0℃升高至 t℃时所需的显热 $c_w t$ 之和，即

$$I_w = c_w t + r_0$$

因此，湿空气的焓为

$$\begin{aligned}
I_H &= c_g t + (c_w t + r_0)H \\
&= (c_g + c_w H)t + r_0 H \\
&= c_H t + r_0 H
\end{aligned}$$

水在 0℃时的汽化热约为 2490kJ/kg，与 c_w 和 c_g 的数值一并代入上式，得

$$I_H = (1.01 + 1.88H)t + 2490H \quad \text{kJ/kg（干空气）} \quad (10\text{-}8)$$

式(10-8)说明，湿空气的焓值与湿度 H 和温度 t 有关。当湿度一定时，温度 t 越高，焓值 I_H 越大。

6. 干球温度

用普通温度计测得的湿空气的温度称为干球温度，用符号 t 表示，单位为℃或 K。干球温度为湿空气的真实温度。

7. 露点

将不饱和的湿空气在总压 p 和湿度 H 不变的情况下冷却降温至饱和状态时（$\varphi = 100\%$）的温度称为该空气的露点，用符号 t_d 表示，单位为℃或 K。

露点时空气的湿度为饱和湿度，其数值等于原空气的湿度 H。该空气中的水汽分压 p_w 应等于露点温度 t_d 下水的饱和蒸气压 p_{std}。

$$p_{std} = \frac{H p_w}{0.622 + H} \quad (10\text{-}9)$$

在确定湿空气的露点时，只需要将湿空气的总压和湿度代入式(10-9)，由求得的 p_{std} 查饱和水蒸气表，查出对应于 p_{std} 的温度，即为该湿空气的露点 t_d。

若将已达到露点的湿空气继续冷却，则湿空气中会有水分析出，湿空气中湿含量开始减小。冷却停止后，每千克干空气中所析出的水分量为原空气的湿含量与冷却温度下的饱和湿度之差值。

8. 湿球温度

如图 10-2 所示，左侧一支玻璃温度计的感温球与空气直接接触，称为干球温度计，所测得的温度为干球温度 t。右侧的玻璃温度计感温球用湿纱布包裹，湿纱布的一端浸在水中，使之始终保持润湿，这支温度计称为湿球温度计。将其置于湿空气中所测得的读数称为该空气的湿球温度，用 t_w 表示，单位为℃或 K。

湿球温度实质上是湿空气与湿纱布之间传质和传热达稳定时湿纱布中水的温度。该温度取决于湿空气的干球温度 t 和湿度 H，其 H 值愈小，t 值愈高，湿纱布中水分汽化量愈多，汽化所需热量愈大，故干球温度 t 与其湿球温度 t_w 的差值也就愈大。因此湿球温度不是湿空气的真实温度，它是湿空气的一个特征温度。

9. 绝热饱和温度

在绝热的条件下，使湿空气增湿冷却达到饱和时的温度称为绝热饱和温度，以符号 t_{as} 表示，单位为℃或 K。

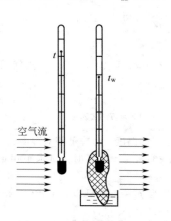

图 10-2 干、湿球温度计

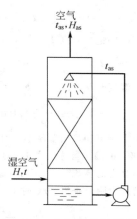

图 10-3 空气绝热增湿塔

图 10-3 为一个空气绝热增湿塔。将温度为 t，湿度为 H 的不饱和湿空气由塔底进入，与塔顶大量的循环喷洒水逆流接触（可视水温均匀）。由于塔是绝热的，水向空气汽化所需的潜热只能来自空气的显热。故空气的温度降低，湿度增加，但焓值不变。当空气被水汽所饱和时，其温度不再变化，此时湿空气的温度与循环水温

相等，该温度称为湿空气的绝热饱和温度。

在过程中，湿空气被取走的显热又被汽化的水汽以潜热形式返回，其焓值却基本不变。因此，湿空气的绝热增湿降温过程是一个等焓过程。

对空气-水汽系统，经实验发现，对湿度 H、温度 t 一定的湿空气，其绝热饱和温度 t_{as} 与湿球温度 t_w 基本相同，工程计算中，常取 $t_w = t_{as}$。

【例 10-1】 已知湿空气中的水汽分压为 5kPa，温度为 60℃，操作总压为 100kPa。试求该空气的湿度，相对湿度和饱和湿度；如将以上的湿空气温度提高到 90℃，再求其相对湿度。

解： 已知 $p_w = 5kPa$，总压 $p = 100kPa$，由式（10-2）得

$$H = 0.622 \frac{p_w}{p - p_w} = 0.622 \frac{5}{100 - 5} = 0.03274 [\text{kg(水汽)/kg(干空气)}]$$

由附录查得 60℃时水的饱和蒸气压；$p_{s1} = 19.92kPa$，则湿空气的相对湿度 φ_1 由式（10-3）得

$$\varphi_1 = (p_w / p_{s1}) \times 100\% = \frac{5}{19.92} \times 100\% = 25.1\%$$

当时的饱和湿度 H_s 由式（10-5）得

$$H_s = 0.622 \frac{p_s}{p - p_s} = 0.622 \frac{19.92}{100 - 19.92} = 0.1547 [\text{kg(水汽)/kg(干空气)}]$$

当温度升至 90℃时，$p_{s2} = 70.14kPa$，则

$$\varphi_2 = \frac{p_w}{p_{s2}} \times 100\% = \frac{5}{70.14} \times 100\% = 7.13\%$$

由上例可知，当湿度不变时，增加湿空气的温度，可降低相对湿度。

【例 10-2】 当总压力 100kPa，温度为 20℃，$\varphi = 60\%$ 时，试求 100kg 湿空气所具有的体积。

解： 由附录查得 20℃时水的饱和蒸气压为 $p_s = 2.334kPa$，由式（10-4a）

$$H = 0.622 \frac{\varphi p_s}{p - \varphi p_s} = 0.622 \frac{0.6 \times 2.334}{100 - 0.6 \times 2.334}$$

$$= 0.00883 [\text{kg(水汽)/kg(干空气)}]$$

由式（10-6）计算湿比容

$$v_H = (0.773 + 1.244H) \times \frac{t + 273}{273}$$

$$= (0.773 + 1.244 \times 0.00883) \times \frac{20 + 273}{273}$$

$$= 0.841 [\text{m}^3/\text{kg(干空气)}]$$

100kg 湿空气中含有干空气的质量为

$$100/(1+H)=100/(1+0.00883)=99.1(\text{kg})$$

100kg 湿空气所具有的体积

$$v=99.1\times0.841=83.34\ (\text{m}^3)$$

【例 10-3】　若将例 10-2 中的湿空气用间壁式换热器加热到 90℃，需供给多少热量（kJ）？

解：由式(10-8)分别可写 20℃和 90℃湿空气的焓为

$$I_1=(1.01+1.88H)t_1+2490H$$
$$I_2=(1.01+1.88H)t_2+2490H$$

将 1kg 干空气及其所带有的 H kg 水汽由 20℃升高至 90℃时所需提供的热量为

$$\Delta I=I_2-I_1=(1.01+1.88\times0.00883)(90-20)$$
$$=71.86[\text{kJ/kg（干空气）}]$$

99.1kg 干空气从 20℃加热至 90℃时所需提供的热量为

$$Q=99.1\times71.86=7121\ (\text{kJ})$$

【例 10-4】　已知湿空气的总压为 101.3kPa，温度为 60℃，相对湿度为 60%。试求其湿空气的露点；若将原来湿空气温度降至 20℃，是否有水析出？如有析出，每千克干空气能析出多少千克水？

解：湿空气中水汽的分压 $p_w=p_s\varphi$

60℃水的饱和蒸气压为 19.92kPa

$$p_w=19.92\times0.6=11.95\ (\text{kPa})$$

此时分压 p_w 为该湿空气在露点温度下的饱和蒸气压，即 $p_{std}=11.95\text{kPa}$，由此水蒸气压查饱和水蒸气表，得与此饱和蒸气压对应的饱和温度为 48.2℃，即该湿空气的露点为 $t_d=48.2℃$。

如将该湿空气冷却到 20℃，与其露点相比较，发现已低于露点温度，必然有水分析出。

原湿空气的湿度为

$$H_1=0.622\frac{\varphi p_{s1}}{p-\varphi p_{s1}}=0.622\frac{0.6\times19.92}{101.3-0.6\times19.92}$$
$$=0.0832\ [\text{kg（水汽）/kg（干空气）}]$$

冷却到 20℃时，湿空气的相对湿度为 100%，查饱和蒸汽表得 $p_{s2}=2.334\text{kPa}$，此时的湿度为

$$H_2=0.622\frac{p_{s2}}{p-p_{s2}}=0.622\frac{2.334}{101.3-2.334}$$

$$=0.0147 \text{ [kg(水汽)/kg(干空气)]}$$

每 1kg 干空气析出的水量为

$$\Delta H = H_1 - H_2 = 0.0832 - 0.0147 = 0.0685 \text{ [kg(水)/kg(干空气)]}$$

二、湿度图

由以上内容可知，湿空气性质之间都有一定的关系，用于表示湿空气各项性质相互关系的图线，称为湿空气的湿度图。

1. 湿度图的构成

在总压为 101.3kPa 情况下，以湿空气的焓为纵坐标，湿度为横坐标所构成的湿度图又称为 I-H 图，如图 10-4 所示。为了避免图线过于集中而影响正确读数，采用纵轴和横轴之间的夹角为 135° 的斜角坐标；为了便于读取，将横轴上的 H 值投影到与纵轴正交的水平辅助轴上。

I-H 图由五种线束构成，其意义如下。

（1）等湿度线（等 H 线）　它是一组与纵轴平行的直线。同一条等 H 线的任意点，H 值相同，其值在辅助轴上读出。

（2）等焓线（等 I_H 线）　它是一组与横轴平行的直线，同一条线上不同点都具有相同的焓值，其值由纵轴读出。

（3）等干球温度线简称等温线（等 t 线）　将湿焓计算式改为如下形式

$$I_H = 1.01t + (1.88t + 2490)H$$

当 t 一定时，I 与 H 成直线关系，直线斜率为 $(1.88t + 2490)$。因此等温线也是一组直线，直线斜率随 t 升高而增大。温度值也在纵轴上读出。

（4）等相对湿度线（等 φ 线）　式（10-4）表示了 φ、p_s 和 H 之间的关系，p_s 是温度的函数，所以式（10-4）实际上是表明了 φ、t 和 H 之间的关系。取一定的 φ 值，在不同的温度 t 下求出 H 值，就可以画出一条等 φ 线。等 φ 线是一组曲线。

图中最下面一条等 φ 线为 $\varphi = 100\%$ 的曲线，称为饱和空气线，此线上的任意一点均为饱和空气。此线上方区域为未饱和区，在此区域内的空气才能作为干燥介质。

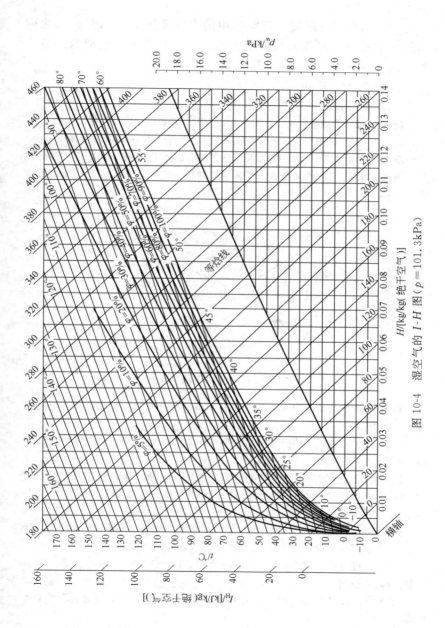

图 10-4 湿空气的 $I\text{-}H$ 图（$p = 101.3\text{kPa}$）

（5）水蒸气分压线　湿空气中的水汽分压 p_w 与湿度 H 之间有一定的关系，将其关系标绘在饱和空气线下方，近似为一条直线。其分压读数在右端的纵轴上。

2. 湿度图的应用

（1）查取湿空气的性质

【**例 10-5**】已知湿空气在总压为 101.3kPa，温度为 40℃，湿度为 0.02kg(水汽)/kg(干空气)，试用湿度图求取相对湿度 φ，焓 I_H，湿球温度 t_w 和露点 t_d。

解：温度为 40℃ 的等 t 线与湿度为 0.02kg(水汽)/kg(干空气) 的等 H 线，两线在 $I\text{-}H$ 图中的交点 A，即为空气的状态点，见图 10-5。由 A 点可读得：$\varphi=43\%$，$I_H=92\text{kJ/kg}(干空气)$。

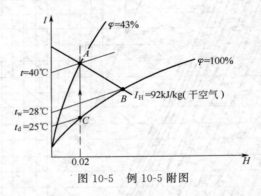

图 10-5　例 10-5 附图

由 A 点沿等焓线与饱和空气线交于 B 点，B 点所对应的温度即为湿球温度，$t_w=28℃$。

由 A 点引垂直线与饱和空气线交于 C 点，C 点所对应的温度为露点，$t_d=25℃$。

【**例 10-6**】已知湿空气的总压为 101.3kPa，干球温度为 50℃，湿球温度为 35℃，试求此时湿空气的湿度 H、相对湿度 φ、焓 I_H、露点 t_d 及分压 p_w。

解：由 $t_w=35℃$ 的等 t 线与 $\varphi=100\%$ 的等 φ 线之交点 B，作等于 I_H 线与 $t=50℃$ 的等 t 线相交，交点 A 为此空气的状态点，见图 10-6。

由 A 点可直接读得：$H=0.03\text{kg}(水汽)/\text{kg}(干空气)$，$\varphi=38\%$，$I_H=130\text{kJ/kg}(干空气)$。

由 A 点沿等湿线交于 $\varphi=100\%$ 的等 φ 线上 C 点，C 点处的温度为湿空气的露点，$t_d=32℃$。

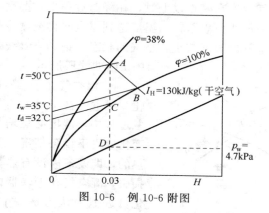

图 10-6 例 10-6 附图

由 A 点沿等湿线交于水蒸气分压线 D 点，读得 D 点的分压值 $p_w = 4.7\text{kPa}$。

比较以上两例题中的干球温度 t、湿球温度 t_w 和露点 t_d，不难得出以下结论：

对于未被水汽饱和的空气有 $t > t_w > t_d$；

对于已被水汽饱和的空气有 $t = t_w = t_d$。

（2）湿空气状态变化过程的图示

a. 湿空气的加热和冷却　不饱和的湿空气在间壁式换热器中的加热过程，是一个湿度不变的过程，如图 10-7(a)，从 A 到 B 表示湿空气温度由 t_0 被加热至 t_1 的过程。图 10-7(b) 表示一个冷却

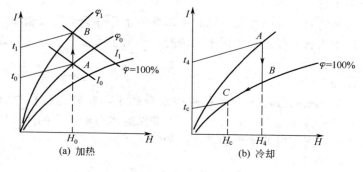

图 10-7　空气的加热和冷却

过程，若空气温度在露点以上时，在降温过程中，湿度不变，冷却过程由图中 AB 线段表示；当温度达到露点时再继续冷却，则有冷凝水析出，空气的湿度减小，空气的状态沿饱和空气线变化，如图中 BC 曲线段所示。

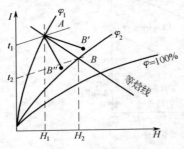

图 10-8　干燥器内空气状态
变化图示

b. 湿空气在干燥器内的状态变化　湿空气在干燥器内与湿物料接触过程中，湿度必然增加，其状态变化取决于设备情况。如设备是绝热的，即设备内没有热量补充和热损失，湿空气在干燥器内的状态变化可近似地认为是一个等焓过程，如图 10-8 中 AB 线所示；实际干燥过程中，干燥器并非绝热，若干燥器内有热量补充，其补充的热量大于热损失，则焓可能增加，状态变化如图中 AB' 线所示；如无热量补充，或补充的热量小于热损失时，则空气的焓值减小，空气的状态变化如图中 AB'' 所示。

三、物料中所含水分的性质

干燥过程中所除去的水分，是由物料内部移动到表面，然后由物料表面汽化而进入干燥介质。因此，干燥速率不仅取决于空气的性质和操作条件，也取决于物料中所含水分的性质。那么，哪些水分能用干燥方式除去以及除去的难易程度，通过物料中所含水分的性质来了解。

根据物料本身的性质，物料中所含的水分分为结合水和非结合水。根据物料干燥过程中的干燥情况，物料中所含的水分又分为平衡水分和自由水分。

1. 非结合水

物料表面的湿润水分和孔隙中水分属于与物料的机械结合水分，其结合强度很弱，故易于除去。非结合水分所产生的蒸气压与液态水在同温度时所产生的蒸气压相同。

2. 结合水

结合水是物料细胞或纤维皮壁及毛细管中所含水分。此水分与物料结合较强，故难于去除。结合水分所产生的蒸气压小于液态水同温度时所产生的蒸气压。

含有结合水的物料也称吸水物料，仅含有非结合水的物料称非吸水物料。

3. 平衡水分

一物料与一定湿度和温度的空气接触时，要产生水分的扩散或迁移。但物料中所含的水分将永远维持一定值，不因与空气接触的时间延长而改变。此时物料中所含水分称为在该情况下（一定湿度和温度的空气）物料的平衡水分或平衡湿度。不同物料有不同的平衡水分；同一物料又因所接触的空气性质（湿度、温度）而不同。非吸水性物料如黄沙或陶土，其平衡水分接近于零；吸水物料如纤维和胶质的有机物、木材、纸张、皮带、肥皂等，其平衡水分大小不同，且随所接触的空气湿度和温度的不同而改变。图 10-9 表示某些物料在 25℃时的平衡水分与空气相对湿度的关系。

4. 自由水分

在干燥操作中所能除去的水分为物料中所含大于平衡水分的水分，称为自由水分。所以物料中所含的总水分为自由水分与平衡水分之和。

总之，在干燥过程中可以除去的水分为自由水分。除去水分的界限为平衡水分。在可除去的水分中易除去的部分为非结合水分，难除去的部分为结合水分。除去的难易还与干燥介质——空气的性质有关。

几种水分的关系可以列表说明：

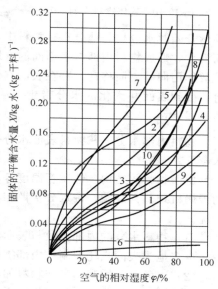

图 10-9 某些物料的平衡水分

1—新闻纸；2—羊毛、毛织物；3—硝化纤维；4—丝；5—皮革；6—陶土；7—烟叶；8—肥皂；9—牛皮胶；10—木材

$$物料中的水分\begin{cases}自由水分\begin{cases}非结合水分——首先除去的水分\\能除去的结合水分\end{cases}\\平衡水分——不能除去的结合水分\end{cases}$$

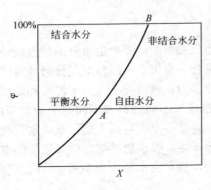

图 10-10　固体物料中的水分

也可用图 10-10 表明固体物料中的水分关系。平衡曲线上的 A 点表示，在空气的相对湿度 φ 的情况下物料的平衡水分，大于 A 点的水分是自由水分，在 $\varphi=100\%$ 的水平线上。小于 B 点的水分为结合水分，而大于 B 点的水分为非结合水分。

四、固体物料干燥机理

当固体物料的湿度超过平衡湿度而与干燥介质接触时，虽然开始时水分均匀地分布在物料中，但由于湿物料表面的水分逐渐汽化，形成物料内部与表面间的湿度差，于是物料内部的水分靠扩散作用向其表面移动，并在表面汽化。由于干燥介质连续不断地将扩散到表面并汽化的水分带走，从而使固体物料达到干燥的目的。即是：

物料内部水分 $\xrightarrow{扩散}$ 物料表面水分 $\xrightarrow{汽化}$ 水蒸气 $\xrightarrow{带走}$ 干燥介质中的水蒸气。

由于物料的结构、性质、温度等和周围干燥介质的影响，物料的干燥机理非常复杂，按水分扩散和汽化的快慢大致分为以下三种情况。

（1）物料水分的内部扩散与表面汽化速度相等　但此种情况较少，更多地为表面汽化控制和内部扩散控制两种。

（2）表面汽化控制　某些物料如纸、皮革等，其内部的水分能迅速地扩散到物料的表面，而物料表面上水分汽化的速度小于水分从物料内部扩散到表面的速度。因此，干燥的速度由物料表面的汽化速度所控制。物料表面存在一边界层，汽化表面水分所需的热量与被汽化的水分扩散到介质中去都需透过这层边界层。若物料的表面保持足够的湿度（物料表面的温度可取空气的湿球温度）。因此，干燥空气与物料表面间的温度差为一定值。其汽化的速度可按一般的水面汽化速度计算。此类干燥操作的进行完全由周围干燥介质的情况（湿度、温度）决定。

（3）内部扩散控制　与上述相反，某些物料如木材、肥皂、陶土等胶体物质，其内扩散速度小于表面水分汽化速度。干燥情况的改变取决于内部扩散因素的改变。有时也用降低表面汽化速度以相对地提高内部扩散速度。如木材的干燥系采用湿含量较大的空气为干燥介质，以缩小湿差，减慢表面汽化速度来防止木材由于外干内湿造成的收缩不均而弯曲。

总之，在物料干燥过程中，被干燥物料的结构以及物料的最初湿度等对于干燥都有影响，而更重要的则是物料周围的介质情况。空气的温度越高，干燥速度越大；湿度越低，干燥越快。反之干燥越慢。空气与物料接触情况也很重要，凡接触越好者，干燥越快，不均匀的接触会使干燥不均匀，对表面汽化控制的干燥尤为显著。

若干燥过程中空气的温度、湿度、速度及物料接触情况不变，则称作恒定干燥情况，否则为变动干燥情况。

第三节　干燥器的物料衡算和热量衡算

干燥器的物料衡算是为了解决三个问题。一是求干燥过程中应汽化并排除的水分量，或称水分蒸发量；二是求带走这些水分所需要的空气量；三是求干燥后的物料量。由于干燥过程进行的完全程度是以在过程前后物料含水量的多少来衡量，所以首先应了解物料中水分含量的表示方法。

一、物料含水量的表示方法

物料中含水量的多少有两种表示法。

1. 湿基含水量

以湿料为基准的物料中所含水分的质量百分数表示的含水量称为湿基含水量，用符号 w 表示，即

$$w = \frac{湿物料中水分质量}{湿物料总质量} \times 100\% \tag{10-10}$$

工业生产中通常所指的含水量是指湿基含水量。例如用三足离心机分离后的物料，其仍含有 10% 的水分，就是指 100kg 湿料中仍含有 10kg 的水分。但湿物料的质量在干燥过程中因为失去了水分而不断变化，所以不能简单地把干燥前后的湿基含水量相减而算出干燥过程中所失去的水分。

2. 干基含水量

所谓干基含水量，是以绝干的物料为基准的物料中所含水分的质量比，用符号 X 表示，即

$$X = \frac{湿物料中水分的质量}{湿物料中绝对干料的质量} \tag{10-11}$$

由于在干燥过程中绝对干料的质量是不变的，计算中用干基含水量比较方便。

【例 10-7】　在 100kg 聚氯乙烯湿料中，含水分 15kg，试求以湿基和干基表示的含水量。

解：湿基含水量

$$w = \frac{15}{100} \times 100\% = 15\%$$

干基含水量

$$X = \frac{15}{100-15} = 0.18 \ [\text{kg/kg(干料)}]$$

3. 两种含水量的换算关系

根据表示方法不同而含水量相同的原则，将二者的关系写成

$$w = (1-w)X$$

则得

$$X = \frac{w}{1-w} \quad \text{kg/kg(干料)} \tag{10-12}$$

$$w = \frac{X}{1+X} \quad \text{kg/kg(湿料)} \tag{10-13}$$

二、干燥后的物料量和水分蒸发量

1. 干燥后的物料量 q_{m2}

设 q_{mC} 为湿物料中绝干物料量，kg/s；q_{m1} 为干燥前的湿物料

量，kg/s；w_1、w_2 为干燥前后物料的湿基含水量（质量分数）。在干燥过程中无物料损失，则干燥前后的绝干物料质量相等

$$q_{mC} = q_{m1}(1-w_1) = q_{m2}(1-w_2) \quad kg/s \tag{10-14}$$

由此得

$$q_{m2} = q_{m1} \frac{1-w_1}{1-w_2} \quad kg/s \tag{10-15}$$

2. 水分蒸发量 W

对干燥器作总物料衡算，得

$$W = q_{m1} - q_{m2} \quad kg/s \tag{10-16}$$

将式（10-15）代入式（10-16），整理得

$$W = q_{m1} \frac{w_1-w_2}{1-w_2} = q_{m2} \frac{w_1-w_2}{1-w_1} \tag{10-17}$$

若已知干燥前后的干基含水量为 X_1 和 X_2，则水分蒸发量可按下式计算

$$W = q_{mC}(X_1-X_2) \tag{10-18}$$

【例 10-8】某糖厂利用一干燥器来干燥白糖，已知每小时处理的湿料量为 2000kg，干燥前后糖中的湿基含水量从 1.27% 减少至 0.18%，求每小时蒸发的水分量，以及干燥收率为 90% 时的产品量。

解： 已知：$q_{m1} = 2000$kg/h，$w_1 = 0.0127$，$w_2 = 0.0018$，将各值代入式（10-17）得

$$W = q_{m1} \frac{w_1-w_2}{1-w_2} = 2000 \times \frac{0.0127-0.0018}{1-0.0018} = 21.84 \quad (kg/h)$$

为了求得实际的产品量，首先应用式（10-15）求出没有物料损失情况下的理论产品量 q'_{m2}

$$q'_{m2} = G_1 \frac{1-w_1}{1-w_2} = 2000 \times \frac{1-0.0127}{1-0.0018} = 1978.16 \quad (kg/h)$$

因此，实际产品量

$$q_{m2} = q'_{m2} \times 0.9 = 1978.16 \times 0.9 = 1780.34 \quad (kg/h)$$

三、空气消耗量

在干燥过程中，湿物料蒸发出来的水分被空气带走，湿物料中水分的减少量应等于空气中水分的增加量，即

$$q_{mC}(X_1-X_2) = L(H_2-H_1) \tag{10-19}$$

式中，L 为绝对干空气的消耗量，kg 干空气/s；H_1、H_2 分别为空气在进干燥器前、后的湿度，kg 水/kg 干空气。

因此，当蒸发水分为 W 时所消耗的干空气量

$$L = \frac{W}{H_2 - H_1} \qquad (10\text{-}20)$$

每蒸发 1kg 水分所消耗的空气，称为单位空气消耗量，用符号 l 表示，单位为 kg(干空气)/kg(水分)，即

$$l = \frac{L}{W} = \frac{1}{H_2 - H_1} \qquad (10\text{-}21)$$

因为空气在预热器前后的湿度不变，所以预热前空气的湿度 H_0 等于干燥器进口处的湿度 H_1，即 $H_0 = H_1$，则上述两公式可改写为

$$L = \frac{W}{H_2 - H_0} \qquad (10\text{-}22)$$

$$l = \frac{1}{H_2 - H_0} \qquad (10\text{-}23)$$

式(10-22)、式(10-23) 表明，空气消耗量只与空气的最初和最终的湿度有关，而与所经历的过程无关。在生产量一定的情况下，空气最初状态的湿度越大，则空气的消耗量也越大。由于 H_0 是由空气的初始温度 T_0 和相对湿度 φ_0 决定的，因此在其他条件相同的情况下，空气的消耗量 L 随着 T_0 和 φ_0 的增加而增加。这就是说，在干燥过程中，夏天的空气消耗量比冬天要多。因此，在选择鼓风机时，应该以全年最热月份的空气消耗量为依据。

四、干燥器热量衡算

空气干燥器的热量衡算，以汽化每千克水分为计算基准。汽化每公斤水分所需的全部热量消耗 $q = Q/\Delta W$，它等于预热室内所需的热量与在干燥室内所补充的热量之和。

$$q = \frac{Q}{\Delta W} = \frac{Q_k + Q_g}{\Delta W} = q_k + q_g \qquad (10\text{-}24)$$

式中，q 为在干燥器中汽化 1kg 水分所需热，kJ/kg（水分）；q_k 为预热室内所需要的热量，kJ/kg（水分）；q_g 为干燥器室内所补充的热量，kJ/kg（水分）。

对于整个干燥器的热量衡算而言，我们可以列出如下的热量衡算表10-1。且根据热量守恒原则，总的输入热量之和应等于总输出热量之和。

表 10-1　空气干燥的热量衡算

输入热量/（kJ/h）	输出热量/（kJ/h）
1. 物料带进的热量	1. 空气离开干燥器带走的热量
2. 空气带进的热量	2. 干物料带走的热量
3. 预热室供给的热量	3. 输送装置带走的热量
4. 干燥室补充的热量	4. 干燥器损失于周围的热量

在实际干燥过程中，输出的热量项目可以更多些，要尽量考虑周全，而后再进行输入热量与输出热量的平衡计算，求得所要求出的热量。

第四节　干燥速率

一、干燥速率公式

在恒定干燥操作的情况下，干燥器的生产能力取决于干燥速度的大小。而在干燥器生产能力一定的情况下，物料随着干燥速度的不同，干燥所需的时间不同。因此干燥速度是干燥生产过程中至关重要的控制指标。

所谓干燥速度是指在单位时间内，单位干燥面积上待干燥物料所汽化的水分量。用符号 U 表示。

$$U = \frac{\Delta W}{F \Delta \tau} \quad \text{kg/（m}^2 \cdot \text{h）} \tag{10-25}$$

式中，ΔW 为被干燥物料汽化的水分量，kg；F 为干燥面积，m^2；$\Delta \tau$ 为干燥所需的时间，h。

由式（10-18）得　$\Delta W = q_{\text{mC}}(X_1 - X_2)$

所以，干燥时间 τ 为

$$\tau = \frac{q_{\text{mC}}(X_1 - X_2)}{UF} \quad \text{h} \tag{10-26}$$

式中，q_{mC} 为湿物料中所含绝干物料量，kg；X_1、X_2 分别为湿物料的最初与最终湿度，kg 水/kg 干燥。

由上式看出，干燥时间与干燥速率成反比。

在大多数的情况下，干燥速率随着干燥时间而急剧下降。往往在前一半的时间中约可汽化除去 90% 的水分，而在后一半时间仅能除去余下的水分。

从图 10-11 可以看出胶板的干燥速度变化的情况。

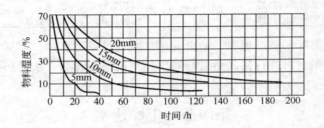

图 10-11　胶板的干燥曲线

二、影响干燥速率的因素

干燥速率主要影响因素有三个方面：湿物料、干燥介质和干燥设备。

（1）湿物料的性质和形状　包括湿物料的物理结构、化学组成、形状和大小、物料层的厚度以及水分的结合方式等。湿物料的性质和形状对恒速阶段的干燥速率影响很小，因在此阶段物料干燥相当于自由水分的汽化。但物料的形状、大小和料层厚度影响着物料的临界含水量。而在降速阶段，物料性质和形状对干燥速率是决定性的因素。

（2）物料本身的温度　物料的温度越高，干燥速率越大。但干燥器中物料的温度又与干燥介质的温度有关。

（3）干燥介质的温度和湿度　干燥介质的温度越高、湿度越低，干燥速率越大。但应以不损害被干燥物质为原则，这在干燥某些热敏性物料时更应引起注意。

（4）干燥介质的流速和流向　在第一阶段内，提高气速可以加快干燥速率，介质流动方向垂直物料表面时的干燥速率比平行时要大，在第二阶段影响却很小。

（5）干燥器的结构　上述各项因素都和干燥器的结构有关，许多新型干燥器就是针对某些因素而设计的。

由于影响干燥速率的因素很多，目前还不能完整地用数学函数的形式将这些因素表达出来，也没有统一的计算方法来确定干燥器的主要尺寸。因此，设计中都是根据实验数据进行的。

第五节　干燥的操作方式

一、干燥的操作方式介绍

本节介绍几种根据不同物料的性质而设计的干燥操作方式。

1. 干燥介质中间加热的空气干燥

见图 10-12。这种干燥的特点不是将空气一次预热，而是在干燥室中设有几个预热器，使通过干燥室的空气经过几次加热，从而不断补充失去的热量。温度控制在不至于对物料产生有害影响的范围内。

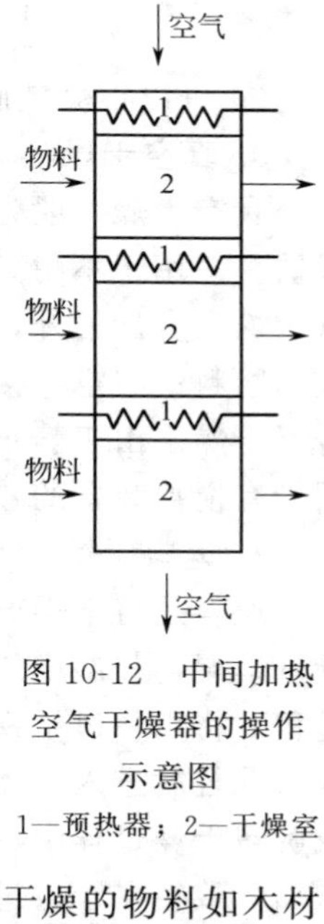

采用这样的干燥方式其主要目的是为了降低干燥操作的温度，减少干燥介质-空气进出口的温度差。

2. 干燥介质部分循环的空气干燥（见图 10-13）

将干燥器出来的废气分成两股，一部分废气排入大气中，另一部分废气引入送风机入口与空气加压混合后送入预热器（或直接送入干燥室，如图中虚线），加热后进入干燥室。

图 10-12　中间加热空气干燥器的操作示意图

1—预热器；2—干燥室

部分废气循环的干燥方式有下列优点。

① 可以干燥只能在湿度较大的空气中进行干燥的物料如木材。

② 可以使得在干燥操作中空气进入干燥器至离开干燥器的温度变化不大。

③ 可以使空气以较大的速度通过干燥器。因此干燥速度不致因空气湿度变大而减慢。

④ 由于空气的温度较低，故热损失少。

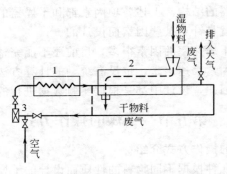

图 10-13　部分废气循环的干燥方式
1—空气预热器；2—干燥室；3—送风机

⑤ 可以很灵敏而准确地控制空气在干燥室内的湿度。

3. 真空干燥

真空干燥一般为间歇式，分减压干燥箱和有搅拌装置的减压干燥器，多用于不耐高温且在高温时易氧化的物料。因减压干燥可降低干燥温度。另外，凡干燥时容易产生粉末的物料；汽化气需要回收的物料；与空气接触易发生爆炸的物料等均宜采用减压式干燥器进行干燥。由于静止干燥易造成物料过热而分解、变质等，故可采用带有搅拌装置的减压干燥器。

4. 返料干燥

返料是将干燥产品（干物料）的一部分掺和于湿物料之中以降低进口湿物料湿度的目的，这部分干燥产品称为返料。返料的干燥过程，将出料口干物料的一部分用运输装置引至湿物料进口，与湿物料混合后进入干燥室。返料的比例依需要而定。物料在连续流动或旋转干燥过程中，因物料湿度过大，或因湿度大所造成物料黏度增加，致使在干燥过程中产生物料结球或结疤现象，或因湿度大而造成的出料温度低而达不到产品的要求时，均可以采用返料的方式加以解决。因此，返料对于某些物料干燥操作的顺利进行和保证产品质量是必不可少的重要工艺手段，同时可以缩小设备规模。返料的量据湿物料的湿含量高低及工艺要求而定。如 $NaHCO_3$ 的干燥必须采用返料方式将重碱湿度由 15%～20% 降到 9.5% 以下，否则将会产生结疤和包锅现象。若重碱含水为 20%，则每吨重碱需返碱 1.5t，含水为 14%返料量为 1.0t。

二、其他干燥方式

1. 升华干燥（冷冻干燥）

固体物料（如冰）不经融化而直接变为蒸气的现象称为升华。进行升华干燥时，先将含水物料冷冻到冰点以下，水分变为固态冰，而后在较高真空下将冰升华移走，物料即被干燥。此法多用于医药、蔬菜、食品方面的干燥。

升华干燥的优点如下。

① 保持物料原有的化学和物理性质（多孔性胶体性等），且与水接触后又恢复到原来物料的性质和状态。

② 热消耗较其他干燥方法为低。因为物料处在冰点以下，常湿气体已是良好的载热体，且干燥设备不需要保暖及采用良导体材料制造。

2. 高频干燥

将需要干燥的物料置于高频电场内，借助于高频电场的交变作用而使物料加热，以达到干燥物料的目的。这种干燥器称为高频干燥器。电场的频率在 300MHz 的称高频加热；在 300MHz～300GHz 之间的称超高频加热，也称微波加热。

以前讨论的干燥方法均为依靠物料内外部的水分浓度差，亦即依靠浓度差而使水分移动的方法。而高频干燥器则采用依靠温度差使水分移动的方法达到物料干燥目的。对于料层厚而难于干燥的物料更加有效。

3. 红外线干燥

热的固体会发出波长完全不同的波，红外线具有从 0.4～40μm 的波长，红外线也是一种热源。被干燥物料吸收红外线后将其转变成热能，达到加热干燥的目的。红外线发射器分电能、热能两种。用电能的如灯泡和发射板。用热能的如金属发射板或陶瓷发射板。红外线干燥器多应用于汽车、电子技术、航空、木材加工等工业部门的零部件表面油漆干燥。此外也应用于纺织、造纸、纤维、木制成品、铸造模型、胶状物质、食品的干燥上。

第六节　流态化干燥技术

一、概述

在第三章第六节已经讲过，如果在一圆柱形容器下部安装一块多孔的筛板，筛板上放置一层固体颗粒，当气流从筛板下部自下而上地通过颗粒层时，由于气流速度的变化，床层就会发生变化，出现固定床、流化床、输送床三个不同阶段。在后两个阶段中，由于固体颗粒悬浮在气体中，并且有了流动性，传热、传质的效果较好，因此流态化技术在很多工业部门得到广泛的应用。流态化干燥技术或称沸腾干燥技术就是流态化技术在干燥操作中的一种应用。它能大大强化生产并简化生产过程。

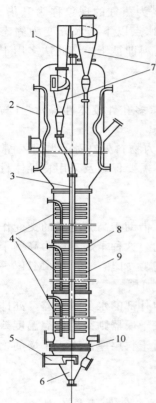

图 10-14　流化床基本
结构示意图

1—防爆板；2—扩大段；3—料腿；
4—冷却管；5—进料管；6—锥形底；
7—旋风分离器；8—反应段；9—导
向挡板；10—分布板

二、流化床结构

流化床的基本结构大致有两种类型：单层与多层。一般由壳体、气体分布装置、内部构件、换热装置、气固分离装置和固体颗粒的装卸装置所组成。见图10-14。多层流化床由多个单层流化床叠合而成。

1. 流化床壳体

最常见的流化床的床身是一圆柱形容器，下部有一圆锥形底，体身上部为一气固分离扩大空间，其直径比床身大许多。在圆筒形容器与圆锥形底之间有一气体分布板（多孔板）。当气体进入锥形部分后，通过分布板上升，以使固体颗粒流化。锥形底和分布板的作用皆为使气体均匀分布，以保证较好的流化质量。

2. 气体分布装置

常见的分布板结构为多孔板。为了使气体分布均匀和不使床内颗粒下落至锥形体部分，采用多孔板的自由截面积小于空塔截面积的50％，即开孔率 $\phi = 5\%$。开孔率大，压降小，气体分布差；开孔率小，气体分布好，但阻力大，动力消耗大。对同样的自由截面积，孔多而小的为好。锥形孔较直孔为好，如图 10-15 所示。工业上也多采用泡罩分布板，这种分布板与精馏塔用的泡罩塔板的结构相类似，以防止停车时颗粒下落。

(a) 巨孔筛板　　(b) 凹形筛孔板　　(c) 锥形侧缝分布

图 10-15　常用气体分布板示意图

对于锥形侧缝分布板，锥帽下缘与分布板面之间的距离即缝隙高度一般小些较好，可消耗死角，防止分布板烧结和堵塞。但过小则分布板磨损严重。

3. 内部构件

内部构件的重要作用是破碎大气泡和减少返混。内部构件的主要形式有挡网、挡板、填充物、分散板等。

4. 换热装置

流化床的换热可通过外夹套或床内换热器。当用床内换热器时，除应考虑一般换热器要求外，还必须考虑到对床内物料流动的影响。即换热器的形式和安装方式应当尽量不阻挡流体的正常流动。实践证明，采用列管式换热器时，列管放在距设备中心 2/5 半径处换热效果较好。总之流化床的传热效果较高。

5. 气固分离装置

流化床内固体粒子运动激烈，引起粒子之间以及粒子和设备之间的碰撞和摩擦，导致产生粉尘。这些粉尘被气体带出会影响产品质量（如触媒）堵塞管道，污染环境，因此应对粉尘进行分离。

流化床的气固分离装置常用以下三种形式。

（1）自由沉降段式 即筒体上部的扩大部分，粒子因气速减慢而自由沉降。

（2）在筒体上部装有旋风分离器式 借气体或固体的相对密度不同，靠离心力作用使气、固分离。固体经导料管将其送至床层中，或作为干燥物料送去包装。

（3）过滤器式 常用很多孔的铁管外包玻璃布制成，且用反吹方法使粉尘脱落以减少阻力。

以上三种气固分离装置，最常用的是旋风分离器，且常将几个旋风分离器串联使用。

6. 固体颗粒装卸装置

（1）重力法 靠颗粒本身的重量使颗粒装入或流出，设备最简单，适于小规模生产。

（2）机械法 用螺旋输送机，皮带加料机，斗式提升机等。机械法不受物料湿度及粒度等的限制，但需专门的机械。

（3）气流输送法 此法输送能力大，设备简单，但对输送的物料有一定要求，也较常用。

三、流态化干燥的应用

流化床具有许多优点，如床内各点温度均匀，散热容易等，这可使极难控制的化学反应在流化床内进行。但也有一些严重缺点，如难以得到转化率很高的反应物，难以获得较纯的分离产物等。因此，对传质操作而言，就比较适用于类似干燥这样的过程。总之应尽量发挥流化床的优势。

第七节 干 燥 器

一、干燥器应具备的条件和分类

干燥器不论形式如何，一般都应符合下列条件。

① 保证干燥产品的质量要求。如达到指定的含水量，干燥质量均匀，保持产品的结晶形状，或要求不能龟裂、变形等。

② 干燥速率快。可减小设备尺寸，缩短干燥时间。

③ 热效率高和系统阻力小。可降低热能和机械能消耗。

④ 操作控制方便，劳动条件好。

干燥器的分类方法很多，如按操作压强分常压、减压；按操作方式分间歇式与连续式；按干燥介质分空气和烟道气等；按干燥介质和物料的流动方式分并流、错流和逆流等。通常按加热方式分类，其分类情况如下。

（1）对流干燥器 其特点是通过气流与物料直接接触传热，包括箱式干燥器、转筒干燥器、气流干燥器、沸腾干燥器、喷雾干燥器等。

（2）传导干燥器 其特点是通过固体壁面传热，包括真空耙式干燥器、滚筒干燥器、冷冻干燥器等。

（3）辐射干燥器 其特点是热能以辐射波形式传给物料，目前采用的红外线干燥器就是这种形式。

（4）介质加热干燥器 其特点是物料在高频电场内被加热，微波干燥器就是其中一种。

二、干燥器的主要形式和特点

1. 箱式干燥器

箱式干燥器又叫盘架式干燥器，结构如图 10-16 所示。这是一

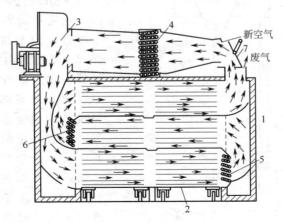

图 10-16 箱式干燥器

1—干燥室；2—小车；3—送风机；4—空气预热器；5，6—中间加热器；7—蝶形阀

种最古老的结构形式，在外壁绝热的干燥室内，有一个具有多层支架的小车，每层支架上安放着若干个料盘，盘中料层的厚度一般为10～100mm。干燥室的大小和料盘的数量由所处理的物料而定。作为干燥介质的空气从室的右上角引入，在空气预热器4处被加热，并依照箭头方向从盘间和盘上流过，最后从右上角排出。中间加热器5、6是为了在干燥过程中继续预热，使空气始终保持适当的温度。为了控制空气的湿度，还可以将一部分吸湿了的空气循环使用。

箱式干燥器的优点是结构简单，制造容易，管理方便，适应性强。在干燥过程中，物料处于静止状态，所以特别适用于不允许粉碎的脆性物料。缺点是间歇操作，干燥时间较长，干燥不均匀，需人工卸料，劳动强度大。尽管如此，长期以来箱式干燥器仍然是实验室和中小型生产中主要使用的干燥器。

2. 气流干燥器

（1）气流干燥流程

图 10-17 所示是目前广泛采用的气流干燥流程图。气流干燥器的主体是一根直立的圆筒，称为干燥管。湿物料由加料斗4，经螺旋加料器5送入气流干燥管3的底部。空气在风机7的抽吸作用下从空气过滤器1中吸入，滤去其中所含的尘埃物质，并经预热器2加热后进入干燥管3内。由于热气流的高速流动带动进入干燥管的物料一起流动，并在输送的过程中进行传热传质

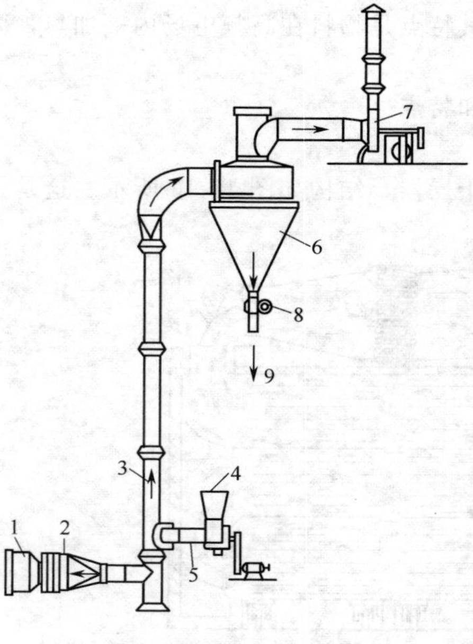

图 10-17　气流干燥流程
1—空气过滤器；2—预热器；3—气流干燥管；4—加料斗；5—螺旋加料器；6—旋风分离器；7—风机；8—气封；9—产品出口

作用。已经被干燥了的物料随气体进入旋风分离器 6 内，经分离后作为产品从产品出口 9 排出，废气则由风机排出。

（2）气流干燥器的特点

气流干燥器的优点有如下几点。

① 气固间传热系数大。热空气通常以 20～40m/s 的高速运动，使物料均匀分散和悬浮在气流中。气固相接触面积大，强化了传热和传质过程，它的传热系数比转筒干燥器要大 20～30 倍。

② 干燥时间短。对于大多数物料在干燥管中的停留时间一般不超过 5～10s，就可以达到干燥要求。因而可采用较高的气体温度，以提高传热温差。即使空气入口温度达到 600℃ 以上，在干燥过程中其温度因为蒸发水分消耗大量热而迅速降低，物料温度很少超过 60℃，不至于过热。因此，气流干燥对热敏性物质特别适宜。

③ 干燥器体积小。如每小时处理 25t 煤或 15t 硝铵的气流干燥器，仅需一根直径 0.7m，高 10～15m 的干燥管。

④ 热效率高。气流干燥器体积小，散热面积也小，热损失低，最多不超过 5%，热效率高，在干燥非结合水分时，热效率可达 60% 左右。

⑤ 结构简单，造价低，占地面积小，操作稳定，且便于控制。

气流干燥器的主要缺点如下。

① 干燥管太高，一般都在 10m 以上。因使用高速气流，使物料在输送过程中与壁面碰撞及物料之间相互摩擦，使得系统阻力大，一般在 3kPa 以上。

② 干燥过程中有破碎作用，因而对粉尘的回收要求较高，否则物料损失大，还污染环境。

以上这些缺点都促使人们不断去探索改进的途径。人们研究发现，在加料口以上的 1～3m 范围内，气体与颗粒的相对速度最大，传热膜系数值最高，颗粒最密集，因而传热表面积也最大，这是进行干燥的有效区域。因此，有的把一段较高的干燥管改成数段较低的管；有的则采用直径交替缩小与扩大的脉冲管来代替直管，以使在整个管内气流与颗粒都具有一定的相对速度；还有的使空气和物料从切线方向进入干燥室，即采用旋风式气流干燥器。

气流干燥器特别适用于干燥含表面水分或非结合水分较多的无机盐结晶等粒状物料，而不适用于干燥晶体不允许破损和黏着性较强的物料。

3. 沸腾干燥器

（1）立式沸腾干燥器 沸腾床干燥器又称流化床干燥器，是固体流态化技术在干燥操作中的应用，它分立式和卧式两种。图10-18是单层和多层立式流化床干燥器的示意图。

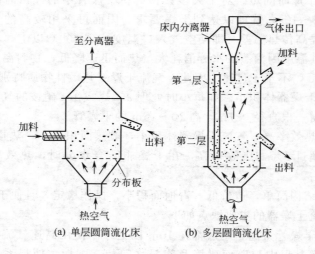

(a) 单层圆筒流化床　　(b) 多层圆筒流化床

图 10-18　立式流化床干燥器

散粒状的物料从床身的侧面加入，热气流从底部吹入，并穿过多孔的分布板与物料接触，只要气速保持在颗粒的流化速度与带出速度之间，颗粒既不会静止不动，又不会被气流带出，而处于流化状态，在气流中上下翻滚，互相混合与碰撞，气固之间接触面积很大，传热和传质速率大大增加。带有一部分粉尘的废气由顶部排出，经旋风分离器进行回收。干燥后，减小气速或间歇操作时，切断电源，物料重新落下，并从出料管卸出。

在单层流化床内，有可能由于物料完全混合，使得没有干燥完全的颗粒也由出料口带出，使产品含水量不够均匀；另外，在降速干燥阶段所排出的气体的温度较高，被干燥物料带走的热量较大，使整个干燥器的热效率不高，因此单层流化床干燥器主要用于处理量大而要求不严格的物料，特别适用于表面水分的干燥，如硫铵和氯化铵等。在多层流化床干燥器内，湿物料由第一层加入，颗粒由第一层溢流管流至第二层内，颗粒在每层内可以互相混合，而层与层之间不能混合。这样，产品的含水率较低，而且热效率也大大提高。

（2）卧式多室沸腾床干燥器

它是在立式沸腾床干燥器的基础上发展的，其结构如图 10-19 所示。它的特点是床身的截面为长方形，并用垂直挡板将器内分成若干个干燥室，挡板与分布板之间留一定间隙，以便于物料从间隙中通过。操作时湿物料从加料口 2 进入，依次由第一室流到最后一室，越过出口堰板排出。由于热空气是分别通到各个室内，可以根据各室物料含水量的不同调节热空气量，以拉平颗粒在室内的停留时间，也可以在最后一两个室内通冷风，使产品冷却以利于贮藏。卧式多

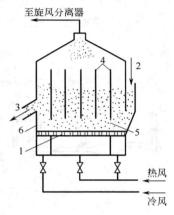

图 10-19 卧式多室沸腾
床干燥器
1—多孔分布板；2—加料口；3—出
料口；4—挡板；5—物料通道
（间隙）；6—出口堰板

室沸腾干燥器的压强降比立式多室的小，操作也比较稳定，但热效率比多室式要低。

（3）沸腾床干燥器的特点

① 物料在干燥器内的停留时间可以任意调节。这样，可改变最终产品的含水量。

② 气流速度较小。气流阻力较低，物料磨损较轻，气固分离容易。

③ 热效率高。对非结合水的干燥可达 $60\%\sim80\%$，对结合水可达 $30\%\sim50\%$。

④ 设备紧凑，结构简单，造价低，活动部件少，操作维

修方便。

⑤ 对处理物料粒径要求在 $30\mu m\sim6mm$ 之间。粒小时，易产生局部沟流；粒大时，需要气速大，动力消耗大，磨损严重。

⑥ 不能处理有黏结性、易形成团块的物料和含水量较高的物料。否则造成分布板堵塞，甚至"压死"床层，使操作无法进行。

4. 喷雾干燥器

喷雾干燥器是一种用来干燥含水量高达 $75\%\sim80\%$ 以上的

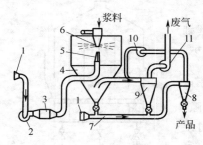

图 10-20　喷雾干燥流程
1—空气过滤器；2—送风机；3—预热器；4—干燥室；5—热空气分散器；6—雾化器；7—产品输送及冷却管道；8—1号分离器；9—2号分离器；10—筑输送用的风机；11—抽风机

溶液、悬浮液、浆状或熔融液的干燥设备。其原理是将料液在热气流中喷成细雾，由于气液两相间的接触面积较大，雾滴在很短的时间（$3\sim10s$）即被干燥成粉末。

（1）喷雾干燥流程　常用喷雾干燥的一种流程如图 10-20 所示。料液用送料泵送至雾化器 6，在干燥室 4 内喷成雾滴分散在热气流中，料滴水分迅速汽化，变成干料微粒或细粉落到干燥器的锥底，利用气流输送到 1 号分离

器 8。产品干料从气流中分离出来，由 1 号分离器底部排出。气体则进入 2 号分离器 9，回收夹带的粉尘，废气经抽风机 11 排空。干燥器主体可以是直立圆筒或方箱式，化工生产中使用的多为塔式，一般塔径为 $1\sim3.5m$，高 $4\sim10m$。目前国内最大的洗涤剂干燥塔高 26m，直径 6m，日产量达 110t。

（2）喷雾器的结构形式　喷雾干燥的关键设备是喷雾器。好的喷雾器喷雾分散度高，干燥效果好。常用喷雾器有以下三种形式。

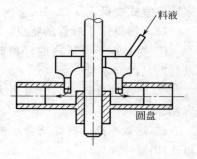

图 10-21　离心式喷雾器

① 离心式喷雾器。为一高速旋转的圆盘（或杯），如图 10-21 所示。料液在高速转盘中，受离心力的作用而分散成雾状。圆盘的转速一般为 4000～20000r/min，圆周速度可达 90～140m/s。这种喷雾器的优点是操作简单，对料液适应性强，操作弹性较大，产品粒度分布均匀。但干燥器直径需要大，喷雾器的制造价格和安装要求高。

② 压力式喷雾器。它有一个高压喷嘴，高压料液以很高的速度由喷嘴喷出而分散成雾状。图 10-22 是压力式喷雾器的一种。高压料液从六个小孔进入，经切线通道 5 进入旋涡室 3，然后从喷出口喷出。其特点是价格便宜，适用于并流和逆流操作，同时适用于塔式或卧式设备；但操作弹性小，产品粒度不够均匀，喷嘴容易堵塞、腐蚀和磨损。

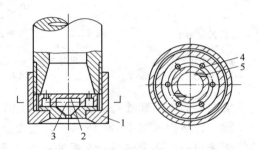

图 10-22 压力式喷雾器

1—外套；2—圆板；3—旋涡室；4—小孔；5—切线通道

③ 气流式喷雾器。一种气液同时喷雾的喷嘴，如图 10-23 所示。用压缩空气或过热水蒸气抽送料液以很高的速度（200m/s 以上）从喷嘴喷出，靠气液两相间的摩擦力使料液分裂成雾滴。

在这三种喷雾器中，压力式用得最普遍，离心式用于大型干燥器，气流式由于动力消耗大，通常用在生产能力小的场合。

（3）喷雾干燥器的特点

① 干燥速率快，干燥时间短（5～30s），特别适用于热敏性物料。

② 可由料液直接获得产品，省去了蒸发、结晶、分离操作。

③ 操作稳定，容易实施连续化和自动化生产，干燥过程无粉尘，劳动条件好。

④ 干燥器容积大，热效率低，能量消耗大。

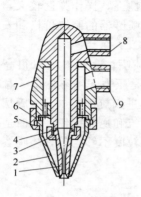 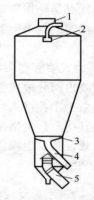

图 10-23　气流式喷雾器

1—料液喷雾；2—气体喷嘴；3，5—螺帽；4，6—垫片；7—喷嘴座；8—料液入口；9—压缩空气入口

图 10-24　喷雾沸腾造粒干燥器

1—热风出口；2—喷嘴；3—热风分布板；4—出料口；5—热风入口

近年来广泛采用喷雾干燥和沸腾干燥结合的新型干燥器——喷雾沸腾造粒干燥器，其结构如图 10-24 所示。其主要部分是一个下部为锥形圆筒的床身和一块称为热风分布板的栅板。操作前，先加入一定的晶种，以保持一定的流化床层，从上面喷嘴喷出的雾滴与晶种接触，在干燥的同时晶种长大。由于床身为锥形，颗粒可以自动分级，长到一定大小从出料口卸出，而小颗粒仍在上面继续与雾滴接触并继续长大。这种干燥器具有体积小、效率高、产量大、颗粒均匀等优点，已在很多工业部门推广应用。

5. 转筒式干燥器（回转式干燥器）

（1）转筒式干燥器的结构　其主要部件为稍微倾斜的长筒。根据干燥介质和湿料之间的传热方式，可分为直接加热式和间接加热式两种。直接加热式应用较广泛，其结构如图 10-25 所示。由钢板制成的转筒 1，其长度与直径之比通常为 4～8，与水平方向成 $0.5°～6°$ 角。转筒外壳上有两个轮箍受滚轮 2 的支托，筒身由齿轮 3 带动而回转。

在圆筒内壁有许多与筒轴平行的抄板 5，它的作用是将物料翻起又洒落下来，以增大物料与热空气的接触面积，同时还可以促使物料向前移动。抄板的型式很多，常用的如图 10-26 所示。图中直立式抄板用于黏结性或潮湿物料，45°和 90°抄板用于散粒状或较干物料。

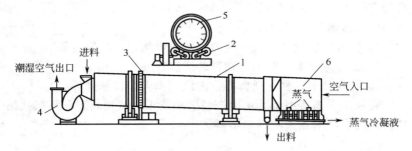

图 10-25 转筒式干燥器
1—圆筒；2—滚轮；3—齿轮；4—风机；5—抄板；6—蒸气加热器

转筒式干燥器工作时，将湿物料从转筒较高的一端加入，与下端进入的热空气逆流接触，随着转筒以 1～8r/min 的速度缓慢转动，物料在筒内逐渐下移，同时也逐步被干燥，最后从较低一端卸出。

必须指出，转筒内的体积用于装填的比例很小。实际可以容许的物料体积与筒体积之比称为充填系数，一般不大于 0.25，即物料体积不能超过转筒体积的 1/4。充填系数除与物料性质有关外，还与抄板形式有关。如采用图 10-26 所示的升举式抄板时，充填系数不大于 0.1～0.2，而用架形或十字形等形状复杂的抄板时，充填系数可达 0.15～0.25。

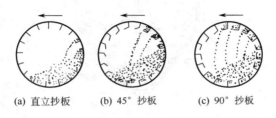

(a) 直立抄板 (b) 45°抄板 (c) 90°抄板

图 10-26 常用的抄板型式

转筒干燥器除逆流操作外，还有并流操作。这种操作用于处理含水量较高、允许快速干燥而不至于裂纹或焦化、干燥产品不能耐高温、吸湿性很小的物料。

转筒干燥器所用的干燥介质除空气外，还可采用烟道气，以获得较高的干燥速率和热效率。

（2）转筒干燥器的特点

① 机械化程度高，生产能力大，干燥均匀，稳定可靠。

② 操作弹性大，对不同物料的适应性强。

③ 设备笨重，钢材耗费多，占地面积大，检修麻烦。

转筒干燥器适用于大量生产的散粒或小块状物料，如无机盐结晶，硫铵、尿素和碳酸钙等物料。

6. 滚筒式干燥器

滚筒式干燥器是由一个或两个滚筒所组成的、间接加热的连续干燥器。图 10-27 为一双滚筒干燥器。其结构是有两个中空的滚筒 2，刮刀 3 和外壳 1。湿物料从上部洒溅在滚筒上，筒内有蒸汽加热。当滚筒以 2～8r/min 缓慢转动时，物料即成薄膜状附于滚筒表面被干燥，并被刮刀刮下。根据物料的性质和干燥程度调节滚筒的间距和转速，以对不同物料实施干燥。这种干燥器的特点是采用传导加热方式，热效率高，一般可达 70%～90%。它适用于悬浮液

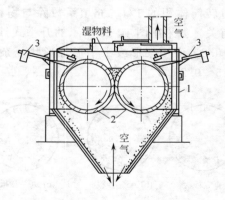

图 10-27　滚筒干燥器

1—外壳；2—滚筒；3—刮刀

和可流动性胶状物料的干燥，而不宜干燥热敏性物料。

7. 真空耙式干燥器

真空耙式干燥器是一种典型的传导加热型干燥器，早在 20 世纪 30 年代就开始在工业生产中应用，其结构如图 10-28 所示。它由带有蒸汽夹套 2 的壳体和装在壳体内可以定时正、反转的耙式搅拌器 3 组成。另外还有冷凝器和真空泵等附属设备。操作时，首先启动搅拌器，搅拌器启动后，由壳体上方加料。加完料，关闭加料口，启动真空泵抽真空，向夹套通蒸汽间接加热。干燥结束，停加热和抽真空，并使干燥器与大气相通，然后卸出物料。由于整个干燥器内处在真空状态，水分可以在较低温度下汽化，而且物料不与热空气直接接触，对那些不耐高温或在高温下易于氧化的物料非常适用。

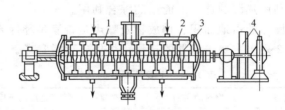

图 10-28　真空耙式干燥器
1—外壳；2—蒸气夹套；3—耙式搅拌器；4—传动装置

真空耙式干燥器可干燥含水量高达 90％的物料，也可以处理含水 15％的物料。被干燥的物料可以是浆状、膏状、粉状、纤维状。它比箱式干燥器劳动程度低，操作管理方便，操作条件也比较好。但是这种设备结构复杂，造价高，间歇操作，产量低。因此，随着干燥技术的发展，已被某些新型干燥器所代替。

三、干燥器的选型

在选择干燥器时，首先应根据湿物料的形状、特性、处理量、处理方式及可选用的热源等选择适宜的干燥器类型。

通常，干燥器选型应考虑以下各项因素。

① 被干燥物料的性质，如热敏黏附颗粒的大小及形状、磨损性及腐蚀性、毒性、可燃性等。

② 对干燥产品的质量要求，如干燥产品含水量、形状、粒度分布、粉碎程度等。若干燥食品时，产品的几何形状、粉碎程度均对成品的质量及价格有直接影响。干燥脆性物料时应特别注意成品的粉碎与粉化。

③ 物料的干燥速率曲线与临界含水量确定干燥时间时，应先由实验测出干燥速率曲线，确定临界含水量 X_c。物料与介质接触状态，物料尺寸与几何形状对干燥速率曲线的影响很大。如物料粉碎后再进行干燥时，除了干燥面积增大外，一般临界含水量 X_c 值也降低，有利于干燥。因此，当无法用于设计类型相同的干燥器进行实验时，应尽可能用其他干燥器模拟设计时的湿物料状态进行实验，并确定临界含水量 X_c 值。

④ 固体粉粒及溶剂的回收问题。

⑤ 可利用热源的选择及能量的综合利用。

⑥ 干燥器的占地面积、排放物及噪声是否满足环保要求。

表 10-2 列出主要干燥器的选择，可供选型时参考。

表 10-2　主要干燥器的选择

湿物料的状态	物料的实例	处理量	适用的干燥器
液体或泥浆状	洗涤剂、树脂溶液、盐溶液、牛奶等	大批量	喷雾干燥器
		小批量	滚筒干燥器
泥糊状	染料、颜料、硅胶黏土、碳酸钙等的滤饼或沉淀物	大批量	气流干燥器、带式干燥器
		小批量	真空转筒干燥器
粉粒状	聚氯乙烯等合成树脂、合成肥料、磷肥、活性炭、石膏、钛铁矿、谷物	大批量	气流干燥器、转筒干燥器、流化床干燥器
		小批量	转筒干燥器、箱式干燥器
块状	煤、焦炭、矿石等	大批量	转筒干燥器
		小批量	箱式干燥器
片状	烟叶、薯片	大批量	带式干燥器、转筒干燥器
		小批量	穿流箱式干燥器、高频干燥器
短纤维	醋酸纤维、硝酸纤维	大批量	带式干燥器
		小批量	穿流箱式干燥器
一定大小的物料或制品	陶瓷器、胶合板、皮革等	大批量	隧道干燥器

本章小结

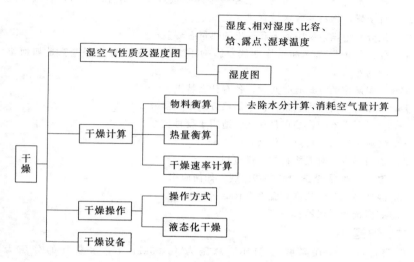

思考题与习题

一、思考题

1. 常用的去湿方法有哪几种？各有什么特点？

2. 干燥有几种方式？各有什么优缺点？

3. 干燥过程的实质和必要条件是什么？

4. 湿空气的性质有哪些？

5. 什么叫空气的湿度和相对湿度？二者对空气中所含水量的表示有何不同？彼此又有什么关系？

6. 什么是湿球温度和露点？对干燥有何意义？

7. 为什么湿空气要经过预热后再进入干燥器？

8. 湿度图包括哪些参数线？怎样利用这些线来确定湿空气的状态参数？

9. 物料含水量有哪些表示方法？其含义是什么？写出它们的换算式。

10. 物料中的水分有哪几种？各种水分的含义是什么？对于干燥操作过程有什么意义？

11. 写出水分蒸发量的计算式。

12. 为什么在干燥过程中，在同样的条件下，夏天的空气消耗量比冬天多？

13. 要想得到绝干物料、干燥介质应具备什么条件？实际生产能否实现？为什么？

14. 在一定的条件下，当物料已经被干燥到接近其平衡含水量时，若继续进行干燥，物料的含水量有何变化？

15. 试分析干燥系统中输入和输出的热量有哪些？

16. 什么是干燥速率和干燥曲线？影响干燥速率的因素有哪些？是如何影响的？

17. 干燥操作的方式有哪几种，各有什么特点？

18. 干燥器应具备哪些条件？按加热方式干燥器分哪几类？

19. 箱式干燥器的优缺点是什么？适用于哪种场合？

20. 气流干燥器的特点是什么？

21. 说明热空气对湿物料的干燥过程。

22. 湿空气的湿-焓图中有哪些图线？如何应用？

23. 湿球温度和绝热饱和温度有什么区别？

24. 如何选择干燥器？

二、习题

1. 测得湿空气在温度为 313K、总压为 101.3kPa 下，水蒸气的分压为 6.7kPa，试求湿空气的绝对湿度和相对湿度。 （0.044，90.91%）

2. 已知在温度 323K、总压为 101.3kPa 下，空气的相对湿度为 70%，试求绝对湿度。 （0.058）

3. 计算上题中湿空气的比容、比热容和焓值。 （1m³ 湿空气/kg 绝干气，1.21kJ/(kg 绝干气·℃)，200.49kJ/kg 绝干气）

4. 已知湿空气的总压为 101.3kPa，温度为 343K，水蒸气分压为 10.67kPa。求该空气的相对湿度、湿度、焓值、露点和湿球温度。 （34.25%，0.0732，262.75，320.27K，322K）

5. 有一空气加热器，将 300K 空气加热至 400K，操作压强为 101.3kPa，空气中水汽的分压为 8.37kPa，湿空气的流量为 150m³/h，求该加热器的热负荷。 （18066.42kJ）

6. 某预热器将 293K 的空气加热至 370K，已知空气的总压为 101.3kPa，相对湿度 φ 70%。试求以每小时 100kg 干空气计算所需要的热量和每小时进入预热器的湿空气体积流量。 （7923.3kJ，84.3m³/h）

7. 已知湿空气的总压为 101.3kPa，相对湿度 70%，干球温度为 293K，试利用湿度图确定该空气的湿度、饱和湿度、露点、比热容和汽化潜热等数值。 （略）

8. 测得干球温度为 323K，湿球温度为 303K。求该空气的湿度、相对湿度和

露点温度。　（略）

9. 已知湿空气的总压为 101.3kPa，相对湿度为 50%，干球温度为 20℃。试用 I-H 图求解：①水蒸气分压 p_w；②湿度 H；③热焓 I；④露点 t_d；⑤湿球温度 t_w。　（略）

10. 在 100kg 湿尿素中，含水 20kg。试求以湿基和干基表示的含水量。（20%，0.25）

11. 某干燥器中，物料的湿含水量从进口的 35% 减到 5%，试求以干基计算含水量的变化。　（0.54，0.053）

12. 某干燥器每小时干燥湿物料为 1200kg，湿、干物料中的湿基含水量为 50% 和 10%。求汽化的水分量和干燥收率为 95% 时的产量。　（533.33，633.33）

13. 用一干燥器来干燥硫铵，已知干燥前的含水量分别为 0.059kg 水/kg 干料和 0.03kg 水/kg 干料。试求每小时处理 12500kg 湿料时蒸发的水量。（342.3kg）

14. 将 1000m³ 标准状态下的饱和湿空气自露点 295K 冷却至露点 278K。试求应从空气中除去多少水分。　（14.15kg）

第十一章 冷 冻

知识目标

掌握冷冻原理、评价冷冻效率的指标、操作温度的选定、冷冻能力的计算方法；

理解采用两级压缩的原因及循环过程；

了解冷冻剂与载冷体的选择、冷冻的主要设备。

能力目标

能够确定适宜的操作温度、合理的冷冻剂，进行冷冻能力的计算。

第一节 概 述

冷冻，又称制冷，是人为地将物料的温度降低到比周围空气和水的温度还要低的操作。把热水放在空气中冷却成常温水，这不是制冷，只有把水变成低于常温的水或冰，才称为制冷。冷冻是化工生产中不可缺少的单元操作。

一、冷冻方法

(1) 冰融化法 它是最早和最广泛使用的制冷方法。冰融化时，要从周围吸收热量而使周围的物料冷却。冰融化吸收的热量约 335kJ/kg。这种方法主要用于保持在 0℃ 以上的低温，如食品贮存和防暑降温等。

(2) 冰盐水法 利用冰和盐类的混合物来制冷。因为盐类溶解在冰水中要吸收溶解热，而冰融化时又要吸收融化热，所以冰盐水的温度可以显著下降。冰盐水制冷能达到的温度与盐的种类及浓度有关。在工业上常用的冰盐水是冰块和食盐的混合物。如冰水中食盐的浓度为 10% 时，可获得 -6.2℃ 的低温；浓度为 20% 时，可获得 -13.7℃ 的低温。

(3) 干冰法 利用固体二氧化碳升华时从周围吸收大量的

升华热来制冷。在大气压下干冰升华的温度为$-78.5℃$，升华热为$573.6kJ/kg$。在同样条件下，干冰制冷量比冰融化法和冰盐水法的制冷量大，制冷温度低，一般可达$-40℃$左右。干冰法制冷广泛应用于实验研究、医疗、食品、机械零件的冷处理等方面。

（4）**液体汽化法** 利用在低温下容易汽化的液体汽化时吸收热量来制冷。如在大气压下液氨的汽化潜热为$1370kJ/kg$。这种方法可以获得各种不同的低温，是目前最广泛应用的制冷方法，常应用于冷藏、冷冻、空调等制冷过程中。

（5）**气体绝热膨胀法** 它就是常说的节流膨胀法。利用高压低温气体经过绝热膨胀后，使气体压力和温度急剧下降而获得更低温度的制冷。例如$20MPa$，$0℃$的空气，减压膨胀到$0.1MPa$时，其温度可降至$-40℃$左右。这种方法主要用于气体的液化和分离工业。

二、冷冻的分类

1. **按制冷过程分类**

（1）**压缩蒸气制冷** 简称压缩制冷。采用低沸点的冷冻剂，在很低的温度下就能转变成蒸气，此蒸气经过压缩冷却又变成液态。例如氨在大气压下的沸点为$-33.4℃$，它可以在很低的温度下蒸发，自被冷物体吸收热量；所产生的氨蒸气经过压缩和冷却又变为液态氨，液氨经过节流膨胀降低压强，其沸点降到被冷物体温度之下，热量仍由冷物体流向氨液，因而达到冷冻的目的。

（2）**吸收式制冷** 利用某种吸收剂吸收自蒸发器中所产生的冷冻剂蒸气，然后用加热的方法在相当冷凝器的压强下进行脱吸。即用吸收系统代替压缩机，用加热代替压缩机所做的外功。

（3）**蒸汽喷射式制冷** 以水为冷冻剂，使水在密闭容器内减压蒸发，用蒸汽喷射泵将产生的蒸汽带走。真空度越高，制冷温度越低，但不能低于$0℃$。

2. **按所达到的低温分类**

（1）**普通冷冻** 普通冷冻，通常称为冷冻。冷冻的温度范围在$173K$（$-100℃$）以内。也有人把普通冷冻又分为浅冷和中冷。浅冷范围在$223K$（$-50℃$）以内，中冷为$223\sim173K$之间。

（2）深度冷冻 冷冻温度范围在 173K 以下者，称为深度冷冻。

第二节 冷冻的基本原理

一、冷冻循环

液体汽化为蒸气时，要从外界吸收热量，从而使外界的温度有所降低。而任何一种物质的沸点（或冷凝点），都是随压力的变化而变化，如氨的沸点随压力变化的情况见表 11-1。

表 11-1　氨的沸点与压力的关系

压力/kPa	98.361	429.332	66.501
沸点/℃	−33.4	0	30
汽化热/(kJ/kg)	1368.6	1262.4	114.51

从表 11-1 中可以看出，氨的压力越低，沸点越低；压力越高，沸点越高。如氨在 101.325kPa 下的沸点为 −33.4℃，但在 1.22MPa 下氨的沸点（即冷凝温度）为 30℃。利用氨的这一特性，使液氨在低压（101.325kPa）下汽化，从被冷物质中吸取热量降低其温度，而达到使被冷物质制冷的目的。同时将汽化后的气态氨压缩提高压力（如压缩至 1.22MPa），这时气态氨的冷凝温度（30℃）高于一般冷却水的温度，因此可用常温水使气态氨冷凝为液氨，然后将液氨再减压至 101.325kPa 又使之汽化为气态氨。如此循环操作，可以借助氨在状态变化时的吸热和放热过程，达到制冷的目的。这种借助一种中间体——氨（制冷剂），使它低压吸热，高压放热，而达到使被冷物质制冷的循环操作，叫作冷冻循环。

在冷冻循环中的制冷剂，由低压气体必须通过压缩做功才能变成高压气体，即外界必须消耗压缩功，才能实现冷冻循环。如果把上述的冷冻循环，用适当的设备联系起来，使传递热量的中间物——制冷剂（氨）连续循环使用，就形成一个基本的蒸气压缩制冷的工作过程，如图 11-1 所示的冷冻循环。

气态氨以温度为 T_1，压力为 p_1 的干饱和蒸汽进入压缩机 1。经压缩机 1 压缩后，温度升至 T_2，压力升至 p_2，变成过热蒸气。

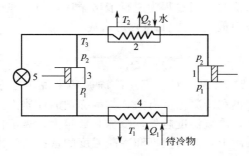

图 11-1 冷冻循环
1—压缩机（又叫冷冻机或冰机）；2—冷凝器；
3—膨胀机；4—蒸发器；5—节流阀

通过冷凝器 2，被常温水冷却，放出热量 Q_2，气态氨冷凝为液态氨，温度为 T_3 再通过膨胀机 3（或节流阀 5），温度下降为 T_1，压力下降为 p_1，使液氨部分汽化成为气、液混合物。最后经过蒸发器 4，从被冷冻物质（冷冻盐水）中取得热量 Q_1，全部变成干饱和蒸汽，然后开始新的循环过程。

在整个冷冻循环过程中，氨作为中间工作介质（制冷剂），完成从低温的冷冻物质中不断吸取热量转交给高温物质（冷却水）的任务。冷冻循环过程的实质是由压缩机做功，通过制冷剂从低温热源取出热量，送到高温热源。这一过程类似用泵将水从低处送到高处，所以把冷冻机也叫作热泵。

二、冷冻系数

冷冻系数是评价冷冻循环优劣、循环效率高低的指标。它是冷冻剂自被冷物料所吸取的热量与消耗的外功或消耗外界热量之比，用符号 ε 表示。

$$\varepsilon = \frac{Q_1}{N} = \frac{Q_1}{Q_2 - Q_1} \tag{11-1}$$

式中，Q_1 为从被冷物料中取出的热量，kJ；N 为冷冻循环中所消耗的机械功 kJ；Q_2 为传给周围介质的热量，kJ。

式(11-1) 表明，冷冻系数表示每消耗单位功所制取的冷量，对于给定的操作温度，冷冻系数越大，则循环的经济性越高。

研究结果证明，当过程为逆行卡诺循环，即为理想的工作过程时，冷冻系数为最大，式(11-1) 可写成

$$\varepsilon = \frac{Q_1}{Q_2 - Q_1} = \frac{T_1}{T_2 - T_1} \tag{11-2}$$

由式(11-2) 可见，对于理想冷冻循环来说，冷冻系数只与冷冻剂的蒸发温度和冷凝温度有关，与冷冻剂的性质无关。冷冻剂的蒸发温度越高，冷凝温度越低，冷冻系数越大，表示机械功的利用程度越高。实际上，蒸发温度和冷凝温度的选择还受别的因素的约束，需要进行具体的分析。

三、操作温度的选定

1. 蒸发温度 T_1

冷冻剂的蒸发温度必须低于被冷物料要求达到的最低温度，使蒸发器中冷冻剂与被冷物料之间有一定的温度差，以保证传热的需要。这样冷冻剂在蒸发时，才能从冷物料中吸收热量，实现低温传热过程。

若 T_1 高时，则蒸发器中传热温差小，要保证一定的吸热量，必须加大蒸发器的传热面积，增加了设备费用；但冷冻系数大，消耗功率小，日常操作费用小。相反，T_1 低时，蒸发器的传热温差增大，传热面积减小，设备费用少；但冷冻系数小，消耗功率大，日常操作费用也大。所以，必须结合生产实际，进行经济核算，选择适宜的蒸发温度。一般生产上取蒸发温度比被冷物料所要求的温度低 4～8K。

2. 冷凝温度 T_2

冷凝温度主要受冷却水温度的限制。它必须高于冷却水的温度，使冷凝器中的冷冻剂与冷却水之间有一定温度差，以保证热量传递。使气态冷冻剂冷凝成液态，实现高温放热过程。通常取冷冻剂的冷凝温度比冷却水高 8～10K。

3. 冷凝温度与压缩比的关系

压缩比，是压缩机出口压强 p_2 与入口压强 p_1 的比值。压缩比与操作温度的关系如图 11-2 所示。当冷凝温度 T_2 一定时，随着蒸发温度 T_1 的降低，压缩比 p_2/p_1 也明显加大，功率消耗也大，

冷冻系数变小，增加了操作费用。当 T_1 一定时，随着冷凝温度的升高，压缩比 p_2/p_1 也明显加大，消耗功率大，冷冻系数变小，对生产也不利。

综上所述，应该严格控制冷冻剂的操作温度。T_2 不能过高，T_1 也不能过低，使压缩比不至于过大，工业上单级压缩循环压缩比不能超过 6～8。

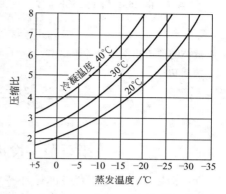

图 11-2 氨冷凝温度、蒸发温度与压缩比的关系

四、过冷操作

由图 11-2 可以看出，若 T_1 一定时，降低冷凝温度 T_2，可使压缩比 p_2/p_1 有所下降，消耗功率减小，冷冻系数增大，可获得较好的冷冻效果。

工业上常使冷冻剂蒸气在全部冷凝成液体后，再进一步冷却降低液体冷冻剂的温度，或在冷凝器后面串联一个冷却器（过冷器），这种方法叫作过冷操作。通常取冷冻剂的过冷温度比冷凝温度低 5K。

【例 11-1】 理想冷冻循环装置，每天自被冷物料吸取热量 $3.3×10^6$ kJ，冷冻剂的蒸发温度保持在 263K，放热时的冷凝温度为 293K，若不计热损失，试求：①冷冻系数；②消耗的机械功；③放出的热量；④当冷冻剂蒸发温度由 263K 降到 258K，其他条件不变时的机械功消耗。

解：① 冷冻系数 由式（11-2）得

$$\varepsilon = \frac{T_1}{T_2 - T_1} = \frac{263}{293 - 263} = 8.77$$

② 消耗的机械功 由式（11-1）得

$$N = \frac{Q_1}{\varepsilon} = \frac{3.3×10^6/24×3600}{8.77} = 4.36 (kW)$$

③ 放出的热量 式（11-1）可导出

$$Q_2 = \frac{Q_1(1+\varepsilon)}{\varepsilon} = \frac{3.3×10^6/24×3600(1+8.77)}{8.77} = 42.55 (kW)$$

④ 当 T_1 由 263K 降到 258K 时，ε 值为

$$\varepsilon = \frac{258}{293-258} = 7.37$$

此值与前值相比较，得 $8.77/7.37=1.19$，这表明能量消耗增加了 19%。
消耗功

$$N = \frac{Q_1}{\varepsilon} = \frac{3.3 \times 10^6 / 24 \times 3600}{7.37} = 5.18(\text{kW})$$

多耗功 $\qquad\qquad 5.18 - 4.36 = 0.82(\text{kW})$

第三节 冷冻能力

冷冻能力是表示一套冷冻循环装置的制冷效应，即冷冻剂在单位时间内从被冷冻物料中取出的热量，又叫制冷量。用符号 Q_1 表示，单位是 W 或 kW。

由于冷冻剂在吸收热量时，有的以单位质量计，有的以单位体积计，因而冷冻能力有不同的表示法。

一、单位质量冷冻剂的冷冻能力

单位质量冷冻剂的冷冻能力是为每千克冷冻剂经过蒸发器时，从被冷冻物料中取出的热量，用符号 q_W 表示，其单位 kJ/kg。

$$q_W = \frac{Q_1}{q_m} = I_1 - I_4 \qquad\qquad (11\text{-}3)$$

式中，q_m 为冷冻剂的质量流量或循环量，kg/s；I_1、I_4 分别为冷冻剂离开、进入蒸发器的焓，kJ/kg。

二、单位体积冷冻剂的冷冻能力

单位体积冷冻剂的冷冻能力是指每立方米进入压缩机的冷冻剂蒸气的冷冻能力，用符号 Q 表示，单位为 kJ/m^3，由下式计算

$$Q = \frac{Q_1}{V} = \frac{q_W}{v} = \frac{I_1 - I_4}{v} \qquad\qquad (11\text{-}4)$$

式中，V 为进入压缩机的冷冻剂的体积流量，m^3/s；v 为冷冻剂蒸气的比容，m^3/kg。

冷冻能力的两种表示法分别应用于不同场合。其中 q_v 对确定压缩机汽缸的主要尺寸有着决定性的意义；表 11-2 给出氨的冷冻

表 11-2　氨的单位容积冷冻能力 q_v [①]

kcal/m³

蒸发温度 /℃	过冷温度 /℃												
	-20	-15	-10	-5	0	5	10	15	20	25	30	35	40
0	1116.2	1097.4	1078.1	1059.8	1040.8	1021.7	1002.5	983.1	963.5	943.9	924.1	906.0	857.0
-5	928.1	912.5	896.8	881.1	865.2	849.2	833.1	816.9	800.7	784.2	767.7	752.0	735.0
-10	766.0	753.1	740.1	727.0	713.8	700.6	687.2	673.9	660.3	646.7	633.0	620.1	606.0
-15	627.0	616.3	605.6	594.9	584.1	573.2	562.3	551.1	540.1	528.9	517.6	506.0	495.0
-20	508.8	500.1	491.4	482.6	473.8	464.9	456.0	447.0	437.9	428.9	419.5	412.0	402.0
-25	409.2	402.1	395.1	388.0	380.9	373.7	366.4	359.2	351.8	344.4	336.9	330.0	322.1
-30	325.8	320.2	314.5	308.8	303.1	297.4	291.6	285.8	279.9	274.0	268.0	263.0	256.2

① 1kcal=4.184J。

能力值；而 q_w 用于计算冷冻剂的循环量十分方便。

三、冷冻能力的计算

对于一定型号的单级往复式冷冻压缩机，其冷冻能力可用下式计算

$$Q_1 = \lambda V_p Q \tag{11-5}$$

式中，V_p 为压缩机的理论送气能力，即活塞所经过的体积，m^3/s；λ 为压缩机的送气系数，对于以氨为冷冻剂的 λ 值，可由图 11-3 查得。

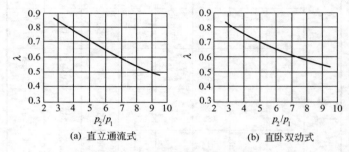

(a) 直立通流式　　　　　　　(b) 直卧双动式

图 11-3　氨压缩机的送气系数

由式(11-5) 可知，凡影响 λ、V_p、Q 的因素对 Q_1 都会有影响。对于已经选定的压缩机和冷冻剂，影响 Q 的主要因素是蒸发温度 T_1 和冷凝温度 T_2。当 T_1 降低，相应的压强 p_1 也降低，使密度减小比容 v 增大，Q 则减小；同时压缩比 p_2/p_1 增大，λ 减小，而使冷冻能力降低。当 T_2 升高时，相应 p_2 也增大，使 p_2/p_1 增大，λ 减小，也使冷冻能力下降。

【例 11-2】　立式氨压缩机的理论送气能力为 $4m^3/min$，蒸发温度为 253K，冷凝温度为 298K，过冷温度为 293K。求此压缩机的冷冻能力和循环量。

解：(1) 求冷冻能力

① 确定送气系数　根据 $T_1 = 253K$ 及 $T_2 = 298K$，由附录分别查得 $p_1 = 190.226kW/m^2$，$p_2 = 1002.77kN/m^2$，得压缩比

$$\frac{p_2}{p_1} = \frac{1002.77}{190.226} = 5.27$$

根据压缩比由图 11-3(a) 查得送气系数 $\lambda = 0.69$。

② 确定 Q　根据 $T_1 = 253K$，$T_s = 293K$，查表 11-1 得 $Q = 437.9 kcal/m^3 = 1832 kJ/m^3$。

③ 求冷冻能力

$$Q_1 = \lambda V_p Q = 0.69 \frac{4}{60} \times 1832 = 84.27 (kW)$$

（2）求氨的循环量

$$G = \frac{V}{v} = V\rho = \lambda V_p \rho$$

据 $T_1 = 253K$，查附录表得 $\rho = 1.603$（kg/m^3）。

则　　　　　$$G = 0.69 \times \frac{4}{60} \times 1.603 = 0.0737 (kg/s)$$

四、标准冷冻能力

1. 标准操作温度

通过对冷冻循环的分析可以看出，操作温度对冷冻能力有较大的影响。为了确切地说明压缩机的冷冻能力，就必须指明压缩机的操作温度。为了统一，国际人工制冷会议规定，当进入压缩机的冷冻剂为干饱和蒸气时，任何冷冻剂的标准操作温度是：

蒸发温度 $T_1 = 258K$

冷凝温度 $T_2 = 303K$

过冷温度 $T_3 = 298K$

在标准操作温度下的冷冻能力，称为标准冷冻能力，用符号 Q_s 表示。一般出厂的冷冻机所标的冷冻能力均为标准冷冻能力。

2. 实际与标准冷冻能力之间的换算

由于生产工艺要求不同，冷冻机的实际操作温度与标准操作温度很难一致。为了比较，必须解决它们之间的换算问题，进而为生产选用合适的冷冻机，或核算冷冻机是否满足生产的需要。

对于同一台冷冻机实际与标准冷冻能力的换算关系为

$$Q_s = Q_1 \frac{\lambda_s q_{vs}}{\lambda q_v} \tag{11-6}$$

式中，Q_s、Q_1 分别为标准、实际冷冻能力，kW；q_{vs}、q_v 分

别为标准、实际单位体积冷冻能力，kJ/m³；λ_s、λ 分别为标准、实际冷冻机的送气系数。

第四节　两级压缩冷冻循环

一、采用两级压缩的原因

在压缩蒸气冷冻机系统中，如果蒸发温度很低，或冷凝温度很高时，冷冻剂蒸气在压缩机中的压缩比就会变得很大，在这种情况下，如果仍然使用单级压缩机就可能造成如下的不良影响。

（1）送气系数减小，甚至等于零　这是由于压缩机汽缸内余隙的存在，当压缩比过高时，使吸气能力大大下降，甚至不能工作。

（2）排气温度过高　这样会使冷冻系数降低，使冷冻剂分解，润滑油碳化，压缩机部件容易损坏。

（3）消耗功率大大增加　因此，在冷冻系统中，若冷凝温度 T_2 与蒸发温度 T_1 之差较大，亦即压缩比较大时，就应该采用两级或多级压缩。

二、两级压缩冷冻循环简介

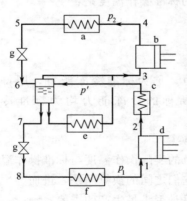

图 11-4　两级压缩冷冻循环流程
a—冷凝器；b—高压汽缸；c—中间冷却器；d—低压汽缸；e—高压蒸发器；f—低压蒸发器；g—膨胀阀

两级压缩冷冻循环是把两个压缩机汽缸串联起来，冷冻剂蒸气依次进入两个汽缸后才能达到最终所要求的压强。每压缩一次叫一级，经过几次压缩就叫几级。可见，在两级或多级压缩冷冻循环中，每一级的压缩比与单级压缩都减小了。

两级压缩冷冻循环流程如图 11-4 所示。从低压蒸发器出来的干饱和蒸气，被低压汽缸吸入（1点），压缩后（2点）排出过热蒸气通过中间冷却器冷却进入分离器。在分离器中，蒸气在同一压强下的饱和液体接触，将其过热部分的热量传给饱和液体，使部分液体蒸发，从而保证进入高压汽缸的蒸气是温度较低的干饱和蒸气（3点）。蒸气往高压汽缸压缩后（4点）进入冷凝器中冷却并过冷（5点）。再经节流膨胀（6点）后进入分离器中。膨胀后的蒸气与低压汽缸送来的经冷却饱和蒸气以及液体中汽化出来的蒸气一同进入高压汽缸中。

分离器中的液体，一部分经高压蒸发器蒸发后进入高压汽缸；另一部分经膨胀阀由中间压强（7点）再节流膨胀后（8点）进入低压蒸发器，再开始另一次循环。两级压缩冷冻循环流程有如下特点。

① 降低了每级出口蒸气温度，减少了压缩功，有利于提高冷冻系数。

② 流程中采用了两次节流膨胀，还设置了中间冷却器和分离器。其中分离器不仅起气液分离作用，且有中间冷却器的作用，使蒸气以较低温度的干饱和蒸气进入高压汽缸。分离器中的液体以不同的压强分别进入高、低压蒸发器，使冷冻剂在两种不同的温度下工作，这对于要求两种不同冷冻温度时更适用。

采用多级压缩，可以降低功的消耗，而且级数越多，功耗越小。但随着级数的增加，压缩机的结构更复杂，设备费和维修费也随之增加，因此，要根据具体情况选择适宜的级数。

三、复叠式冷冻循环

在工业生产特别是石油化工生产中，往往要在低于 173K 下操作。为了获得更低的温度，采用单一冷冻剂的多级压冷冻循环，将受到蒸发压强过低或冷冻剂凝固的限制。

为了满足生产的需要，获得更低的温度，工业上采用复叠式冷冻循环。所谓复叠式冷冻循环，就是将两种不同冷冻剂的冷冻循环组合在一起工作。用一个蒸发冷凝器，将两个循环联系起来。这个蒸发冷凝器是高温冷冻剂的蒸发器，又是低温冷冻剂的冷凝器。这样，在循环中低温冷冻剂从被冷物料吸收的热量，先传给了高温冷冻剂，而后再由高温冷冻剂传给环境或冷却介质。由氨和氟利昂组成的复叠式冷冻循环流程如图 11-5 所示。高温冷冻剂为氨，它的蒸发温度为 243K，冷凝温度为 298K；低温冷冻剂是氟利昂-13，

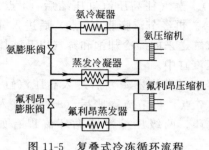

图 11-5　复叠式冷冻循环流程

它的蒸发温度为 198K，冷凝温度为 248K。

复叠式冷冻循环每台压缩机的工作范围较适中，压缩机的输气量减少，送气系数有所提高，因而冷冻系数较两级压缩为高。当蒸发温度在 193K 以下时，应采用复叠式冷冻循环，而蒸发温度在 193～213K 时，复叠式和两级压缩循环都可采用。

第五节　冷冻剂与载冷体

一、冷冻剂

冷冻剂是冷冻循环中将热量从低温传向高温的媒介物，冷冻剂的性质对确定冷冻机的大小及其结构、材料等有着重要的影响。因而在压缩蒸气冷冻机中，应当根据具体的操作条件慎重选用适宜的冷冻剂。

1. 冷冻剂应具备的条件

对往复式压缩机所用的冷冻剂，基本要求如下。

① 在常压下的沸点要低，这是首要条件。例如，工业上常用的液氨，常压下沸点约为 240K，液态乙烷的沸点为 183K。

② 在蒸发温度 T_1 时的汽化潜热应尽可能大，蒸气比容小，单位体积冷冻能力大。这样，在一定冷冻能力下，所使用冷冻剂的循环量可以小，以缩小压缩机汽缸尺寸和降低动力消耗。

③ 在蒸发温度 T_1 时的蒸气压强 p_1 应略高于或接近于大气压强。这样，可以防止空气吸入，以避免正常操作受到破坏。

④ 在冷凝温度 T_2 时的饱和蒸气压 p_2 不太高，这样可以降低压缩机的压缩比（p_2/p_1）和功率消耗，并避免冷凝器和管路等因受压过高使结构复杂化。

⑤ 无腐蚀性、无毒性、不易燃易爆，也不会与润滑油形成破坏正常润滑的化合物。

⑥ 来源广泛，价格便宜。

以上要求是对往复压缩机而言，如果采用离心压缩机，大量气体的循环对操作有利，则应当选用比容比较大的冷冻剂。

2. 常用的冷冻剂

冷冻剂的种类很多，基本能够满足上述要求，并在工业上广泛采用的冷冻剂有以下几种。

（1）氨　目前应用最广泛的一种冷冻剂，从操作压强、汽化潜热和单位体积冷冻能力等几个方面来说，比许多冷冻剂都优越。在冷凝器中，即使当夏天冷却水温度很高的情况下，其操作压强也不超过 1600kPa，而在蒸发器中，当蒸发温度低达 240K 时，蒸发压强也不低于大气压，空气不会渗入。氨的单位体积冷冻能力仅次于二氧化碳。因此，在一定冷冻能力下，压缩机汽缸尺寸较小。氨还具有来源广泛、漏气时容易发现等优点。缺点是有毒，有强烈的刺激性和可燃性，与空气混合时有爆炸的危险，对铜和铜合金有腐蚀性等。

（2）二氧化碳　其主要优点是单位体积冷冻能力属各种冷冻剂之首。因此，在同样冷冻能力下，压缩机的尺寸最小，因而在船舶冷冻装置中广泛采用。二氧化碳还具有无毒、无腐蚀、使用安全等优点。缺点是冷凝时的操作压强过高，一般为 6000～8000kPa，蒸气压强一般在 530kPa 以上，否则将固态化。

（3）氟利昂　它是一种烷烃的氟氯衍生物。常用的有氟利昂-11（$CFCl_3$）、氟利昂-12（CF_2Cl_2）、氟利昂-13（CF_3Cl）、氟利昂-22（CHF_2Cl）和氟利昂-113（$C_2F_3Cl_3$）等。在常压下氟利昂的沸点因品种不同而不同，其中最低的是氟利昂-13，为 191K，最高的是氟利昂-113，为 320K。这类冷冻剂的缺点是汽化潜热小，单位体积冷冻能力比氨小，因而冷冻循环较大，消耗功率也多，本身的价格也比较贵，但由于它有无毒、无味、无燃烧爆炸危险等突出优点，过去一直广泛应用在电冰箱一类的冷冻装置中。

必须指出，作为冷冻剂使用的氟利昂，最后都挥发到空气中。人们发现这类化合物对臭氧层有破坏作用，近年来对其进行限制使用，并寻找可替代冷冻剂取而代之。

（4）碳氢化合物 一些碳氢化合物也可用作冷冻剂。如乙烯、乙烷、丙烯、丙烷等。它们的优点是凝固点低，对金属不腐蚀、价格便宜，容易获得，且蒸发温度范围很宽，可分别满足高、中、低温冷冻的需要。其缺点是有可燃性，与空气混合时有爆炸危险。因此，使用这类冷冻剂时，必须保持蒸发压强在大气压强以上，防止空气漏入而引起爆炸。目前，主要用于石油化工厂的冷冻装置。

二、载冷体

在冷冻操作中有两种系统：一种是用冷冻剂直接吸取被冷冻物料的热量，以达到所要求的低温，称为直接制冷系统；另一种是用一种盐类的水溶液作为载冷体，使其在被冷冻物料和冷冻剂之间循环，从被冷冻物料中吸取热量再传给冷冻剂，这样的操作系统称为间接制冷系统。

1. 对载冷体的要求

载冷体应具备以下条件。

① 在操作温度范围内保持液态，其凝固点比冷冻剂的蒸发温度要低，其沸点应高于最高操作温度，沸点越高越好。

② 比热容大，载冷量也大。在传送一定冷量时，其流量就小，可减少泵的功耗。

③ 不腐蚀设备和管道。

④ 其蒸气与空气混合不燃烧，无爆炸危险性。

⑤ 来源充足，价格低廉。

2. 常用的载冷体

（1）水 水是一种很理想的载体，具有比热容大、腐蚀小等优点。适用于273K以上的冷冻循环，例如空调装置。

（2）冷冻盐水 常用氯化钠、氯化钙或氯化镁配制盐水溶液，通常称冷冻盐水。盐水的一个重要性质是凝固点取决于其浓度。在一定的浓度下有一定的凝固点，浓度增大则凝固点下降。几种常用冷冻盐水的浓度与冻结温度的关系见表11-3。

为了保证操作的顺利进行，必须合理地选择浓度，以使冻结温度低于操作温度。一般使盐水冻结温度比系统中冷冻剂蒸发温度低

10～13K 为宜。如果盐水浓度过高，冻结温度虽偏低，但因盐水密度增加而使功耗加大。

盐水对金属有腐蚀作用，可在盐水中加入少量的铬酸钠或重铬酸钠，以减缓腐蚀作用。

（3）有机物 二氯甲烷、三氯乙烯和一氟三氯甲烷等有机物也可作载冷体。有机载冷体的凝固点都低，适用于低温装置。

表 11-3 几种常用冷冻盐水的浓度与冻结温度的关系

载冷体	盐的含量/%	冻结温度/℃	15℃时的密度 /(kg/m³)	0℃时的比热容 /[kJ/(kg·K)]
氯化钙溶液	9.4	−5.2	1080	3.626
	14.7	−10.2	1130	3.328
	18.9	−15.7	1170	3.128
	20.9	−19.2	1190	3.044
	23.8	−25.7	1220	2.931
	25.7	−31.2	1240	2.868
	27.5	−38.6	1260	2.809
	28.4	−43.6	1270	2.780
	29.4	−50.1	1280	2.755
	29.9	−55.0	1286	2.738
氯化钠溶液	11.0	−7.5	1080	3.676
	13.6	−9.8	1100	3.588
	14.9	−11.0	1110	3.551
	16.2	−12.2	1120	3.513
	17.5	−13.6	1130	3.475
	18.8	−15.1	1140	3.442
	20.0	−16.6	1150	3.408
	21.2	−18.2	1160	3.374
	22.4	−20.0	1170	3.341
	23.1	−21.2	1175	3.324

三、润滑油

润滑油是保证制冷压缩机安全运转的一种助剂，润滑不能保证，压缩机就必须立即停车。

1. 润滑油的作用

① 压缩机机体中做相对运动的部件，它们的表面都不是绝对光滑的，当高速相对运动时，它们之间充入的润滑油形成了油膜，将其隔开，减少彼此间的摩擦，保护了表面的完好。

② 对相对运动表面形成冷却，将摩擦热不断带走。

③ 对相对运动表面由于摩擦而产生的细小颗粒杂质进行冲刷、洗涤。

④ 亦可起密封作用（如活塞、轴封等部位）。

润滑油因品种不同，它们的性能也各有差异，对于不同的制冷机，应根据其各自的操作及压缩机的结构，选择与之相对应的润滑油是十分重要的。

2. 润滑油指标

（1）黏度　是表示流体黏稠程度的一个物理量。压缩机润滑油的黏度应适中，过小油太稀形不成油膜，起不到润滑作用；过大会大大增加运动部件的运动阻力，冷却效果也不好，增加动力消耗。

（2）闪点　润滑油在空气中的闪燃温度叫闪点。由于机件的相对运动摩擦生热，使润滑油温度不断升高，因此要求润滑油的闪点，必须高于机件的正常工作温度，以避免润滑油闪燃着火的可能性。

（3）凝固点　由于温度的降低，润滑油的黏度会相应增加，当油温降低到一定温度时，将凝成固体，此温度称为润滑油的凝固点。要求所选用润滑油的凝固点必须低于它们所处的环境和被润滑机件的工作温度，以防润滑油的凝固。

（4）酸值　润滑油中酸值应控制在一定范围，以避免对设备、机件的腐蚀。

（5）稳定性　润滑油还应具有高温下的稳定性，低温下流动性好，不应含水和沉淀物等，对直接与制冷剂接触的润滑油还应具有不与制冷剂起反应等特点。

3. 回用油处理

润滑油经过使用以后，由于混进金属粉末等污物，使油质降低。因此必须经过处理后才能再使用。

回用油处理的方法是将油置于沉淀器内，加热至 70～80℃，维持两小时左右，这样可使混入油内的部分水因受热蒸发，然后静止沉淀，未蒸发水分及杂质沉淀于容器底部后使其排出，沉淀器上部的油则由油泵压送至过滤器中除去污物后，存入贮油缸继续使用。经多次循环使用的油要定期检查其油质情况，低于规定指标时应弃之或掺入新油。

第六节 压缩蒸气冷冻装置的主要设备

压缩蒸气冷冻装置主要由压缩机、冷凝器、膨胀阀和蒸发器等组成。此外还包括油分离器、气液分散器等辅助设备，以及用来控制与计量的仪表等。

一、压缩机

制冷操作中所使用的压缩机，称为冷冻机。蒸气压缩冷冻机可以根据冷冻能力大小分为三类：冷冻能力在 120kW 以下的属于小型冷冻机；120～1000kW 的属于中型冷冻机；大于 1000kW 的属于大型冷冻机。

目前，在工业上采用的冷冻机有往复式和离心式两种。往复式冷冻机有横卧双动式、直立单功多缸通流式以及汽缸互成角度排列等不同形式。其应用比较广泛，主要用于蒸气比容比较小、单位体积冷冻能力大的冷冻剂制冷。而蒸气比容大、单位体积冷冻能力小的冷冻剂，就要使用离心式冷冻机来制冷。

二、冷凝器

冷冻系统中使用的冷凝器有蛇管式、套管式、排管式、淋水式和列管式等多种。

小型冷冻机多使用蛇管式冷凝器。整个蛇管浸于冷却水中，冷冻剂在管内冷凝，其传热系数很低，$K=0.17～0.25kW/(m^2 \cdot K)$。

套管式冷凝器的内管走冷却水，冷冻剂在管间环隙中冷凝。一般都采用逆流流动，其传热系数 $K=0.8～1.0kW/(m^2 \cdot K)$。

排管式冷凝器是由套管式发展起来的，其构造是在大管中装入若干根小管，然后串联起来，每个单元和一个单程列管式换热器相似，其传热系数 $K=0.7～0.9kW/(m^2 \cdot K)$。

淋水式或喷淋式冷凝器，其冷却水淋于管的内壁或外壁上，形成膜状流动。应用较广的是直立内壁淋水列管式冷凝器。如图 11-6 所示。冷却水自顶部进入水分配槽中，借分配器沿管子内壁顺流而下，冷冻剂蒸气由冷凝器中部进入管外空间，冷凝后由底部

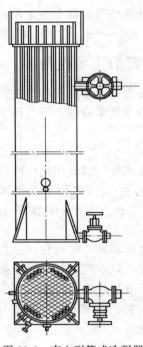

图 11-6　直立列管式冷凝器

流出。这种冷凝器的优点是占地面积小，多在露天设置，可借冷却水的蒸发吸热以提高传热效率，其传热系数 $K = 0.7 \sim 0.95 \text{kW/(m}^2 \cdot \text{K)}$。

三、蒸发器

常用蒸发器有蛇管式和列管式。蛇管式构造简单，操作安全，多用于小型冷冻机中，其传热系数 $K = 0.25 \sim 0.3 \text{kW/(m}^2 \cdot \text{K)}$。

大、中型冷冻机多采用直立或水平列管式蒸发器。其中水平式的结构较为紧凑、价廉，但传热速率不如直立式。水平式的传热系数 $K = 0.46 \sim 0.58 \text{kW/(m}^2 \cdot \text{K)}$。

直立列管式蒸发器如图 11-7 所示。整个蒸发器由若干组列管组合而成，每一组列管配有上下两根直径较大的水平集管 3，上面的称为蒸汽集管，下面的称为液体集管。两根集管之间用两端弯曲而直径较细的管 4 以及直径稍大的循环管 5 相连。整个管组置于矩形槽内，槽内的冷冻盐水浸没管组的大部分传热面。冷冻盐水在搅拌器 2 的作用下循环流动，其流速为 $0.5 \sim 0.7 \text{m/s}$。操作时，液态冷冻剂充满下面的集液管以及其他各个管子的大部分，由于直径较小的管 4 中蒸发强度大，液体自管内上升，自管 5 下降，形成自然循环。汽化后的冷冻剂蒸气经气液分离器分离后被压缩机抽走。直立式蒸发器的传热系数 $K = 0.58 \sim 0.70 \text{kW/(m}^2 \cdot \text{K)}$。

四、膨胀阀

膨胀阀又称节流阀，其作用是使来自冷凝器的液态冷冻剂产生节流效应，以达到减压降温的目的。由于液体在蒸发器内的温度随压力的减小而降低，减压后的冷冻剂便可在较低的温度下汽化。此外，膨胀阀还具有调节冷冻剂循环量的作用。在操作上要严格、准

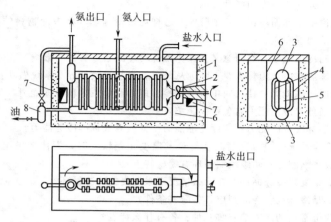

图 11-7 直立列管式蒸发器

1—槽；2—搅拌器；3—集管；4—弯曲管；5—循环管；6—挡板；
7—挡板上的孔；8—油分离器；9—绝热层

确控制，保持适当的开度，使液态冷冻剂通过后，能维持稳定均匀
的低压和所需的循环量。

膨胀阀和一般的减压阀相似，常用针形阀。随着工业上控制水
平的提高，手动膨胀阀已逐步为自动阀所代替。

本章小结

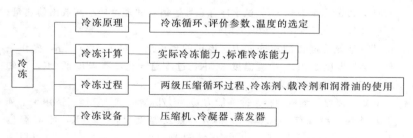

思考题与习题

一、思考题

1. 什么叫冷冻？冷冻有哪些方法？

2. 冷冻按其制冷过程分哪几类，它们之间有什么区别？

3. 怎样区分一般冷冻和深度冷冻？

4. 绘图说明冷冻循环包括几个阶段？怎样通过冷冻循环将被冷物料的热量不断传给周围介质。

5. 什么叫冷冻系数？有何意义？操作条件对冷冻系数有什么影响？

6. 在冷冻操作中，为什么要不断地从外界补充能量或外界对系统做功？

7. 什么叫冷冻能力？什么叫单位质量冷冻能力和单位体积冷冻能力？

8. 操作条件对冷冻能力有怎样的影响？

9. 什么叫标准冷冻能力？实际冷冻能力如何换算成标准冷冻能力？

10. 在冷冻系统中，当冷凝温度与蒸发温度相差较大时，为什么采用两级或多级压缩制冷？两级压缩循环有哪些特点？

11. 什么是复式冷冻循环？在什么情况下采用复式冷冻循环？

12. 什么是冷冻剂？冷冻剂应具备哪些条件？

13. 工业上常用的冷冻剂有哪几种？各有什么特点？

14. 什么是载冷体？载冷体应符合哪些要求？

15. 常用的载冷体有几种？各有什么优缺点？

16. 润滑油在冷冻操作中的作用是什么？使用后应如何处理？

17. 冷冻循环装置包括哪些主要设备和附属设备？

二、习题

1. 在某一氨冷冻机的冷凝器中，每小时消耗的冷却水量为 20t，水的进出口温差为 6K。压缩机所消耗的理论功率为 23.5kW。试计算该冷冻机的冷冻能力和冷冻系数。 （116.0kW，4.94）

2. 有一理想冷冻循环，其冷冻能力为 1000kW，操作条件如下：蒸发温度为 268K，冷凝温度为 303K。试求冷冻系数、消耗的理论功率和放出的热量。 （7.66，130.55kW，1130.55kJ）

3. 试计算某氨冷冻机的冷冻能力。该机的理论送气量为 $300m^3/h$，操作条件：蒸发温度 258K，冷凝温度 303K，过冷温度比冷凝温度低 5K，已知 $\lambda = 0.7$。 （129.18kW）

4. 一立式往复氨压缩机的标准冷冻能力 $Q_s = 175kW$。试计算能否适用于下列工艺条件：冷冻能力 $Q_1 = 87.6kW$，蒸发温度 $T_1 = 248K$，冷凝温度 $T_2 = 303K$，过冷温度 $T_3 = 298K$。已知 $\lambda_s = 0.71$，$\lambda = 0.57$。 （可以适用）

5. 习题 4 中，设在 248K 下氨的蒸气比容 $v = 0.77m^3/kg$，试求以质量流量和体积流量表示的氨气循环量。 （0.0607kg/h，0.079m^3/h）

6. 立式氨冷冻机的理论送气能力为 $6m^3/min$，$T_1 = 253K$，$T_2 = 298K$，

$T_3 = 293K$。求此冷冻机的冷冻能力和氨循环量。　　（126.51kW，0.11kg/s）

7. 根据工艺要求冷冻操作条件为：$T_1 = 268K$，$T_2 = 303K$，$T_3 = 298K$，冷冻能力为 1000kW。现有一台铭牌上标出的冷冻能力为 700kW，是否能满足工艺要求？已知 $\lambda = 0.77$，$\lambda_s = 0.7$。　　（能满足）

8. 横卧双动氨冷冻机标准冷冻能力为 500kW。试求该机在 $T_1 = 268K$，$T_2 = 303K$ 条件下工作的冷冻能力。　　（847.26kW）

9. 若习题 8 中，蒸发温度 263K，其他条件不变，试比较两种情况的能量消耗。　（能量消耗增加了 16%）

10. 若在习题 8 中冷凝温度变为 305K，试比较两种情况的能量消耗。　　（略）

第十二章　新型传质分离方法简介

知识目标

了解吸附、膜分离、超临界流体萃取等新型分离方式的过程原理与工业应用。

第一节　吸　　附

一、吸附的基本概念

吸附是利用某些多孔固体颗粒选择性地吸附流体中的一个或几个组分，从而使流体混合物得以分离的方法，这个称为吸附操作。通常被吸附的物质称为吸附质，用作吸附的多孔固体颗粒称为吸附剂。吸附主要是由于固体表面力作用，被吸附的组分可以不同的方式附着在固体表面上。

与吸附相反，组分脱离固体吸附剂表面的现象称为解吸（或脱附）。与吸收-解吸过程相类似，吸附-解吸的循环操作构成一个完整的工业吸附过程。

解吸的方法很多，原则上是升温和降低吸附质的分压来改变平衡条件使吸附质解吸。

（一）吸附的类型

根据吸附质和吸附剂之间吸附力的不同，吸附可以被分为物理吸附及化学吸附。

（1）物理吸附　吸附作用起因于固体颗粒的表面力。此表面力是由于范德华力的作用使吸附质分子单层或多层地覆盖于吸附剂的表面，这种吸附属于物理吸附。吸附时所放出的热量称为吸附热，其吸附热比较低，接近其液体的汽化热或其气体的冷凝热，一般在 $42\sim62kJ/mol$。物理吸附过程一般是可逆的，吸附和解吸的速度都很快。

（2）化学吸附　吸附作用起因于吸附质与吸附剂表面原子间的

化学键合作用，这种吸附属化学吸附。吸附热相对较高。化学吸附需要一定的活化能，在相同的条件下，化学吸附（或解吸）速度都比物理吸附慢。化学吸附大多是不可逆的。

研究发现，同一种物质，在低温时，它在吸附剂上进行的是物理吸附；随着温度升高到一定程度，就开始产生化学变化，转为化学吸附。事实上，物理吸附和化学吸附之间的区分并没有严格的界限。

吸附分离过程已经广泛应用于化工、石油化工、医药、冶金和电子等工业。例如用活性炭吸附化肥生产原料气中 H_2S、用硅藻土做吸附剂用于润滑油再生时脱色。

（二）吸附剂

化工生产中常用的吸附剂可分为两类，一类是天然的，另一类是人工制作的。

1. 吸附剂的性能要求

① 有较大的比表面积，它是衡量吸附剂性能的重要参数。

② 对吸附质有高的吸附能力和高选择性。

③ 较高的强度和耐磨性。

④ 颗粒大小均匀。

⑤ 具有良好的化学稳定性、热稳定性、价廉易得。

⑥ 容易再生。

2. 常用吸附剂

天然矿物吸附剂，选择吸附分离能力低，但价廉易得，常在简易加工制作中采用，使用后一次去除，不再回收。有硅藻土、白土、天然沸石等。

人工吸附剂有活性炭、硅胶、活性氧化铝、合成沸石等。各种吸附剂的特点可查有关资料，以备选用。

二、吸附原理

1. 吸附平衡

在一定的条件下，当气体或液体与多孔的固体吸附剂接触时，使气相或液相中的吸附质碰撞到固体表面后，吸附质被吸附剂吸附。在吸附的同时，被吸附的吸附质以分子热运动的形式和外界气态分子碰撞，有一部分又离开固体表面返回到气相中，但吸附刚开始时被吸附的吸附质分子数大大超过离开表面的分子数。随着吸附的进行，吸附于固体表面的分子数量不断增加，吸附表面逐渐被吸附分子覆盖，吸附剂表面再吸附的能力下降，最终失去吸附能力。在吸附过程中，既有吸附质被吸附到吸附剂表面的过程（吸附），又有已被吸附到吸附剂表面吸附质又脱离表面的过程（解吸）。随着吸附质在吸附剂表面数量的增加，解吸速度也逐渐加快，经过足够时间，吸附质在两相中的含量不再改变，此时吸附速度和解吸速度相当，即达到吸附平衡。在达平衡时吸附量的大小，与吸附剂的性能如比表面积、孔结构、粒度、化学成分等有关，也与吸附质的物化性能、压力（或浓度）、吸附温度等因素有关。

2. 吸附速率

吸附速率是指单位时间、单位吸附剂外表面所传递吸附质的质量，单位为 $kg/(s \cdot m^2)$。组分的吸附传质分外扩散、内扩散及吸附三个步骤。

第一步，吸附质从流体主体通过颗粒周围的气膜（或液膜）对流扩散至固体吸附剂颗粒的外表面，这一步骤称为组分的外扩散。在这一过程中，传质速率的快慢主要决定于吸附质在流层中以扩散方式传递的速率；第二步是吸附质从颗粒外表面沿固体内部微孔扩散至固体的内表面，称组分的内扩散；第三步是组分被固体吸附剂吸附。对多数吸附过程，组分的内扩散是吸附传质的主要阻力所在，吸附过程为内扩散控制。

3. 影响吸附的因素

影响吸附速率的因素很多，主要有体系的性质（吸附剂、吸附质及其混合物的物理、化学性质）、吸附过程的操作条件（温度、压力、两相接触情况）及两相组成等。对于一定物系，在一定操作条件下，两相接触、吸附质被吸附剂吸附过程中，开始吸附质在流体相中的浓度较高，在吸附剂上的含量较低，离平衡状态远，传质推动力大，吸附速率快；随着吸附过程的进行，流体相中吸附质的浓度下降，吸附剂上吸附质的含量升高、吸附速率逐渐降低，经过很长时间，吸附质在两相间接近平衡，吸附速率趋近于零。

第二节　膜　分　离

一、膜分离的基本概念

膜分离技术是利用膜对混合物中各组分的选择渗透性能的差异，来实现分离、提纯和浓缩的新型分离技术，在某些应用中能代替蒸馏、萃取、蒸发、吸收、盐析、气体分离等化工单元操作。膜分离技术适合于以下混合物的分离：

① 化学或物理性质相似的组分；

② 结构或位置不同的同分异构体的混合物；

③ 热敏性组分的混合物；

④ 大分子物质、生物物质、酶制剂等。

1. 膜的定义

膜是膜分离过程的核心，"膜"为两相之间的一个不连续的区间。膜可离气相、液相和固相或它们的组分。目前使用的分离膜绝大多数是固体膜。膜不是单纯的隔板或栅栏，它具有对不同物质的选择渗透性，允许一些物质透过而阻止另一物质透过，膜具有分离作用。这种膜一般形象地称为"半透膜"。由此可见，膜是膜分离过程的关键，对于应用来说，渗透组分通过膜的传递速率必须足够高，以保证膜分离过程具有足够的分离速度。此外，膜还必须具有良好的机械强度和化学稳定性。

不同的膜分离过程，对膜的材料和结构有不同的要求，即便是同一膜分离过程，应用于不同的体系时，对膜材料和结构要求也不同，例如在海水或苦盐水淡化中传统上用醋酸纤维素和它的衍生物膜、芳香族聚合物膜。在气体的分离中，特定的分离体系采用特定的膜材料，常用的有硅橡胶膜、芳香族聚酰胺膜等。而在电渗析中则常用强酸或弱酸离子交换膜、不同的膜具有不同的结构性质和传递特性。

按膜结构可以把膜分成：微孔膜、均相膜、非对称膜和荷电膜。

2. 膜分离过程

膜分离过程是利用流体混合物中组分在特定的半透膜中迁移速

度的不同，经半透膜的渗透作用，改变混合物的组成，从而达到组分间分离的过程。原料混合物通过膜后被分离成一个截留物（浓缩物）和一个透过物。通常原料混合物、截留物及透过物为液体或气体。半透膜可以是薄的无孔聚合物膜，也可以是多孔聚合物、陶瓷或金属材料的薄膜。有时在膜的透过物一侧加入一个清扫流体以帮助移除透过物。膜分离过程的特点如下：

① 多数膜分离过程中组分不发生相变化，所以能耗较低；

② 膜分离过程在常温下进行，适合用于食品及生物药品加工；

③ 膜分离过程不仅可除去病毒、细菌等微粒，而且也可以除去溶液中大分子和无机盐，还可以分离共沸物或沸点相近的组分；

④ 由于以压差及电位差为推动力，因此装置简单，操作方便。

二、膜分离技术的应用

膜分离技术的大规模应用是从 20 世纪 60 年代的海水淡化工程开始的，目前大规模用于海水、苦咸水的淡化及纯水、超纯水生产。还用于食品工业、医药工业、生物工程、石油、化学工业、环保工程等领域。已有工业应用的膜技术主要是微滤、超滤、反渗透、电渗析、气体膜分离和渗透汽化。

（1）反渗透 反渗透是利用反渗透膜选择的只能透过溶剂（通常是水）而截留离子物质的性质，以膜两侧静压差为推动力，克服溶剂的渗透压，使溶剂通过反渗透膜而实现对液体混合物进行分离的过程。

海水脱盐是反渗透技术使用得最广泛的领域之一。典型的装置可将盐质量分数为 3.5% 的海水淡化至含盐 0.05% 以下供饮用或锅炉给水，日产量达 2 万吨，操作初期的脱盐率达 98% 以上。反渗透也用于浓缩蔗糖、牛奶和果汁，除去工业废水中的有害物等。

（2）超滤 超滤是以压差为推动力、用固体多孔膜截留混合物中的微粒和大分子溶质而使溶剂透过膜孔的分离操作。

超滤主要适用于热敏物、生物活性物等含大分子物质的溶液分离和浓缩。

在食品工业中用于果汁、牛奶的浓缩和其他乳制品加工。超滤可截留牛奶中几乎全部的脂肪及 90% 以上的蛋白质。经浓缩后的牛奶中的脂肪和蛋白质提高三倍左右，并且操作费和设备投资都比双效蒸发明显降低。

在纯水制备过程中使用超滤可以除去水中的大分子有机物及微粒、细菌、热源等有害物。可用于注射液的净化。还可以用于生物酶的浓缩精制。

（3）电渗析　电渗析是以电位差为推动力、利用离子交换膜的选择透过特性使溶液中的离子做定向移动以达到脱除或富集电解质的膜分离操作。

在反渗透和超滤过程中，透过膜的物质是小分子溶剂；而在电渗析中，透过膜的是可电离的电解质（盐）。所以，从溶液中除去各种盐是电渗析的重要应用。

电渗析可以从电镀废水中回收铜、镍、铬等重金属离子，而净化的水则可返回工艺系统重新使用。

化工生产中，甲醛与丙酮反应生成季戊四醇过程中，同时生成副产物甲酸。用电渗析可以分离甲酸，精制季戊四醇。

另外，在医学上通过电渗析器除去血中的盐类和尿素，净化后的血由静脉返回人体。

（4）气体膜分离　在压差作用下，不同类气体的分子在通过膜时有不同的传递速率，从而使气体混合物中的各组分得以分离和富集。用于分离气体的膜有多孔膜、非多孔（均质）膜以及非对称膜。

工业上用膜分离气体混合物的典型过程有：①从合成氨尾气中回收氢，氢气含量60%提高到透过气中的90%，氢气的回收率达95%以上；②从油田废气中回收CO_2，油田气中含CO_2约70%，经膜分离后，渗透气中含CO_2达93%以上；③空气经膜分离以制取含氧约60%的富氧气，用于医疗和燃烧。此外还用膜分离除去空气中的水汽（去湿）；从天然气中提取氦等。

（5）微滤　又称微孔过滤，是以多孔膜为过滤介质，在0.1~0.3MPa的压力推动下，使大量溶剂、小分子及少量大分子溶质都能够透过膜，但能阻挡住悬浮物、细菌、部分病毒及大尺度胶体的透过。微滤能截留0.1~1μm之间的颗粒，属于精密过滤，具有高效、方便及经济的特点。微滤的过滤原理有三种：筛分、滤饼层过滤、深层过滤。

微滤在医药、饮料、饮用水、食品、电子、石油化工、分析检测和环保等领域有较广泛的应用。

（6）渗透汽化　是一种新兴的膜分离技术，是利用料液膜上下游某组分蒸气压差为驱动力实现传质，利用组分通过膜的溶解扩散速率的不同来实现对混合物的分离。膜材料是渗透汽化过程能否实现节能、高效等特点的关键。原料液进入膜组件，流过膜面，在膜后侧保持低压。由于原液侧与膜后侧组分的蒸气压不同，原液侧组分的气压高，膜后侧组分的气压低，所以原液中各组分将通过膜向膜后侧渗透。因为膜后侧处于低压，所以组分通过膜后即汽化成蒸气，蒸气用真空泵抽走或用惰性气体吹扫等方法除去，使渗透过程不断进行。原液中各组分通过膜的速率不同，透过膜快的组分就可以从原液中分离出来。从膜组件中流出的渗余物可以是纯度较高的透过速率较慢的组分的产物。对于一定的混合液来说，渗透速率主要取决于膜的性质。采用适当的膜材料和制造方法可以制得对一种组分透过速率快，对另一组分渗透速率相对很少，甚至接近零的膜，因此渗透汽化过程可以高效地分离液体混合物。

为了增大过程的推动力、提高组分的渗透通量，一方面要提高料液温度，通常在流程中设预热器将料液加热到适当的温度；另一方面要降低膜后侧组分的蒸气分压。目前，渗透汽化的应用包括有机物脱水，水中回收贵重有机物、有机-有机体系分离三方面。其中有机物脱水尤其是醇类的脱水研究得最为广泛并部分获得工业化应用。

膜技术的应用潜力现在已经是世界公认的，在当代世界高技术竞争中占有极重要的位置，一些发达国家在各有关领域广泛研究和应用基础上，已将膜材料及膜工艺技术开发项目列入国家计划。

第三节　超临界流体萃取

超临界流体萃取是用超临界状态下的气体作为溶剂，萃取待分离混合物中的溶质，然后采用一定的操作条件，将溶剂与溶质分离的单元操作。

超临界流体在处于临界温度、临界压力以上时，无论压力多高，流体都不能液化，但流体的密度随压力升高而增加。超临界流体具有溶解许多物质的能力，有足够大的萃取能力。这一分离能力引起世界多个技术领域的关注。近 20 年多来超临界流体萃取技术已经发展成为一项新的化工分离技术，并被用于石油、医药、食品、香料中许多特定组分的分离。目前，从咖啡豆中脱除咖啡因，从食油中分离特定成分，从啤酒花中提取有效成分，从醇液中萃取乙醇、乙酸，从木浆氧化废液中萃取香兰素，以及从油沙中提取汽油等已经得到工业应用。当采用 CO_2 作为超临界流体萃取气体中的溶剂时，由于 CO_2 兼有气体和液体特性，溶解能力强、传质性能好。具有无毒、无臭、不燃、价廉、惰性、无残留，避免了通常采用有机溶剂所带来的污染问题，因而受到医药工业和食品工业的注意。

一、超临界流体萃取的特点

① 具有广泛的适应性。由于超临界状态流体溶解度特异增高的现象普遍存在，因而理论上超临界流体萃取技术可作为一种通用、高效分离技术而应用。

② 超临界流体的溶解能力可通过调节压力、温度和引入夹带剂等方法在很大范围内进行变化，并可通过逐渐改变温度和压力把萃取组分引入到希望的产品中去。

③ 具有萃取和精馏的双重特性。可分离一些难分离的物质。

④ 分离工艺流程简单。超临界流体萃取只有萃取器和分离器两部分组成，不需要溶剂回收设备，与传统分离工艺流程相比不但流程简化，而且节省能耗。

⑤ 在较低温度下进行操作，特别适用于天然物质的分离。尤其适用于热敏性、易氧化物质。

⑥ 高压操作，使用设备及工艺技术高，投资比较大。

二、超临界流体萃取基本原理

1. 超临界流体

物质处于其临界温度和临界压力以上状态时，向该状态气体加压，气体不会液化，只是密度增大，具有类似液态的性质，同时还保留气体的性能，这种状态的流体称为超临界流体，既具有接近气体的黏度和渗透能力，又具有接近液体的密度和溶解能力。这表明超临界萃取可以在较快的传质速率和有利的相平衡条件下进行。它的扩散能力比液体大 100 倍。这些性质是超临界流体萃取比溶液萃取效果要好的主要原因。

用于超临界萃取的流体，必须具备下列条件：

① 化学性质稳定，对设备没有腐蚀性；

② 临界温度应接近室温或操作温度，不会太高，也不会太低；

③ 操作温度应低于萃取组分的分解、变质温度；

④ 临界压力应该低，可使操作中降低压缩动力；

⑤ 选择性应该高，容易得到高纯度产品；

⑥ 对萃取质的溶解度高，可减少溶剂的再循环量；

⑦ 原料易得，价格便宜。

当在医药、食品工业上使用时，必须对人体无毒性。

常用的超临界流体有二氧化碳、乙烯、乙烷、丙烯、丙烷和氨等，多用二氧化碳。在煤液化油的萃取中还使用乙苯等芳香族化合物。

2. 超临界流体萃取的基本原理

超临界流体萃取是用超临界温度、临界压力状态下的气体作为溶剂，萃取待分离混合物中的溶质，然后采用等温变压或等压变温等方法，将溶剂与溶质分离的单元操作。超临界流体萃取具有与一般液-液萃取相类似的平衡关系，属于平衡分离过程。

本章小结

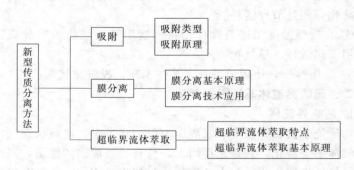

思考题与习题（略）

附　　录

一、部分物理量的单位

量的名称	国际单位制		物理单位制		工程单位制	
	单位名称	单位符号	单位名称	单位符号	单位名称	单位符号
质量	千克(公斤)	kg	克	g	公斤力	kgf
力	牛[顿]	N	达因	$dyne=\dfrac{g \cdot cm}{s^2}$	公斤力·秒^2/米	$kgf \cdot s^2/m$
速度	米/秒	m/s	厘米/秒	cm/s	米/秒	m/s
加速度	米/秒^2	m/s^2	厘米/秒^2	cm/s^2	米/秒^2	m/s^2
密度	千克/米^3	kg/m^3	克/厘米^3	g/cm^3	公斤力/米^3	kgf/m^3
压力,压强	帕[斯卡]	Pa	达因/厘米^2	dyne/cm^2	公斤力/米^2	kgf/m^2
能[量],功	焦[耳]	J	尔格=达因·厘米	$erg=dyne \cdot cm$	公斤力·米	kgf·m
功率	瓦[特]	W	尔格/秒	erg/s	公斤力·米/秒	kgf·m/s
[动力]黏度	帕斯卡·秒	Pa·s	泊=$\dfrac{达因·秒}{厘米^2}$	$P=\dfrac{dyne \cdot s}{cm^2}$	公斤力·秒/米^2	kgf·s/m^2
运动黏度	米^2/秒	m^2/s	厘米^2/秒	cm^2/s	米^2/秒	m^2/s
热导率	瓦[特]/(米·开)	W/(m·K)	卡/(厘米·秒·度)	cal/(cm·s·℃)	千卡/(米·小时·度)	kcal/(m·h·℃)
传热系数	瓦/(米^2·开)	W/(m^2·K)	卡/(厘米^2·秒·度)	cal/(cm^2·s·℃)	千卡/(米^2·小时·度)	kcal/(m^2·h·℃)

二、单位换算表

1. 压力，压强

帕,牛顿/米^2 Pa＝N/m^2	标准大气压 atm	工程大气压 kgf/cm^2＝at	毫米水柱 mmH$_2$O	毫米汞柱 mmHg
1	9.869×10^{-6}	1.02×10^{-5}	0.102	0.0075
1.013×10^5	1	1.033	10330	760
9.807×10^4	0.9678	1	10000	735.6
9.807	9.678×10^{-5}	10^{-4}	1	0.07356
133.3	1.316×10^{-3}	1.36×10^{-3}	13.6	1

2. ［动力］黏度

牛顿·秒/米^2 （帕斯卡·秒）Pa·s	达因·秒/厘米^2 （泊）P	厘泊 cP	千克/(米·秒) kg/(m·s)	公斤力·秒/米^2 kgf·s/m^2
1	10	1000	1	0.102
0.1	1	100	0.1	0.0102
0.001	0.01	1	0.001	0.102×10^{-3}
1	10	1000	1	0.102
9.807	98.07	9807	9.807	1

3. 功能及热量

焦耳 J＝N·m	尔格 erg＝dyne·cm	千克力·米 kgf·m	千卡 kcal	千瓦·时 kW·h
1	10^7	0.102	2.39×10^{-4}	2.778×10^{-7}
10^{-7}	1	0.102×10^{-7}	2.39×10^{-11}	2.778×10^{-14}
9.807	9.807×10^7	1	2.344×10^{-3}	2.724×10^{-6}
4187	4.187×10^{10}	426.9	1	1.163×10^{-3}
3.6×10^6	3.6×10^{13}	3.671×10^5	859.8	1

4. 热导率

瓦［特］/(米·开) W/(m·K)	焦耳/(厘米·秒·℃) J/(cm·s·℃)	卡/(厘米·秒·℃) cal/(cm·s·℃)	千卡/(米·时·℃) kcal/(m·h·℃)
1	0.01	2.389×10^{-3}	0.8598
100	1	0.2389	85.98
418.7	4.187	1	360
1.163	0.01163	0.002778	1

5. 传热系数

瓦[特]/(米²·开)	卡/(厘米²·秒·℃)	千卡/(米²·时·℃)
W/(m²·K)	cal/(cm²·s·℃)	kcal/(m²·h·℃)
1	0.2389×10^{-4}	0.8598
4.187×10^4	1	3.6×10^4
1.163	2.778×10^{-5}	1

三、水的物理性质

温度 t /℃	密度 ρ /(kg/m³)	压力 $p \times 10^{-5}$ /Pa	黏度 $\mu \times 10^5$ /(Pa·s)	热导率 $\lambda \times 10^2$ /[W/(m·K)]	质量热容 $c_p \times 10^{-3}$ /[J/(kg·K)]	膨胀系数 $\beta \times 10^4$ /(1/K)	表面张力 $\sigma \times 10^3$ /(N/m)	普兰特数 Pr
0	999.9	1.013	178.78	55.08	4.212	−0.63	75.61	13.66
10	999.7	1.013	130.53	57.41	4.191	+0.70	74.14	9.52
20	998.2	1.013	100.42	59.85	4.183	1.82	72.67	7.01
30	995.7	1.013	80.12	61.71	4.174	3.21	71.20	5.42
40	992.2	1.013	65.32	63.33	4.174	3.87	69.63	4.30
50	988.1	1.013	54.92	64.73	4.174	4.49	67.67	3.54
60	983.2	1.013	46.98	65.89	4.178	5.11	66.20	2.98
70	977.8	1.013	40.60	66.70	4.187	5.70	64.33	2.53
80	971.8	1.013	35.50	67.40	4.195	6.32	62.57	2.21
90	965.3	1.013	31.48	67.98	4.208	6.95	60.71	1.95
100	958.4	1.013	28.24	68.21	4.220	7.52	58.84	1.75
110	951.0	1.433	25.89	68.44	4.233	8.08	56.88	1.60
120	943.1	1.986	23.73	68.56	4.250	8.64	54.82	1.47
130	934.8	2.702	21.77	68.56	4.266	9.17	52.86	1.35
140	926.1	3.62	20.10	68.44	4.287	9.72	50.70	1.26
150	917.0	4.761	18.63	68.33	4.312	10.3	48.64	1.18
160	907.4	6.18	17.36	68.21	4.346	10.7	46.58	1.11
170	897.3	7.92	16.28	67.86	4.379	11.3	44.33	1.05
180	886.9	10.03	15.30	67.40	4.417	11.9	42.27	1.00
190	876.0	12.55	14.42	66.93	4.460	12.6	40.01	0.96
200	863.0	15.55	13.63	66.24	4.505	13.3	37.66	0.93
250	799.0	39.78	10.98	62.71	4.844	18.1	26.19	0.86
300	712.5	85.92	9.12	53.92	5.736	29.2	14.42	0.97
350	574.4	165.38	7.26	43.00	9.504	66.8	3.82	1.60
370	450.5	210.54	5.69	33.70	40.319	264	0.47	6.80

四、饱和水蒸气表（按压力排列）

压力 p/kPa	温度 T/K	蒸汽比容 v/(m³/kg)	焓 I/(kJ/kg)		汽化热 r/(kJ/kg)
			水	蒸汽	
3.45	299.58	40.14	110.7	2549.5	2438.8
4.14	302.73	33.75	123.7	2555.3	2431.6
4.83	305.44	29.13	135.1	2560.4	2425.3
5.52	307.83	25.70	145.1	2564.9	2419.8
6.21	309.96	23.02	154.0	2568.0	2414.6
6.89	311.90	20.85	162.1	2572.1	2410.0
7.58	313.68	19.05	169.6	2575.7	2405.8
8.27	315.33	17.55	176.5	2578.1	2401.6
8.96	316.86	16.26	183.1	2581.0	2397.9
9.65	318.30	15.17	189.1	2583.7	2394.6
10.34	319.65	14.23	194.7	2586.1	2391.4
11.02	320.93	13.38	200.0	2588.3	2388.3
11.72	322.14	12.64	205.2	2590.5	2385.3
12.41	323.29	11.97	209.8	2592.6	2382.8
13.10	324.38	11.38	214.2	2594.4	2380.2
13.79	325.43	10.84	218.5	2596.2	2377.6
20.68	333.99	7.41	254.5	2611.2	2356.7
27.58	340.39	5.66	281.5	2623.1	2341.6
34.47	345.54	4.59	302.9	2632.6	2329.7
41.37	349.88	3.87	321.2	2639.1	2318.1
48.26	353.65	3.35	337.0	2644.9	2307.9
55.16	357.00	2.96	351.2	2650.5	2299.3
62.05	360.00	2.65	364.0	2655.6	2291.6
68.95	362.74	2.40	375.2	2660.5	2285.3
75.84	365.26	2.19	385.9	2664.5	2278.6
82.74	367.60	2.02	395.7	2668.0	2272.3
89.63	369.78	1.88	404.5	2671.4	2266.9
96.53	371.81	1.75	413.5	2674.6	2261.3
101.33	373.16	1.673	418.9	2676.5	2257.6
103.42	373.73	1.641	421.5	2677.7	2256.2
110.32	375.56	1.544	429.2	2680.5	2251.3
117.21	377.29	1.460	436.4	2683.1	2246.7
124.11	378.94	1.384	443.3	2685.6	2242.3
131.00	360.52	1.315	459.1	2688.2	2238.1
137.90	382.03	1.254	456.6	2690.5	2233.9

| 压力 | 温度 | 蒸汽比容 | 焓 $I/(kJ/kg)$ | | 汽化热 |
p/kPa	T/K	v/(m³/kg)	水	蒸汽	r/(kJ/kg)
144.79	383.48	1.198	462.6	2692.8	2230.2
151.69	384.87	1.148	468.5	2695.0	2226.5
158.58	386.21	1.101	474.3	2697.0	2222.7
165.48	387.50	1.057	479.9	2698.9	2219.0
172.34	388.75	1.018	485.2	2700.7	2215.5
179.27	389.96	0.981	490.3	2702.6	2212.3
186.16	391.13	0.947	495.2	2704.2	2209.0
193.05	392.27	0.916	500.1	2705.9	2205.8
199.95	393.37	0.886	504.7	2707.4	2202.7
206.85	394.46	0.857	509.4	2708.9	2199.5
220.6	396.5	0.807	518.0	2711.7	2193.7
234.4	398.5	0.762	526.2	2714.5	2188.1
248.2	400.4	0.723	534.3	2717.3	2182.9
262.0	402.1	0.688	541.9	2720.0	2178.1
275.8	403.9	0.655	549.2	2722.6	2173.4
289.6	405.5	0.643	556.1	2724.6	2168.5
303.4	407.1	0.599	562.9	2726.8	2163.9
317.2	408.6	0.575	569.6	2728.8	2159.2
330.9	410.1	0.552	575.9	2730.7	2154.8
344.7	411.5	0.532	581.9	2732.5	2150.6
358.5	412.9	0.512	587.8	2734.5	2146.7
372.3	414.2	0.495	593.6	2736.1	2142.5
386.1	415.5	0.478	599.1	2737.6	2138.5
399.9	416.8	0.462	604.5	2739.3	2134.8
413.7	418.1	0.448	609.9	2741.0	2131.1
427.5	419.3	0.434	615.0	2742.4	2127.4
441.3	420.5	0.422	619.9	2743.8	2123.8
455.1	421.6	0.410	624.8	2745.2	2120.4
468.8	422.7	0.398	629.7	2746.6	2116.9
482.6	423.8	0.387	634.3	2747.9	2113.6
496.4	424.8	0.377	638.7	2749.3	2110.6
510.2	425.8	0.368	643.1	2750.5	2107.4
524.0	426.8	0.359	647.6	2751.7	2104.1
537.8	427.8	0.350	651.9	2752.7	2100.8

续表

压力	温度	蒸汽比容	焓 I/(kJ/kg)		汽化热
p/kPa	T/K	v/(m³/kg)	水	蒸汽	r/(kJ/kg)
551.6	428.8	0.342	656.2	2754.0	2097.8
565.4	429.7	0.334	660.4	2755.2	2094.8
579.2	430.7	0.326	664.3	2756.3	2092.0
606.7	432.6	0.312	672.2	2758.1	2085.9
620.5	433.5	0.306	676.2	2759.1	2082.9
634.3	434.4	0.299	679.9	2760.0	2080.1
648.1	435.2	0.293	683.6	2761.0	2077.4
661.9	436.0	0.288	687.3	276.19	2074.5
675.7	436.8	0.282	690.8	2762.8	2072.0
689.5	437.6	0.278	694.3	2763.7	2069.4
723.9	439.6	0.264	702.9	2765.8	2062.9
758.4	441.4	0.252	711.1	2767.7	2056.6
792.9	443.2	0.242	719.2	2769.6	2050.4
827.4	445.0	0.235	726.9	2771.2	2044.3
861.9	446.7	0.224	734.3	2772.8	2038.5
896.3	448.4	0.216	741.5	2774.4	2032.9
930.8	450.0	0.208	748.7	2775.8	2027.1
965.3	451.5	0.201	755.7	2777.2	2021.5
999.8	453.0	0.195	762.5	2778.7	2016.2
1034.2	454.5	0.188	769.0	2779.8	2010.8

五、某些气体的物理性质

名　称	分子式	相对分子质量	密度 (0℃、101.3kPa) /(kg/m³)	黏度 (0℃、0.10MPa) $\mu/\times10^3$(mPa·s)	热导率 (0℃、0.101/MPa) /[W/(m·℃)]	质量热容 (20℃、0.101MPa) /[kJ/(kg·℃)]
氧	O_2	32	1.429	20.3	0.02396	0.9128
氮	N_2	28.02	1.251	17.0	0.0228	1.047
氢	H_2	2.016	0.08985	8.42	0.163	14.27
氦	He	4.002	0.1785	18.8	0.144	5.276
氩	Ar	39.94	1.782	20.9	0.0173	0.5317
氯	Cl_2	70.91	3.217	12.9(16℃)	0.00721	0.4815
氨	NH_3	17.03	0.771	9.18	0.0125	2.219
氟	F_2	38	1.635	—	—	—

名　称	分子式	相对分子质量	密度 (0℃、 101.3kPa) /(kg/m³)	黏度 (0℃、0.10MPa) $\mu/\times 10^3$(mPa·s)	热导率 (0℃、 0.101/MPa) /[W/(m·℃)]	质量热容 (20℃、 0.101MPa) /[kJ/(kg·℃)]
一氧化碳	CO	28.01	1.250	16.6	0.02256	1.047
二氧化碳	CO_2	44.01	1.976	13.7	0.0137	0.8374
二氧化硫	SO_2	64.07	2.927	11.7	0.00768	0.6322
二氧化氮	NO_2	46.01	1.491	—	0.04	0.8039
硫化氢	H_2S	34.08	1.539	11.66	0.8131	1.059
甲烷	CH_4	16.04	0.717	10.3	0.03	2.223
乙烷	C_2H_6	30.07	1.357	8.50	0.018	1.729
丙烷	C_3H_8	44.10	2.020	7.95(18℃)	0.01477	1.863
丁烷(正)	C_4H_{10}	58.12	2.673	8.10	0.0135	1.918
戊烷(正)	C_5H_{12}	72.15	—	8.74	0.0128	1.717
乙烯	C_2H_4	28.05	1.261	9.85	0.0164	1.528
丙烯	C_3H_6	42.08	1.914	8.35(20℃)	—	1.633
乙炔	C_2H_2	26.04	1.171	9.35	0.01838	1.683
氯甲烷	CH_3Cl	50.49	2.308	9.89	0.00849	0.4899
苯	C_6H_6	78.11	—	7.2	0.00884	1.252

六、管道内各种流体常用流速范围

流体种类及状况	流速/(m/s)	流体种类及状况	流速/(m/s)
自来水(3个表压以下)	1~1.5	一般气体(常压)	10~20
水及黏度较低液体	1.5~3.0	压力较高气体	15~25
黏度较大液体	0.5~1.0	低压空气	12~15
饱和水蒸气:0.3MPa	20~40	高压空气	15~25
0.8MPa	40~60	离心泵排出管(水类液体)	2.5~3
过热蒸汽	30~50	真空管道内的气体	<10

七、常用管子规格

1. 低压流体输送用焊接钢管公称直径与钢管的外径、壁厚对照表（摘自 GB/T 3091）

公称直径 DN /mm	外径 /mm	钢管壁厚/mm		公称直径 DN /mm	外径 /mm	钢管壁厚/mm	
		普通管	加厚管			普通管	加厚管
6	10.2	2.0	2.5	40	48.3	3.5	4.5
8	13.5	2.5	2.8	50	60.3	3.8	4.5
10	17.2	2.5	2.8	65	76.1	4.0	4.5
15	21.3	2.8	3.5	80	88.9	4.0	5.0
20	26.9	2.8	3.5	100	114.3	4.0	5.0
25	33.7	3.2	4.0	125	139.7	4.0	5.5
32	42.4	3.25	4.0	150	168.3	4.5	6.0

2. 水、煤气输送钢管（摘自 GB/T 3091）

公称直径 DN /mm(in)	外径 /mm	普通管壁厚 /mm	加厚管壁厚 /mm
$8\left(\frac{1}{4}\right)$	13.5	2.6	2.8
$10\left(\frac{3}{8}\right)$	17.2	2.6	2.8
$15\left(\frac{1}{2}\right)$	21.3	2.8	3.5
$20\left(\frac{3}{4}\right)$	26.9	2.8	3.5
25(1)	33.7	3.2	4.0
$32\left(1\frac{1}{4}\right)$	42.4	3.5	4.0
$40\left(1\frac{1}{2}\right)$	48.0	3.5	4.5
50(2)	60.3	3.8	4.5
$65\left(2\frac{1}{2}\right)$	76.1	4.0	4.5
80(3)	88.9	4.0	5.0
100(4)	114.3	4.0	5.0
125(5)	139.7	4.0	5.5
150(6)	165.3	4.5	6.0

3. 连续铸铁管（A 级）（摘自 GB/T 3422）

公称直径/mm	外径/mm	壁厚/mm	公称直径/mm	外径/mm	壁厚/mm	公称直径/mm	外径/mm	壁厚/mm
75	93.0	9.0	350	374.0	12.8	800	833.0	21.1
100	118.0	9.0	400	425.6	13.8	900	939.0	22.9
150	169.0	9.2	450	476.8	14.7	1000	1041.0	24.8
200	220.6	10.1	500	528.0	15.6	1100	1144.0	26.6
250	271.6	11.0	600	630.8	17.4	1200	1246.0	28.4
300	322.8	11.9	700	733.0	19.3			

4. 承插式铸铁直管

内径/mm	壁厚/mm	有效长度/m	内径/mm	壁厚/mm	有效长度/m
75	9	3	400	12.8	4
100	9	3	450	13.4	4
125	9	4	500	14.0	4
150	9	4	600	15.4	4
200	10	4	700	16.5	4
250	10.8	4	800	18.0	4
300	11.4	4	900	19.5	4
350	12.0	4	1000	22.0	4

八、常见固体的热导率

材　料	温度/℃	热导率/[W/(m·K)]	材　料	温度/℃	热导率/[W/(m·K)]
钢	20	45	石棉	100	0.19
铜	100	377	石棉板	50	0.146
铸铁	53	48	石棉绳		0.105～0.209
不锈钢	20	16	水泥珍珠岩制品		0.07～0.113
铝	300	230	矿渣棉	30	0.058
耐火砖		1.05	超细玻璃棉	36	0.030
普通砖		0.8	玻璃棉毡	28	0.043
绝热砖		0.116～0.21	聚氯乙烯	30	0.14～0.151
硅藻土		0.114	聚四氟乙烯	20	0.19
膨胀蛭石	20	0.052～0.07	水垢	65	1.314～3.14

九、列管式换热器的传热系数

冷流体	热流体	传热系数 /[W/(m² · K)]	冷流体	热 流 体	传热系数 /[W/(m² · K)]
水	水	850～1700	水	低沸点烃类冷凝	455～1140
水	气体	17～280	气体	水蒸气冷凝	30～300
水	有机溶剂	280～850	有机溶剂	有机溶剂	115～340
水	轻油	340～910	水沸腾	水蒸气冷凝	2000～4250
水	重油	60～280	轻油沸腾	水蒸气冷凝	455～1020
水	水蒸气冷凝	1420～4250	重油沸腾	水蒸气冷凝	140～425

十、污垢热阻经验数据

流 体	污垢热阻 /(m² · K/kW)	流 体	污垢热阻 /(m² · K/kW)
1.水($t<50℃$, $u<1m/s$)		2.气（汽）	
海水	0.09	不太干净的气体	0.344
软水	0.172	含尘、含焦油气	0.6～1.72
自来水	0.233	干净的水蒸气(不含油)	0.052～0.086
清洁的河水	0.344	3.液体	
一般的河水	0.602	有机溶液	0.176
硬水、井水	0.58	冷冻剂（氨、丙烯）	0.172
2.气（汽）		液化气、汽油、溶剂油	0.172
空气	0.26～0.53	煤油	0.172～0.43
有机化合物气体	0.086	柴油	0.344～0.688
一般油田气、天然气、溶 剂气体、变换气	0.172	重油	0.86